中国科协学科发展研究系列报告

中国科学技术协会 / 主编

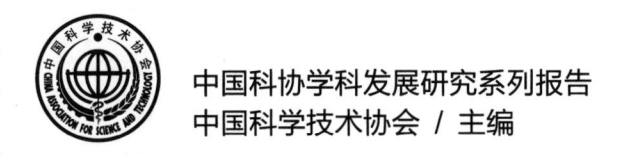

2022—2023
制冷及低温工程学科发展报告

中国制冷学会 编著

中国科学技术出版社
·北京·

图书在版编目（CIP）数据

2022—2023 制冷及低温工程学科发展报告 / 中国科学技术协会主编；中国制冷学会编著 . -- 北京：中国科学技术出版社，2024.6

（中国科协学科发展研究系列报告）

ISBN 978-7-5236-0730-5

Ⅰ. ①2… Ⅱ. ①中… ②中… Ⅲ. ①制冷工程 – 学科发展 – 研究报告 – 中国 –2022-2023　Ⅳ. ① TB6-12

中国国家版本馆 CIP 数据核字（2024）第 090145 号

策　　划	刘兴平　秦德继	
责任编辑	王　菡	
封面设计	北京潜龙	
正文设计	中文天地	
责任校对	邓雪梅	
责任印制	徐　飞	

出　　版	中国科学技术出版社
发　　行	中国科学技术出版社有限公司
地　　址	北京市海淀区中关村南大街 16 号
邮　　编	100081
发行电话	010-62173865
传　　真	010-62173081
网　　址	http://www.cspbooks.com.cn

开　　本	787mm×1092mm　1/16
字　　数	492 千字
印　　张	22.5
版　　次	2024 年 6 月第 1 版
印　　次	2024 年 6 月第 1 次印刷
印　　刷	河北鑫兆源印刷有限公司
书　　号	ISBN 978-7-5236-0730-5 / TB・123
定　　价	132.00 元

（凡购买本社图书，如有缺页、倒页、脱页者，本社销售中心负责调换）

2022—2023
制冷及低温工程学科发展报告

首席科学家 罗二仓

专家组组长 罗二仓

副 组 长（按姓氏笔画排序）
王如竹　史　琳　邱利民　孟庆国　曹　锋

成　　员（按姓氏笔画排序）
王　丹　王　凯　王丽伟　石文星　申利梅
田长青　伍继浩　安青松　许婧煊　李伟钊
杨　帆　杨　睿　杨子旭　杨鲁伟　吴韶飞
宋昱龙　张　凡　张海南　林文胜　周　敏
胡海涛　钟　标　饶　伟　姚　蕾　钱小石
钱苏昕　徐震原　殷　翔　殷勇高　黄　科
商　晋　植晓琴　谢晓云　戴　巍　戴晓业

学术秘书组　王　丹　杨　睿

序

　　习近平总书记强调，科技创新能够催生新产业、新模式、新动能，是发展新质生产力的核心要素。要求广大科技工作者进一步增强科教兴国强国的抱负，担当起科技创新的重任，加强基础研究和应用基础研究，打好关键核心技术攻坚战，培育发展新质生产力的新动能。当前，新一轮科技革命和产业变革深入发展，全球进入一个创新密集时代。加强基础研究，推动学科发展，从源头和底层解决技术问题，率先在关键性、颠覆性技术方面取得突破，对于掌握未来发展新优势，赢得全球新一轮发展的战略主动权具有重大意义。

　　中国科协充分发挥全国学会的学术权威性和组织优势，于2006年创设学科发展研究项目，瞄准世界科技前沿和共同关切，汇聚高质量学术资源和高水平学科领域专家，深入开展学科研究，总结学科发展规律，明晰学科发展方向。截至2022年，累计出版学科发展报告296卷，有近千位中国科学院和中国工程院院士、2万多名专家学者参与学科发展研讨，万余位专家执笔撰写学科发展报告。这些报告从重大成果、学术影响、国际合作、人才建设、发展趋势与存在问题等多方面，对学科发展进行总结分析，内容丰富、信息权威，受到国内外科技界的广泛关注，构建了具有重要学术价值、史料价值的成果资料库，为科研管理、教学科研和企业研发提供了重要参考，也得到政府决策部门的高度重视，为推进科技创新做出了积极贡献。

　　2022年，中国科协组织中国电子学会、中国材料研究学会、中国城市科学研究会、中国航空学会、中国化学会、中国环境科学学会、中国生物工程学会、中国物理学会、中国粮油学会、中国农学会、中国作物学会、中国女医师协会、中国数学会、中国通信学会、中国宇航学会、中国植物保护学会、中国兵工学会、中国抗癌协会、中国有色金属学会、中国制冷学会等全国学会，围绕相关领域编纂了20卷学科发展报告和1卷综合报告。这些报告密切结合国家经济发展需求，聚焦基础学科、新兴学科以及交叉学科，紧盯原创性基础研究，系统、权威、前瞻地总结了相关学科的最新进展、重要成果、创新方法和技术发展。同时，深入分析了学科的发展现状和动态趋势，进行了国际比较，并对学科未来的发展前景进行了展望。

报告付梓之际，衷心感谢参与学科发展研究项目的全国学会以及有关科研、教学单位，感谢所有参与项目研究与编写出版的专家学者。真诚地希望有更多的科技工作者关注学科发展研究，为不断提升研究质量、推动成果充分利用建言献策。

前　言

制冷及低温技术是指利用人工方法获得低于环境温度的技术。制冷及低温技术是国家重要战略支撑，在能源电力、军事空间探测、医疗卫生、气体液化、量子通信、大科学工程等领域占据必不可少的地位，尤其是助力我国先端物理、量子技术、超导等前沿科技领域快速发展的重要支撑技术。制冷及低温技术与国民经济和人民生活紧密联系，科技成果广泛应用于城乡建设、工业生产、交通运输、食品安全等领域。近年来，在基础科学技术不断获得突破、我国经济建设快速发展和全球格局剧烈变化的背景下，制冷及低温工程学科技术体系出现了新的发展方向，呈现多样化的发展趋势，也面临新的要求和挑战。因此，持续开展对本学科发展动态的研究，对比国内外发展现状，探讨学科可持续健康发展，更好地服务于国家经济建设和重大需求具有重要意义。

中国制冷学会继《2010—2011制冷及低温工程学科发展研究》和《2018—2019制冷及低温工程学科发展研究》之后，再次承担中国科学技术协会学科发展研究项目，通过对比该学科国际领先技术及研究趋势，力求总结我国近阶段学科发展现状，提出未来发展方向。

本报告基于学科现实和拓展应用的需求，结合相关学科发展以及本学科研发方向和新的分支方向，按照"制冷技术""制冷技术应用"与"低温技术及其应用"的脉络开展研究，对学科基础技术进行了较为全面的总结形成综合报告，对分支方向各自的最新发展技术细节总结形成专题报告。在"制冷技术"方面，针对"蒸汽压缩制冷技术""热驱动制冷及热泵技术"和"固态制冷技术"的发展情况进行了研究；在"制冷技术的应用"方面，针对"空调制冷技术""冷链装备技术""高温热泵技术"和"车用热泵技术及热管理技术"这四个具体应用领域进行了研究；在"低温技术及其应用"方面，针对"低温空气分离技术""液化天然气技术""大型氢氦低温技术""微小型低温制冷技术"以及"低温冷冻治疗及保存技术"进行了研究。旨在为"双碳"战略实施、北方清洁供暖、可再生能源利用、工业节能减排、新能源汽车、能源安全、高技术等与人民生活和国家重大战略密切相关的领域提供参考。

中国制冷学会成立了以罗二仓研究员为首席科学家、40多名知名专家学者组成的研究团队，对制冷及低温工程学科所涉及的12个分支主题开展研究，写作和编辑出版得到中国科协和业内众多高校、研究院所和企业的大力支持，在此一并表示衷心的感谢。

中国制冷学会

2023年10月

序

前言

综合报告

制冷及低温工程学科发展研究报告 / 003
    一、引言 / 003
    二、本学科近年的最新研究进展 / 004
    三、本学科国内外研究进展比较 / 020
    四、本学科发展趋势 / 032
    五、总结 / 041

专题报告

制冷技术 / 045
    第一节 蒸气压缩制冷技术 / 045
    第二节 热驱动制冷及热泵技术 / 074
    第三节 固态制冷技术 / 097

制冷技术应用 / 126
    第一节 空调制冷技术 / 126
    第二节 冷链装备技术 / 163
    第三节 高温热泵技术 / 178
    第四节 车用热泵及热管理技术 / 191

低温技术及其应用 / 206
    第一节 低温空气分离技术 / 206
    第二节 液化天然气技术 / 227
    第三节 大型氢氦低温技术 / 247
    第四节 微小型低温制冷技术 / 265
    第五节 低温冷冻治疗及保存技术 / 288

ABSTRACTS

Comprehensive Report

Advances in A brief review on the Development of Refrigeration and Cryogenics Discipline / 315

Reports on Special Topics

Advances in Vapor Compression Refrigeration Technology / 323

Advances in Thermally Driven Refrigeration and Heat Pump Technology / 325

Advances in Solid-state Refrigeration Technologies / 326

Advances in Refrigeration Technologies of Air Conditioning Systems / 328

Advances in Cold Chain Equipment Technology / 330

Advances in The Progress of High-temperature Heat Pump Technology and Application / 332

Advances in Heat Pump Air Conditioning and Thermal Management Technology in Vehicles / 334

Advances in Cryogenic Air Separation Technologies / 336

Advances in LNG Technology / 337

Advances in Large-scale Hydrogen and Helium Cryogenic Engineering Science and Technologies / 340

Advances in Miniature Cryogenic Refrigeration Technology / 341

Advances in Cryotherapy and Cryopreservation Techniques / 343

索引 / 346

综合报告

制冷及低温工程学科发展研究报告

一、引言

制冷及低温技术是指利用人工方法获得低于环境温度的技术，其学科基本任务是研究获得并保持不同于自然界温湿度环境的原理、技术和设备，并将这些技术用于不同场景。其范畴既包含狭义的冷量输出维持低温度，也包括除湿、环境参数调节和热泵等技术。制冷及低温技术与国民经济和人民生活紧密联系，由于对人类生活生产水平的显著提升，制冷空调还被评选为20世纪最伟大工程技术成就之一。此外，低温技术是凝聚态物理、现代高能物理、粒子物理、空间物理、核能等研究的基础，是物理学前沿研究不可或缺的手段，在基础物理、医疗卫生、工业技术、资源环境、空间技术等领域也有着广泛的应用。

在环境问题凸显和各国科技竞争加剧的背景下，众多重大全球性议题和国家政策的实施以及科学问题的解决依赖于制冷低温科学的发展，因此制冷与低温技术越发受到各国的重视。当前，在政策和市场驱动下，传统制冷技术面临强制性更新换代；此外，新型制冷和低温技术迅猛发展，支持前沿科学的发展和国家重大需求，并推进相关产品的市场化。在这个科技快速发展的新时代，及时根据国家战略发展方向调整学科重点发展方向，同时跟进国际新兴研究方向保持完善的技术储备，对于制冷与低温学科的发展并保证学科对国民经济发展的可持续支撑至关重要。

目前，我国开设能源与动力工程专业的高等院校超过200所，开设建筑环境与能源应用工程专业的高等院校约180所。我国在制冷领域拥有中国科学院理化技术研究所、合肥通用机械研究院等一批高水平研究院所，并拥有美的、海尔、格力、海信等一批世界级的龙头企业，有大量的科技工作者开展制冷及相关领域研究。制冷产品是满足人民美好生活需要和消费升级的重要终端消费品，制冷产品制造是制造业的重要组成部分。我国是全球最大的制冷产品生产国、消费国和出口国。根据国家发展和改革委员会、工信部等7部门发布的《绿色高效制冷行动方案》，我国制冷产品制造领域吸纳就业人口超过300万，生产了全球近50%的工商制冷设备、30%以上的汽车空调、80%以上的家用空调和60%以上的冰箱冰柜。据估算，我国制冷相关的制造业年产值超过1万亿元，再考虑建筑空调系统和冷链物流设施等相关工程的设计、施工、运维管理等环节的产值，总额巨大。

在中国科协的支持下，中国制冷学会分别于2010—2011年和2018—2019年组织了院士专家团队进行了两次制冷及低温工程学科发展报告的编写工作，将新型制冷技术、制冷工质、低温生物医学、低温工程技术、压缩机和制冷设备、冷冻冷藏贮运、热泵空调、空调制冷、吸附制冷和吸收式制冷等众多内容都进行了较为全面的介绍，还对制冷学科的定义、范围、重要性以及战略发展需求进行了整理。考虑到当前形势下制冷与低温技术的飞速发展，传统技术更新换代，新技术大量涌现，有必要对学科的发展，尤其是近五年内的发展进行进一步的整理。

综合近年来本学科的发展趋势，传统制冷技术的核心问题是制冷工质（又称制冷剂、冷媒）替代，以及由制冷工质替代带来的循环匹配与关键部件的高效及调控技术。吸收、吸附和热声等热驱动制冷及热泵技术也是重要的发展方向。制冷技术在空调系统、冷链装备、高温热泵技术和车用热泵及热管理方面也有迅速发展，积累了一批新技术，并有效推动了相关行业的快速发展。此外，以磁制冷、电卡制冷和弹热制冷等固态制冷技术为代表的新型制冷技术获得了飞速发展。为服务国民经济和国家发展战略，在低温技术领域，同样涌现了一批新型技术或系统，支撑了国家重大需求，包括低温空气分离、天然气液化、大型液氢液氦系统、微小型低温制冷系统等。低温冷冻治疗和保存还为临床医学的相关需求提供了支撑。

二、本学科近年的最新研究进展

近年来，制冷及低温工程学科围绕国际科技前沿和国家重大需求，坚持需求牵引和问题导向，从学科研究、应用和发展的角度，在制冷和低温技术等方面都涌现出一批科学意义重大且社会经济效益显著的科技成果，为城乡建设、清洁供暖、余热回收、新能源利用、物流、新能源汽车、空分、天然气液化等众多领域的发展起到了强有力的支撑作用，尤其助力我国先端物理、量子技术、超导等前沿科技领域快速发展。

（一）制冷技术

1. 蒸气压缩制冷技术

（1）制冷剂替代

随着我国双碳重大战略的稳步推进以及2021年9月15日《〈蒙特利尔议定书〉基加利修正案》对我国正式生效，作为非二氧化碳温室气体减排重要对象之一的制冷工质替代

综合报告

是当前制冷领域关注的热点。现阶段已进入第四代制冷工质替代的关键时期，制冷工质替代围绕低 GWP 值制冷工质的开发与应用和天然制冷工质的复兴两大主题取得了诸多实质性进展：更新完善了 R-1132（E）、R-1233zd（E）、R-1336mzz（E）等 20 多种 HFOs 制冷工质的热物性数据库；基于这类低 GWP 物质开发了多种可应用于冷水机组、热泵型汽车空调及高温热泵产品的替代混合制冷工质，覆盖了应用 HFCs 制冷空调领域大部分产品，逐渐明晰了各种制冷空调产品的替代路线；基于科学严密的论证，进一步评估了可燃制冷工质的安全风险，调整修订其充注规定及要求，显著扩大了可燃制冷工质的应用范围。研发出了一系列适用于碳氢制冷工质的高效压缩机和微通道换热器，提升了系统的能效和制冷工质充注限制，提振了碳氢工质作为房间空调器、冷水机组等产品替代制冷工质的信心，其中研发的产品容量范围从 8 kW 扩大到了 190 kW。研发出系列高效 CO_2 压缩机、降膜式蒸发器、气体冷却器、引射器及膨胀机等关键部件，提升了 CO_2 系统的性能，CO_2 冷冻冷藏设备已成规模推广应用，CO_2 热泵热水机逐渐取得了商业应用，CO_2 电动汽车热泵型空调也进入了商业测试阶段，并且本届冬奥会冰上场馆中 CO_2 跨临界直冷制冰技术的成功应用，增强了人们对 CO_2 作为未来主流替代制冷工质的信心。而 NH_3/CO_2 复叠和载冷技术已成为当前中国冷冻冷藏设备的主流技术，获得了广泛的市场化应用，在大中型装备市场的占有率已达 80% 以上。

近年来，制冷工质的回收与再生及废弃制冷工质销毁处理也是关注的焦点。2022 年，生态环境部固体废物与化学品管理技术中心联合能源基金会发布了《〈蒙特利尔议定书〉受控物质制冷剂回收再用管理模式研究报告》。许多企业研发出了冷却法、压缩冷凝法、液态推拉法和复合回收法等多种方式的制冷工质回收机，回收速率和回收纯度有了显著提升。提出了全新的制冷工质催化降解新工艺。

（2）蒸气压缩制冷技术

为了应对天然制冷工质的替代应用、能效提升以及物联网的发展等多方面需求，蒸气压缩制冷技术在循环的设计与应用、压缩机与换热器性能的改进和智能调节方面也陆续取得了一定进展。首先，提出了新的复叠压缩制冷系统循环系统设计，拓展了磁悬浮压缩、喷气增焓技术的应用范围；研发了无油压缩机（气悬浮轴承技术）、并行压缩、CO_2 引射器及膨胀机等关键设备，提升了制冷空调产品的系统能效，拓展了产品的应用边界；解决高温的多级压缩机的开发、降低了多级循环构型下故障率，提出了新型高效换热结构和除霜技术，发展的高温热泵技术可替代工业生产中的锅炉，相关产品受到国内外的广泛关注。借助现有的数字孪生技术和人工智能技术，通过用户侧采集的数据和分析平台的智能化控制，提出了复杂制冷空调系统的智能化运维策略，逐步完善远程控制、操作、监管、诊断、服务等。

2. 热驱动制冷及热泵技术

（1）吸收式制冷及热泵技术

吸收式制冷及热泵换热器的进展主要包括：发展两类吸收式换热器的概念；提出了吸收式换热器效能评价吸收式换热器的性能；提出了全新的多段、多级、多分区吸收式换热器的流程；研发了系列大规模立式多级、多段吸收式换热器，实际应用面积已经超过 2 亿 m^2；研发了楼宇吸收式换热器，已呈现规模化推广应用；研发了可拆板式吸收式换热器，为实现模块化提供了可行的。

在理论研究方面，提出吸收式热泵的提升系数模型，指出吸收式热泵的热量变换本质为发生 – 冷凝过程消耗驱动温差，吸收 – 蒸发过程获得提升温差，提升温差与驱动温差之比为提升系数，给出了吸收式热泵外部工况可行性的判断原则。

对于内部各传热传质过程，阐明了降膜流动过程中液滴形成过程的混沌特性，给出了水平圆管束布液设计的指导要点；揭示了以气泡为核心的闪蒸发生过程和降膜发生过程的机理；明晰了溶液吸收过程的三股流换热过程的匹配特性。提出了 U 型管气液两相流特征和避免 U 型管气液两相流而避免蒸汽穿透的方法。

（2）吸附式制冷及热泵技术

吸附制冷技术的主要研究进展集中在吸附机理、材料、模型与循环、系统应用方面。

在吸附机理方面，揭示了单、多卤化物复合吸附剂在平衡和非平衡条件下的滞后机理和反应特性。阐明了氯化铵独特的化学反应和固体吸附的复合吸附机理，指出氯化铵具有显著的温敏效应与部分活化的分步吸附特性。明确了金属有机框架的吸水行为和充水顺序，剖析了金属有机框架及其衍生物的物理化学耦合吸附机理，破译了不同压力和温度下的动态吸附过程，并利用概率分布函数和第一性原理计算精确的吸附位点和相互作用机制。

在吸附材料方面，发展了无吸附滞后且稳定的多卤化物复合吸附剂以提高㶲效率，开发了基于金属有机框架的复合吸附剂可显著提升吸附量、热源及环境温度的适应性，发展了阵列定向型石墨烯凝胶多孔吸附材料来缩短吸附质分子的传输路径以提升传热传质性能，设计了热质协同强化的固化复合吸附剂来缩短循环时间，以提高制冷功率（SCP）和制冷性能系数（COP）。

在动力学模型和循环方面，发展了基于卤化物 – 氨工质对和多孔材料 – 水/醇的类比、指数和幂函数动力学模型。提出了蒸气压缩 – 热化学吸附耦合的制冷循环，显著提升热源温度的适应性并实现稳定的冷量输出。重构了再吸附发电、制冷与储能联供循环，实现了变热源条件下电、冷、热联供效果。构建了基于卤化物 – 氨工质对的两级复叠式热品位提升循环，其最大升温幅度达 65℃。设计了基于卤化物 – 氨工质对的多级复叠式跨季节储热循环，在较低的压力下实现低温热源的解吸过程，显著提升热源温度的适应性。提出了共用冷凝器同时实现夏季制冷与跨季节储热的两级复叠循环，实现了较高的制冷、储热与供热综合性能。

在系统应用方面，开发了基于氯化锰/氯化钙–氨工质对的尾气余热驱动的两级车载冷冻系统，其制冷量能够满足实际的冷藏车冷冻需求。设计了基于双卤化物–氨工质对的工业余热驱动的双床连续制冷系统，在 –10℃的蒸发温度下获得了 3 kW 的连续平均制冷量。虽然已有硅胶–水吸附式冷水机组、复合吸附剂–氨冷冻机组、复合吸附剂除湿转轮空气处理系统等吸附制冷系统推向市场，但大规模的商业应用仍面临许多问题，其中系统成本始终是制约该技术推广应用的关键。因此在保证较高制冷性能的前提下简化系统结构工艺并降低吸附剂成本，提升吸附系统的性价比显得非常重要。

（3）热声制冷技术

热声制冷技术的主要研究进展集中在以下三个方面：

1）双行波式热声制冷系统。与上一代驻波式和行驻波式热声制冷系统相比，其优势在于回热器和谐振管均处在以行波为主的声场之中，因而无论是热声转换效率还是声传输效率都可达到较高的水平，因此系统整体性能也获得了提高。目前，当这一类系统工作在空调温区且驱动热源温度为 200～300℃时，单机制冷量为几千瓦至几十千瓦的水平，整机 COP 可达 0.5 左右。

2）气–液耦合或气–固耦合式热声制冷系统。在双行波式热声制冷系统中，所采用行波谐振管的长度远大于其他部件，因而谐振管内的声功传输损失是系统的最主要能量损失形式之一。为降低该损失，近年来研究人员提出了采用气–液耦合或气–固耦合谐振器来替代传统气体谐振管的思路。近期，中科院理化所研制了一台采用旁通结构实现声场、阻抗和能流协同的气–液耦合式热声制冷系统。该系统在 450℃的加热温度和标准空调工况下（7℃/35℃），COP 达到 1.12，超过了吸附式制冷技术和单效吸收式制冷技术，甚至能媲美双效吸收式制冷系统。

3）传质强化热声制冷。这种新型热声制冷循环是指在传统热声制冷循环中引入由声振荡激发的传质过程（例如相变），伴随传质过程的热效应可在一定条件下起到强化声制冷的效果。这种新型循环已经在一些驻波型系统中得到应用。为研发高性能行波型样机，还需解决回热器内传质不稳定和换热器性能与热声转换不匹配的问题。目前出现的新型超亲水板叠/回热器将推进这些问题的解决。

3. 固态制冷技术

热电制冷具有无运动部件、易集成封装等特点，成了传统蒸气压缩制冷技术的补充，在家电、工业、医疗、国防及航空航天等小型制冷、零振动、精准控温等需求领域得到了应用。热电制冷的核心在于材料。为了减少对碲元素的依赖，Mg_3Sb_2 系列热电材料受到了广泛关注，目前国内外学者已制备出 ZT 接近 1 的 n 型 Mg 基热电材料。随着光通信等领域的需求不断提高，高性能的微型热电制冷器的批量化制备是国内外学界与企业界的研发重点。一方面，极微型的薄膜热电制冷器在高热流密度芯片热管理方面具有重大潜力，是目前国内外学者的研究热点。另一方面，使用柔性热电材料和柔性电极构建的柔性热电制冷器件在可穿戴设备等场景也得到了快速发展。此外，武汉理工大学研究团队于2021年提出将热电制冷与磁热制冷结合的新型热－电－磁全固态制冷技术，以提升热电制冷器件性能。在低温应用场景，使用高温超导材料作为电极，在液氮温区的低温制冷器件可以产生5～14 K的制冷温差和0.36 W的制冷量。

固体激光制冷（又称光学制冷）使用激光激发电子跃迁，释放荧光并吸收热量，具有零振动、零噪声、可长期稳定运行等优势，被认为可以在小型低温传感器上得到应用。近年来，我国在固体激光制冷方向取得了巨大进展。在掺杂稀土离子材料体系中，2021年，华东师范大学成功将Yb^{3+}：$LuLiF_4$晶体从室温冷却到121 K，这是我国固体激光制冷首次突破低温学温度123 K。此外，吉林大学和天津工业大学在固体激光制冷方向也开展了一系列研究工作，工作主要集中在理论研究方面，目前尚未见到公开报道实验研究结果。在国际上，有两个团队实现了低温学温度的固体激光制冷：美国新墨西哥大学和洛斯阿拉莫斯国家实验室在Yb^{3+}：YLF4晶体中获得了87 K低温，2023年该团队搭建的原理样机冷指温度最低可到125 K。法国国家科学研究中心和意大利比萨大学于2022年也在Yb^{3+}：YLF_4晶体中获得了125 K低温。

在三种主要固态相变制冷技术中，磁制冷是发展最为成熟的技术。磁制冷已展示出了mK温区到室温温区的宽温域制冷能力。近年来，LaFeSiH一级相变材料也在更多的室温磁制冷机中得到应用。2021年，丹麦技术大学使用多极旋转磁体搭配多磁回热器的系统集成方案，在7.3 K制冷温差条件下得到了15.9的COP，对应39.2%的热力完善度，是目前磁制冷机取得的最高效率。基于该架构，近三年有多个商业化样机的报道，包括磁制冷酒柜、磁制冷冷藏柜、磁制冷冷水机组。欧美研究机构近年来关注磁制冷机液化氢气和LNG的可行性，例如美国PNNL使用四级回热器在1.3 MPa条件下成功液化了天然气。在极低温区，2021年，中科院物理所成功研制了单级绝热去磁制冷机，填补了我国在该方向的空白，获得了470 mK的低温。

电卡制冷的主要优势在于直接使用电能驱动热力学循环，具有较高的理论循环效率，在一些特种领域作为传统制冷技术的补充和替代有着优秀的表现。近年来，电卡制冷材料的技术取得了快速发展。上海交通大学发现了在PVDF-TrFE-CFE体系中引入少量C—C双键能够大幅度提高电卡效应强度，从而实现了低电场强度下的巨电卡效应，将电卡材料的制冷循环工作周期提高到超百万次。近三年来，电卡制冷器件的研究开始加速。例如，通过多级复叠并利用静电吸附原理，一个四级的制冷器件实现了8.7 K的制冷温差，远高于材料的绝热温变。基于钪钽酸铅多层电容器和复式固态接触换热的电卡制冷器件实现了5.2 K的制冷温差和0.135 W/cm^{2}的热流密度。回热式电卡制冷器件则实现了13 K的制冷温差，远超2 K的材料绝热温变，验证了回热循环和主动回热器在电卡制冷中应用的效果。

弹热效应是几种可直接测量的固态相变热效应中最显著的。近三年，商用级镍钛合金已在多个器件中展现出了百万级的寿命和稳定的超过 20 K 绝热温变的热效应，并且增材制造技术直接制备高换热比表面积或具有形状、功能梯度的工质得到了快速发展。弹热制冷器件在近两年有爆发式增长，仅 2022 年就有 8 台新增报道的弹热制冷机，基于高分子材料的弹热制冷机也实现了零的突破。西安交通大学研发了全球首台全集成的紧凑型弹热制冷冰箱原型机，展示了该技术用于冷藏的可行性，实现了 15 K 的制冷温差。基于小管径薄壁管束的弹热回热器实现了 31.3 K 的制冷温差和 50 W 的制热量，而基于管束结构的多模式、多回热器系统设计也实现了 260 W 的制冷量，首次将弹热制冷机的综合性能做到了与主流磁制冷机相同的水平，证明了千瓦级应用场景的可拓展的技术路线。除此之外，还有多个研究机构探索了使用气液相变传热或微肋和回字形等强化传热结构提高弹热制冷器件性能的效果。在这一波发展浪潮下，爱尔兰 Exergyn 公司开始研发 10 kW 制热量的地源弹热热泵机组，如果成功，可能成为弹热制冷技术的第一个商用场景。

（二）制冷技术的应用

1. 空调制冷技术

室内热湿环境控制在保障人居环境舒适性、提高工农业生产效率和产品品质方面具有重要作用，近年来，在冷凝除湿空调中，通过分级 / 分段蒸发和冷凝热回收实现了温湿度独立控制及送风再热，使能效进一步提升；在溶液除湿空调中，通过吸湿剂和系统流程创新进一步提升了低品位热利用水平并向深度除湿领域拓展；在固体除湿空调中，通过开发新型干燥剂和优化除湿换热器结构进一步降低了再生温度并提升了除湿性能。对于被动式热湿调节技术，通过引入物性可调控的新材料及先进控制策略进一步降低了空调系统负荷。

空调系统的关键部件研究是空调系统低碳发展的重点。近年来，磁悬浮、气悬浮等型式的冷水机组产品进一步迭代升级，实现压缩机高速无油运行。气悬浮技术无须复杂控制系统、结构紧凑，且相较于磁悬浮机组成本更低、体积更小。换热器近年来的发展主要集中于结构紧凑、制冷剂充注量低、换热性能高的换热器，技术方法包括新型翅片、加装涡发生器、采用纳米流体等。

空调系统层面上，低温空气源热泵技术得到快速发展，通过变频复叠控制以及双级压缩的方式，可以有效实现热泵系统在低温环境下的高效、可靠运行；多联机系统在市场上的体量愈发庞大，因而通过负荷预测的变蒸发温度 – 变过热度控制，以及基于多温湿场景热舒适性算法的三管制多联机热回收温湿平衡控制技术，有效提高多联机系统所控参数的稳定性，并辅以末端送风的优化，提高用户舒适性。除此之外，对于其他空调形式，也可通过风道的优化设计以及自然能源的有效利用达到高效、节能、舒适的目的。直膨式空调系统在线测量技术近年来得到了行业的广泛关注，为此，提出了空调器基于压缩机能量平衡法动态修正的"全工况制冷剂流量法"。多联机相比于房间空调器更为复杂，将压缩机、油分离器和旁通回路构成的压缩机组件抽象为"广义压缩机"，即可形成基于"广义压缩机"能量平衡法的多联机现场性能测量方法。在此基础上，提出了大数据技术与物联网的结合技术，如基于数字孪生技术的多联机系统、人数据技术应用多联机调试、空调室温模型预测控制等，有效提高空调系统的效率和舒适度，同时降低能耗和维护成本。大数据技术也可用于冷站的运行当中，利用机器学习等算法，自动预测负荷变化趋势并自动寻优，制定未来运行的节能模式；结合BIM等建模技术，也可实现机房冷站的快速准确搭建、可视化安装及系统联动调试等。

2. 冷链装备技术

（1）冷加工装备技术

在预冷领域，研制了基于流态冰的差压预冷装备，创新点在于将先进的流态冰制取技术与传统差压预冷装备结合，利用流态冰高效的蓄冷性能和良好的流动特性替代传统预冷装备的直供冷冷源，达到降低设备造价和预冷成本的目的；研制了基于可交换厢体技术的可移动式专业化压差预冷装备，创新点在于将压差预冷装置和可交换厢完美结合，可方便地使用专用可交换厢底盘车挂载，实现自身任意自动装卸；研发了"压差预冷+冰温贮运"联合保鲜技术，即果蔬采摘后立即进行田间快速预冷处理，然后进行冰温贮藏及冰温运输，实现全程冷链；基于标准6.1米集装箱，综合预冷和冷藏两种模式及两种模式自动切换的全新模式，研制了智慧环保移动式果蔬压差预冷和冷藏一体化装备。

果蔬预冷与杀菌消毒技术相结合可以方便地控制果蔬微生物滋生。将等离子体活性水杀菌与果蔬预冷相结合，实验研究了影响等离子体活性水制取的因素及其在果蔬预冷中的杀菌效果。

在冻结与速冻领域，研发了高效洁净全自动堆积螺旋式食品速冻装置，实现了自堆积螺旋高效稳定驱动及在线监控技术、高效冻结技术、全自动CIP原位清洗技术的集成运用和集成创新；研制了智能化液氮速冻装备，建立了典型鱼肉类的速冻工艺包和基于流场优化设计与温度智能控制的速冻装置智能控制策略；针对现有速冻设备能耗大、单位产能占地大、自动化和智能化程度低、蒸发器除霜频繁等问题，设计开发了智能立体冻结隧道；提出了智能型下旋流隧道速冻装置速冻机、炒饭速冻机，体现了冷链装备的精细化。

在物理场辅助冻结技术领域，在磁场辅助冻结技术领域取得系列进展。开展了磁场对水及其盐溶液中冰晶生长过程影响的实验与仿真研究。采用人工置核的方法，定量地研究了不同磁场强度作用下单个冰晶的动态生长过程，证明了磁场可以抑制冰晶生长，降低其生长速率；建立了基于相场法的冰晶生长模型，模拟了单个冰晶的动态生长过程；开展了多种生鲜食品（包括水产、肉类、果蔬等）的磁场辅助冻结实验；开展了超声波场强分布和空化效应、正交超声波场对冷冻效率和品质影响的研究，研发了自动化超声波辅助冷冻装备。

综合报告

（2）冷库用制冷技术

研发了移动式多功能模块化冷箱，可以根据冷量和冷藏空间需要自由配置组合；研发了带可调节喷射器的跨临界二氧化碳机组，拓展了不同室外环境应用范围，与传统氟利昂系统相比，节能最高可达40%；其他进展还包括采用织物风道下部渗透风的冰鲜库、采用基于变频控制与翅片顶排管的新型冰温冷库和新型宽温区高效制冷供热耦合集成系统等。

（3）冷藏运输装备技术

冷藏车的电动化趋势已经显现出来。除电动冷藏车发展迅速之外，电动冷藏三轮车可以满足未来对"最后一公里"的清洁运输需求。近年来这一领域也不断有新的技术和产品推出，例如国内企业推出的电动冷藏三轮车，其制冷机组已经可以达到 –25℃的制冷要求。同时，该车具有先进的物流系统，在车厢植入GPS应用，提供车辆定位、温度上传和收款系统等功能。

在冷藏车用制冷系统方面，利用新型工质的车用制冷系统在近年来也取得较快发展，主要工质包括 CO_2、R-448A 等。国内企业研发了 CO_2 制冷剂的集装箱制冷机组，其性能与传统的HFCs制冷系统相当。冷藏车还可以利用蓄冷板维持低温，具有车内温度稳定、制冷时无噪声、故障少、结构简单、投资费用较低等特点；但其制冷时间有限，仅适用于中短途公路运输。

（4）冷藏销售设备技术

研发了基于双压机联控系统和喷射器增效双温系统的冰箱，均实现了双温调节。双压机联控系统采用双压缩机的并联制冷循环系统，实现商用陈列柜冷藏、冷冻高效切换，分级匹配外部热负荷。喷射器增效双温系统采用喷射器增效，有效回收节流损失，降低压缩机压比和耗功并减小系统耗电量；研发了冷凝热回收型双温风幕柜，采用三股气流的立体风道和回收冷凝热的风冷冷凝器结构，同时设计了HC高冷凝压力制冷系统并开发了单制冷系统冷、热变负荷调节方法，使能耗下降30%以上；研发了基于非共沸混合工质HX46（R-290/R-170）的低温冷柜，采用J-T制冷循环替代自复叠和复叠循环，实现了 –60℃的低温制冷。

3. 高温热泵技术

（1）高温热泵的技术发展

寻找合适的高温工质是实现高温热泵的首要问题，一方面需要工质热物性能够实现高热输出，另一方面需要工质具有低GWP值满足环保和制冷剂替代需求，导致R-134a、R-290、R-1234yf等工质难以适用，因此近年来采用高温HFO工质和天然工质的高温热泵取得了更多进展，出现了采用R-1234ze（E）、R-1233zd（E）和水蒸气作为工质的高温热泵。相比于HFO制冷剂，采用自然工质水的热泵在高温输出工况下有高性能和低成本优势，但水蒸气压缩过程过热度高会导致压缩效率下降，因此近年来出现了采用双螺杆压缩机和喷水冷却的水蒸气高温热泵系统，这种系统可以在蒸发温度80℃、压缩机排气温度120℃和压比为4.2时，实现接近5的COP。

热泵循环构建是实现高温热泵高效灵活应用的重要因素，在通过喷液冷却实现高温热泵效率提升的研发以外，大温升的高温热泵循环可以实现高温热泵在更多场景的应用，并在利用低温余热或环境热能时实现高温输出，是近年来的重要发展方向。较为有代表性的进展包括高温热泵与常规空气源/水源/余热源热泵耦合的大温升复叠压缩式热泵循环、第二类吸收式热泵与常规空气源/水源/余热源热泵耦合的大温升吸收-压缩耦合式热泵循环。相比于常规热泵约40℃的温升能力，这类大温升高温热泵循环可以实现接近80℃的温升和高温输出，在使用空气热源时即可产生高温热水用于生产生活。

考虑到闭式热泵的大温升优势和开式热泵的直接蒸汽供应优势，二者的结合是近年来高温热泵实现工业应用的新发展方向。通过大温升闭式热泵系统耦合蒸汽发生系统或开式热泵系统，实现从空气中取热并制取高品位热，可用于替代燃煤锅炉和供应清洁蒸汽，并已初步获得应用。随着我国产业结构的升级，低端高耗能产业将受到限制和淘汰，工业能耗的中低温用热占比还将进一步提高，可以通过余热式工业热泵或空气源热泵锅炉进行替代，从而为工业用热脱碳提供有力支持。

（2）高温热泵的应用进展

随着高温热泵技术的重要性被更广泛认可，近几年也出现了一些高温热泵在不同行业的应用案例，其中以空气源高温热泵、热回收高温热泵干燥较为典型。

空气源高温热泵蒸汽发生技术以热泵和蒸汽压缩技术为基础，通过热泵技术从空气中取热来初步供应80℃以上的高温热水；通过负压蒸汽的发生技术，实现水蒸气足量充分的闪蒸，供应充足的低压水蒸气；通过蒸汽压缩技术，用双螺杆水蒸气压缩机实现强制性吸气压缩，同时满足负压吸气和大流量的需求。

在闭式除湿热泵粮食干燥系统中，高温低湿的空气被送入粮食烘干塔对粮食进行烘干，随后变为高湿含尘空气从烘干塔排出；然后含尘空气先经过高效除尘器除尘、除杂后变为洁净的空气，随后经过多级蒸发器降温除湿后变为低温低湿的空气，并在该过程中实现了废热的回收；接着低温低湿的空气被多级冷凝器逐级加热升温后变为高温低湿空气，并在该过程中实现了废热回收后的再利用；最后高温空气再次应用于烘干，进而完成一个完整的循环。

在上述典型应用以外，中国制冷学会也组织各单位在2023年共同编写和发布了《热泵应用示范项目案例集》，包含了常规热泵和高温热泵在建筑、农业和工业领域的应用。

4. 车用热泵及热管理技术

（1）车用热管理技术中的制冷剂

在近五年的行业发展过程中，由于《蒙特利尔议定书》基加利修正案的推动，传统车辆热管理行业使用最广泛的R-134a等HFCs类制冷剂（具有较高的全球变暖潜值）被列入受控温室气体名录，发达国家与发展中国家都制定了明确的替代时间表。

因此，新能源汽车热管理领域 HFCs 制冷剂的替换迫在眉睫。通过近些年的理论研究和实践探索，车辆热管理系统替代制冷剂的筛选准则包括：具有良好的热力学性能、能够适应热泵运行和制热需求、满足环保和安全性要求、生产成本和制冷剂替代成本综合低等。而由于欧洲 PFAS 法案的出台，曾经较为风靡的 HFO 类替代方案的发展前景受到了一定限制，而纯天然工质 CO_2（R-744）和 R-290 的呼声日渐高涨。CO_2 凭借着无毒不可燃、环保性极佳、低温制热优势明显、紧凑化、轻量化等优势，成为未来制冷剂替代的最理想解决方案之一；但跨临界 CO_2 系统在某些工况下的制冷性能仍然稍差，该技术仍然存在提升和完善的空间。R-290 的综合性能优良，虽然已经有较多理论和实验研究通过构建二次回路的方法牺牲性能来提升安全系数，但安全性问题仍然是主机厂十分担忧的隐患，因此装车路试等目前还较为少见。

（2）一体化车用热管理技术

近年间的研究证明，为应对新能源汽车高速发展所带来的诸多挑战和解决日趋复杂的整车热管理需求，更充分地挖掘车辆系统热惯性潜力，进而实现多层次、广领域的优化目标，从而基于同一套蒸气压缩式制冷系统实现乘员舱舒适性及三电模块（电池、电机、电控）温度精确控制的需求，并深度探索系统内多温度、多目标的能量回收与梯级利用的可能性，形成完整、系统、合理的一体化整车热管理构架与策略十分必要。

在纯电动乘用车制冷工况下，乘员舱与电池/电机回路的冷却温度要求不同，由此促使了补气式循环的发展。在纯电动乘用车制热工况下，为了延长车辆行驶里程，冬季余热回收技术已经成为产业界的共识，该技术可以回收动力电池、电机和电气控制设备等的热量并通过热泵方式输送进乘员舱，以达到乘员舱制热与电池/电机冷却的双重效果。

（3）车用热管理系统的智能化控制技术

近年间的研究表明：在新能源汽车热管理的复杂需求驱动和智能化牵引下，控制智能化成为未来精细化热管理的最核心技术，也是未来新能源车辆热管理技术面向多功能、宽温域、多变量、非稳态、非线性需求及实时动态优化、快速响应的根本保障。为了实现新能源汽车热管理系统控制的智能化，新能源车辆热管理自动控制系统应满足热害控制、远程控制以及能量智能管控的功能。

（三）低温技术及其应用

1. 低温空气分离技术及应用进展

现代低温空分设备正朝着大型化、低能耗化、智能化方向发展，其近些年的研究进展主要聚焦于高精度的低温混合工质物性预测与流程匹配、高效的空分部机研制以及灵活可靠的大型空分优化控制等，具体进展如下。

在低温混合流体预测与流程匹配方面，提出了基于普适临界指数的临界物性计算方法，发展了基于明确物理意义的密度项、温度项和相区项的改进型亥姆霍兹状态方程构架以及基于格鲁尼森数的状态方程性能检验评估方法，提高了空分流体状态方程在宽温度压力范围、全气液相区的适用鲁棒性和准确性；在流程匹配方面，发展了内压缩、外压缩、自增压等空分流程体系，发明了产品纯度、产品压力、液体比例等用户需求与空分流程结构的关联性分析方法，建立了气体制备工艺流程图谱，实现了根据用户需求的最低能耗最优匹配流程设计方案的精确导航。

在压缩机方面，开发了单轴等温型空分压缩机，构建了适用于不同空分等级的国产压缩机型号体系。在纯化器方面，浙江大学与杭氧揭示了立式径向吸附器内流体均布与传质机理，提出了最优导线锥型线与超大型吸附器的分层并联结构设计方法，实现了立式径向流吸附器运用到 10 万等级空分项目中；杭氧建立了分子筛常温动态吸附、低温动态吸附和催化剂性能评价等试验台位，构建了不同吸附材料吸附性能核心数据库。在换热器方面，提出了低温空分流体冷凝和沸腾过程的实验关联式；提出了高、低压翅片优化匹配方法，解决了高低压通道能量密度差异大、低压通道阻力要求严苛、热负荷平衡匹配等难题；四川空分建成了国内唯一的正压通风型板翅式换热器性能测试台位，实现了可测试的雷诺数最大达 20000。在透平膨胀机方面，开发了适用于大液体比空分和大型内压缩空分系统的液体膨胀机，实现了高效低压与中压透平膨胀机的成套应用。在低温精馏塔方面，浙江大学揭示了低温两相逆流界面不稳定机理，提出了低温液泛速度预测方法；阐明了规整填料波纹倾角、表面微纹理、褶皱角以及穿孔模式对低温精馏过程空分流体压降阻力和传质分离的影响规律；开发了基于非平衡级模型及分离效率函数方法的精馏整塔计算软件；杭氧搭建了基于低温精馏热模实验平台，开发了 800YG、350YG 等系列规整填料及填料选配技术；发明了高效复合型塔内件和大流量环流型气体分布器，解决了特大直径精馏塔入口气体均布差、阻力大、平衡空间大等问题。

在系统优化控制方面，开发了低温空分系统数字样机；提出了多层次开放架构空分装置模块化建模及模型约简方法；设计了一种基于双层结构预测控制的自动变负荷协同优化控制系统，满足了产品纯度要求高、变工况频繁的技术需求；发展了基于长短期负荷预测与协同优化控制的空分装置群控群调与管网压力稳定技术，发明了基于 PCA 和模糊评价方法的氮塞诊断技术。

2. 液化天然气技术研究进展

（1）天然气液化

天然气液化方面的进展可以从以下几个方面进行归纳。

常规天然气液化。在液化装置流程方面，空气产品公司（Air Products）的液化技术（以 AP-C3MR 工艺为代表）和康菲的优化级联流程占据了最主流的地位。典型的适合中型液化装置的流程包括早已知名的博莱克·威奇（Black & Veatch）的 PRICO，以及较新 BHGE 的 SMR 等。在大型 LNG 项目中，最近也有一些新技术得以应用，其中之一是林德的 MFC4 工艺。在突破天然气液化工艺瓶颈方面，中国寰球工程公司等单位取得了突破性进展，目前拥有了天然气预处理、液化等成套工艺技术，其中寰球公司的双循环混合制冷剂液化工艺具有能耗低（0.2952 kW·h/kg）、原料适应性广、规模适应性好等优势。

非常规天然气液化。无论在理论还是实践方面，我国在非常规天然气液化领域都走在世界前列，近年的进展主要在含氢甲烷和高乙烷含量天然气液化方面。典型的含氢甲烷有焦炉煤气、煤制合成天然气、合成氨尾气等。早期的液化处理方式主要是采用甲烷化的方式将含氢甲烷中的氢尽可能甲烷化，然后对甲烷化后的气体进行液化并分离残存的氢气。目前国内已建成多套按此技术运行的焦炉煤气甲烷化-液化装置。近年来，上海交通大学先后提出了多种甲烷-氢混合物制取LNG和氢气的流程，进而提出了多种联合制冷LNG和液氢的流程，这在氢能越来越得到重视的今天有着重要的意义。此外，上海交通大学还在高乙烷含量天然气液化方面开展了大量研究，在提出多种按常规方式脱除CO_2后再生产LNG和液化乙烷的流程的基础上，又创新性地提出了利用C_2H_6-CO_2共沸特性的在生产LNG和液化乙烷的同时实现低温碳捕集的流程，相比常规脱碳工艺可节约大量能耗。

海上天然气液化。用于海上气田的浮式LNG（FLNG）是近年来LNG关注的重点。出于安全原因和空间限制的原因，小型FLNG大多使用相对简单的液化技术，如基于简单氮气膨胀制冷循环的AP-N工艺、博莱克·威奇的PRICO工艺。产能更大的FLNG装置则会采用更复杂的技术，例如使用空气产品公司的AP-DMR或Shell的DMR。中国海油联合中国石油大学、上海交通大学等单位，先后完成了FLNG相关的10余项国家重要研发项目，建设了氮膨胀液化工艺中试装置，建设了摇摆晃动试验台，开展了微型双混合制冷剂液化工艺试验装置、LNG绕管式换热器传热与流动、塔器内两相流传热传质等理论与实验研究，基本掌握了FLNG核心技术，为工程化应用奠定了基础。

降低液化过程中的碳排放。天然气液化设施的碳排放主要包括：酸性气体预处理、燃气轮机烟气以及辅助设施所需电力。哈默菲斯特（Hammerfest）LNG和弗里波特LNG引入了全电动概念，将压缩机由燃气轮机驱动改为电动机驱动。碳捕集和封存（CCS）是另一个解决方案，包括从气田捕集CO_2（在Hammerfest LNG项目实现）和捕集燃烧后的CO_2，后者已在Venture Global的普拉克明LNG和卡尔克苏通道LNG开始尝试，CCS能力约0.5 Mt/a。

（2）LNG储存与气化

近年来，LNG储存与气化方面体现出以下主要特点：

大型化。随着新液化天然气接收站的建设和现有设施的扩建，LNG储存能力稳步增加。2021年，全球市场现有接收终端的LNG平均储存量为40.4万m^3。随着中国LNG进口量日益增加，储存能力的扩大与再气化能力的扩大同时进行，单罐容量27万m^3的世界上最大LNG储罐已在多个项目采用。接收站大型化也体现在码头泊位的大型化。以往接收站靠泊的主流LNG船液舱容量为12.5万~17.5万m^3。随着Q系列大型LNG船的增多，能靠泊船液舱容量21万~26万m^3的大型LNG接收站码头也随之增多。

FSRU。在过去十年里，浮式储存与再气化装置（FSRU）的数量一直在稳步增长。目前全球市场有 32 座 FSRU 接收站，综合再气化能力为 142.6 Mt/a。截至 2022 年 4 月，有 12 座 FSRU 接收站在建，综合再气化能力为 44.6 Mt/a。2022 年年初以来，FSRU 也为德国等欧洲国家提供了一种速效的解决方案。

具有重装载、转输与加注功能的接收站。近年来，几个 LNG 进口市场已将其接收站转变为 LNG 中心，提供传统再气化操作之外的多样化服务。这些服务包括重装载、转运、小型 LNG 加注和卡车装载。由于对船用燃料实行更严格的硫含量（0.5%）上限，近年来 LNG 动力船数量的激增，进而形成对 LNG 加注设施需求的激增。

（3）LNG 换热器

近年来在 LNG 换热器方面也有较大进展。

绕管式换热器（SWHE）成为大型陆上 LNG 装置和海上 FLNG 设施主低温换热器的首选。国外 LNG 工业起步较早，Linde 和 Air Products 已生产了上百套用于大型 LNG 装置的 SWHE。国内合肥通用院等单位已开展 SWHE 研发工作，但应用于大型 LNG 装置的 SWHE 设计和制造关键技术仍需完善。

板翅式换热器广泛应用于小型 LNG 液化装置中。为解决板翅式物流分配不均匀的问题，研究者们对板翅式换热器的关注点主要集中在研究物流分配特性和传热性能影响因素，以及优化结构形状以降低流体分布不均匀度上。

开架式气化器（ORV）是大型 LNG 接收站的主流气化器。为了解决 ORV 结冰问题，日本大阪瓦斯（Osaka Gas）和日本神户制钢公司（Kobel Steel）联合研制出超级开架式气化器。超级 ORV 可以使气化能力提高 3 倍，水流量和安装空间可分别减小 15% 和 40%。目前我国仍未掌握开架式气化器 ORV 的核心技术。

中间流体气化器（IFV）有海水不易冻结、耐腐蚀和耐磨损等优点，且适合用于 LNG 冷能利用系统（用于冷能利用的 IFV 的中间流体蒸发器和冷凝器需要分开设置）。经过长期研发，国内企业生产的 IFV 已经投入实际运行。

浸没燃烧气化器（SCV）具有结构紧凑、热量利用率高的优点。SCV 长期依赖进口，但近年来国产 SCV 也已开始进入市场。对 SCV 的研究目前大多数旨在模拟 SCV 各个环节的换热过程。

空温式气化器（AAV）较多应用于中小型 LNG 气化站以及调峰站。AAV 容易产生结霜问题，相关研究主要包括通过理论模型推导结霜速率关系式分析外部环境条件、内部换热器结构以及管内流体形态因素对传热效果的影响。

3. 大型氢氦低温技术

大型低温系统的发展可以分为四个阶段，简单液化阶段、实用化阶段、流程改进阶段和潜在的超大型液化器设计阶段，其中第一阶段的效率最低，第四阶段的效率最高。1908 年荷兰物理学家昂纳斯采用液氮及液氢预冷的节流装置率先实现了氦的液化。在首次液化氦后的 100 年间，氦低温制冷机/氦液化器的发展重点主要集中在不断地提高效率、扩大工业化生产规模等方面。超流氦自 1938 年被发现以来，催生出多项重要成果，至今仍是量子物理领域重要的研究方向，以 LHC 为代表的大科学工程已将千瓦级超流氦系统应用于科学研究。

随着社会经济的高速发展，我国已成为大型氦低温制冷设备的使用大国。然而，由于我国处于核心技术不掌握、国产化不能实现、需求长期依赖进口的被动局面，特殊领域还面临"禁运"的潜在危机，我国需要低温技术支撑的核心关键系统的发展受到很大限制，"瓶颈"效应十分明显。我国的低温研究工作从 20 世纪 50 年代开始起步，近年来，以中国科学院理化技术研究所为代表的科研机构，对大型氦低温制冷系统关键技术进行攻关，于 2021 年完成 2500 W@4.5 K 氦制冷机和 500 W@2 K 超流氦制冷机的成果验收工作，现已全面掌握千瓦级大型氦低温制冷系统和百瓦级超流氦制冷系统的设计开发技术。在氢液化方面，如今已实现 2TPD 的国产化，液化规模为 5TPD 和 10TPD 的氢液化器的研制工作也已开展。

4. 微小低温制冷技术

（1）回热式低温制冷机

回热式低温制冷机以斯特林制冷机、G-M 制冷机、脉管制冷机为代表，围绕深低温、高效率、大冷量及微型化应用需求，近年来取得主要进展如下：

在斯特林制冷机方面，近年来随着高工作温区元器件材料的发展，促进了斯特林制冷机向 1 kg 以下更小重量、更小尺寸、更低功耗和更低成本的方向发展。在理论方面，发展出了压缩机 - 冷头的整机阻抗匹配设计理论，助力系统的高效制冷耦合设计；在样机方面，研制出了整机 400 g，0.7 W@80 K，以及最轻可达 265 g，能提供 0.5 W@77 K 性能的代表性产品。此外，随着高温超导技术和小规模气体液化的广泛应用，液氮温区数百至千瓦级别的大冷量斯特林制冷机迅速发展。在理论方面，大尺度非均匀流动与换热特性的多维模拟计算、压缩机 - 冷头的整机阻抗匹配理论的发展，为大冷量斯特林制冷机的研发奠定了基础；在样机方面，目前国内中科力函已实现在 350 W@80 K 制冷，相对卡诺效率最高可以达到 26.8%，此外，最大制冷量可达 1 kW@77 K 和 2 kW@110 K，并且已经实现了小型液氮机以及甲烷回收的工业应用。

在 G-M 制冷机方面，单级 G-M 制冷机已经较为成熟，目前研究主要集中于两级 G-M 制冷机结构，在 4 K 温区进行应用。近年来我国最典型的进展为实现了 4 K G-M 制冷机的国产化发展，当前中船鹏力超低温公司的国产化 G-M 制冷机产品单级性能已达到 40 W@20 K，两级结构 G-M 制冷机，在 4.2 K 有 0.1 W、1.2 W、1.5 W、1.75 W、2 W、2.5 W 系列产品，且实验性能已达到单机最大 4 W。应用方面，近年来国产化 G-M 制冷机开始服务于国家高科技前沿领域，如在我国十大"大国重器"中，量子科学实验卫星、量子雷达、北斗卫星导航系统、FAST 射电望远镜四项先端科技成果均使用了 G-M 制冷机。

在脉管制冷机方面，目前最典型的进展为，80 K 以上温区的斯特林脉管制冷机已经开始部分替代斯特林制冷机，在我国航天领域实现在轨应用。在 4~20 K 深低温区斯特林型脉管制冷机方面，目前我国已有浙江大学、中科院理化所、技物所等多家单位利用三级斯特林型脉管制冷机实现 4.2 K 以下制冷，并利用两级斯特林型脉管制冷机实现 10 K 以下温区制冷。

近年来，压缩机与冷指声阻抗高匹配设计理论的发展、高孔隙回热填料的开发是促进 80 K 温区大冷量、微型化脉管制冷机性能提升的关键。在大冷量斯特林型脉管制冷机方面，目前我国多家机构所研发的斯特林型脉管制冷机都能在 80 K 温度下获得百瓦级冷量。在微型化样机方面，近年来中科院理化所研制的制冷机整机重量小于 1 kg，性能可达 1.24 W@80 K。中科院技物所研制的 1.22 kg 制冷机，性能可达 2 W@80 K，相对卡诺效率可达 9.68%。10 K 以下 G-M 型脉管制冷机可应用于超导量子干涉仪、超导纳米线单光子探测器等对振动可靠性要求较高的系统中。为实现 G-M 型脉管制冷机国产化，当前国内众多低温企业和科研单位也开始进行 G-M 型脉管制冷机的产品化研发工作。

（2）间壁式 J-T 制冷机

近年来，间壁式 J-T 制冷机的研究主要聚焦于 4 K 及以下深低温区和其微型化方面。主要进展如下：

预冷型 J-T 制冷机具有高效、大冷量潜在优势，已成为当前空间液氦温区热点制冷技术。目前国内在闭式 J-T、预冷型液氦温区 J-T、脉管制冷机预冷 J-T 制冷机等方面均开展了样机研究，其中预冷型 J-T 制冷机已实现在 5 K 下达到 100 mW 的制冷量。针对航天用闭式 J-T 制冷机，近年来国内也开展了基于带阀线性压缩机的高低压进排气技术研究，但是该技术尚存在高低压比大、阀门损失大等问题。

对于微型化 J-T 制冷机的研究，近年来的进展主要集中在多元混合工质的微型闭式节流制冷系统上。目前，国内研究机构可以在不同压力条件下，实现 153 K、110 K、88 K 的稳定制冷温度，制冷量可达几百毫瓦。研究发现制冷温度对节流的质量流量有影响，为 J-T 制冷机的设计提供了理论指导。

（3）极低温制冷技术

近年来，特殊的超导物理效应以及量子计算等先端科研领域的研究激增，同时推进了我国 <1 K 极低温制冷技术的快速发展。主流极低温制冷技术包括吸附制冷、稀释制冷和绝热去磁制冷，当前主要研究进展如下。

在吸附制冷技术方面，目前氦吸附制冷机向着多级结构、连续式结构发展。2022 年，中科院理化所研发的一种带有气体间隙热开关的单级吸附式制冷机，用 G-M 制冷机提供 3 K 预冷，制冷机最低温度达到 834 mK。

在稀释制冷技术方面，随着超导量子比特的量子计算技术发展，大冷量和针对应用结构定制的稀释制冷机成为核心需求。国内稀释制冷机的研究逐渐开始并取得了显著的进步，目前以中科院物理所、中国电科集团第十六研究所为代表的机构已研究出最低温达到 10 mK 以下的常规稀释制冷机，以中国电科集团第十六研究所、鹏力超低温公司为代表的低温企业，也开始了常规稀释制冷机的研发，但未来仍需要提高在 20 mK 应用温区的制冷量。针对非常规的吸附泵型稀释制冷机和冷凝泵型稀释制冷机，近年来我国研究进展主要集中在冷凝泵型稀释制冷机上。国内目前冷凝泵型稀释制冷机能达到最低温 84.4 mK。

在绝热去磁制冷技术方面，绝热去磁制冷机由于不依赖重力，十分适合空间应用而再次受到重视。相关研究主要集中在实现 50～100 mK 温区的多级绝热去磁制冷，以及连续型绝热去磁制冷机系统的扩展。国内近年典型的成果包括在 2022 年通过三级绝热去磁制冷机达到 40 mK 以下，并且将温度波动控制在 μK 级别；连续恒温运行的架构也取得了一定进展。此外，在绝热核去磁制冷技术方面，目前国内以北京大学为代表，其样机的制冷温度已经达到 100 μK 以下。

5. 低温冷冻治疗及保存技术

冷冻治疗与冷冻保存是低温生物医学的两大关键研究方向，在冷冻治疗领域，为呼应精准医学的时代要求，中科院理化所研究团队提出了纳米低温生物医学概念以及多模态冷冻消融治疗方案并进行了广泛深入的发展与研究探索。

纳米低温生物医学的基本思路在于将特定的功能性纳米颗粒及其溶液加载到目标组织，实现相应强化或弱化特定组织传热的目的以优化低温治疗过程。纳米冷冻治疗突破了传统低温治疗方式的局限，近年来的主要进展包括：①深入研究了冷冻治疗过程中的强化生物传热与相变问题，筛选出一系列功能性纳米材料（如金属纳米颗粒及天然材料如纳米纤维素晶等），实现了能量在生物组织内的快速均匀递送，强化了肿瘤细胞内的冰晶成核，提升了冷冻消融范围和杀伤强度。②发展了纳米药物－冷冻癌症联合疗法，通过纳米靶向给药实现了抗癌药物高效的跨膜运输与胞内富集，达到低温与化疗的协同杀伤目标，改善治疗预后。③提出了自体肿瘤原位疫苗免疫治疗方案，基于低温保留肿瘤抗原活性的特点，发挥并放大冷冻消融"远位效应"，利用特定修饰的纳米肿瘤疫苗激活全身免疫，具有重要的临床推广价值。④提升了治疗过程中的成像水平，联合计算机断层扫描（CT）以及核磁共振成像（MRI）提高了手术引导分辨率，为实现精确化、绿色化及适形化肿瘤消融发挥了关键作用。

"多模态冷冻治疗"，即通过高低温冷热复合，结合功能性纳米颗粒的热学调控作用实现多方法的协同优势互补，以确保最大化杀伤肿瘤组织的同时尽可能减小对外周健康组织的损伤。基于自主研发设备康博刀利用同一手术微探针实现了 –196～80℃ 的宽温区运行并可在极低温与高温间迅速切换，利用冷热交替过程中的多重相变以及温度剧烈波动产生的热应力损伤彻底杀灭肿瘤细胞，充分发挥了冷冻治疗特点的同时吸收热疗优势，弥补了单一冷疗的不足，是一种极具潜力的集成式肿瘤治疗方案，具有显著的临床优势。

冷冻保存领域的研究关键点主要围绕优化保存过程，减小保存损伤，发展绿色化生物样本保存理念,同时着眼于更大尺度样本保存的探索。近年来学界取得了以下进展:①效法自然,发展并探索了仿生型低温保护策略。基于自然界生物冷冻耐受与冷冻避免两种基本耐寒策略,提出并验证了仿生保存方法如适应性预脱水保护、选择性控冰保存的可行性,同时探索了大量天然产物型冷冻保护剂如海藻糖、脯氨酸、抗冻蛋白等并广泛应用到了低温保存实践。②发展了纳米保护剂介导的低温保存,调控了保存过程的能质输运过程,解决了非渗透性仿生冷冻保护剂的递送问题,实现了保护剂的高效跨膜运输与胞内富集。同时针对玻璃化保存的复温瓶颈,发展了纳米复温策略,实现了对较大尺度生物样本的快速复温。③提出生物样本过冷保存方案。利用界面油封提升了冰晶成核势垒,成功实现了从细胞到器官层次的高质量保存。

立足于低温保存取得的成就,结合标准化手段广泛收集、处理并储存生物材料用于疾病治疗和生命科学研究是生物样本库的重要功能,在全球生物样本库建设如火如荼的大背景下,我国生物样本库工作也进入了快速发展新阶段。近些年来,我国在高质量、高标准、高水平的生物样本库建设方面持续发力,同时推进数字化、信息化的生命大数据平台,出台系列国家标准及行业规定,完善了生物样本库体系建设,形成了系列生物样本、病例资源和人类遗传资源等的共享服务体系,为各类基础生物科学研究和临床实验提供了稳定高效的技术支撑。

三、本学科国内外研究进展比较

近年来,我国在制冷及低温学科持续快速发展,与国外先进水平的差距被不断缩小,在部分领域处于优势地位,但在基础制冷技术方面缺乏原始创新,在关键技术领域仍存在"卡脖子"问题。对比国内外在制冷及低温工程学科方面的重要进展以及发展趋势,厘清在该学科上国内研究与国外先进水平的优势与差距,有助于明确我国制冷及低温工程学科发展的状态,进而对制定学科发展的战略方向提供指导。

(一)制冷技术

1. 蒸气压缩制冷技术

(1)制冷工质替代

作为全球最大的制冷空调设备生产和消费国以及最大的制冷工质消费国,我国针对制冷工质替代开展了一系列研究,在替代技术、标准制订等领域都取得了卓越的成果。我国在第二轮 HCFCs 淘汰管理计划(HPMP)中实施多项低 GWP 替代技术的研究,包括:①针对 R-290、R-32 等可燃性制冷工质应用的风险评估和机组安全性提升研究;② R-290、CO_2、R-32、HFOs 等替代制冷工质的适用性研究,特别是在高环境温度、低环境温度等领域替代技术研究;③压缩机、阀门、换热器、润滑油等关键部件和材料的研究;

④制冷工质充注减量化研究；⑤能效提升技术研究。2021年9月，生态环境部联合相关部委发布《中国受控消耗臭氧层物质清单》（公告2021年第44号），将HFCs纳入了受控物质清单。与此同时，还开展了对多项国家和行业标准的制修订，包括基础及安全标准、整机产品标准、关键部件和材料标准，为弱可燃制冷剂的替代应用扫清了障碍，为制冷工质回收再利用及销毁指明了方向并提供了标准。

欧盟、美国和日本在制冷工质替代方面走在世界前列，制定了大量的政策、法规和配套的行动措施，取得的经验值得我国学习和借鉴。在HFOs制冷工质开发工作中，当前HFOs制冷剂的专利基本都掌握在霍尼韦尔、科慕化学、阿科玛和大金等国外企业手里，这表明国外企业在低GWP值制冷工质的研发中抢占了先机，国内的相关研究和开发工作还需要进一步加强。

（2）蒸气压缩制冷技术

国内在蒸气压缩制冷技术的学术研究方面已经走到了世界前列，比如在天然制冷工质替代应用方面、印刷板路和微通道换热器的开发、热泵领域、能效提升控制技术等都获得了丰硕的研究成果。但是在磁悬浮轴承和高精度阀件开发、变频器设计、冷冻机油（润滑油）、线性压缩机等核心零部件以及氢气储运等一些新兴领域的研发，仍由国外厂商占有主要市场位置，我国在相关产业领域还有待进一步发展。

2. 热驱动制冷及热泵技术

（1）吸收式制冷及热泵技术

当吸收式制冷过程的驱动源为常规化石能源时，与电制冷相比，产生相同的冷量，吸收式制冷过程的能源消耗往往高于电制冷，吸收式制冷技术的应用受限。国外关于吸收式制冷技术的研究慢慢转向利用可再生能源驱动的制冷，或者满足一些特殊场合的制冷。而国内在北方供热、低品位余热回收和热网热量变换的大量需求下，则吸收式制冷慢慢转向了吸收式热泵的研究。由于应用领域的不同，国内外关于吸收式制冷/热泵流程和系统有了较大区别；装置流程设计与结构设计也有较大差别，对吸收式热泵内部的溶液以及传热传质过程等特性的要求也不同。而国内外关于吸收式制冷/热泵的共性研究，集中在吸收式制冷/热泵的小型化以及与压缩式热泵相结合的研究上，这些研究尚未走向大规模工程应用。

（2）吸附式制冷及热泵技术

国内外学者对于吸附制冷的研究各有侧重，国内学者的研究偏重于高性能吸附剂的开发以及高效吸附循环的应用，这方面的研究处于国际领先水平。国内学者主要对硅胶或沸石-水工质对、单/多卤化物-氨工质对进行了材料和系统实验，其中硅胶/沸石的复合材料以及更宽热源温区卤化物的开发和应用有效地提升了吸附制冷性能。

而国外学者则偏向于研究先进吸附材料的微观机理和传统的吸附工质对。尤其美国学者在吸附机理方面侧重于揭示金属有机框架、共价有机框架等多孔材料与水或醇类构建的吸附制冷工质对的吸附行为，在氨吸附方面则主要研究常温常压下的多孔材料吸附低浓度氨气的作用位点和动态吸附行为。英国、日本和俄罗斯学者偏重于活性炭－氨、卤化物－氨、活性炭－甲醇、硅胶－水、沸石－水等传统工质对的制冷性能研究，由于其无法兼顾吸附量、稳定性和温度适应性，极端气候下的制冷性能并不理想。

国内外学者均在金属有机框架－水、金属有机框架/卤化物－水、水凝胶/卤化物－水、离子液体/金属有机框架－水、金属有机框架/共价有机框架－醇以及零下盐溶液制冷等先进制冷工质对方面开展了卓有成效的研究，规模化制备吸附剂和先进吸附制冷及热泵系统的设计有力地助推该技术的市场化应用。

（3）热声制冷技术

国内的研究进展主要集中在传统热声制冷系统方面，包括双行波式热声制冷、气－液耦合式热声制冷和气－固耦合式热声制冷等，所研发的系统在空调温区和低温制冷温区的性能均较上一代系统有了大幅提升，处于世界领先水平。在新型循环方面，也针对回热器等核心部件进行了改进，对高性能样机的研发起到了推进作用。

国外的进展主要体现在双行波式和气－固耦合式热声制冷系统的商业化上，近期出现的多个热声制冷相关公司说明该技术的商业化已经起步。此外，在新型热声制冷循环研究方面，以湿式热声制冷为代表的传质强化热声制冷是国际上的研究热点，目前这一类循环已被证实可在一定条件下强化热声制冷系统的性能，但高性能的实验样机仍待研发。

3. 固态制冷技术

热电制冷已在国内外实现了大规模商业化应用，国内外都有知名的热电制冷器件和制冷设备生产商，其中微型热电制冷器件的生产商主要集中在国外，在当前国际局势下华中科技大学团队正开展高性能微型热电制冷器的国产化技术攻关。总体来看，近年来关于热电制冷的研究国内外处于并驾齐驱的状态，国内的知名研究机构，国内中科院物理所在Mg基、硅酸盐研究所在柔性Ag2S系列等热电材料及器件研制方面处于领先。

尽管我国在国际上也进入了固体激光制冷"低温学温区俱乐部"以及率先实现了纳米半导体材料的激光制冷，但在激光制冷器件的研制和块状半导体材料激光制冷方面，我国和国际一流实验室还存在一定的差距。在国际上，美国洛斯阿拉莫斯国家实验室以及法国国家科学研究中心两个团队均已达到低温学温区，并掌握制备超纯超高光学质量掺杂稀土离子氟化物激光冷却晶体的工艺和平台。洛斯阿拉莫斯国家实验室还具有研发高功率VCSEL芯片和块状超纯半导体材料（例如，GaAs）的技术和平台，我国在该方向仍有待提升。

三种主要固态相变制冷的研究均始于欧美，近年来国内的研究进展较快，已经形成了自己的研究特色并取得了具有自主知识产权的一系列成果。在磁制冷方向，欧美的研究机构建成了多台商业化磁制冷样机，从制冷量到制冷性能系数的一系列指标仍然占优，国内的代表性研究机构，如包头稀土研究院和中科院理化所构建的磁制冷机性能仍在追赶。在电卡制冷方向，我国在近三年取得了一系列主要进展，代表性研究机构，如上海交通大学和南开大学，在新型电卡材料、制冷器件、芯片热管理等应用示范方向做出了多项突破性成果。在弹热制冷方向，欧美研究机构研制的原型机数量仍占显著优势，我国的代表性研究机构，如西安交通大学和香港科技大学，近年来成功研制了全球首台全集成的弹热制冷冰箱原型机和热驱动弹热制冷机，但体量和商业化进程仍然落后于欧美，亟待进一步提升。压卡、扭卡等其他力热效应制冷的研究在国内外均处于理论和材料性能研究的阶段，国内的代表性研究机构，如中科院沈阳金属研究所和南开大学，近年来均取得了国际瞩目的重要研究成果。

（二）制冷技术的应用

1. 空调制冷技术

中国是世界上最大的空调系统生产制造国，同时也是全球最大单体消费市场。在"碳达峰、碳中和"的背景下，在制冷空调系统研发、部件设计制造等方面，国内空调系统研究已经跻身世界前列。但是，针对国际部分研究仍需补齐短板。

首先，在制冷剂替代背景下，新型制冷剂在空调系统中的使用存在很多问题，目前欧洲、美国、日本等地区的企业都研发了采用 R-290、R-744 在内的空气-空气、空气-水空调系统及设备，国内也逐渐开始研发相关系统、设备与部件，但离规模化应用仍有一定距离。

其次，在空调系统性能评价标准体系构建方面，目前国内外都已经从点评价转向季节性能评价。国外研究机构开始采用"基于负荷"（Load-Based）的性能评价方法，即在实验室向室内侧提出冷量或热量补偿，通过空调系统调控室内侧的温湿度环境。相比于在稳定、静态性能测试条件下将压缩机和风机频率固定在某些数值的方法，这种测量方法反映了空调器在不同条件下的调控水平，体现了整个空调系统的运行性能，有助于空调系统运行水平提升。因此，国内相关机构和企业应加紧研发相关产品标准和测试方法。

此外，在空调系统参与智能电网控制方面，国外相关法规起步较早，从 21 世纪初起，美国等国家就有相关建筑参与到电网需求侧响应控制中。目前，需求侧响应已经从传统中央空调研究进入到分散式能源消耗者，如德国的"能源市场 2.0"计划等，将较小的空调用户进行智能联网和控制，创建一个可再生能源比例高且具有足够灵活性的电力系统。在这一方面，国内已经开展相关研究，但仍需与可再生能源电网下的智能电网政策相结合，以推动空调系统节能进一步发展。

2. 冷链装备技术

长期以来，我国的冷链装备技术发展与其他领域的发展水平相比较为落后。近年来随着全社会对冷链的重视程度逐渐提高，国内冷链装备技术水平取得了大幅进步。

在冷加工技术领域的预冷装备方面，日本和欧美国家在连续与间歇式真空预冷、移动式差压预冷技术等方面有很长的发展历史，这方面的技术与国内相比已十分成熟；在冻结与速冻装备方面，自堆积螺旋式速冻机、流态式速冻机等近年来国内发展的设备，主要是对国外技术设备的引进。国外在物理场辅助冻结技术领域的研究相比国内更早开展，例如日本的磁场辅助冻结设备已经商业化。但在某些细分技术领域上国内部分单位已达到了国际领先水平，例如近年来发展的智能立体冻结隧道在干耗、能耗等方面的指标已优于国外主流产品。

在冷库用制冷技术领域，国内外在冷库制冷系统自身能效方面的技术水平相近，但在基于太阳能等可再生能源的冷库制冷技术、冷冻/冷藏兼容及一库多温等方面，日本等国家发展得更早，技术也更为完善。同时，在氨冷库安全保证技术、低充注技术等涉及氨制冷剂应用的技术方面，国内与国外先进水平还存在差距。

在冷藏运输装备技术领域，国内冷藏车辆在制冷系统性能指标和密封性能等方面已接近国外先进水平，但在信息化、新结构、新材料、轻量化设计等方面还有差距。例如美国CR英格兰公司的冷藏车辆具备完善的电子数据交换系统、GPS定位系统及远程控制平台，同时拥有自主知识产权的项目化管理软件。

在冷藏销售设备技术领域，我国整体上处于国际上较为先进的水平。例如基于J-T制冷循环的低温冷柜，能耗与国外主流技术产品相比较低；在冷柜双温调节、信息化水平方面，近年来发展较快。

3. 高温热泵技术

利用空气、土壤和地表水等热源的压缩式热泵已经在建筑供热中广泛应用，其中空气源热泵的适用场景更多，因此近十年来获得了较为快速的推广，且逐步能够实现超低环境温度工作，一般以建筑供热为主，输出温度并不高。该类热泵技术发展较为成熟，国内外发展各有特色，主要区别在于对制冷剂的选择方面，欧洲更倾向于选择天然工质，而国内则多种工质并行，但也在逐步转向天然工质的使用。

利用工业余热的压缩式热泵是近年来新的技术增长点，相比于空气源热泵它的容量通常更大，因此可以使用离心式压缩机实现更高效的供热，达到10 MW的单机容量，并初步获得了工业示范应用，但推广力度仍然有限。由于和常规空气源热泵使用的制冷剂相似，此类压缩式热泵的输出温度有限，导致其主要应用场景仍然是建筑供热和农业烘干等，有待进一步开发高温离心式压缩机的开发来发挥其优势并拓展其应用范围。在该技术方向上日本、欧洲起步较早，但近年来国内发展较为迅速，以格力为代表的企业已经将兆瓦级的离心式热泵应用于工业余热回收供热。

利用余热或空气热源的工业用高温压缩式热泵是近几年的热点发展方向，相比上述压缩式热泵技术具有输出温度更高、应用场景更宽的优势，并出现了有机合成工质和天然工质并行发展的繁荣局面。该技术是热泵拓展应用场景的重要发展方向，也是实现热能供给深度降碳的关键路径。该技术方向国外起步较早，挪威科技大学等对基于天然工质和低

GWP 工质等高温压缩式热泵技术展开了系列研究；瑞士孚瑞公司为代表等研究机构和企业开发了 20 MW 的大容量工业余热源高温热泵；日本曾推出"超级热泵"计划，带动了东京电力公司、日本神户制钢所等企业成为高温压缩式热泵的研发主体，将高温热泵的输出温度提升至了 150℃。近年来国内高温热泵发展较快，出现了水蒸气压缩式热泵、空气源大温升热泵蒸汽发生等有特色的新技术，并受到各大热泵企业的追捧，但相关技术的推广应用仍落后于国外。

利用余热的吸收式热泵也在近几年得到了快速发展，其容量相比于压缩式热泵更大，甚至可以达到单级 80 MW 的容量，因此更适合在工业中进行应用。吸收式热泵早期主要在美国和日本获得较多发展，美国橡树岭国家实验室开发了系列先进吸收式热泵循环并较早地研发了空气源吸收式热泵，日本荏原制造所等开发了系列高温吸收式热泵。经过近二十年的发展，我国的余热源吸收式热泵技术已经逐步从跟跑变为领跑，双良节能和华源泰盟等国内吸收式热泵企业在市场中的活跃度已经超过美国和日本的企业。这也得益于我国工业从高速度发展向高质量发展的转变给余热回收带来了更多机会，使第一类吸收式热泵和第二类吸收式热泵均获得了较为广泛的工业应用，并涵盖了热电、化工、印染等不同行业，近年来在电厂余热回收供热和新能源产业余热回收方面出现了具有特色的应用。

利用空气热源的吸收式热泵在近年来获得了一些发展，美国橡树岭实验室曾开展过相关技术的研发，但并没有出现成熟的产品，我国奇威特等企业在天然气燃烧驱动的氨－水空气源吸收式热泵方面进行了产品研发和推广应用，并主要应用于北方煤改气供暖，以建筑供热为主。由于此类吸收式热泵需要天然气作为驱动热源且以建筑供热为应用场景，在小型化方面不如压缩式热泵更有优势，因此相关技术的推广应用较为有限。相比而言，近年来新出现的吸收－压缩耦合式空气源热泵可以采用电能驱动，并实现高温输出的工业应用，在未来会获得更好的发展和应用。

4. 车用热泵及热管理技术

（1）电动乘用车热泵及热管理技术

近几年间，从实际应用看，已有超过 50% 的国内外车企及车型实现基于热泵技术的车辆热管理系统量产应用，主要为：直接式热泵在电动车热管理中占据主流；间接式热泵因其控制相对简单，易于多温区分区控制，被奥迪 R8、宝马 i3 等车型采用；而半间接式热泵综合考虑了性能及一体化热管理的难易程度，被诸如特斯拉 Model Y 等车型采用；为进一步解决低温制热能力受限问题，补气式热泵可以在一定程度上提升低温制热能力，诸如丰田 Prius 等车型对此进行了量产应用；此外，低温制热问题的改善还依赖于精细化的余热回收技术，被应用于诸如捷豹 i-pace、长安 CS75 等。

在当前国内外主流电动车型中，使用的热管理技术有主动风冷、液冷和制冷剂直接冷却几种形式。风冷采用空气强制对流，结构简单、成本低，应用代表如日产聆风（NissanLeaf）、起亚 SoulEV、丰田普锐斯、凯美瑞（混动版）、卡罗拉双擎、雷凌双擎等。而80%以上的新能源汽车上采用液冷技术，中高级轿车已经全面采用液冷技术。使用制冷剂直冷技术的第一个量产车型是宝马i3，但由于控制的不稳定性，最终夭折。国内车型如比亚迪海豚也使用了该技术构建电池热管理系统，这是少有的电池直冷直热的量产车型。

此外，压缩机作为核心零部件，直接决定了整套热管理系统的能力和能效，新能源乘用车使用的主流电动压缩机为涡旋式压缩机，主要品牌如电装、三菱、三电、韩昂以及国内的奥特加等。国内汽车空调电动压缩机技术虽然起步晚，但经过多年来的不断探索，涌现了南京奥特佳、上海海立、深圳弗迪等一批压缩机供应商。这些企业近几年间技术进步明显，并进行了规模化产业布局。

当前电动车使用的制冷剂R-134a正面临着技术替代和技术革新，行业中普遍探讨的方案有R-1234yf、R-290、CO_2方案。由于R-1234yf性能与R-134a较为相似，可实现直接替代，国外虽有量产车型，但无法解决冬季制热量衰减问题，且受近年间欧洲P-Fas法案等影响，在国际行业内的呼声有明显减弱的趋势，同时，截至撰稿为止，R-1234yf在国内还尚未见成熟使用的案例。R-290制冷剂由于具有可燃性，目前仅有研究台架或样车，国内外尚未见量产使用。由于CO_2热泵空调具有环保和低温制热强劲的特性，国内及欧洲对其进行了大量研究，近年间已实现小批量量产并投入市场，应用在如大众ID4等车型上。

（2）电动商用车、轨道车辆热管理技术

电动商用车、轨道车辆的热管理技术方案较为相近，目前普遍采用整机顶置式方案；轨道车辆中也采用底置式方案，其系统通过焊接被封装于一套集成模块中，通过风道输出给客舱。近年间，国内外一些汽车制造商和零部件供应商在新能源客车热管理系统技术上都有所突破。比亚迪新能源客车采用高效制冷技术，可以实现快速制冷、低噪声和高效能的特点，其热管理系统采用了多层膜管技术，提高了系统的冷却效率和寿命。宇通客车采用先进的电子膨胀阀控制技术和高效能的压缩机，其热管理系统采用了电子控制技术和多层冷却管技术，提高了系统的冷却效率和可靠性。然而，由于新能源客车在低温环境中的热需求大，现有系统技术很难满足需求，新能源客车行业同样亟需高效热泵技术的进一步普及。

电动商用车、轨交的现有热管理技术路线仍大量采用氟利昂类工质R-407C，目前国内外对其替代产品均有研究：康唯特、奔驰及系统供应商法雷奥等相继开发客车CO_2空调；近年，国内宇通客车已开发CO_2热泵空调，并取得一定成果；在轨交方面，近年间中车大连机车研究所已开发完整的CO_2热泵空调产品，预计将在多条轨交投入使用。

（3）其他车辆热管理技术

其他车辆诸如特种车辆、重卡、物流车、货车、冷藏车等，因其需求的特殊性，其热管理技术方案也有不同特点。该类车辆的热管理技术方案一般采用类似商用车的集成模块式，但其结构类型需受实际需求影响有所变化。新能源卡车类汽车多以纯电动和燃料电池驱动为主。在纯电动卡车中，近年间诸如特斯拉、里维安、尼古拉等国外车企均对热泵空调技术有所使用；诸如比亚迪、福田、北汽等国内车企都在研究和开发电动卡车热泵空调及热管理技术，并推出了一些产品。物流车和货车的热管理技术方案与卡车有一定程度类似。对于冷藏车辆，除电池、司机室的冷热需求外，冷藏室同样需要冷量，因而随着一体化技术的发展，多蒸发温度是其主要技术特征。

（三）低温技术及其应用

1. 低温空气分离技术及应用进展

我国大中型低温空分设备的设计与制造已有60余年的历史，先后经历仿制、引进技术、自主研发三个阶段。以杭氧、川空、开封空分为代表的民族企业已实现大型、特大型空分设备成套技术国产化，并成功抢占外资企业的国内市场。其中，国产6万等级及以下的空分设备市场占有率已达90%以上，制氧容量达世界首位；在6万等级以上市场中，杭氧制造的空分设备国内市占率达50%以上。总体上，我国低温空分技术已达到与外资企业同台竞争的技术水平，具体表现在以下三方面。

在大型化方面，我国近10年成功突破6万~10万等级特大型低温空分技术，已突破了流程组织、流程计算、精馏计算等空分设备设计技术的难关，掌握了空分设备设计制造的关键技术要领，10万等级超大型空分装置实现国产化，国产空分设备的产量、纯度、氧提取率、单位氧能耗等技术参数指标均达到世界一流水平。以神华宁煤为代表的国产10万等级空分装置，实测能耗指标优于同时期10万等级空分装置的国际先进水平，打破国外企业对10万等级空分装置的垄断。

在节能化方面，我国在膨胀机、纯化器、板翅式换热器、精馏塔等空分核心部机已接近国外先进水平，甚至部分赶超。与国外产品相比，国产中、低压低温透平膨胀机的功率覆盖范围等同，效率基本相当，相差仅在1%~3%。国内杭氧、川空均已完成了10万等级中压透平膨胀机样机研制，测试效率超过87%，已完全覆盖了国内特大型空分装置需求。从机组稳定性上来说，国产机组振动值逐步逼近进口机组水准，但平均故障率总体仍然略微偏高。浙江大学与杭氧联合研制的基于分层并联结构的立式径向流纯化器，有效解决了流体分布不均带来的吸附时间短与高能耗问题，优于国外企业的立式径向流双层床纯化器与单层分子筛纯化器。国产铝制板翅式换热器最高设计压力可达13.5 MPa，最大板束单元尺寸为10000 mm×1800 mm×1500 mm，产品制造水平总体接近世界先进水平（15 MPa）。

在智能化方面，我国空分企业对外资企业实现了从设计选型到运行控制的全方位赶超。杭氧集团开发了首套低温空分系统流程设计图谱，实现了根据用户需求的最低能耗最优匹配流程设计方案的精确导航；构建了低温空分系统数字样机，实现了空分装备全流程可视化仿真与状态分析；提出了适用于特大型空分系统的快速变工况操作与协同优化控制方法，变工况速率、连续无故障运行时间等指标优于国外先进产品。

2. 液化天然气技术

在液化天然气技术方面，国内外在研发和生产实践方面的主要差别体现如下。

天然气液化技术。国内在中小型天然气液化装置、包括撬装式装置方面进行了大量的工程实践探索，积累了丰富的经验；相应的，国内学者在流程、小型装置实验等方面也开展了众多研究。这种实践的丰富性体现在世界最多的天然气液化装置数量（200多套）、跨度巨大的装置规模（$10^4 \sim 10^6$ Nm³/d）、最丰富多彩的原料气源（常规天然气、油田伴生气、煤层气、页岩气、煤制合成天然气、焦炉煤气、合成氨尾气等）。而在大型天然气液化系统及海上浮式FLNG系统方面，国内学者进行了大量研究，相关单位也开展了研发工作，但迄今尚无实际实施的案例。与此相对照，国外在撬装规模装置的理论和实践方面国外都研究得较少，但在大型液化系统方面国外技术已经非常成熟，建成的天然气液化项目规模多在Mt/a量级，在FLNG方面也已经有多个项目建成或在建。

LNG储存与冷能利用。在大型LNG储罐方面，国内长期以来建造的都是地下储罐，采用常规钢板作为罐壁。在长期技术积累和引进的基础上，近期，国内也开始尝试建造更加多样类型储罐，如半地下型储罐、薄膜型储罐等。在LNG冷能利用方面，国内开展的研究工作丰富多彩，成果数量远多于国外。但在实际工程方面，国内冷能利用主要采用空分这一单一类型。近年来，有几个利用冷能发电的装置建成或在建，这是冷能利用方面的重要进展。

LNG运输。在LNG大型运输船方面，中国已成为LNG造船大国。在技术层面，国内在维护结构、绝热材料等方面开展了大量研发。目前主要LNG船厂通常都已经可以为用户提供引进技术和自主知识产权技术两种选择。沪东中华船厂深耕LNG产业26年，已形成从远洋到近海、内河的全系列LNG运输船的全覆盖。而江南造船则在实现大型LNG运输船首单突破的同时正式进军该型船建造领域，极大提升了中国船企在LNG运输船建造领域的国际竞争力。目前，中国LNG运输船建造正在接近国际先进水平。

LNG作为交通能源。中国的LNG汽车保有量已多年居世界首位。近年来，对SO_x超低排放的要求极大推进了LNG动力船在全世界的发展。最近几年，国内在各种类型（液化气体船、危化品船、散货船等）、各种规模（从千吨级到十万吨级）的LNG双燃料动力船、LNG加注船建造方面取得了大量重要进展，在船用LNG燃料储罐、船用LNG供气系统（尤其是低压供气系统）方面的研发都取得了重要突破。

LNG换热器。国内在ORV、IFV、SCV、AAV等多种类型气化器、板翅式换热器、印刷板式换热器等方面的研究和产品开发方面都取得了很大进展，但在绕管式换热器、超级ORV、适用于冷能发电的分置式IFV等装置的研发方面尚未取得突破。

3. 大型氢氦低温技术

在氢液化方面，目前国外发展已经相对成熟，从液氢的储存到使用，包括加氢站建设都有比较规范的标准，但获取液氢的过程存在较高技术门槛，对制、储、运等各环节装备均有较高要求，规模化制取液氢时必须要考虑其能耗和效率等指标。现阶段液氢储运逐渐成为研发重点，技术成本持续下降，日、美、德等国已将液氢的运输成本降低到高压氢气的八分之一左右。我国民用液氢处于产业化初期，面临着如政策标准缺位、核心设备急需提高、液氢工厂投资大周期长、产业链不完善等诸多困难。但应该看到的是液氢工厂和液氢加氢站建设项目如火如荼，各企业加大液氢产业布局，基础设施领域投资逐步开展，发展火热。自2020年后，国内已有数十个公开的液氢工厂项目规划。

在液氦/超流氦方面，国外也已相对成熟，大型液氦/超流氦系统成为国际大科学装置的普遍选择，并且在氦资源提取方面具有成功应用案例。相比之下，我国起步较晚，但发展速度比较可观。如今已实现百瓦、千瓦级系列化氦制冷机/氦液化器的国产化，产品已经在散裂中子源科学中心、松山湖材料实验室、先进能源科学与技术广东省实验室等大科学装置上获得实际应用，为我国先进材料科学和高能物理等前沿科学研究发挥强有力的支撑作用。大型制冷机研制项目的成功实施，带动了我国高端氦螺杆压缩机、低温换热器和低温阀门等行业的快速发展，提高了一批高科技制造企业的核心竞争力，使相关技术实现了从无到有、从低端到高端的提升，在我国初步形成了功能齐全、分工明确的低温产业群。但是对于超流氦系统的研究，国内仍然薄弱，主要集中于流程控制、关键部件研究、冷量分配及维护运行等，冷量最大实现百瓦级。对于千瓦级超流氦系统，国内仍有较大需求缺口，需要靠进口设备，但已有科研机构在进行科研攻关，并在压缩技术、系统流程与集成调试技术、透平膨胀机技术、冷压缩机技术等方向上取得突破性进展。

4. 微小低温制冷技术及应用进展

（1）回热式低温制冷机

近年来，回热式制冷机国产化水平的不断提高，在众多领域获得广泛应用。

在斯特林制冷机方面，技术越发成熟，以色列RICOR公司2017年报道的K580型旋转集成式制冷机，在71℃环境温度@150 K控温点时的总制冷量为600 mW，重量低于210 g，是当前国外高温探测器组件制冷机性能的典型代表。而国内2022年昆明物理所报道的采用斯特林制冷机的探测器组件，重量小于270 g，在光轴方向长度、体积、重量、稳定功耗等各项指标方面均与国外同类型高温探测器组件先进水平相当。民用方面，多家企业研发的微型斯特林制冷机（重量小于300 g，80 K冷量大于0.5 W）已实现商业化应用。而对于大冷量斯特林制冷机技术逐渐成熟，制冷量已突破百瓦级，并已成功实现量产。国外以音菲尼亚（Infinia）等公司为代表，2014年，其研制的大冷量自由活塞斯特林制冷机获得650 W@77 K制冷性能。而国内2022年报道了一台自由活塞斯特林制冷机，制冷量最大达到千瓦级别。

在 G-M 制冷机方面，国产化水平不断提高。目前，我国商用 4 K G-M 制冷机，在输入功为 11 kW 时，二级制冷量可达 4.0 W@4.2 K（50 Hz），是国际上单台 G-M 制冷机 4 K 达到的最大制冷量。

在微型斯特林脉管制冷机方面，我国中科院技物所和理化所均有研发，制冷性能可达 1.24 W@80 K，整机重量小于 1 kg，相比国外美国 NGAS 研发的微型脉管（1.3 W@80 K，857 g），同等重量下已达到国际先进水平。但是美国 LM 公司最小产品整机仅 328 g（0.4 W@125 K），我国还没有类似的超微型样机。

在 G-M 脉管制冷机方面，虽然国内曾在单级和两级 G-M 脉管制冷机的研究上取得了领先成果，浙江大学早在 1997 年达到液氦温度制冷，但目前我国仍未实现 G-M 脉管制冷机的国产化。目前 G-M 脉管产品是日本住友和美国 Cryomech 为主，其中，Cryomech 研发的两级 G-M 脉管制冷机（PT450）产品，二级制冷量可达 5.0 W@4.2 K（50/60 Hz），是国际上低温制冷机 4 K 达到的最大制冷量，国内鹏力超低温公司也开始了 G-M 脉管产品化的研发工作。

（2）间壁式 J-T 制冷机

NASA 于 2002 年提出应用在深低温的 J-T 制冷机研究计划，并在 2021 年发射的詹姆斯·韦伯太空望远镜的中红外仪器种采用了 ST/JT 制冷机来提供低于 7 K 温度的冷却，目前正在轨道上正常运行。国内 2019 年已有研究机构研制的 J-T 制冷机达到 5 K 下 100 mW 的制冷量，但未见具体应用案例报道。

微型化 J-T 制冷机方面，国外于 1984 年利用基于光刻技术的微加工技术制造了第一台微型 J-T 制冷机；我国于 2015 年前后开始出现相关研究报道，起步较晚，截至 2022 年，国内研究机构已经实现 88 K、110 K、153 K 下的稳定制冷，并取得了几百毫瓦的制冷量。

（3）极低温制冷技术

吸附制冷受限于工质的饱和蒸汽压，即便通过多级布置也只能实现 250 mK 左右的低温，而稀释制冷机和绝热去磁制冷机可以达到 1~2 mK。这些低温系统的主要架构发展得已较为成熟并实现了商业化。

吸附制冷机的研究主要集中在法国的 CEA（法国原子能和替代能源委员会）和英国的 CRC 公司（Chase Research Cryogenics LTD.）等，近年来国内中科院理化所也开展了相关研究，但与国外相比还存在一定差距。

在常规稀释制冷机方向，国外对稀释制冷技术研究开始较早，商业化已经相当成熟，包括 Bluefors、牛津仪器和 Leiden 等商业公司的产品大多在 20 mK 温区提供 10~30 μW 的冷量。2022 年，美国能源部费米国家加速器实验室提出"Colossus"项目，采用一台百瓦级的 4He 液化器为稀释制冷机提供预冷，建成后其将成为迄今为止 mK 温度下最大的稀释制冷机，是标准商业稀释制冷机在相同温度下冷却能力的 10 倍。国内研究在近年逐步开始，重视高端低温设备国产化，在研究层面已具有最低温达到 10 mK 以下的常规稀释制冷机,而在产品化方面,中国电科集团第十六研究所、中船鹏力超低温公司已研发出最低温达到 20 mK 以下的稀释制冷机产品。在非常规稀释制冷机方面,2019 年国外研究者采用连续吸附制冷机系统对冷循环 DR 进行预冷,最低温为 80 mK,在 94 mK 时的制冷功率为 3 μW。国内目前冷凝泵型稀释制冷机能达到的最低温为 84.4 mK。

在非常规稀释制冷机方面,2019 年国外研究者采用连续吸附制冷机系统对冷循环 DR 进行预冷,最低温为 80 mK,在 94 mK 时的制冷功率为 3 μW。国内目前冷凝泵型稀释制冷机能达到的最低温为 84.4 mK。

在绝热去磁制冷机方面,国内取得了一些进展,研究者通过三级绝热去磁制冷机达到 40 mK 以下,并且将温度波动控制在 μK 级别;连续恒温运行的架构也取得了一定进展。

5. 低温冷冻治疗及保存技术进展

目前,冷冻治疗这一领域方兴未艾,多个国际性冷冻治疗学会相继成立,旨在推动这一绿色肿瘤治疗方法的临床应用。世界肿瘤靶向治疗大会建议将冷冻手术作为中晚期肺癌和肝癌的首选方案,美国已有超过 450 家医院引入冷冻疗法,国内也有超过 100 家医院开展冷冻治疗业务并呈现快速增长趋势,同时冷冻治疗已经相继进入北京、山东、广东等地医保,凸显了冷冻治疗这一低温生物医学技术在癌症治疗临床实践中的关键作用。在冷冻治疗的应用规模上,我国与世界最先进水平仍有差距,但总体上已经处于并跑阶段。

近些年来,我国在冷冻治疗领域科学研究、设备研发方面在国际上处于领先水平,综合运用多种手段探索了纳米介导的冷冻治疗方法并积极推动冷冻治疗与高温热疗、化疗、机体免疫等多种方法的协同作用,在此基础上首次发展出多模态冷冻治疗策略是本领域长期研究的提炼与升华,为强化肿瘤杀伤,发展适形、精准的低温冷冻治疗做出了重要贡献。同时加快冷冻治疗设备研发与迭代,相继推出了靶向刀、康博刀等先进冷冻治疗设备并成功应用于临床。

我国最早的低温生物医学研究室由华泽钊教授于 1984 年建立,随后几十年中多个低温生物研究中心相继成立,越来越多研究者参与到低温生物医学的研究与应用当中,虽然起步时间晚于国外,但近年来发展十分迅速。我国研究者在冰晶成核机制、控冰材料、分子控冰机制以及一系列工程化策略应用方面取得进展。此外,针对仿生型冷冻保护方案,国内研究者发展并完善了许多仿生型冷冻保护剂,如海藻糖、脯氨酸、抗冻蛋白、甜菜碱等,取得了良好的冷冻保存效果并围绕微小生命体的冷冻保存开展了详细的工作。国外研究团队近年来针对玻璃化保存复温以及大尺度器官保存开发了一系列新方法,将纳米磁热复温、焦耳热复温等物理手段应用于玻璃化保存样品的快速复温,此外,立足于生物界冷冻避免与冷冻耐受两种自然界基本抗冻耐寒生物策略,显著延长了器官的保存时间。

生物样本库建设正逐渐成为推动医学研究进步的重要基建工程。近年来国际上针对生物样本库的建设投资迅速增加,许多生物样本库的规模、质量水平迅速提升,建设管理模式与运行标准趋于完善。我国人口众多,疾病模型以及生物样本资源极其丰富,具有显著的基础优势，近些年来建成了众多疾病样本库，同时国内生物样本库体系也得到了快速完善，在标准化、规模化、信息化以及各类管理标准与规范方面取得了长足进步。但是与发达国家相比，我国生物样本库的发展情况与国际先进水平仍有一定差距。以丹麦国家生物样本库为例，基于丹麦全国医疗系统联网互通的优势，每名国民从出生到死亡所产生的医疗信息以及所采集的如血液、组织等样本均被录入国家生物样本库系统。尽管这与较小的人口基数有直接关系，但相关样品库的管理水平仍然值得我们学习。

四、本学科发展趋势

本学科间交叉渗透融合趋势日益明显，基础研究不断涌现高水平原创性成果，关键核心与国外先进水平差距越来越小。由于本学科对国家战略支撑和国民经济发展的重要性，学科发展整体水平仍需大幅提升。未来将进一步增强学科融合、增进原始创新、发展关键器件和基础技术，摆脱对国外的依赖，更好地服务国家战略和经济建设。

（一）制冷技术

1. 蒸气压缩制冷技术

为了助力我国"双碳"目标的完成，制冷空调行业应当进一步探索全链条的制冷工质减排技术方案，从多维度设计制冷工质的碳减排路径；同时加快天然/替代制冷工质循环优化和制冷关键部件的开发，并且推动人工智能和信息化全价值链应用技术的发展。

从制冷工质全生命周期角度建立适合国情的数据收集、测算和分析平台，制定出明确的制冷工质 GWP 降低的目标值、候选物和时间表，并应加快天然工质制冷标准的修订，逐步攻破天然工质制冷的核心技术，加大应用推广的力度和鼓励措施，同时建立"缺陷管理"的模式，探索工质燃爆特性和预警防护机理，建立健全政策标准及安全规范；最后还需要研究回收碳减排潜力的预测方法、回收规范化设计、回收/处理制冷工质的补贴等鼓励政策；并开发低能耗、环境友好的制冷工质销毁技术。同时，应密切关注欧盟委员会关于欧盟 F-gas 法规的修订，以及 REACH 法规关于 PFAS 限制程序提案建议的评估与咨询对于含氟制冷工质的新动向。

此外，随着天然工质应用范围的不断扩大，复叠系统、自复叠系统、喷射器-复叠制冷循环等新的循环系统，以及不同应用领域的优化研究，为适用天然制冷工质或可燃或高压等现实问题的压缩机、微通道换热器、提升阀件集成和流量控制技术，都是我国压缩制冷技术迫切需要解决的问题，同时，逐步完善远程控制、操作、监管、诊断、服务等，打造能够带来生活改变的智能网联生态制冷空调产品也是一个重要方向。

2. 热驱动制冷及热泵技术

（1）吸收式制冷及热泵技术

根据国内外在吸收式制冷于热泵技术的研究现状，在理论研究、流程构建、内部传热传质特性研究、装置开发和机组结构构建、应用场合等诸多方面，为满足低品位余热需求的吸收式热泵和换热器与常规的吸收式制冷机和热泵面临的主要问题和发展方向均有较大的差别。需要建立一套全新的全链条研究体系，用于低品位余热回收的吸收式换热器和热泵技术开展深入研究。未来的研究主要包括以下几个方面：利用热驱动吸收式热泵和吸收式换热器实现热量变换的新系统；实现各类热量变换的吸收式热泵和吸收式换热器的新流程；吸收式热泵和吸收式换热器内部的关键部件与新工艺；吸收式热泵的新工质；吸收式热泵应用的新方向。

（2）吸附式制冷及热泵技术

在全球气候变化与"双碳"战略背景下，采用低品位热能驱动的吸附制冷及热泵技术在机理揭示、材料设计合成、模型与循环构建以及系统应用方面的研究得到了蓬勃发展，目前国际上对材料、化学与热能工程的交叉研究方兴未艾。以吸附技术为牵引的多种能源应用成为近年来国际研究的学术前沿，跨季节储热、空气取水、海水淡化、室内热管理等已成为极其重要的研究方向。未来5年内，在化学、材料、能源等多学科学者的持续努力下，吸附制冷技术的研究应主要围绕先进制冷工质对的开发和基于传统工质对的制冷系统的工程示范及工业应用等关键基础科学与工程技术层面展开。在新型制冷工质对方面，通过多学科交叉并充分利用第一性原理、分子动力学模拟、机器学习等理论及技术加速吸附式制冷工质对的探索开发，在揭示吸附机理、设计吸附材料等过程中探寻适应未来制冷需求的高效吸附工质对。在基于传统工质对的制冷系统方面，需从构建复合吸附制冷及热泵循环、优化系统设计等方面进一步提升系统能效并简化产品结构，加速转化并形成新产品，以高效利用低品位热能并对接国家"双碳"战略需求。值得期待的应用领域包括冷库中吸附制冷机组、商用吸附制冷空调、移动式吸附制冷机、车载制冷/除 NO_x 一体化系统、极端气候下的高效热管理等，在国内外形成基础研究与工程应用并重的科研格局，力争在变革性吸附机理、广适应性吸附工质对和商业应用方面取得突破。

（3）热声制冷技术

在热声制冷系统中，㶲损失主要发生在热声转换、声功传输和换热三个过程中。因此，为进一步提升系统性能，未来的研究趋势主要包括以下几个方面。首先，由于声场是决定热声转换和声传输效率的关键因素，需提出技术手段提升声场调控水平，实现声场的进一步优化。其次，采用气–液耦合或气–固耦合式谐振器是降低声功传输损失的有效方式，但仍需克服结构复杂等工程问题，以构建高性能实验样机。另一个趋势是探索新型交变流动换热器以减小换热损失。最后，将传统热声循环与相变等传质过程结合的新型热声制冷循环同样是未来重要的发展趋势。

3. 固态制冷技术

从发展历史上看，对于固态制冷技术的两次研究高潮均与传统蒸气压缩制冷剂的替代有关，包括20世纪90年代CFC/HCFC替代时间节点对应的第一波热潮和2010年后HFC替代时间节点的本轮研究热潮。由于尚无兼具性能、环保、安全性的HFC替代工质，并且伴随着增材制造等先进技术的发展和应用，这一波固态制冷技术的研究热潮仍在不断发展。固态制冷具有物理、材料、电气、工程热物理、光学、空间科学等多个学科交叉的特征，需要跨学科的团队合作推进这些新型技术的发展。

固态制冷技术的"天花板"在材料。材料的性能不仅包含了制冷性能（性能系数、能量、功率密度等），还包含了经济性和稳定性。未来3~5年需重点研究：①在亚开极低温区，是否存在兼具大熵变和高导热率的顺磁盐工质？②如何建立宽温区电卡效应中材料所表现出的铁电弛豫特性与超临界铁电-顺电相变之间的统计物理学图像？③如何构造兼具晶格结构差异（高相变潜热）和晶格适配性（低相变回滞和高疲劳寿命）的弹热工质？④探索新的稀土掺杂体系和超纯基质晶体材料以获得更低固体激光制冷温度。

固态制冷技术现阶段的性能由系统集成设计方案决定。系统集成方案包含了热力学循环、驱动场/驱动器的设计、传热设计和整机机械设计，系统集成方案的更新换代意味着固态制冷技术性能的阶段性飞跃。在系统集成方面，未来3~5年应重点研究：①面向可穿戴场景和高热流密度场景热电制冷器件的热力学循环理论、拓扑结构设计与系统集成；②揭示多磁极磁路-多回热器-多层磁热材料架构下磁-热-流多物理场的协同与时序匹配规律；③什么构型可兼具力学稳定性、高表面积传热性能、低流动阻力、易加工性、可拓展性，用于下一代弹热回热器？④探索低温激光制冷器件核心部件的工艺和封装性能。

尽管固态制冷技术尚无法超越历史悠久的蒸气压缩制冷技术，但其性能已达到了部分应用场景需求的制冷性能。通过上述问题的持续研究，结合部分固态制冷剂的额外优势（零振动、高蓄冷能量密度），在未来五年，薄膜热电制冷器件和柔性热电制冷器件有望在高热流密度、高精度控温和可穿戴热管理方面获得更多应用，极低温磁制冷机有望国产化，电卡制冷材料和器件有望得到快速发展，多功能弹热蓄冷-制冷系统有望找到合适的应用场景，压卡、扭卡有望诞生首台制冷系统原型机，固体激光制冷有望获得更低的制冷温度和更高的净制冷能力。

（二）制冷技术的应用

1. 空调制冷技术

降低住宅建筑空调系统的碳排放量、实现碳中和的主要技术途径如下：

1）在保障舒适性前提下，降低空调系统的冷热负荷需求。降低建筑围护结构的传热系数、改善建筑的保温性能，此外，也可采用包括动态调节窗户、遮阳系统、玻璃幕墙实现可变传热系数以及可变通风的智能围护结构。减少空调系统的运行时间和服务面积，结合实际建筑需求，发展具有"部分时间、局部空间"特征的空调系统，降低空调系统所承担的冷（热）负荷，进而降低碳排放。此外，还可以采用诸如置换通风、地板送风、个性化送风等方式，通过优化室内气流组织、形成非均匀的室内环境以降低负荷需求。

2）提高运行能效，降低空调运行耗电量。优化空调系统的部件性能，是空调系统节能降碳的重要路径。对于房间空调器、多联机等小型空调系统，应当研发压比适应、容量可调的高效转子、涡旋压缩机。对于中央空调等系统，应发展磁悬浮、气悬浮等无油润滑技术，发展高性能蒸气压缩循环，优化系统设计方法等。优质热源或热汇对于提升空调系统能效也尤其重要。此外，系统的安装方式、使用工况及运行条件的差异，实际使用性能与设计状态存在很大不同。因此，应当发展基于实际运行性能和大数据技术的智能控制、系统调适和健康诊断技术，使空调设备与系统发挥应有的效能。

3）开发利用可再生能源，并提高空调吸纳电网可再生电力的"柔性"：可再生能源利用是建筑供暖空调系统唯一的碳汇，是实现空调系统"碳中和"的重要途径。光伏直驱空调是空调系统可再生能源自发自用、即时就近消纳最为直接的模式。同时，通过预制冷、风机变频控制、优化送风温度等技术手段提高空调系统的柔性，以实现可再生电能（水电、风电等）的消纳及错峰运行，从而为空调系统"碳中和"提供重要的二氧化碳负排放技术支撑。

4）降低空调系统的直接碳排放量。使用低 GWP 制冷剂，如自然工质、氢氟烯烃（HFO）等。延长设备的使用寿命，减小运行周期内制冷剂泄漏，禁止空调维修、拆卸时的制冷剂直排，避免制冷剂在生产、运输等过程中的泄漏，做好制冷剂的回收、再生利用工作。

因此，未来空调系统发展的关键技术在于以下方面：①适用于"部分时间、局部空间"空调系统形式；②基于部件优化及自然能源利用的高效空调系统；③空调系统调适与智能运维技术；④采用环保工质及相应技术；⑤发展需求侧响应空调系统控制技术。

2. 冷链装备技术

结合冷链需求的新形势，以及我国冷链技术装备发展现状，冷链领域需研发以下关键技术：冷加工环节，研发智能化高效果蔬产地预冷技术与装备、高品质低能耗冻结技术与装备；冷冻冷藏环节，研发适合我国的生鲜农产品和易腐食品保鲜工艺、生鲜肉/冰鲜肉冷链技术与装备、冷库与冷链园区节能技术；冷藏运输环节，研发基于新能源汽车的冷藏运输技术与装备、精准控温便携式医药（疫苗）冷链技术与装备；对于全程冷链的共性技术，研发冷链食品高效杀菌消毒技术与设备、可再生能源驱动制冷技术与装备、冷链装备与设施用环保工质制冷技术、冷链装备信息化、自动化、智能化技术。结合我国冷链行业现状和国际冷链行业发展情况，我国冷链技术装备将朝着以下四个方向发展。

（1）绿色低碳

随着节能减排、碳中和等需求日益严峻，绿色低碳是未来冷链发展的重要方向。

（2）健康安全

健康安全是冷链技术发展的基本要求，冷链健康安全包括食品医药安全与装备设施安全两方面。

（3）精准环控

精准控制冷链装备与设施内环境是实现易腐食品品质保障的重要手段，实现精准的贮运环境参数及其波动控制，有望大幅减少易腐食品腐损。

（4）信息化与智能化

信息化在冷链装备与设施中将发挥愈来愈重要的作用，冷链装备将可实现针对不同冷链物品种类的智能化控温。

3. 高温热泵技术

在未来的能源体系中，可再生电力将成为能源供应的主体，而在用能端，建筑、工业、农业和交通等行业仍然需要约 50% 的热冷需求，因此电气化的高效热冷供应将变得非常重要，而热泵将起到连接二者的桥梁作用；同时热泵可以实现工业用热效率的提升，通过降低能源消费体量降低可再生能源体量提升的压力。目前热泵在分布式热水制备方面已经有较好的技术积累与发展，但要做到更大范围的热冷需求覆盖，热泵在未来还需要面临多方面的挑战。几项较为重要的技术发展路线包含基于高温热泵的高温热能和蒸汽供应、面向工业余热就地消纳利用的热泵技术。为了支撑这些技术路线的实现，热泵必将向超高温、兼顾大容量和高温输出等方向发展，并最终为我国的"双碳"战略实现提供强力支持。

4. 车用热泵及热管理技术

综合而言，在当前电动汽车发展以及碳中和目标的背景下，电动汽车热管理行业也向着绿色化、一体化、模块化、智能化的"新四化"方向发展。

绿色高效化。汽车热管理系统绿色高效发展将成为我国交通领域实现碳中和的有力助力。绿色化主要体现在温室效应工质的减排方面，下一代电动汽车热管理系统的制冷剂替代路线形成了以 CO_2/R-290/R-1234yf 为主流、各形式混合工质为辅的百花齐放状态。高效化主要体现在热泵技术的发展，通过各子系统之间的高效耦合与协调控制可以实现能效最大化；而余热的有效回收能够减小制热能耗同时改善系统的制热性能。

功能一体化。电动汽车热管理系统不仅要兼顾车室内温度的冷热控制，更要对三电设备（电池、电机、电控）进行更为精细化的温度管理。下一代电动汽车热管理系统功能的一体化需兼顾整车安全性目标、动力性目标、续航能力目标、舒适性目标以及耐久性目标，使所有关键部件的温度变化具有较高的安全裕度；实现三电设备的精细化温度管理和能量调配；保障司乘人员及车辆在使用过程中多样化的冷热需求。

结构模块化。随着电动汽车的发展，热管理功能需求的复杂化、多样化和精细化，整车热管理系统的部件数量、接头数量呈爆发式增长。零部件的增加不仅导致接口数量成倍增加，也引发可靠性降低和安装、维修成本增加。同时，零部件的分散式布置也带来振动、噪声的不可控性，给整车 NVH 带来挑战。热管理附件的增多带来的体积变大也给结构设计带来挑战。因此，在电动汽车的快速发展和热管理批量产业化的驱动下，系统结构模块化成为未来热管理系统发展的迫切需求。

控制智能化。由于电动汽车热管理的精细化和功能的复杂化，在考虑系统布局、结构设计的基础上，行之有效的控制策略是保障整个系统安全和稳定运行的前提。复杂系统和精细化温度管控离不开动态运行的控制。以 MPC 控制方法为基础，结合实时路况信息、用户多样化特征等的智能化算法，实现对电动汽车热管理系统的精细化、多样化预测性控制，在电动汽车热管理系统的能量智能管控中的重要性逐渐凸显。因此，控制智能化或将成为未来电动汽车热管理系统不可或缺的一环。

（三）低温技术及其应用

1. 低温空气分离技术及应用进展

在全球碳减排与大规模工业气体需求剧增的背景下，大型化、节能化、智能化是低温空分设备发展的必然趋势。因此，未来低温空分系统亟须开发新流程、新部机设计以及新运行控制策略。

在新流程方面，低温空分技术可望在诸多新兴低碳能源应用中发挥越来越重要的作用。比如，低温碳捕捉、LNG 冷能利用、液态空气储能等新兴技术与低温空分技术结合。另外，由于稀有气体属于重要战略资源，各国对其重视程度越来越高，开发稀有气体分离精制技术以提取氖、氦、氪、氙等稀有气体，已成为空分行业发展的重要方向之一。国内四川空分、杭氧、启元都开发了高纯氪氙精制设备和高纯氖氦精制设备，并投入工业应用。

在新部机设计与运行控制策略方面，由于空气压缩机是空分系统的最主要耗能单元，利用三元流理论和各类先进计算机辅助设计工具，提升压缩机的等温效率和机械效率，是实现低温空分系统节能的关键。空分压缩余热的高效利用是进一步降低空气压缩能耗的潜在途径，比如浙江大学提出的基于空分压缩余热的有机朗肯 – 蒸气压缩制冷 – 多级内冷溶液除湿耦合系统。纯化系统的发展趋势集中在新材料、新流程与新控制等技术方面，比如长周期吸附剂、吸附床余热回收技术以及变周期切换技术等。由于低温板翅式换热器需兼顾紧凑性和传热高效性，未来研究应侧重于高精度预测方法、新型高效翅片和流体分配技术等。随着透平膨胀机组规模逐步增大，对高效率、自动变负荷、大带液、宽泛调节等都提出更高要求，比如高效透平膨胀机开发、出口大带液机组的气动设计与两相控制、高效增压端开发、大型叶轮及转子系统稳定性控制以及全液体膨胀机工业化设计方法。探索开发适用于复杂精馏结构内的低温流体流动、传热与传质过程的新型先进测试方法，实现低温精馏过程氧氮工质的真实降膜流动和传质特性的高精度测试，对精准描述低温精馏过程、精准设计低温精馏塔具有重要价值，是低温精馏领域未来的重要发展方向。

2. 液化天然气技术

在液化天然气技术方面，未来一段时间的趋势和研究方向如下。

天然气液化方面。未来若干年天然气液化方面的重要关注点在海上天然气液化。这方面的研发包括适合于海上晃动工况的安全、紧凑的流程设计；晃动工况对液化装置性能的影响研究；LNG 在晃动软管中的输送特性研究。在减少碳排放其为全球共识的背景下，天然气液化工厂碳减排相关研究正在成为热点。研究内容包括高含 CO_2 天然气中 CO_2 的高效捕集、燃气轮机烟气中 CO_2 的高效捕集、与天然气液化相耦合的 CO_2 低温捕集等。甲烷－氢混合物的分离液化则是一个可能成为研究热点的方向。不论是工业副产的焦炉煤气、合成气，还是作为氢输送手段提出的天然气掺氢，实质上都得到甲烷－氢混合物。通过低温方式实现分离以至进一步液化，将是气体分离液化领域面对的新课题。

LNG 与余能利用。这包括 LNG 生产过程中燃气轮机烟气余热、压缩机余热等热量的利用，也包括 LNG 用户端冷能更加高效、经济的利用。

LNG 换热器研发。国内对大型 LNG 工厂需要的绕管式换热器 SWHE 的相关技术尚未完全掌握。有待对大型 SWHE 传热特性及流动特性进行进一步研究，为设备设计和结构改进提供理论依据。与此同时，随着海上天然气平台的不断增加，海面平台晃动也对 SWHE 的工作条件提出了更加严苛要求。其他方面，如对超级 ORV 中传热特性的研发也亟待加强。

LNG 相关基础研究。在液化方面主要研究内容包括不同组分天然气的气液相平衡、溶解度、冷凝换热特性、超临界流体冷却换热特性等研究；不同混合制冷剂的气液相平衡、冷凝换热特性、蒸发换热特性等研究；压缩机等流体机械中的流动过程研究。在 LNG 气化方面包括不同组分 LNG 的蒸发换热特性、超临界流体加热换热特性等研究；不同中间流体介质的换热特性等研究。LNG 相关基础研究还包括开发更好的优化算法来解决高度非线性液化过程的优化问题。大多数优化研究都采用随机优化算法（如遗传算法）来解决全局优化问题。随机优化算法搜索不必要的域，使得优化过程存在不必要的耗时。

3. 大型氢氦低温技术

大型氢氦低温技术的发展主要体现在工程应用和关键技术突破上。

在工程应用方面，大型氢氦低温技术主要应用在科研探索、航天领域、氢能产业及氦资源提取中。①科研探索。目前我国超过一半的大科学装置都离不开低温技术的支持，有多个在建或预研系统需要配套大型超流氦温区制冷系统，这说明我国已经开始步入大型超流氦低温制冷设备应用大国的行列。②航天领域。液氢与液氧易于点火，燃烧稳定且效率高，液氢的临界压力低，比热容高，适宜作为推力室再生冷却剂，有利于发动机方案优化与可靠性设计，是一种理想的低温推进剂。我国西昌、文昌发射场均配备了氢液化器。③氢能产业。随着近年来国家碳中和目标及航天航空、国家能源等领域的需求，国内多个能源巨头、科研机构和多家民营企业已经关注液氢产业的重要性，并逐渐寻求全国产化替代。④氦资源提取。氦气在地球上以微量组分广泛分布，目前的技术手段难以有效地从大气中和含氦量很低的水体中提取氦气资源，从含氦、富氦天然气藏中提取氦气仍是工业制氦的唯一途径。以中科富海为例，已成功开发出国内首台具有自主知识产权 LNG-BOG 低温提氦系统，可获得 40 L/h 液氦和 99.999% 以上高纯度产品。

在核心技术方面，大型氢氦低温技术主要包括：氢氦压缩技术，低温系统流程与集成调试技术，透平膨胀机技术，冷压缩机技术，低温储运技术和技术标准建设。①氢氦压缩技术。氦气喷油螺杆压缩技术已经较为成熟，该技术未来发展方向为机组性能优化、机组可靠性研究和多级并联技术研究等方向。目前在用的氢压缩机一般用活塞式压缩机，但活塞式压缩机运动部件多、占地面积大。螺杆压缩机未来有取代活塞式压缩机的趋势。②低温系统流程与集成调试技术。从流程角度考虑，我国现有的大型氢氦低温制冷系统主要问题在于整个低温制冷系统的稳定性不高，平均无故障运行时间短。目前国内低温系统可靠性分析面临的问题是组成大型低温制冷系统的低温组件失效数据量少，其失效分布不易拟合。未来将重点突破大型氢氦低温制冷系统流程设计、动态仿真及可靠性研究等方面。从集成调试角度考虑，未来复杂超大型氦制冷机集成调试技术将从集成模块化技术、稳定性技术、一体化智能控制、安全监测及风险评估技术、规范化安全策略、可靠性和经济性研究等方面突破。未来大型氢液化装置集成调试技术，在氦低温制冷集成调试基础上，要将系统安全防护技术作为首要考虑问题。③透平膨胀机技术。透平膨胀机具有振动小、噪声低、重量轻和寿命长的特点，以及在制冷温度和制冷量上相比节流阀具有无可替代的优势。未来发展将从高膨胀比透平膨胀机、气液两相透平膨胀机、高承载力高刚度的动静压混合气体轴承、稳定高效微型高速透平膨胀机和新型制动方式等方面进行研究。④冷压缩机。国外已逐步将冷压缩机演变为系列化产品。而我国于 2021 年完成验收的国产 500 W@2 K 超流氦系统中的三级串联冷压缩机是国内首次完成冷压缩机自主设计并达到额定工况稳定运行的设备，尽管等熵效率等指标已达到国际领先水平，但未来还需要将从冷压缩机与管路自动化联调、叶顶间隙与内部流动稳定性研究、多级串联运行稳定性控制和低温电机研发与匹配等方面进行深入研究。⑤低温储运技术。我国液氢/液氦储运产业发展时间短，基础相对薄弱，从装备原材料、装备设计制造及安全应用等方面需要进行关键技术攻关，具体包括：液氢/液氦温区基础材料数据库建立、高强度低漏热储运装备设计与优化技术、大规模液氢/液氦储存和运输装备研发、零蒸发存储、低温流体高效传输与管理技术和液氢/液氦安全防护与泄放技术。⑥技术标准建设。当前，有关液氦相关的氦液化设备和系统、液氦储存容器、液氦罐箱等方面的系列标准缺失，急需推动和建立涵盖液氦制取、储存、运输、应用全链条的液氦标准体系。除此之外，国内外尚未建立涵盖液氢制取、储存、运输、应用全链条的液氢标准体系，未来将推动并逐步完善液氢制、储、输、用标准体系，重点围绕氢液化装置、储运氢装置、液氢加氢站等设施标准，以及交通、工业应用、液氢储能等应用标准。

4. 微小低温制冷技术及应用进展

回热式低温制冷机是未来军事航天和地面 4～120 K 温区应用的主流低温制冷技术。其发展的主要方向包括微型化、深低温和大冷量。对于微型化，高孔隙回热材料、紧凑式高可靠性压缩机以及冷头的匹配问题是其进一步提高效率和降低质量的关键；对于大冷量的斯特林和脉管制冷机，非均匀性损失的改进仍是其主要研究点；对于 G-M 脉管制冷机，需要解决的效率、可靠性等问题是其国产化发展的关键；对于航天用闭式 4 K J-T 制冷机，关键在于采用改进的带阀线性压缩机实现高低压进排气，提高可靠性。然而，高低压比大、阀门损失大等问题导致整机制冷效率较低，需要进一步研究改进。此外，斯特林/脉管，斯特林/J-T 等混合型制冷机也因其综合制冷优势，成为特殊应用场合的研究热点。

在极低温技术中，吸附制冷机与其他极低温技术的配合是较新的进展，如为 ADR 或 CDR 预冷提供支持。对于稀释制冷机，随着量子计算规模的扩大，对更大冷量的需求迫切，新方向包括结合大型氦液化制冷技术构建高效稀释制冷系统。绝热去磁制冷技术主要由空间探测需求推动连续型绝热去磁制冷机的发展，商业化公司也开始推出连续型产品。目前，国内在极低温领域主要依赖国外产品。然而，近年来国际形势的变化以及对某些前沿领域的敏感性，国内开始自主研发。在有限的资源下，国内应该把握重点，提升和推动相关技术发展，以在国际市场上竞争，并在高端仪器设备领域占据一席之地。

5. 低温冷冻治疗及保存技术进展

低温生物医学的两大研究方向均对现代医学的发展起到了重要的推动作用。作为一种安全可靠的物理治疗方案，冷冻治疗已经成功作为一种绿色疗法应用在了包括肝癌、肺癌、乳腺癌等超过 80% 的肿瘤类型，国际国内也在加速推进这一技术的临床应用，同时在工程学、生物学、医学以及纳米技术等多领域、多学科的助力下，冷冻疗法进入了高速发展的快车道，治疗水平显著提高。然而在多因素耦合下，肿瘤治疗过程中的能质分析进一步复杂化，需要更高层次的理论指导和临床操作技术以达到针对治疗对象精准可控的高品质冷冻治疗，此外充分发掘冷冻治疗与其他疗法的联合优势，将冷冻消融与高精度医学影像技术、人工智能辅助手术规划、肿瘤免疫疗法等相结合，发展复合协同、优势互补的低温冷冻治疗新技术是大势所趋。

低温保存对辅助生殖、新药研发、再生医学、器官移植等前沿医学技术的发展作出了突出贡献，然而目前冷冻保存远未到完善的地步，如何扩大冷冻保存维度，实现对大尺度器官甚至是完整生命的长期冷冻保存仍然是未攻克的难题，此外，如何实现自然仿生策略向实际冷冻保存应用的成功转化并进一步调控该过程的能质传输问题，是仍然需要进一步发展解决的。总而言之，一步一步从简单到复杂保存的成功实现需要科学严谨的深入探索，也需要多学科、多领域的交叉融合与共同推进，为实现的生物样本长期稳定、规范高效的保存目标而持续探索。

总体而言，低温生物医学经过长期的发展，取得了辉煌的成就，相关技术也广泛应用于医学、生物学等方面，然而挑战如扩大样本保存维度、实现更精准冷冻杀伤调控与监测仍然存在。但可预期的是，在工程学、生物学、医学等多学科领域的交叉促进、学科关注度逐步提高和越来越多研究人员参与的情况下，低温生物医学将会迎来快速发展，在人类生命健康中发挥越来越重要的作用。

五、总结

综合近年来本学科的发展，传统制冷技术的核心问题是制冷剂替代，以及由制冷剂替代带来的循环匹配与关键部件的高效及调控技术。吸收、吸附和热声等热驱动制冷及热泵技术也是重要的发展方向。制冷技术在空调系统、冷链装备、高温热泵技术和车用热泵及热管理方面也有迅速发展，积累了一批新技术，并有效推动了相关行业的快速发展。此外，以热声制冷技术和磁制冷、电卡制冷和弹热制冷等固态制冷技术为代表的新型制冷技术获得了飞速发展。为服务国民经济和国家发展战略，在低温技术领域，同样涌现了一批新型技术或系统，支撑了国家重大需求，包括低温空气分离、天然气液化、大型液氢液氦系统、微小型低温制冷系统等。低温冷冻治疗和保存还为临床医学的相关需求提供了支撑。

本学科的未来发展趋势在制冷技术方面，进一步探索环保高效的制冷工质，增强新型制冷技术方面的原始创新，增大对热驱动制冷和热泵技术的积累，助力我国"双碳"目标的完成。在制冷技术应用方面，从循环优化、工质替代、运维和控制等方面如有，降低住宅建筑空调系统的碳排放量、提升冷链装备、高温热泵和车用热泵等设备性能。在低温技术方面，着力发展关键器件和基础技术，推动高端产品商品化，提高高端设备国产化率，摆脱对国外的依赖。

在更宏观的层面，为推动本学科的持续快速发展并更好地服务于国家经济建设和战略需求，建议加强制冷低温学科顶层设计，设立重大专项，建立国家级研究中心，推动原始创新和关键核心技术攻关；构建制冷低温学科政产学研用协同攻关体系；推动制冷低温学科关键人才培养，完善人才评价体系。

撰稿人：罗二仓　杨　睿

专题报告

制冷技术

第一节 蒸气压缩制冷技术

蒸气压缩制冷作为一种传统的制冷技术，自问世以来，被广泛应用于关乎国计民生的各个领域，从航空航天、生物医药、军事科技等高技术领域，到衣食住行等百姓生活，再到工业、建筑和交通等领域的节能环保等，都能够找到该技术的用武之地，并且在各项生产、生活中发挥着越来越重要的作用，在普冷区、大功率范围、高效率转换等制冷需求中有着不可替代的地位。近年来，随着5G通信、云计算、大数据等互联网信息化和人工智能技术的兴起，以及新型电力系统的构建，基于蒸气压缩循环的制冷空调作为保障设备安全稳定运行、能耗控制的关键技术，热泵作为解锁负荷侧电热灵活性转化的有效途径，其技术的发展与创新对于我国双碳目标的实现发挥着越来越显著的贡献。

2023年1月，蒙特利尔议定书科学审核小组公布了最新的四年期报告，报告证实了近99%的臭氧消耗物质被消除，平流层上部的臭氧层明显恢复，以及人类被来自太阳的有害紫外线照射的减少；并且报告也估计，到2100年《基加利修正案》预计可避免0.3～0.5℃的升温（不包括来自三氟甲烷排放的贡献）。另外，当前世界各国在应对气候变化和能源变革问题上纵横捭阖、竞争激烈。我国也确立了"碳达峰和碳中和"目标和时间表。与发达国家相比，我国从碳达峰到碳中和的时间窗口偏紧，需要每个行业创新发展颠覆性低碳技术，探索可行的路径来实现深度减排。作为能源消费侧用能大户的制冷空调行业也不例外，特别是作为制冷空调系统"血液"的人工合成制冷/热泵工质（又称制冷剂、冷媒，本文以下简称工质），由于其每个分子的温室效应是CO_2的百倍、千倍甚至上万倍，是影响碳达峰碳中和的主要"非CO_2"温室气体之一。根据国际非营利性组织进行碳减排（Drawdown）项目分析测算可知，在当前76种具体可应用的减碳技术中，制冷工质替代和管理可实现 43.53 亿吨 CO_2 当量的减排，是碳减排路线中一个重要的应用发展方向。因此，蒸气压缩制冷技术的核心问题是工质替代、能效提升以及由工质替代带来的循环匹配与关键部件的高效及调控技术。

一、"碳中和"和"基加利协定"履约下的制冷工质发展

众所周知，当前广泛使用的人工合成卤代烃类工质中的氢氯氟碳化物（HCFCs）是《蒙特利尔议定书》（以下简称《议定书》）规定的受控 ODS 物质，随着该类物质的全面淘汰，《议定书》也将目标转向了温室效应明显的氢氟碳化物（HFCs）的减排方面，《基加利修正案》于 2016 年 10 月 15 日在卢旺达基加利通过，将 HFCs 纳入《议定书》管控范围，随着 2021 年 9 月 15 日《基加利修正案》对中国正式生效，我国开启了协同应对臭氧层耗损和气候变化的历史新篇章。因此，在我国"碳中和"目标和《基加利修正案》履约的双重约束下，低 GWP 值工质的开发、天然工质的复兴以及工质回收与销毁成为当前制冷空调领域重要的发展方向（见表 1）。

表 1 《基加利修正案》HFCs 削减时间表

国家类别	发达国家和地区		发展中国家	
	第一组（美国、欧盟等）	第二组（俄罗斯等）	第一组（中国等）	第二组（印度等）
削减进度	2019 年：10%	2020 年：5%	2024 年：冻结	2028 年：冻结
	2024 年：40%	2025 年：35%	2029 年：10%	2032 年：10%
	2029 年：70%	2029 年：70%	2035 年：30%	2037 年：20%
	2034 年：80%	2034 年：80%	2040 年：50%	2042 年：30%
	2036 年：85%	2036 年：85%	2045 年：80%	2047 年：85%

（一）国际公约与法规的推进与变化

从 1985 年制定保护臭氧层的《维也纳公约》开始，在联合国环境规划署（UNEP）的推动下，国际社会共同努力，持续制定有关制冷工质相关的国际公约和法规。主要的国际公约和法规的发展历程（见图 1）。

当前最有影响的就是 2016 年 10 月国际社会在《蒙特利尔议定书》框架下达成了关于 HFCs 削减的《基加利修正案》。修正案规定的 HFCs 削减进程（以 CO_2 当量计算）见表 1。通过新的修正案，将有效减少强效温室气体 HFCs 的排放，其中制冷空调领域可以减少 7.8% 的全球温室排放（其中间接排放为 63%，直接排放为 37%），从而在 21 世纪末减

专题报告

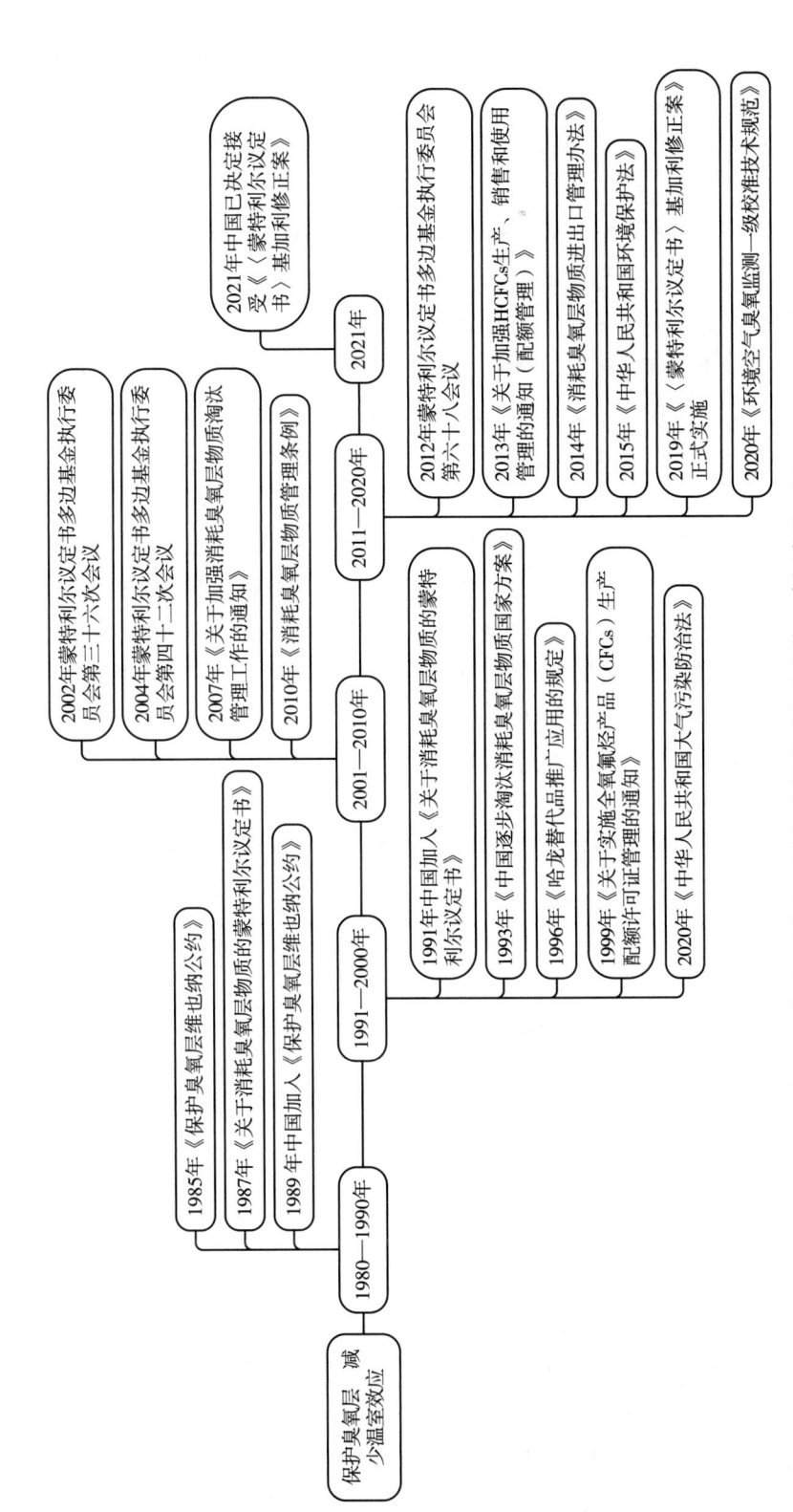

图 1　为应对臭氧层保护和温室效应减少的公约和法规发展历程

1980—1990年
- 1985年《保护臭氧层维也纳公约》
- 1987年《关于消耗臭氧层物质的蒙特利尔议定书》
- 1989年中国加入《保护臭氧层维也纳公约》

1991—2000年
- 1991年中国加入《关于消耗臭氧层物质的蒙特利尔议定书》
- 1993年《中国逐步淘汰消耗臭氧层物质国家方案》
- 1996年《哈龙替代品推广应用的规定》
- 1999年《关于实施全氯氟烃产品（CFCs）生产配额许可证管理的通知》
- 2000年《中华人民共和国大气污染防治法》

2001—2010年
- 2002年蒙特利尔议定书多边基金执行委员会第三十六次会议
- 2004年蒙特利尔议定书多边基金执行委员会第四十二次会议
- 2007年《关于加强消耗臭氧层物质淘汰管理工作的通知》
- 2010年《消耗臭氧层物质管理条例》

2011—2020年
- 2012年蒙特利尔议定书多边基金执行委员会第六十八次会议
- 2013年《关于加强HCFCs生产、销售和使用管理的通知（配额管理）》
- 2014年《消耗臭氧层物质进出口管理办法》
- 2015年《中华人民共和国环境保护法》
- 2019年《〈蒙特利尔议定书〉基加利修正案》正式实施
- 2020年《环境空气臭氧监测一级校准技术规范》

2021年
- 2021年中国已决定接受《〈蒙特利尔议定书〉基加利修正案》

保护臭氧层 减少温室效应

少全球升温 0.3~0.5℃。这是《蒙特利尔议定书》履约进程中又一里程碑式的历史性事件。中国于 2021 年 6 月 17 日向联合国正式交存了《基加利修正案》接受文书，成为该修正案第 122 个缔约方。2021 年 9 月 15 日修正案已在中国生效。目前，《基加利修正案》批准国家已经达到 151 个。

为了应对《基加利修正案》的履约，许多国家和地区对主要应用领域的制冷工质 GWP 值进行了限定。美国、欧盟和日本除了直接禁止使用或分配特定的限额，也给出特定应用产品来规定 GWP 目标值，并结合标识管理来控制。例如：美国环保署于 2022 年 12 月 9 日根据美国创新与制造（AIM）提出一项规则，授权 EPA 根据《基加利修正案》限制或禁止使用 HFCs，追求的 HFC 逐步减少目标是在 2024—2028 年减少 40%，到 2036 年减少 85%。欧盟委员会于 2023 年 3 月 30 日投票通过关于修订欧盟关于氟化气体（F-gases）排放的立法框架的立场，支持到 2050 年逐步淘汰 HFC。具体如表 2 所示。不仅如此，与之相对应的法规也在不断修改以提高限制要求。例如，2022 年 5 月 25 日，国际电工委员会（IEC）发布了第 7 版 IEC 60335-2-40。第 7 版在标准覆盖范围、标示、测试、结构等方面做了全面的调整，对包含 A3、A2 和 A2L 可燃制冷工质的产品进行了科学合理的规定及要求。标准指出在"增强空调密封性"的前提下，系统可使用的 R-290 充注量可达 585 g；如果再增强风扇环流，则最大 R-290 充注量可达 836 g。而如果房间面积扩大至 23 m^2，可使用的 R-290 最大充注量可达 988 g。

表 2　不同国家和地区对不同应用领域的制冷工质 GWP 值限定

国家及区域	应用	目标 GWP 值（最高）	实施目标年份
美国（SNAP）	制冷系统 > 22 kg	150	2021
	制冷系统 9 kg 和 22 kg	1500	2021
	空调系统 900 g	750	2021
	冷水机组	150	2021
日本	房间空调器	750	2018
	商用空调	750	2020
	商业制冷	1500	2025
	冷库	100	2019
	移动空调	150	2023
欧盟	固定式独立制冷设备	150	2025
	插电式房间和其他独立空调和热泵	150	2027
	插入式空调和热泵设备	150	2024
	固定式商用冰箱和冰柜	禁用含有氟化温室气体	2024
	家用冰箱和冰柜	禁用含有氟化温室气体	2025

续表

国家及区域	应用	目标GWP值（最高）	实施目标年份
欧盟	固定式分体空调及分体热泵设备	少于3 kg	750	2027
		小于12 kW的空气–水系统	150	2027
		小于12 kW的空气–空气系统	150	2029
		大于12 kW的分体系统	750	2029
		大于12 kW的分体系统	150	2033

为完成蒙约的履约和推进修正案的实施，我国实施了多项行业计划和行动方案。例如：开展了HCFCs淘汰管理计划（HCFC Phaseout Management Plan，HPMP），实施多项低GWP替代技术的研究，包括：①针对R-290、R-32等可燃性工质应用的风险评估和机组安全性提升研究；② R-290、CO_2、R-32、HFOs等替代工质的适用性研究，在高环境温度、低环境温度等领域替代技术研究；③压缩机、阀门、换热器、润滑油等关键部件和材料的研究；④工质充注减量化研究；⑤能效提升技术研究。其中，仅工商制冷领域就实现了55条生产线的淘汰改造，顺利完成了35%的削减任务。并且，2021年9月，生态环境部联合相关部委发布《中国受控消耗臭氧层物质清单》（公告2021年第44号），将HFCs纳入了受控物质清单。与此同时，为了配合行业HCFCs淘汰管理计划的实施完成，还开展了对多项国家和行业标准的制修订，包括基础及安全标准、整机产品标准、关键部件和材料标准。包括GB/T 7778—2017《制冷剂编号方法和安全性分类》、GB/T 9237—2017《制冷系统及热泵安全与环境要求》的发布，还新制定了JB/T 12319—2015《制冷剂回收机》、JB/T 12844—2016《制冷剂回收循环处理设备》、T/CRAA 1010—2017《工商业用或类似用途的制冷空调设备维修保养技术规范》等标准，迈出了工质回收再利用重要的一步。

在当前"双碳"背景下，为了获得可替代HFCs制冷工质的低GWP值工质，国内外研究机构正从两方面入手探索解决方案。一种是改善和提升NH_3、CO_2、H_2O及碳氢类等天然工质的应用性能，并扩展其应用场景。例如：NH_3/CO_2在冷冻冷藏系统、CO_2在热泵系统以及R-290在房间空调器中的应用。另一种方案是低温室效应低的氢氟烯烃类（HFOs）工质的开发与应用，如R-1234yf及其混合物等。

（二）低GWP值工质的开发与遴选

当前工质的替代需要从环保性、安全性、能效水平及可获得性等多方面考虑，由于天然工质在其物理化学性质的部分缺陷，且当前技术水平无法改善其在所有应用领域中的能效和系统成本上的劣势，今后很长一段时间在部分应用领域仍然要考虑合成制冷工质合理化使用。由于各种约束是相互耦合的，很难开发出理想的工质，当前可替代HFCs的低GWP值工质可选对象都集中在了具有碳–碳双键的氢氟烯烃（HFOs）和氢氯氟烯烃

（HCFOs）这类物质。这些物质通常具有极短的大气寿命，因此通常有非常低的GWP值，被认为是下一代可应用的低GWP人工合成工质（图2）。

当前正在评测的HFOs物质大约有14种（见表3）。

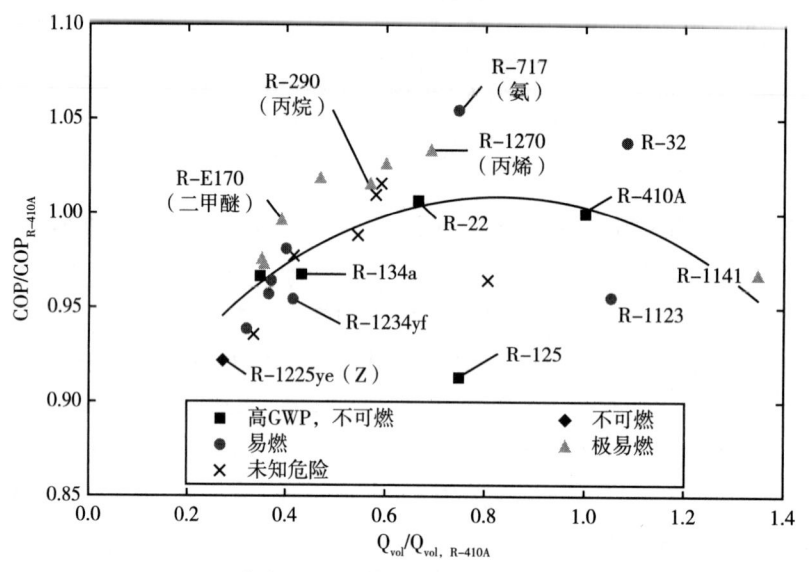

（a）R-410A替代工质的设计与开发

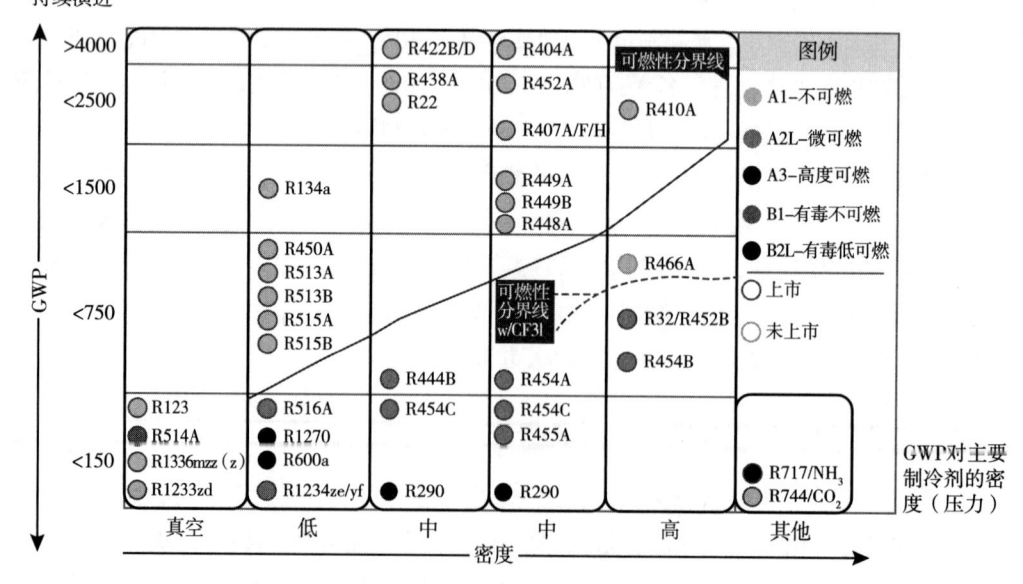

（b）当前工质持续演进的过程

图2　替代工质开发思路与不同应用领域的可选制冷剂开发历程

专题报告

表3 当前评测的几种HFOs工质的基本性质

制冷剂	摩尔质量（kg/kmol）	密度（kg/m³）	标准沸点（℃）	临界温度（℃）	临界压力（MPa）	安全等级	GWP
R1132（E）	64.03	—	−35.66	97.36	5.09	—	1
R1132（Z）	64.03	—	−13.35	132.62	5.22	—	1
R1224yd（Z）	148.49	527.13	14.62	155.54	3.34	A1	<1
R1225ye（E）	164.03	517.00	−13.26	117.68	3.42	B1	2.9
R1225ye（Z）	164.03	517.17	−13.26	117.68	3.42	B1	2.9
R1225zc	132.03	517.00	−21.80	103.45	3.31	B1	4.3
R1233zd（E）	130.05	480.20	18.26	166.45	3.62	A1	1
R1234yf	114.04	478.00	−29.49	94.70	3.38	A2L	<1
R1234ye（E）	114.04	517.00	−20.76	109.51	3.73	A2L	6
R1234ze（E）	114.04	489.00	−18.97	109.36	3.63	A2L	<1
R1234ze（Z）	114.04	470.00	9.73	150.12	3.53	A2L	<1
R1336mzz（Z）	164.06	499.39	33.45	171.35	2.90	A1	2
R1336mzz（E）	164.05	515.30	7.43	130.22	2.77	A1	7
R1243zf	96.05	413.02	−25.42	103.78	3.52	A2	0.8

表4是当前可选替代工质的性质汇总。从调研的数据来看，当前开发的HFOs工质的专利基本都掌握在霍尼韦尔、科慕化学、阿科玛和大金等国外企业手里，并且已覆盖了R-134a、R-404A、R-410A和R-22这四种被替代工质应用的所有领域，见图3。这表明国外企业在低GWP值工质的研发中已比我国工质研发生产企业先行一步，在未来低GWP值替代工质候选应用推广上抢占了先机。

尽管HFOs这类低GWP值工质的开发给履约《基加利修正案》提供了很好的技术方案，并且相关制冷热泵产品的推广也在不断加速，但是随着欧洲REACH（化学品注册、评估、授权和限制）法规中限制使用PFAS（全氟和多氟烷基物质）物质的提案建议的评估与咨询，包含CF_2基团和CF_3基团的HFOs工质将有可能会被限制甚至禁止。这使得作为制冷空调行业低GWP值工质替代物，包括R-1234yf、R-1234ze（E）、R-1336mzz（E）、R-1336mzz（Z）、R-1233zd（E）、R-1224yd及它们的混合物将不能被使用，这势必会影响未来制冷剂的替代方案。

表 4 当前替代工质的信息汇总

原制冷剂				替代制冷剂					
制冷剂	GWP	临界温度(℃)	临界压力(MPa)	安全等级	制冷剂	组分（质量占比 %）	GWP	临界温度(℃)	临界压力(MPa)	安全等级
R22	1760	96.145	4.99	A1	R454C	R32/R1234yf（21.5/78.5）	146	91.5	4.12	A2L
					R444B	R32R152a/R1234ze（41.5/10/48.5）	295	92.1	0.05	A2L
					R449C	R32R125/R1234yfR134a（20/20/31/29）	1147	84.2	4.4	A1
					R448A	R32/R125/R134a/R1234yf/R1234ze（26/26/21/20/7）	1273	82.67	4.59	A1
R123	79	183.68	3.66	A1	R1336mz（Z）	R1336mzz（Z）(100)	2	171.35	2.9	A1
					R1233zd（E）	R1233zd（E）(100)	1	166.45	3.62	A1
					R514A	R1336mzz（Z）/t-DCE（74.7/25.3）	2	29.1	3.52	B1
R134a	1300	101.1	4.06	A1	R1234yf	R1234yf（100）	<1	94.7	3.38	A2L
					R1234ze（E）	R1234ze（E）(100)	<1	109.3	3.63	A2L
					R516A	R1234yf/R152a/R134a（77.5/14/8.5）	131	96.65	3.62	A2L
					R445A	R134a/R1234ze（E）R744（9/85/6）	130	106.05	4.54	A2L
					R513A	R1234yf/R134a（56/44）	573	97.6	3.78	A1
					R515B	R1234ze/R227ea（91.1/8.9）	299	108.7	0.04	A1
					R456A	R32/R134a/R1234ze（E）（6/45/49）	687	102.65	4.18	A1
					R450A	R1234ze/R134a（E）（42/58）	547	105.6	4.08	A1
					R515A	R1234ze/R227ea（88/12）	387	108.65	3.56	A1
					R430A	R152a/R600a（76/24）	110	107.05	4.09	A3
					R436A	R600a/R290（46/54）	10	124.85	4.27	A3
R410A	1924	70.5	4.81	A1	R32	R32（100）	677	78.1	5.78	A2L
					R454B	R32/R1234yf（68.9/31.1）	675	80.9	5.58	A2L
					R452B	R32/R125/R1234yf（67/7/26）	675	79.7	5.50	A2L
					R446A	R32/R600a/R1234ze（E）（29/3/68）	470	85.95	5.73	A2L
					R447A	R32/R125/R1234ze（E）（68/3.5/28.5）	572	85.3	5.71	A2L

续表

制冷剂	原制冷剂			替代制冷剂					
	GWP	临界温度（℃）	临界压力（MPa）	安全等级	制冷剂	组分（质量占比%）	GWP	临界温度（℃）	临界压力（MPa）	安全等级
R404A	3943	72.1	3.73	A1	R447B	R32/R125/R1234ze（E）(68/8/24)	714	83.5	5.64	A2L
					R459A	R32/R1234yf/R1234ze（E）(68/26/6)	460	76.5	—	A2L
					ARM-71A	R32/R1234yf/R1234ze（EX68/26/6）	460	79.62	5.36	A2L
					ARM-20A	R32/R1234yf/R152a（18/70/12）	139	90.05	4.31	A2L
					ARM-20B	R32/R1234yf/R152a（35/55/10）	251	85.25	4.72	A2L
					R466A	R32/R125/R1311（49/11.5/39.5）	733	83.8	5.91	A1
					R463A	R1234yf/R125/R134a/CO$_2$（1430/14/36/6）	1397	75.2	5.20	A1
					HDR147		399	—	—	A1
					HDR139		<300	—	—	A1
					R454A	R32/R1234yf（35/65）	238	89.30	4.52	A2L
					R454C	R32/R1234yf（21.5/78.5）	146	85.65	4.12	A2L
					R455A	R744/R32/R1234yf（3/21.5/75.5）	146	91.90	4.55	A2L
					R457A	R32/R1234yf/R152a（18/70/12）	139	94.80	4.16	A2L
					R459A	R32/R1234yf/R1234ze（E）(21/69/10)	143	91.70	4.13	A2L
					R468A	R1132a/R32/R1234yf（3.5/21.5/75）	146	83.90	4.46	A2L
					L40	R32R1234yf/R1234ze（E）(40/10/20/30)	285	91.00	5.13	A2L
					R465A	R32R290/R1234yf（217.9/71.1）	143	81.55	4.34	A2
					R453A	R32R125/R134a/R227ea/R600/R601a（20/20/53.8/5/0.6/0.6）	1639	88.00	4.53	A1
					R407H	R32/R125/R134a（32.5/15/52.5）	1378	86.50	4.86	A1
					R448A	R32R125/R1234yf/R134a/R1234ze（E）(26/26/20/21/7)	1273	83.80	4.51	A1
					R449A	R32/R125/R1234yf/R134a（24.3/24.7/25.3/257）	1280	85.00	4.48	A1
					R452A	R32/R125/R1234yf（11/59/30）	1952	76.60	3.98	A1
					R442A	R32/R125/R134a/R125a/R227ea（31/31/30/3/5）	1273	82.10	4.74	A1

（a）特灵开发的 R-1234ze 磁悬浮冷水机组 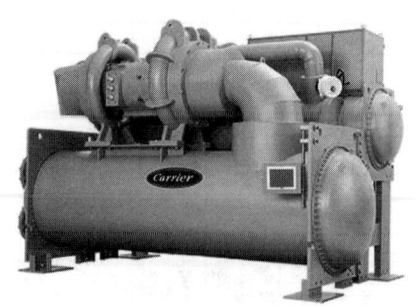　　（b）开利开发的 R-1233zd 冷水机组

（c）大金开发的 R-513A 紧凑型冷水机组 　　（d）MTA 开发的 R-454B 冷水机组

图 3　使用低 GWP 值替代制冷剂的冷水机组产品

（三）天然工质的复兴

天然工质由于 ODP 值为零、GWP 近似于 1，且具有良好的热力学性质和稳定的化学性质及对环境较为友好，同时不用考虑工质开发工艺的专利限制，被认为是有潜力的长期替代方案。当前使用的天然工质包括：R-717（氨 NH_3）、R-744（二氧化碳 CO_2）、R-718（水 H_2O）和碳氢化合物（HCs），这些工质都有着悠久历史，尽管一段时间被合成工质所替代，但是随着人类对环境问题的逐渐重视，特别是欧盟 PFAS 提案的关注，人们又对天然工质重新燃起了兴趣，进一步带动了天然工质的复兴。

NH_3 的主要缺陷为有一定的弱可燃性、低毒性和腐蚀性；因此当前关键技术主要集中在开发高效氨压缩机和循环工质泵、解决润滑油及高效换热问题（如小管径高效传热管、板式换热器等）来减少充注量以进一步缩减整体体积、降低腐蚀性和系统泄漏，提高系统能效比。在采用板式或其他低充注量的换热器时，机组中氨的充注量可低至 60～70 g/kW。NH_3 系统主要用于蒸发温度在 -65℃ 以上的大、中型单级和双级制冷机中，包括小型商业的空气调节和工业生产冷却及需要低温冷冻水的场所，还应用在大型冷库冷藏系统中。NH_3/CO_2 复叠和载冷技术已成为当前中国冷冻冷藏设备的主流技术，获得了广泛的市场化应用，在大中型装备市场的占有率已达 80% 以上。NH_3 的临界温度高达 132.4℃，也可作为高温热泵的制冷工质使用，用于非密集型区域的集中供暖。

CO_2被认为是最理想的有潜力的工质，其主要问题是其临界温度较低（仅31℃），运行压力超高、节流损失较大，且超临界状态下传热系数较低，适宜采用跨临界循环实现变温吸放热匹配来提高用能效率。因此，适用的压缩机和换热器等关键部件都需要重新设计。由于CO_2符合当前对制冷工质环境性能的要求，一直是国内外工质替代研究的热点之一。在可燃性和毒性有严格限制的场合，CO_2是理想的工质。现如今针对CO_2制冷热泵系统开发的压缩机如亚临界涡旋式、跨临界活塞式和半封闭的螺杆式压缩机也都已问世并形成产品，高性能膨胀机、降膜式冷凝器和气体冷却器的研发也使得CO_2系统的性能得到了提升。目前CO_2热泵热水机逐渐取得了市场化的商业应用，市场占比开始不断提升。而且，由于CO_2的单位容积制冷量大且安全环保，在电动汽车热泵型空调领域有较大潜力，当前逐渐进入了商业试应用阶段，见图4。CO_2还可应用于干燥温度较高的物料干燥场合，以及消毒或熨烫等场景。同时，由于CO_2物性安全、标准沸点较低且输运性质较优，不仅可作为制冷工质也是优秀的载冷剂，因此非常适用于冷冻冷藏领域；截至2018年全球约有17000所超市采用CO_2制冷系统。见图5。特别是2022年北京冬奥会冰上场馆中CO_2跨临界直冷制冰技术的成功应用，更是增强CO_2作为未来主流替代工质的信心。

图4 德国制造商利勃海尔开发应用火车上的CO_2空调系统和电动汽车CO_2热泵空调系统

H_2O在蒸气压缩式循环系统中，由于标准沸点较高、分子量低、绝热指数高以及比容大的物理性质，水蒸气压缩系统具有压差小、压比大、单位容积制冷量小、容积流量大、排气温度高等特点。H_2O的蒸汽压缩系统的利用方式不适用于一般的制冷空调工况范围，然而在超高温热泵干燥系统、海水淡化有较好的应用。H_2O用于蒸气压缩式制冷的研究和应用主要集中在欧洲、美国、日本和以色列，应用范围为海水淡化，冰浆制造和空调机组，水蒸气压缩机多以离心式，罗茨式和螺杆式为主。水作为工质在开式热泵系统MVR即机械蒸汽再压缩（Mechanical Vapor Recompression）中可使二次余热蒸汽经压缩后提高温度、压力及焓值，使之成为具有使用价值的高品位热源，节能效果好且制热性能系数高。考虑到闭式热泵的大温升优势和开式热泵的直接蒸汽供应优势，二者的结合将在未来成为水工质热泵的一个重要的发展方向。

图 5 几种 CO_2 应用于冷冻冷藏系统的循环方式

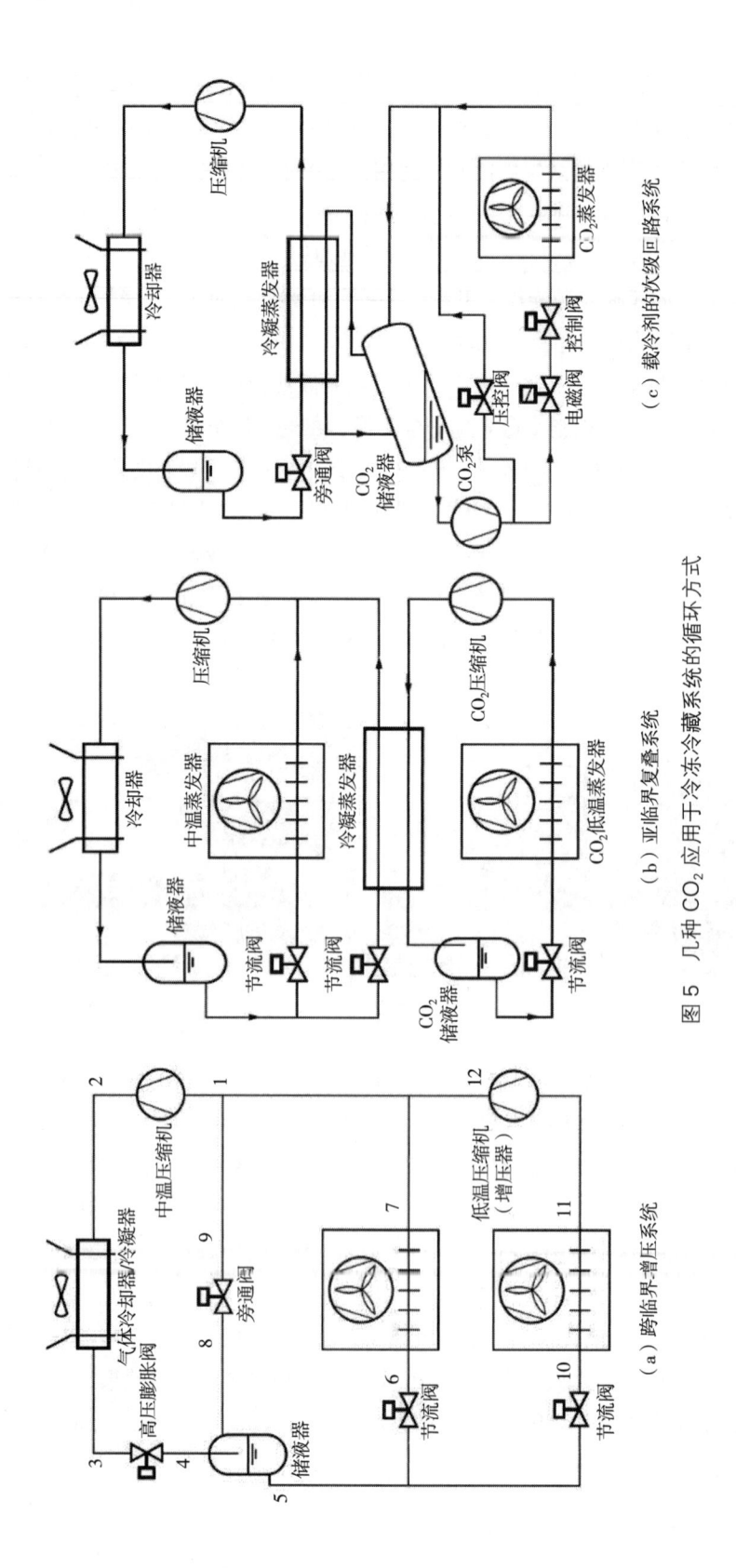

(a) 跨临界-增压系统

(b) 亚临界复叠系统

(c) 载冷剂的次级回路系统

近期应用发展最快的是碳氢工质HCs。其中以丙烷（R-290）、异丁烷（R-600a）、丙烯（R-1270）作为代表，这类工质的主要问题是有较强的可燃性，在安全性设计方面也有特殊要求。随着微通道换热器、高效压缩机技术的发展实现了工质的充注量的不断减少，以及关于可燃工质安全风险评估的认识和充注限定值提升相关标准的修订，碳氢工质的范围被大大拓展。因此，很多国际企业在原有的房间空调器应用基础上纷纷推出了使用碳氢工质的冷水（热泵）产品，其容量范围在8~190 kW的范围（见图6）。

图6　Swegon推出了使用R-290的200 kW的商用空气源变频热泵和美的R-290空调

（四）工质的回收与销毁

人工合成工质被排放到自然环境中时，会对环境产生影响。制冷/热泵设备生产调试产生的废弃工质，设备维修、移装过程泄放的工质，产品报废产生的废弃工质，小包装工质使用后的残留量，都会导致工质向环境的排放。工质只有被排放到大气，才会产生环境危害，所以，采用工质的回收与再生以及最后的销毁处理，是解决工质排放对于环境不利影响的发展方向。对于工质的回收与销毁，日本、欧盟与美国较早就开展了相关技术的研究和法规的制定，例如：日本制订的《氟利昂回收销毁法》自2002年开始实施，2013年修订并更名为《氟利昂排放抑制法》；欧盟在1994年颁布《关于臭氧层消耗物质的法规》；美国于1990年修订《清洁空气法》，后续又出台一系列法规来促进工质回收减排。中国于2010年出台《消耗臭氧层物质管理条例》，要求制冷/热泵设备维修、报废时对臭氧层消耗物质进行回收、再生利用或销毁；2017年发布《生产者责任延伸制度推行方案》，支持生产企业建立回收体系。但是日本等发达国家中制冷空调中的工质回收率达到了30%，而我国仅为1%，未来发展空间较大。

工质回收的基本原理是通过建立回收端和被回收端两端的压差来实现工质的转移。工质回收方法可以分为冷却法、压缩冷凝法、液态推拉法和复合回收法。如图7所示。冷却法、压缩冷凝法、吸附法均以气态形式对工质进行回收，它们共同的优点是回收工质纯度

(a) 冷却法

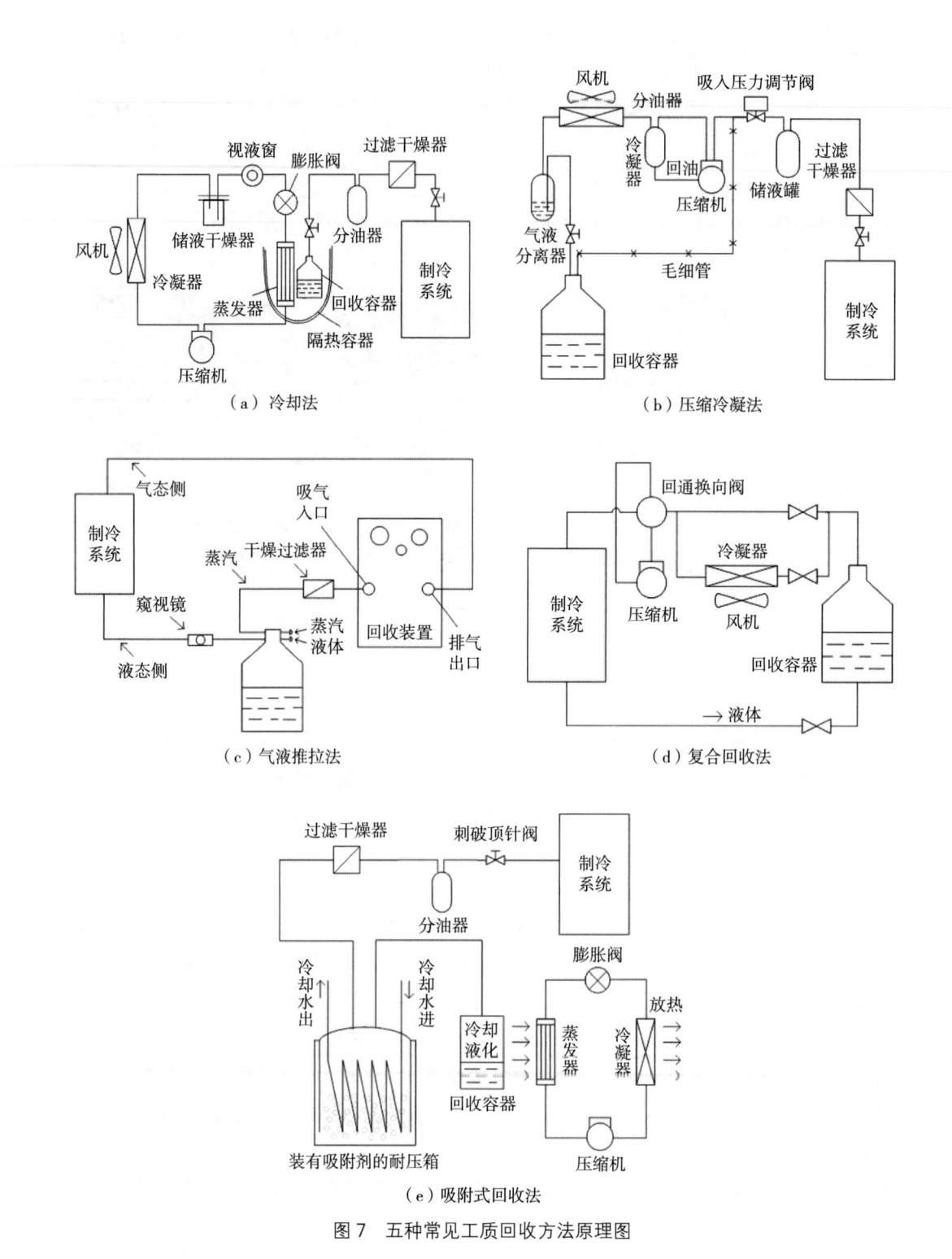

(b) 压缩冷凝法

(c) 气液推拉法

(d) 复合回收法

(e) 吸附式回收法

图 7 五种常见工质回收方法原理图

较高，工质回收彻底，缺点是回收速度慢、时间长。除此之外，压缩冷凝法具有能耗低、回收速度快于冷却法的优点，是最为广泛应用的工质回收方式。液态推拉法以液态形式对工质进行回收，拥有最快的回收速度，缺点是无法去除工质回收前所含有的润滑油、水分等杂质，无法对制冷系统内的工质进行全部回收。复合回收法优点是回收速度快、效率高、工质回收彻底，缺点是现存回收设备中液态与气态回收模式的切换没有依据，由操作人员凭经验掌握，难以保证达到最佳的回收效率与回收率。上述 5 种制冷工质回收方法，有各自的优缺点及适用场合，如表 5 所示。

表 5　工质回收方法的对比

回收方法	回收形态	适用场景	优点	不足
冷却法	气态	小容量回收	减少机油、颗粒等杂质	时间长，无法处理不凝性气体
压缩冷凝法	气态	大中容量回收	体积小，能耗低，效率高	回收纯净度不高
气液推拉法	液态	大容量液体回收	效率极高	回收不彻底
复合回收法	液态气态	大容量回收	效率高，回收较为彻底	气液回收模式切换时间节点不明
吸附回收法	气态	小容量回收	效率高，安全性高	回收不彻底、纯净度不高

被环保公约淘汰的或是使用后未能回收的工质，只有加以销毁才能避免工质对环境造成的影响。根据 2018 年美国国家环境保护局的报告统计，目前国际上商业化的废弃工质销毁设施主要集中于美国、日本、欧盟等地，设施总量约 155 台。根据使用的不同的销毁技术，不同销毁设施的年处理能力差距较大，大多数为 40~1000 吨，但总的销毁能力相对现有工质的生产量和存量来说还是严重不足。

现在使用的主要销毁技术方法是焚烧法和等离子体法。焚烧法根据燃料和反应器的形式，又细分为反应炉法、回转窑法、液体喷射式焚烧法等方法，其技术原理都是使用燃料燃烧产生的高温火焰反应来使制冷剂分子氧化裂解，从而达到销毁制冷剂的目的，如图 8 所示。焚烧法的关键技术要素主要为维持较高的燃烧温度（通常在 1000~2000℃）和保证反应物有足够的高温区停留时间。等离子体法是指利用产生的高温等离子体（4700~19700℃）来热解工质分子的销毁方法，如图 9 所示，根据具体技术细节的不同可以细分为空气等离子弧法、氩气等离子弧法、氮气等离子弧法等。相对常规的焚烧法，等离子体法可以获得更高的降解效率和更少的副产物。焚烧法和等离子体法的主要优势在于工质的去除率高、反应速率快、工业上容易实现，因此是目前商业化设施的主要技术方式。但是焚烧法和等离子体法需要维持很高的反应温度条件，技术能耗极大，因此造成了较高的技术成本和使用大量化石燃料带来的环境问题。据统计，国外现有销毁技术的成本大概在 4000~13000 美元/吨，高成本是制约工质销毁技术发展和使用的主要原因之一。

图8 焚烧法原理图

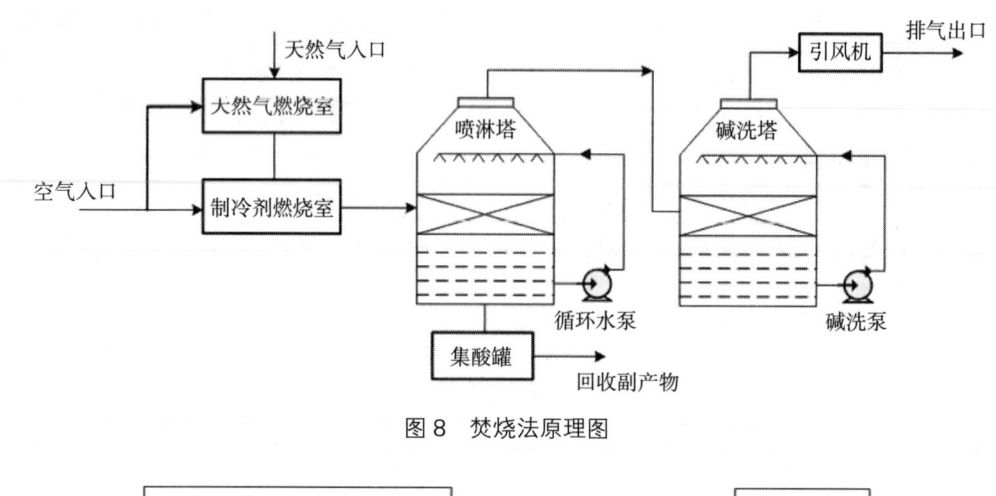

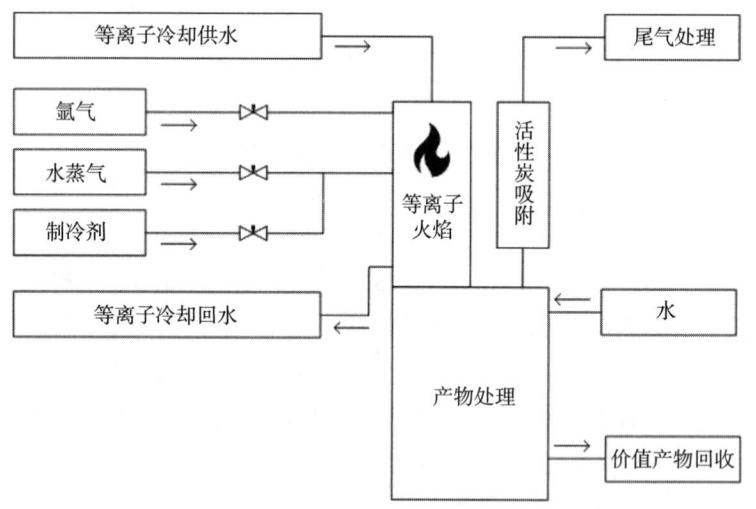

图9 等离子体法原理图

为实现工质低能耗、低成本的销毁，多种非焚烧类的销毁技术路线被提出。一类技术思路是反应转化法，即添加适当的反应原料，将需要销毁的工质转化为其他有使用价值的化工产品。现有技术方案包括加 H_2、加 CO_2、加过热蒸汽、加甲烷等，将废弃工质转化为 HF、HCl 或其他环保工质。这类技术的优势在于能够获得有价值的产品，从而降低销毁技术的成本；但目前尚需要解决提高产品产率和降低原料成本等问题，暂时未能投入商业使用。另一类思路是催化降解法，即选择合适的催化剂和催化条件，降低销毁过程的反应温度，在温和条件下实现转化或完全降解。现有技术方案包括热催化转化、热催化降解、光催化降解、光热协同催化降解等。这类技术的优势是在维持高去除率的同时能够大幅降低销毁过程的能耗和成本，利于相关技术的大规模商业利用，目前已经有催化降解相关的商业化销毁设施投入使用，但对于催化速率提升和催化体系活性强化等方面还有待于进一步研究探索。

二、蒸气压缩制冷技术发展应用

（一）蒸气压缩循环技术

蒸气压缩循环技术已经发展的比较成熟，近年随着天然工质的扩展使用，复叠、跨临界等循环形式得到更多应用。

1. 复叠式系统

复叠式压缩制冷系统最主要的类型是 NH_3/CO_2 复叠系统，且由于 NH_3 和 CO_2 作为天然工质优秀的环保特性，近年来在超市、食品冷库、人工制雪等领域得到广泛的应用。一般的二级复叠系统蒸发温度最低可达到 –80℃ 左右，随着天然气液化等 –150℃ 左右低温需求的增多，可以实现更低蒸发温度的三级复叠制冷系统也得到更多的应用（图10）。

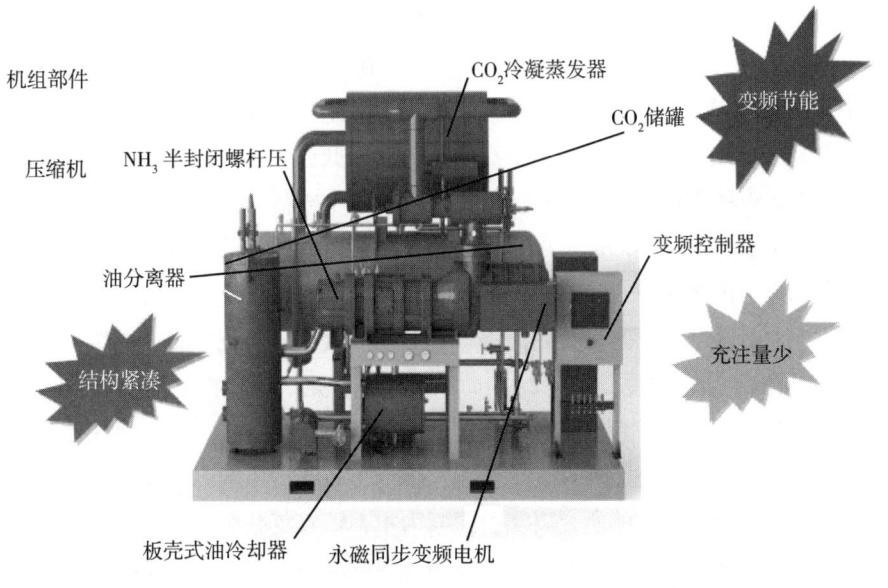

图10 NH_3/CO_2 复叠式系统与整体式 NH_3/CO_2 载冷机组

针对复叠系统的优化研究，主要集中在对循环运行参数、部件运行控制策略以及经济性分析等方面。对于复叠系统的改造，引入喷射器被认为是有效的手段之一，喷射器可以有效提高制冷量，同时可以显著提高复叠系统的性能，而且喷射器的改造成本较低，有利于技术推广。国内外学者都提出不同类型的喷射器-复叠制冷循环设计方案，一种喷射器-复叠制冷循环原理如图11所示。

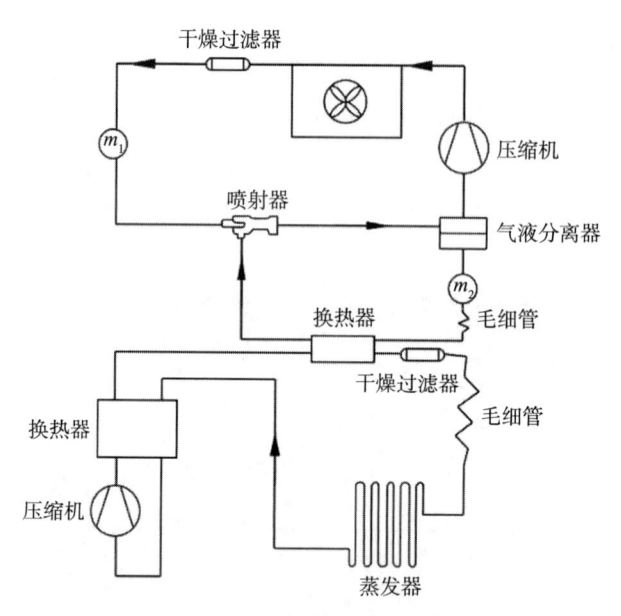

图11 一种喷射增效的复叠制冷循环示意图

同时使用CO_2/R-134a作为工质的复叠式热泵在高层建筑或集中建筑群的分布式区域性供热中也得到广泛的应用。相比常规单级CO_2热泵，CO_2/R-134a复叠式热泵具有更高的出水温度和更高的制热COP；同时，CO_2循环作为低温级循环处在亚临界区，系统运行压力较小，对各设备部件耐压要求较低，机组制造成本较低。目前CO_2复叠式热泵在我国处于起步阶段，已有约40万m^2的项目应用，在"双碳"战略的大背景下，未来CO_2复叠式热泵分布式集中供暖面积有望进一步扩大。

自动复叠制冷系统是指采用单台压缩机、利用混合工质实现复叠的系统，其主要工作原理如图12所示。自复叠系统具有结构简单、系统稳定、制冷温区宽等优势，因此在低温区具有广泛的应用前景。混合制冷剂的选择与配比是自复叠系统的主要研究方向之一，对系统的运行工况和制冷性能有着重要影响，决定了系统适用的温区和循环复叠级数。目前对于混合工质选择和配比的研究以实验探索为主，随着复叠级数的增加，合适的混合工质方案设计难度增加，且受到工质日益严格的环保要求影响，混合工质组分选择会愈发受限，需要针对环境友好型工质做进一步的研究。

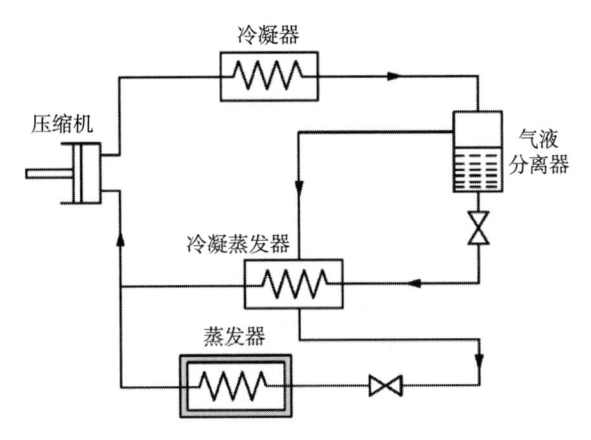

图 12　自复叠式制冷循环原理图

2. 跨临界 CO₂ 系统

CO_2 作为天然工质，除了环保效益外，还具有很好的低温适应性和制热能力，因此在商超制冷、汽车空调、人工冰场等多个领域有着良好的应用前景。主要研究方向包括 CO_2 多级压缩技术、并行压缩技术、无油压缩技术、CO_2 引射器与膨胀机技术、CO_2 动态喷气增焓技术、CO_2 系统密封技术等。

商超是能源消耗大户，同时也是 HFC 工质的主要应用场景，因此 CO_2 制冷系统得到广泛关注，其中跨临界 CO_2 增压制冷系统技术较为成熟，已经在欧洲和日本等地区得到广泛应用。其主要特点为使用 2 组压缩机和 2 套蒸发器实现不同制冷温度，系统原理如图 13 所示。据统计 2020 年仅欧洲的跨临界 CO_2 增压制冷系统就超过 29000 台，这主要得益于欧洲严格的 F-gas 政策限制和北欧低温环境下 CO_2 制冷系统的优异性能。我国目前也有多个商超项目引入了跨临界 CO_2 增压制冷系统，但是数量还很少，相关技术的研究和产业化还有待发展（图 13）。

受到工质环保问题限制，CO_2 成为汽车空调工质替代的主要方案之一。相比于传统汽车使用的 R-134a 空调，跨临界 CO_2 系统的制冷量可以达到相当的水平，在部分工况下的能效较低；在制热特性方面则明显优于 R-134a 空调。由于新能源汽车的空调供暖能耗是影响其冬季续航能力的重要因素，因此跨临界 CO_2 系统以其优异的制热特性和环保特性成为新能源汽车热泵空调的主要替代方案。目前梅赛德斯 - 奔驰、大众、奥迪等品牌均已经在其部分量产车型上使用了跨临界 CO_2 热泵系统，国内的西安交通大学、上海交通大学、中科院理化技术研究所等也完成了样机开发。围绕跨临界 CO_2 系统的电动汽车集成热管理系统的研究也是目前的研究热点（图 14）。

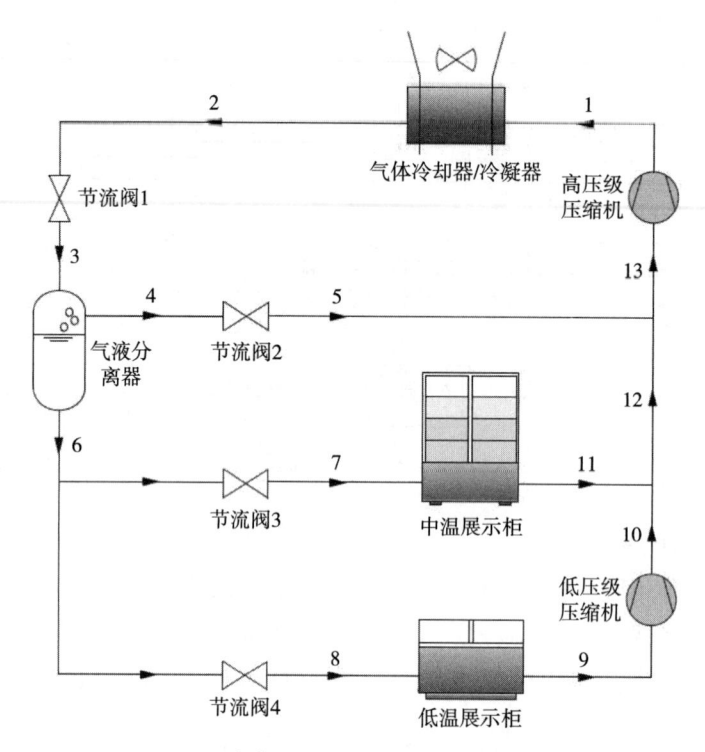

图 13　跨临界 CO_2 增压制冷系统示意图

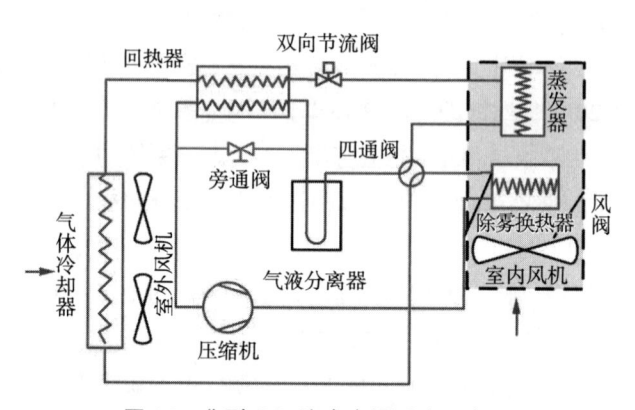

图 14　典型 CO_2 汽车空调系统示意图

随着 CO_2 压缩机技术的进步，近年来跨临界 CO_2 系统在人工冰场中的应用得以实现。2010 年，加拿大魁北克的一个冰场首次采用 CO_2 直接制冷系统，相对于传统制冷系统，其系统全年 COP 提高了 4.6%，全年能耗下降了 25%。为响应"绿色奥运、科技奥运"的理念，2022 年北京冬奥会国家速滑馆采用了 CO_2 跨临界循环直接蒸发制冷技术，成为全世界首个采用该技术的冬奥场馆。国家速滑馆冰面面积约为 12000 m^2，是全球最大的 CO_2 跨临界制冷项目之一，与传统系统相比能效提升 20% 以上，且提供大量高品质余热供回收利用，冰面温差相对传统系统的 1.5～2℃减少至 0.5℃。同时，北京首都体育馆冰场也采用了 CO_2 跨临界制冰兼余热回收技术，首体园区共有 4 块冰面采用了 CO_2 制冰技术，成为目前世界上 CO_2 制冷冰面最集中的区域。国家速滑馆和北京首都体育馆等冬奥项目的成功实施极大地推动了跨临界 CO_2 系统在人工冰场领域的研究和应用（图 15、图 16）。

图 15 中国国家速滑馆冰面　　　　图 16 北京首都体育馆冰面

3. 高温热泵系统

在工业、交通、建筑、农业等领域中，对 80℃以上的热需求越来越大。在碳达峰碳中和的目标下，相比传统化石燃料燃烧方法更为高效清洁的高温热泵技术得到国内外的广泛关注。目前，供热能力在 1 MW 以下、温升在 30℃以下的高温热泵技术已经比较成熟，未来的研发趋势主要为实现更大制热量（> 1 MW）、高出水温度（> 100℃）以及高 COP 限定下的大温升机组。

目前针对压缩式高温热泵系统构型的研究，主要方案包括单级系统、多级系统、复叠系统、带喷射器或内部换热器的系统等。但现有商业机组中大多数仍为简单单级和双级压缩循环构型，在实践中应用最优配置的挑战主要是由于复杂构型造成的施工难度大、成本高、故障率高。

瑞士 Friotherm 公司开发了一种大容量高温热泵系统 Unitop-50FY，已经在芬兰赫尔辛基供热项目中应用，系统使用两级离心压缩机，单机最大供热量可达 18 MW，出水温度可达 88℃（图 17）。

对于高温热泵系统，水是适用的工质之一，在高温工况下有优秀的性能表现，但由于水的物性特点，水蒸气循环也有压比大、容积流量大、排气温度高等特点，需要通过系统设计来提高整体性能。上海交通大学开发了一种水蒸气高温热泵系统，选用水蒸气双螺杆式压缩机，结合闪蒸和压缩喷水等系统设计，可以在蒸发温度 80℃、压缩机排气温度 120℃和压比为 4.2 时，实现接近 5 的 COP。水作为天然工质会是高温热泵研究的重要发展方向之一（图 18）。

图 17　瑞士 Friotherm 公司 Unitop-50FY 大容量高温热泵系统

图 18　上海交通大学研发的水蒸气高温热泵机组

目前高温热泵系统在研究和应用方面，国内上海交通大学、西安交通大学、清华大学、天津大学等单位针对不同方向展开了深入研究，取得了丰硕的成果，在国际上占有重要地位。但在压缩机等部分关键部件的研发领域，仍由国外厂商占有主要市场位置，我国相关产业领域还有待进一步发展。

（二）蒸气压缩制冷能效提升技术

除了新的循环技术发展对蒸气压缩制冷的应用边界不断拓展外，针对压缩机、换热器等关键部件的能效提升研究也在持续进行。

1. 压缩机

1）转子压缩机。转子压缩机具有结构简单、制造成本低、工况适应性强等特点，近年来适用冷量范围在进一步扩大。大容量转子压缩机在家用和轻商等领域逐步替代了部分活塞压缩机和涡旋压缩机；通过设计优化，微型转子压缩机容量向下可拓展至 0.2 HP，能够满足便携式冷却设备、空调服、电子元件散热等微型制冷系统的需求。目前针对转子压缩机的能效提升研究主要在中间补气技术、多级变容技术、噪声控制、故障诊断等方面，以及针对替代工质 R-32、R-290 和 CO_2 的性能优化方面（图 19）。

2）涡旋压缩机。在转子压缩机的影响下，涡旋压缩机目前主要向大容量、变频化的方向发展，比如艾默生在 2011 年已经推出单机 40 HP 的产品。大功率涡旋压缩机，特别是多台并联的涡旋机组，已经在与同功率螺杆机机组的对比中体现出一定优势。针对涡旋压缩机的能效提升的研究方向主要在变频技术、泄漏损失、补气喷液技术、新型型线开发等方向（图 20）。

3）活塞压缩机。目前碳中和背景下，活塞压缩机的主要新的发展方向是轻商压缩机和跨临界 CO_2 压缩机。在近年来生鲜销售快速发展的推动下，轻商用制冷设备的节能要求和相关能效标准日益提高，高效和变频轻商压缩机的生产规模得到发展，整体显现出小型化、高能效、变频化的产品发展趋势。同时受环保法规影响，图 21 以 R-290 为主的碳氢

图 19　微型转子压缩机　　　　图 20　大容量涡旋冷冻压缩机

工质以能效高、成本低的优势，成为轻商领域的主要工质替代方向。半封闭活塞压缩机是跨临界 CO_2 压缩机的主流机型之一，随着跨临界 CO_2 技术的广泛发展，跨临界 CO_2 压缩机技术也日益成熟。目前商用的产品主要还是以意大利都凌、德国比泽尔等国际压缩机厂商为主，都凌已经实现 CO_2 活塞压缩机批量生产，产品覆盖 1.5～80 HP 的工作范围。国内目前还主要在研究阶段，主要研究单位包括天津大学、天津商业大学、西安交通大学和中科院理化技术研究所等（图 22）。

图 21　R-290 微型双缸压缩机样机　　　　图 22　跨临界 CO_2 压缩机

4）螺杆压缩机。螺杆压缩机具有结构紧凑、可靠性高、冷量调节方便和工况适应性强等优点，在大中型制冷空调和冷冻冷藏设备中应用广泛。提高螺杆压缩机能效的一个重要手段是新型转子型线的开发，研究者们使用贝塞尔曲线、NURBS 曲线等不同的型线设计方法，针对具体的机组工况设计专门的高效转子型线。变频技术也是进一步提高螺杆压缩机能效的措施，目前已经在空调、热泵、冷藏冷冻等应用领域得到快速推广。此外用于工业高温热泵的水蒸气螺杆压缩机、用于氢气储运的氢气螺杆压缩机、用于低温领域的氦气螺杆压缩机等特殊介质螺杆压缩机的开发也是目前正在发展的研究方向。

5）离心压缩机。离心压缩机主要应用于大型公共建筑的舒适性空调冷水机组，其提高能效的主要技术途径是磁悬浮和气悬浮技术。图23磁悬浮离心压缩机技术近年来发展迅速，已经得到商业应用。相比磁悬浮离心压缩机技术，气悬浮离心压缩机相比结构简单、体积小，可以实现压缩机的小型化，但目前研究还在样机阶段，其使用效果还有待进一步验证（图24）。

图23　磁悬浮离心式冷水机组 　　　　图24　气悬浮离心式冷水机组样机

2. 换热器

换热器性能的提升对于制冷机组能效的影响是显著的，因此新型强化换热技术一直在持续发展，包括小管径翅片管换热器、铝代铜换热器、微通道换热器、印刷板路换热器等新型换热器技术在许多领域得到应用（图25）。

图25　全铝蒸发器

特别是随着工质替代工作的推进，新型低GWP工质中存在的可燃性、高压等特点，使得内容积较小的紧凑型高效换热器，如小管径换热器和微通道换热器等，在制冷领域的应用会进一步扩大。小管径换热器即将制冷空调领域主流换热管外径从9.52 mm或者更大进一步下降到7 mm、5 mm或更小，在减少铜材料使用成本的同时可以减少工质充注量，并显著降低易燃工质的安全风险。相关的研究主要在翅片侧的换热和压降优化方面，同时如何适应制冷和制热工况也需要进一步研究。微通道换热器的结构如图26所示，目前的研究主要集中在制冷剂充注量及分配和结霜性能两个方面。

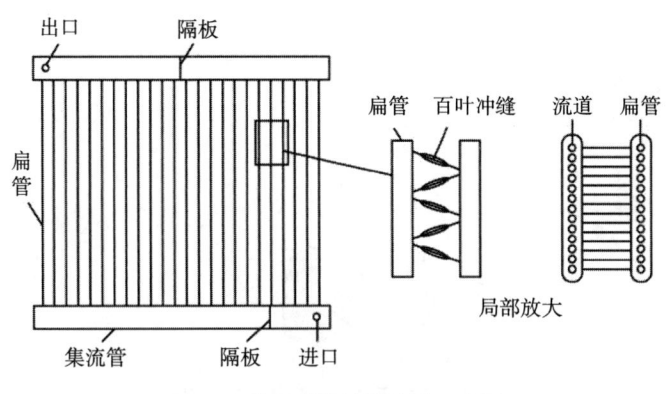

图 26 微通道换热器结构示意图

总的来说，目前制冷领域换热器研究主要需要同时满足高效及低充注量的要求，如进一步优化翅片形状及涂层、开发新型高效换热结构、开发紧凑型换热器等；还需适用 CO_2 和 NH_3 等自然工质应用的高效与安全性要求。

（三）蒸气压缩制冷智能调节技术

随着近年来大数据、智能化技术发展的浪潮，制冷系统的调适、故障运维与节能控制等智能调节技术在制冷系统的应用发展迅速，特别是在大型建筑中央空调、数据中心冷却系统等复杂制冷系统的节能减碳中起着重要作用。2021年发布的 GB 55015—2021《建筑节能与可再生能源通用规范》明确提出了"当建筑面积大于 10 万 m^2 的公共建筑采用集中空调系统时，应对空调系统进行调适"。

借助现有的数字孪生技术和人工智能技术，通过用户侧采集的数据和分析平台的智能化控制，对于复杂制冷系统的智能化运维已经成为可能。通过用户侧大量传感器的布置实现温度、湿度、压力、功率等物理信息的镜像化获取，大量的数据由智能化平台进行分析，对系统参数进行调节，并对可能的故障情况进行检测与诊断，进一步可配合人工智能技术的学习结果，为用户提供个性化服务。

目前复杂制冷系统的热功智能优化控制主要还处于研究和试点试验阶段，距离实际应用尚有一定距离。目前主要的研究方向包括负荷预测模型、控制策略算法、优化算法研究和故障诊断算法等。特别是在故障诊断方面，人工智能技术相对传统的设备报警和人工巡检方式有着明显优势，是未来实现预防性维修、系统高可靠性的有力方案（图 27）。

三、蒸气压缩制冷技术的发展趋势与展望

中国作为全球最大的制冷空调设备制造国，同时也是全球最大的制冷工质生产和消费国，需要在履行《蒙特利尔议定书》的义务的同时，实现减碳目标。制冷行业的碳减排，

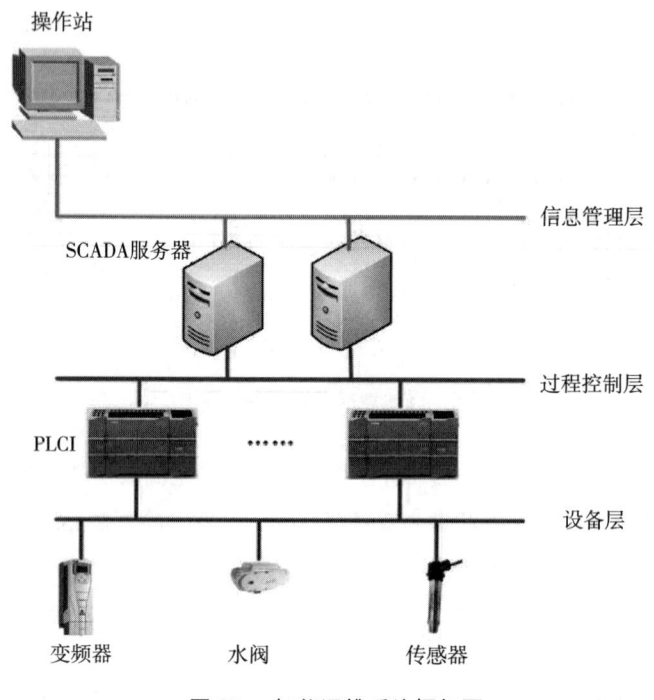

图27　智能运维系统框架图

是助力我国"双碳"目标完成的重要战场。

（一）进一步探索全链条的工质减排技术方案，从多维度解决工质的碳减排问题

工质的碳减排就要从减少直接排放（使用低 GWP 值的制冷工质、减少泄漏量、提高回收率和销毁率）和减少间接排放（提高制冷设备的 COP 值）这两条途径入手。尽管国家和行业围绕工质的碳减排路径，如工质替代、工质管理、制冷设备能效提升等方面进行了详细发展布局和有效技术革新，但长期以来我国在制冷工质领域的被动应对的局面没有改变，较大的产业规模和涉及众多的产业领域给履约带来巨大挑战。随着工质替代进程的逐步深入，以及削减任务难度的不断增加，要履行《蒙特利尔议定书》设定的限制并助力我国"双碳"目标完成，还要付出巨大的转型成本。未来需要解决的和工质直接有关的问题总结如下：

1）目前尚缺少从工质全生命周期角度对工质在不同环节（生产、运输、制冷产品生产、安装、维修、回收、销毁）的排放进行较精确测算的方法和平台，这方面积累的数据和可供分析的平台还十分匮乏，不利于与工质相关的减碳目标设定和减排路径选择。应参考国外做法，建立适合国情的数据收集、测算和分析平台。

2）基于上述数据收集、测算和分析平台对我国工质基础数据的分析，在中国碳达峰、碳中和的政策下，以及《基加利修正案》时间表背景下，结合中国发展的实际情况，制定出明确的工质 GWP 降低的目标值、候选物和时间表。在此基础上，将工质全生命周期值纳入强制产品能效标准考核，以促进和推动行业的变革。

3）全球范围内尚没有找到一种零 ODP 值、低 GWP 值、安全、高性能的"完全理想"的工质。虽然国际上在各个产品领域采用何种替代技术路线仍存在诸多争议，但是天然工质的最大限度地拓展使用以及更低 GWP 的工质在全球范围内的应用推广将是必然的趋势。天然工质的环保性能好，且无开发工艺的专利限制，随着相关风险评估和安全性提升研究工作的开展，以及相关政策、标准的出台，天然工质的应用会是制冷工质替代的一个重要路线。应加快天然工质制冷标准的修订，并逐步攻破天然工质制冷的核心技术，加大对于天然工质研究和应用推广的力度和鼓励措施。这有利于我国在未来工质替代发展应用掌握主动权，走出自己的特色。

4）鉴于天然工质应用可覆盖范围的限制，低 GWP 工质的应用推广仍具有大的应用前景。绝大部分低 GWP 替代工质存在着可燃、容积效率低和合成工艺复杂等缺点。通过技术提升、安全管理等手段对不同工质存在的问题进行"缺陷管理"的模式加以处理，确保这些替代品在规定条件下的安全使用，将是长期需要面临的情景。

5）低 GWP 替代工质及其混合物的物性、燃爆特性、其匹配的冷冻机油与材料相容性，还需要深入研究。应全面考虑制冷工质生产、运输、零部件制造、运行、维修等每个环节，探索工质燃爆特性和预警防护机理，建立健全政策标准及安全规范，为低 GWP 替代工质及其混合物提供支撑。

6）采用工质的回收、再循环与再生，从而实现工质的再利用，是解决制冷工质排放对于环境不利影响的发展方向。在进一步研发回收、再循环与再生技术的同时，将我国出台的各种工质回收、再循环与再生及其销毁的法规落在实处是关键。需要研究回收碳减排潜力的预测方法、回收规范化设计、回收/处理工质的补贴等鼓励政策，形成实施细则。同时，开发低能耗、环境友好的工质销毁技术是解决问题的关键，是最终实现工质减碳的关键一环。鉴于工质回收、再利用与销毁对于碳中和的重要意义，需要政府层面加大政策支持。

7）开发环境友好、性能优异的纯工质和混合工质是碳中和条件下我国制冷发展永恒的主题，工质品种创新和制备工艺创新则是我国制冷行业实现自主可控和可持续发展的重要保障。针对我国的制冷工质开发与先进国家的较大差距，需要从国家层面上组织实施，联合上下游企业开展产、学、研、用联合攻关，建立工质开发与应用关键共性技术研究流程与方法，共同开展制冷工质开发、性能评价与应用技术研究，为应用技术开发及应用示范提供科学理论依据，以实现低 GWP 值工质的高效开发与应用，达到低碳环保的目标。

8）为了应对《基加利修正案》的履约，欧盟委员会于 2023 年 3 月 1 日投票通过关于欧盟 F-gas 法规的修订，目的在于引导新的制冷、空调和热泵应用远离含氟工质；再加上 REACH 法规关于 PFAS 限制程序提案建议的评估与咨询，欧盟对于含氟工质的动向值得关注。

（二）加快天然/替代工质循环优化、制冷关键部件的开发

随着天然工质应用范围的不断扩大，复叠系统、自复叠系统、喷射器 – 复叠制冷循环等新的循环系统，以及不同应用领域的优化研究，如对循环运行参数、部件运行控制策略以及经济性分析等需要加强。同时，为适用天然工质或可燃或高压等现实问题、开发高效天然/替代工质压缩机、微通道换热器、提升阀件集成和流量控制技术，都是我国压缩制冷技术迫切需要解决的问题。

（三）推动人工智能和信息化全价值链应用技术

推动信息化全价值链应用技术。智能化的系统设计、制造与管理的统一平台建设是未来行业物联网发展的趋势，倡导行业结合互联网、物联网等新一代信息技术，从提供单一产品的模式向为客户提供产品服务系统模式转变。整合各方资源，建设从用户来、到用户去的全方位技术管理平台，实现智能设计、智能制造、智能管理。制冷空调行业要充分利用信息技术改造和提升传统的技术水平，在制冷空调产品全生命期中，广泛应用信息技术、信息资源和环境，实现信息集成和共享，保证企业资源的优化配置和高效运转。同时，随着互联网技术的发展进步，行业也将逐步从自动化向智能化方向发展，并有效利用互联网技术，逐步完善远程控制、操作、监管、诊断、服务等。推出专家数据库、网络服务平台、全冷链监控平台、云服务制冷空调系统管理平台等，这一切必将推进行业的升级发展。通过传感器、服务云、移动互联技术提升产品的功能，使产品具有更好的客户体验，研发更开放的产品，开发更完善的智能生态系统，打造一个功能强大，能够真正带来生活改变的智能网联生态制冷空调产品。

参考文献

[1] Drawdown 项目测算报告［C/OL］. https://www.drawdown.org/solutions/table-of-solutions.
[2] G, J, M, Velders, D, W, Fahey, J, S, Daniel, et al. Future atmospheric abundances and climate forcings from scenarios of global and regional hydrofluorocarbon（HFC）emissions［J］. Atmos. Environ. 2015，123：200-209.
[3] 中华人民共和国生态环境部. 一图读懂《〈关于消耗臭氧层物质的蒙特利尔议定书〉基加利修正案》［N/OL］.（2021-06-21）［2021-10-17］.
[4] McLinden MO, Brown JS, Brignoli R, et al. Limited options for low-global-warming-potential refrigerants［J］. Nat. Commun 2017，8，14476.
[5] Danfoss. 制冷剂的现状与未来：丹佛斯制冷与空调行业制冷剂全球发展趋势白皮书［R］. 2018.

[6] ASHRAE Standard 34–2019. Designation and Safety classification of Refrigerants［R］. 2019.

[7] L. Fedele, G. Lombardo, I. Greselin, et al. Thermophysical Properties of Low GWP Refrigerants: An Update［J］. International Journal of Thermophysics.

[8] S. Spletzer, J. Medina, J. Hughes. Examining low global warming potential hydrofluoroolefin-hydrofluorocarbon blends as alternatives to R-404A［C］. 25th IIR International Congress of Refrigeration, France, Paris, International Institute of Refrigeration IIR（2019）, pp. 1086-1093.

[9] S. Spletzer, J. Medina, J. Hughes. Examining low global warming potential hydrofluoroolefin-hydrofluorocarbon blends as alternatives to R-404A［C］. 25th IIR International Congress of Refrigeration, France, Paris, International Institute of Refrigeration IIR（2019）, pp. 1086-1093.

[10] Gaurav, R. Kumar. Computational energy and exergy analysis of R134a, R1234yf, R1234ze and their mixtures in vapour compression system［J］. Ain Shams Eng. J. 2018, 9（4）: 3229-3237.

[11] European Chemical Agency Publishes Proposal to Restrict PFAS Chemicals, Including Some F-Gases and TFA［C/OL］. https://r744.com/european-chemical-agency-publishes-proposal-to-restrict-pfas-chemicals-including-some-f-gases-and-tfa/.

[12] 艾默生环境优化技术研究部, 采用自然工质的压缩机产品开发及其应用［R］. 2018臭氧气候工业圆桌会议技术论坛. 上海. 2018.

[13] 高欢, 顾昕, 丁国良. 制冷剂回收与再生现状分析［J］. 制冷学报. 2021, 42（5）: 17-26.

[14] ICF International. Ozone Depleting Substances（ODS）Destruction in the US & Abroad［R］. Fairfax: ICF International, 2018.

[15] Pan MZ, Zhao H, Liang DW, et al. A Review of the Cascade Refrigeration System［J］, Energies, 2020, 13, 2254.

[16] Song YL, Cui C, Yin X, et al. Advanced development and application of transcritical CO_2 refrigeration and heat pump technology – A review［J］, Energy Reports, 2022, 8, 7840-7869.

[17] Yang DZ, Li Y, Xie J, et al. Research and application progress of transcritical CO_2 refrigeration cycle system: a review［J］, 2022, 17, 245-256.

[18] Jiang JT, Hu B, Wang RZ, et al. A review and perspective on industry high-temperature heat pumps［J］, Renewable and Sustainable Energy Reviews, 2022, 161, 112106.

[19] 王如竹, 何雅玲. 低品位余热的网络化利用［M］. 北京: 科学出版社, 2021: 102-103.

[20] 马国远, 王磊, 刘宇. 滚动活塞式压缩机技术进展［J］. 制冷与空调, 2019, 2: 55-64.

[21] 马国远, 高磊, 刘帅领, 等. 制冷空调用换热器研究现状及展望［J/OL］. 制冷与空调, https://kns.cnki.net/kcms/detail/11.4519.TB.20230314.1021.002.html.

[22] Adelekan DS, Ohunakin OS, Paul BS. Artificial intelligence models for refrigeration, air conditioning and heat pump systems［J］, Energy Reports, 2022, 8, 8451-8461.

撰稿人: 史　琳　安青松　戴晓业

第二节 热驱动制冷及热泵技术

采用余热驱动的制冷及热泵技术可以充分回收和利用太阳能、工业余热以及环境热能等具有体量大、热密度小、温度低等特点的难利用低品位热能,将其转化为高品位的冷能及热能,并显著降低二氧化碳等污染物的排放,从而为实现碳中和目标提供坚实的技术支撑。

随着我国北方集中供热系统低品位余热回收的迫切需求,发展了系列利用吸收式热泵/制冷机回收低品位余热的系统。我国也提出了全新的吸收式换热的概念并发展出了系列产品,完成大规模的工程应用。吸收式换热器是利用吸收式热泵与换热器组合而成的装置,第一类吸收式换热器实现了小流量热水与大流量热水之间的换热且小流量侧出水温度比大流量侧进水温度低;第二类吸收式换热器则实现了小温差大流量的热量变换为大温差小流量的热量并达到了小流量出水温度高于大流量侧进水温度的目的。完成了国家标准《吸收式换热器》(GB/T 39286—2020)的编制。

吸附制冷机及热泵采用低品位热能作为驱动热源,将其转化为冷量并提升热量品位,具有能量密度高、热损失小和活动部件少等特点,在冷热供储应用场景中具有显著优势。吸附制冷及热泵技术通过高性能吸附剂和先进热力循环的研究,有望实现系统的高制冷能效系数和供热效率,其长周期储存过程中的热量损失极小的特点是吸附技术实现长周期或跨季节冷热储存的重要技术之一。相关技术在实现碳中和愿景的进程中将发挥关键作用。

新型的热声热机是一种可实现热能和声能相互转换的外燃式热力机械,具有高可靠性和环境友好性的突出特点,前者源于系统中没有机械运动部件,而后者则是因为其工作介质通常是惰性气体或氮气等环境友好气体,因而自问世起就被科学界和工业界寄予厚望。热声热机包括热声发动机和热声制冷机,两种系统的结构相似,其高效运行对气体环境和声场的要求也很接近,因此,可通过耦合热声发动机和热声制冷机构建热驱动的热泵或制冷系统。相关技术有望实现高性能、环保和低成本的制冷。

一、吸收式制冷及热泵技术

在清洁高效的供暖需求下,未来的集中供热热网将是多热源、多用户的跨区域供热网。如图1所示,区域供热热网有统一的供回水温度,比如90℃供水温度和20℃回水温度。各类余热热源与大网连接,各类用热用户与大网连接都需依靠各种热量变换技术。吸收式热泵和吸收式换热器是热量变换技术中的核心技术之一。

当热源平均温度高于大热网的平均温度和换热温差之和,但表现出热源侧小循环温差和大热网大循环温差时，比如图中展示的 70 K 温差，可利用第二类吸收式换热器实现热量变换；当大热网的平均温度低于末端用户的平均温度和换热温差之和，但出现大热网大循环温差（如 70 K）和末端用户小循环温差时，可利用第一类吸收式换热实现热量变换；当热源、大热网与末端用户之间既存在循环温差不匹配问题，又存在品位不匹配问题时，需要吸收式换热器与热泵匹配结合进行热量变换。

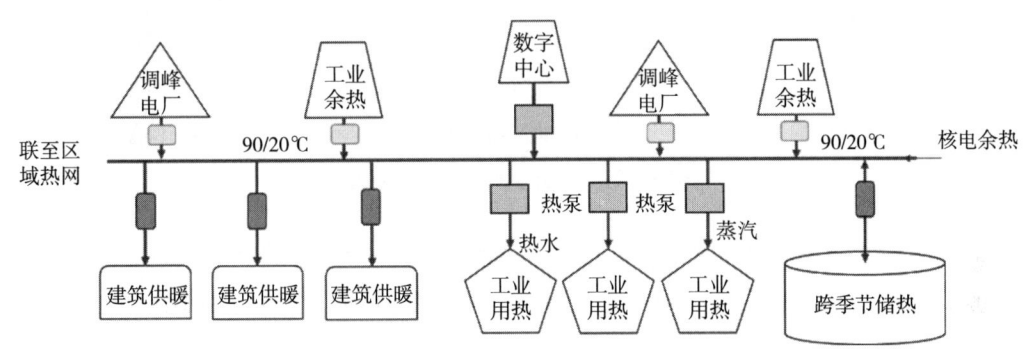

图 1　多热源、多用户的跨区域供热网

（一）吸收式热泵和吸收式换热器的研究现状

1. 用于低品位余热回收和热量变换的吸收式热泵和吸收式换热器

为满足我国北方集中供热系统低品位余热回收和热量变换的迫切需求，我国发展了系列利用吸收式热泵回收低品位余热的系统，也提出了全新的吸收式换热的概念并发展出了系列产品，完成大规模的工程应用。

吸收式热泵被广泛用于燃煤热源清洁化、燃气热源高效化、热电联产灵活化、热量长距离输送等场合，包括燃煤热电厂的乏汽余热回收，燃气锅炉和燃气电厂等烟气余热回收的场合，实现了热电联产的协同利用。

吸收式热泵能够高效回收低品位工业余热，其中的关键装置之一是吸收式换热器。吸收式换热是清华大学付林、江亿等在 2008 年提出的全新的概念，后来由谢晓云、江亿等继续发展出了两类吸收式换热器，研发出系列不同规模的装置，完成了国家标准《吸收式换热器》（GB/T 39286—2020）的编制。

吸收式换热器是利用吸收式热泵与换热器匹配组合而成的装置，主要分为两类，即第一和第二类吸收式换热器，其中第一类吸收式换热器如图 2 所示，可实现小流量的一次网热水与大流量的二次网热水之间的换热，达到了一次网水的出水温度比二次网水的进水温度低。如一次网进水温度 90℃，二次网进水温度 40℃，一次侧、二次侧流量比为 1∶6.5 的情况下，一次网出水温度可降低至 25℃。而通过常规换热方式，一次网出水温度仅能降低至 45℃左右。

（a）外部换热性能　　（b）从外部看的T-Q图　　（c）内部流程

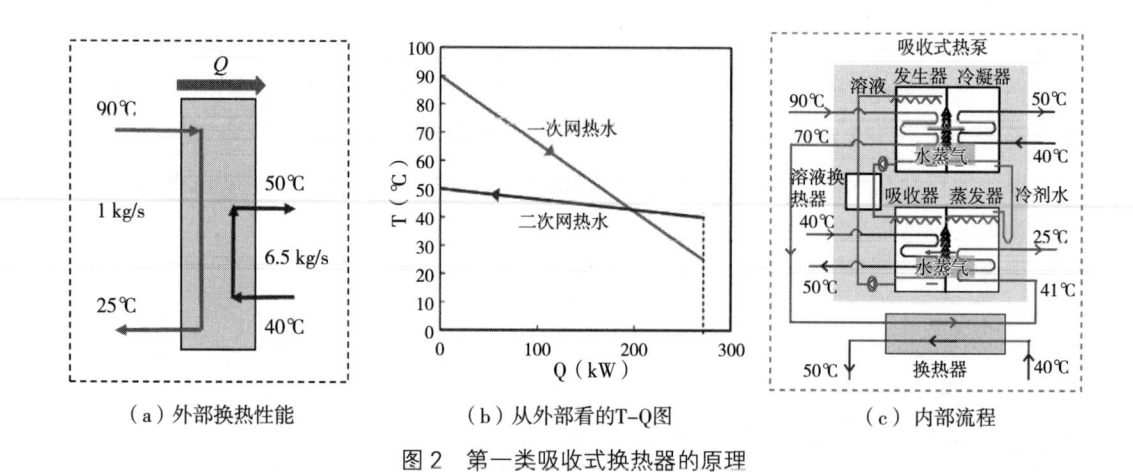

图2　第一类吸收式换热器的原理

第二类吸收式换热器，如图3所示，在热源处应用该类换热器可以实现将小温差大流量的低品位余热的热量变换为大温差小流量的热网的热量，能够达到小流量侧热网的出水温度比低品位余热的进水温度高的目标。如图3（c）所示，热源进/出水温度分别为75℃/70℃，一次网进水温度20℃，一次网出水温度90℃。

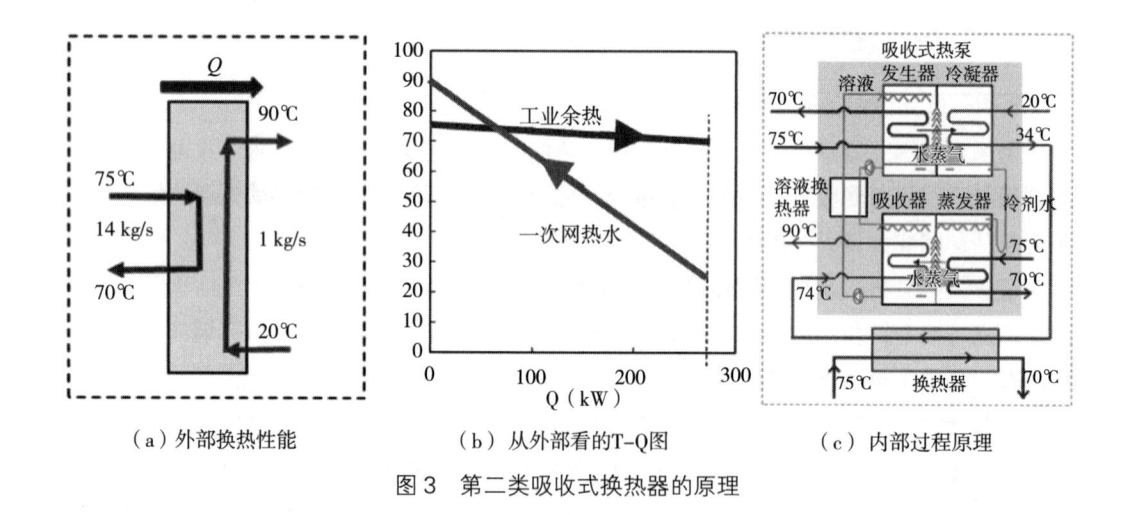

（a）外部换热性能　　（b）从外部看的T-Q图　　（c）内部过程原理

图3　第二类吸收式换热器的原理

第一类吸收式换热器一般用于大热网热量和各不同末端用户所需热量间的变换。末端用户包括建筑供暖、各类工业用户以及跨季节蓄热水库等。此时第一类吸收式换热器的应用场景包括：①利用第一类吸收式换热器将大热网热量直接变换为末端建筑用户所需的小温差热量；②利用第一类吸收式换热器将大热网热量变换为小循环温差热量，将小循环温差热量再经过热泵提升品位满足各类工业用户需求；③利用第一类吸收式换热将大热网热量变换为城市热网所需的热量，为保证城市热网足够的输热能力，要求有足够大的循环温差，此时第一类吸收式换热器在小流量比的条件下运行，接近吸收式换热器可应用的流量比下限，导致吸收式换热器效能较低。

第二类吸收式换热器一般用于各低品位余热与大温差热网之间的热量变换，从而将各类不同品位的工业余热变换为统一循环温差的热量输送到大热网上。

吸收式换热器的概念自提出以来，在流程构建、性能分析、装置研发、内部传热传质过程等方面都有了较大的发展，主要包括：发展出两类吸收式换热器的概念；提出了吸收式换热器效能来表征吸收式换热器的性能（GB/T 39286—2020），其定义为小流量侧流体的进出口温差与两侧流体进口温度之差的比值；提出了全新的多段、多级、多分区吸收式换热器的流程，显著降低内部不匹配换热的火积耗散，利用一台吸收式换热器可以同时为高、中、低三个区供热，并且各区之间独立可调，各类流程如图 4 所示；研发了系列大规模立式多级、多段吸收式换热器，如图 5 所示，实际应用面积已经超过 2 亿 m^2；研发了楼宇吸收式换热器，取消庭院管网，实现单栋供热、单栋计量、单栋调节，发展了面向未来集中供热的一种极具潜力的全新的末端供热模式，如图 6 所示；研发了可拆板式吸收式换热器，如图 7 所示，彻底改变了常规吸收式热泵的管壳式结构，为吸收式换热器未来实现模块化应用提供了一条可行的技术路线。

如何从理论上刻画吸收式热泵热量变换过程的本质，从而指导吸收式热泵的设计和应用一直是吸收式热泵研究的重点。学术界通常采用的热力学模型为热机－热泵等效模型，但该模型内部是热功转换，而与吸收式热泵的温差—浓差—温差转换存在本质区别，热机—热泵等效模型的外部热源品位的自由度为 4，即无论外部热源的品位如何，通过热机－热泵均能实现热量变换，但这与吸收式热泵的实际应用不同，吸收式热泵的外部源侧参数必须满足一定的条件才能实现热量变换。由此，热机－热泵等效模型无法用来描述吸收式热泵的热量变换问题，需要发展全新的理论模型。为此，提出了基于吸收式热泵内部真实发生的物理过程的提升系数模型，并指出吸收式热泵的热量变换的本质为发生－冷凝过程消耗驱动温差，吸收－蒸发过程获得提升温差，提升温差与驱动温差之比为提升系数，指出提升系数等于由溶液性质决定的系数乘以吸收过程的溶液温度、蒸发温度的热力学温度的乘积与发生过程的溶液温度、冷凝温度的热力学温度的乘积之比。根据提升系数模型，吸收式热泵的外部源侧的品位的自由度为 3，而吸收式热泵通常由发生器、冷凝器、吸收器、蒸发器四个腔体组成，自由度为 3 表明只要 3 个器的温度给定，第 4 个器的温度是被确定的，并不是任意品位的热源都能够通过吸收式热泵实现热量变换，从而给出了吸收式热泵的外部工况可行性的判断原则，指导吸收式热泵的流程设计与系统设计。

2. 吸收式热泵内部传热传质过程的研究

对于吸收式热泵内部各过程传热传质性能的研究，已提出了多种传热传质结构，包括在实际中被广泛应用的降膜传热传质方式，以及利用外冷 / 外热板式换热器的溶液喷淋吸收或溶液喷淋闪蒸方式等。其中降膜传热传质过程的研究集中在降膜方式选择，包括水平降膜或者垂直降膜；降膜管束外表面强化传热的研究；溶液添加添加剂后降膜过程的强化

图 4 各类吸收式换热器的新流程

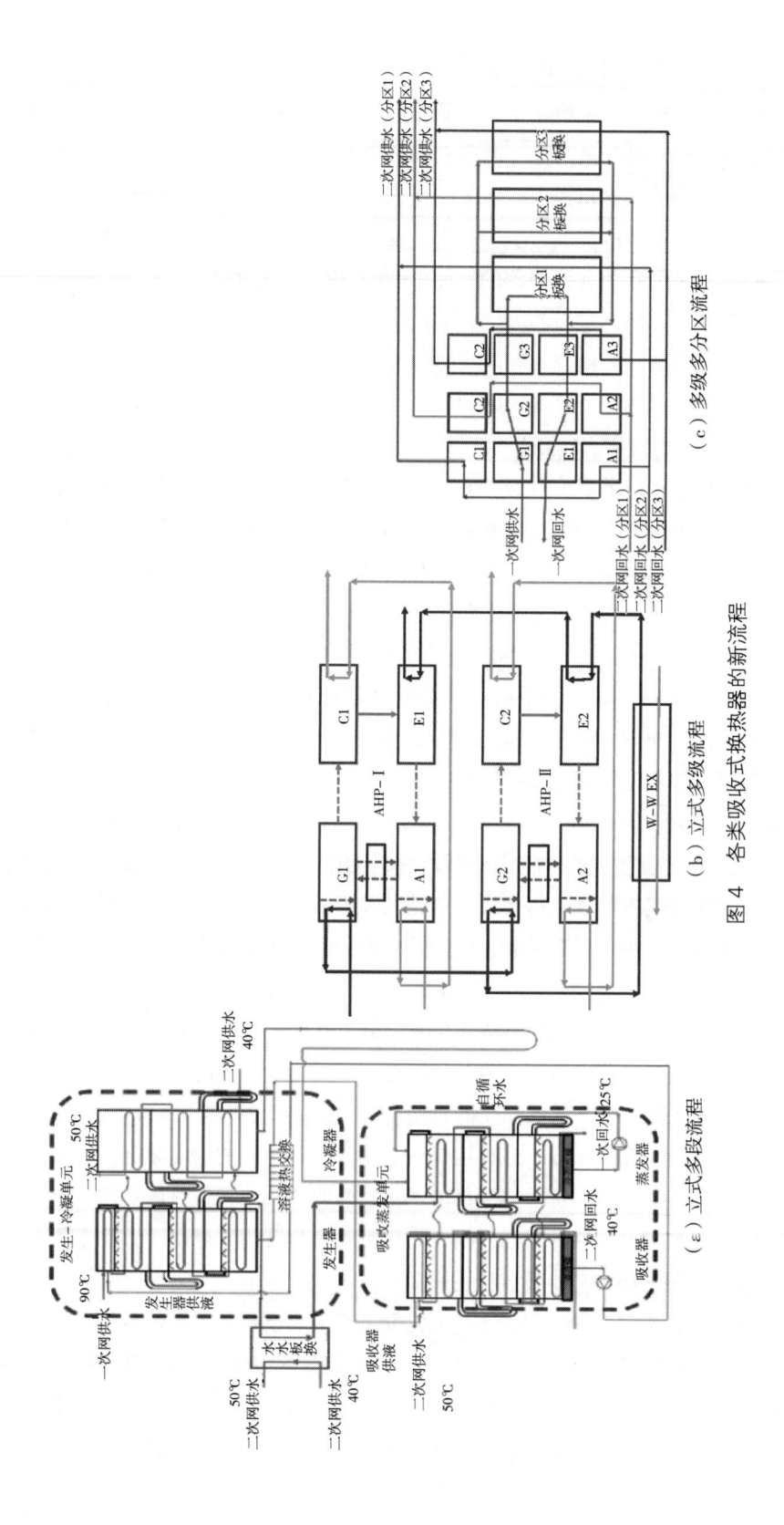

(a) 立式多段流程

(b) 立式多级流程

(c) 多级多分区流程

图 5　实际研发的大型吸收式换热器

图 6　实际研发的楼宇式吸收式换热器　　　　图 7　板式吸收式换热器

等方面。这些研究主要侧重于确定降膜方式的传热传质系数；对于喷淋吸收过程，集中于喷淋液柱形态、喷淋液柱流量对传热传质系数的影响上。

最近，对于溶液降膜流动过程的研究中，提出了降膜流动过程中液滴形成过程的混沌特性，该特征导致液膜出现扰动，促使液滴横移并与相邻液滴汇聚；探究了管束降膜润湿率随管束层数的变化，管束层数越多，干斑面积越大；提出了管束上管径、管间距以及管材对降膜润湿率的影响。给出了水平圆管束布液设计的指导要点。

关于溶液发生过程的研究，提出了以气泡为核心的闪蒸发生过程和降膜发生过程的机理，确定了过热压差作为闪蒸过程的主要驱动力指标，给出了溶液喷淋闪蒸发生过程液柱破碎的临界条件，建立了降膜过程的沸腾模型，获得了降膜过程中气泡的生长特性，指出了降低液膜厚度的发生器优化方向；通过单排管和多排盘管发生器的实验研究，提出了降膜过程计算热流密度的经验拟合公式，为未来发生器的优化工作提出了有益参考。

关于溶液吸收过程的研究，从热学分析的角度，提出了溶液吸收过程的三股流换热过程的匹配特性，给出了溶液与外部冷却水之间的匹配流量，指出了流量匹配、入口参数匹配、流向匹配等三种匹配特性之间的关系，研究了实际吸收器管束的传热传质特性，从匹配分析出发，给出了吸收器的管束设计原则。

另外,关于吸收式热泵内部的流动过程,发现和首次刻画了溶液经过隔压装置 U 型管的气液两相流动,给出了气液两相流发生的条件、现象以及阻力特性,并指出了蒸汽通过 U 型管的穿透行为导致机组 COP 降低的现象,提出了避免 U 型管气液两相流进而避免蒸汽穿透的方法。

(二)国内外重要进展对比

当吸收式制冷过程的驱动源为常规化石能源(如直燃机、蒸汽型吸收式制冷机等),与电制冷相比,在产生相同冷量的情况下,吸收式制冷过程的能源消耗往往高于电制冷,这使得吸收式制冷技术的应用场合受到了限制。国外关于吸收式制冷技术的研究慢慢转向利用可再生能源驱动的制冷,或者用于满足一些特殊场合的制冷需求。而国内在北方供热系统大量低品位余热回收和热网热量变换的大量需求下,大部分吸收式制冷的研究慢慢转向了吸收式热泵的研究。应用领域的不同,使得国内外关于吸收式制冷/热泵的循环或者流程研究以及系统研究都有了较大的区别,并导致吸收式制冷/热泵的装置流程设计与结构设计也有了较大的差别,对吸收式热泵内部的溶液以及传热传质过程等特性的要求也不同。国内外关于吸收式制冷/热泵的研究逐渐形成了不同的方向。而共同的方向集中在吸收式制冷/热泵的小型化以及与压缩式热泵相结合的研究上,这部分研究国内外都开始涉及,各自都有一定的进展,但均还处在理论研究和样机研究阶段,尚未走向大规模工程应用。

(三)发展前景与主要面临的问题

由上述对吸收式热泵和吸收式换热的国内外研究现状的分析可以看出,为满足低品位余热需求的吸收式热泵和吸收式换热器,从理论研究、流程构建、内部传热传质特性研究、装置开发和机组结构构建、应用场合等方面,都和常规的吸收式制冷机和吸收式热泵主要面临的问题以及发展的方向有了较大的差别,需要建立一套全新的体系,对用于低品位余热回收的吸收式换热器和吸收式热泵深入开展研究。未来的研究主要包括以下几个方面:

1)利用热驱动吸收式热泵和吸收式换热器实现热量变换的新系统。

2)实现各类热量变换的吸收式热泵和吸收式换热器的新流程。

3)吸收式热泵和吸收式换热器内部的关键部件与新工艺。

4)吸收式热泵新工质的研究。

5)吸收式热泵应用的新方向。

二、吸附式制冷及热泵技术

由于吸附制冷技术采用太阳能或低品位余热作为驱动源,且无 CFCs 和 HCFCs 等温室效应制冷剂的排放,该技术受到学术界和工程界的普遍关注。目前,得益于对吸附材料、循环、吸附床热质强化等深入研究,已有部分吸附式制冷及热泵产品走向实际应用。吸附制冷与热泵技术的原理主要包括热驱动的解吸过程和吸附制冷及供热过程。以卤化物 – 氨工质对为例,其技术原理示意图如下。图 8(a)中所示的阴影区域表示卤化物的吸附滞后圈。在等压解吸过程(A-B)中充入余热 Q_{des},当 $M_aX_b(NH_3)_m$ 的温度高于阈值解吸温度($T_{c,d}$)时,打开氨阀开始解吸储热[图 8(b)],氨蒸汽被解吸至冷凝器变成液氨并放出冷凝热 Q_{cond}(B 点)。在吸附制冷阶段(C-D),当 $M_aX_b(NH_3)_n$ 的温度降低到阈值吸附温度($T_{c,s}$)以下时,打开氨阀开始等压蒸发制冷[C-D 和图 8(c)],并放出冷量 Q_{evap}(C 点),同时 M_aX_b 吸附大量氨气而放出吸附热 Q_{sor} 以对用户侧供热(D 点),从而实现吸附制冷与供热功能。

(一)吸附式制冷及热泵的发展现状

近年来,基于吸附原理的应用场景已由制冷不断拓展至储热、发电、空气取水、海水淡化、储氢和二氧化碳捕集等方向,展现出蓬勃发展的良好势头。在基础研究方面,揭示吸附机理、开发高性能复合吸附材料和构建新型的动力学模型与热力学循环成为目前学者们争相研究的主流方向之一。化学、材料与计算机交叉的高通量筛选和机器学习在设计新材料和揭示新机理方面的研究也异常活跃(图 8)。

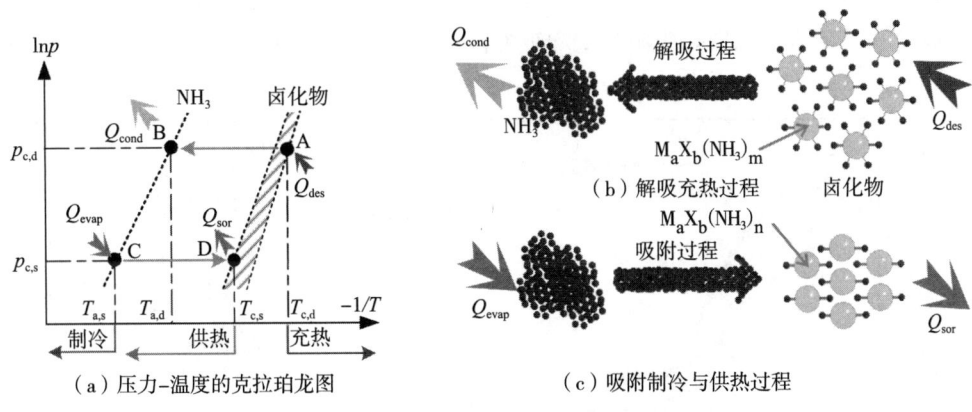

(a)压力-温度的克拉珀龙图　　(c)吸附制冷与供热过程

图 8　吸附制冷及热泵技术的原理示意图

1. 吸附材料及机理

吸附制冷及热泵技术有效实施的关键在于设计合成高性能的吸附剂。近五年来,大部分研究聚焦于传统复合吸附剂的应用和新型吸附剂的开发。其中针对传统化学吸附剂出现的膨胀和结块等问题，发展了以石墨和其他多孔吸附剂为基质的复合吸附剂，以硫化膨胀石墨为基质的复合吸附剂可以显著改善卤化物的传热传质性能。进一步地，研制优化质量配比的多卤化物复合吸附剂被用来提升卤化物的热源适应性和制冷能效［图9（a）］。通过化学吸附剂与多孔物理吸附剂形成的复合吸附剂被大量用于提升物理吸附剂的吸附量以及改善传热传质性能，但卤化物泄漏和孔隙堵塞等问题仍然突出。最近，金属有机框架（Metal-organic Frameworks，MOFs）因其具有高比表面积和灵活可调的结构而受到能源领域学者的高度关注。在以MOFs为基质的复合吸附材料方面，ELsayed等采用不同合成方法研制了MIL-101（Cr）/氧化石墨烯复合吸附剂用于热泵工况对其传热性能与吸水量的影响。而后，Elsayed等发现MIL-101（Cr）/CaCl$_2$可在相对压力为0.3时将吸水量从0.1 g/g提高到0.65 g/g［基于MIL-101（Cr）的不同复合吸附剂的吸水性能见图9（b）］。Liu等采用巨正则蒙特卡洛（GCMC）方法模拟了八种MOFs的氨吸附量并计算了比制冷量（SCE）和COP，发现MIL-101（Cr）展示出1.2 g/g的吸附量，924 kJ/kg的SCE和0.50的COP。随后，An等通过实验检验了七种MOFs在饱和氨中的吸附性能，其中MIL-101（Cr）和ZIF-8（Zn）表现出极好的循环稳定性，前者的吸附量达到了0.76 g/g，在吸附温度为30℃的条件下，其跨季节储热密度超过了1200 kJ/kg。为了进一步提升ZIF-8（Zn）的吸附量，Wu等采用原位合成法在MOFs表面生长氯化钙制备了复合材料，其吸附量提升了43.52%，跨季节储热效率达到了85.3%。尽管近五年来大量的MOFs逐渐被应用于水或醇类的吸附制冷、热泵等热转换与储存方向，但目前为止国内对其研究体量仍较小，尤其以氨吸附为主的制冷或热泵研究极少，亟须化学、材料、能源等交叉学科的学者们合作以设计先进的MOF复合材料用于吸附式制冷和热泵系统。

在吸附机理方面，近年来对吸附机理的研究从宏观的热力学、动力学模型发展为对MOFs等新型配合物的微观吸附构型和吸附位点的研究。以MOF和共价有机框架（COF）

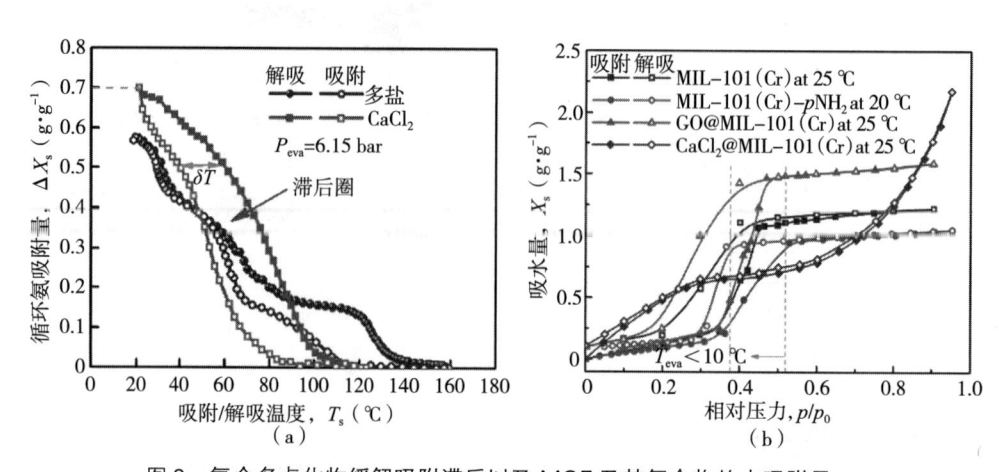

图9 复合多卤化物缓解吸附滞后以及MOF及其复合物的水吸附量

为代表的新型吸附剂在吸附制冷及热泵研究方面受到广泛关注。基于马尔科夫链的GCMC方法常用于模拟吸附热力学性能和揭示最优构型中的吸附机理。由于金属有机框架的数量巨大，采用GCMC方法的高通量筛选能够迅速甄别特定应用场景的高性能吸附剂[图10（a）]。目前在满足计算准确度的前提下，采用优化步骤、制定标准、完善指标、缩短时间等筛选手段已逐渐建立了高效的筛选流程。

采用第一性原理准确揭示吸附质在吸附剂中的微观机理能够获得准确的构效关系并设计出吸附特定分子的吸附剂结构。结合分子动力学模拟探究吸附过程中多孔介质内吸附质的扩散率，进而可有效计算吸附系统的动态响应速度和有效循环时间。目前国内外大量的研究均以表面吸附单分子、二维孔吸附单分子为主要研究对象。而探究金属有机框架吸附位点的方法通常可以采用GCMC方法随机改变吸附质的空间位置，通过力场计算得到若干概率较高的单分子吸附构型，进而利用第一性原理精算此类潜在的位点以获得准确的吸附位点和相互作用关系[图10（b）]。

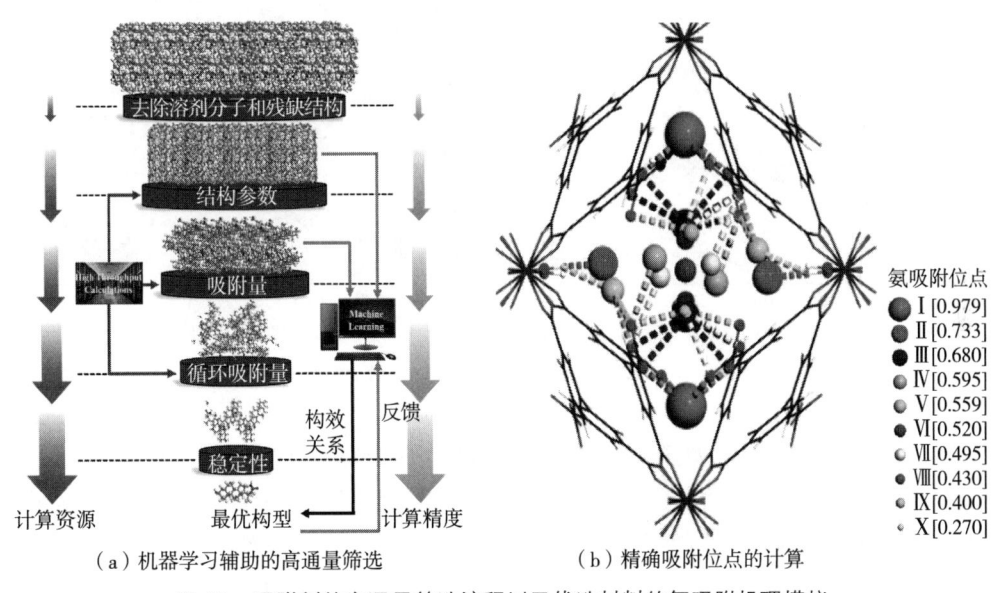

（a）机器学习辅助的高通量筛选　　（b）精确吸附位点的计算

图10　吸附剂的高通量筛选流程以及优选材料的氨吸附机理模拟

2. 吸附动力学模型

仿真设计高性能吸附制冷及热泵系统的核心在于构建准确的吸附/解吸动力学模型。一般而言物理吸附的平衡态为双变量控制过程，即同时受温度、压力的影响，并且可以用经典的Dubinin-Astakhov（D-A）方程拟合其平衡吸附量。然而化学吸附的平衡态为单变量控制过程并表现出0-1反应特性，即蒸发压力阈值反应温度一一对应。由于化学吸附的平衡态易于确定，因此其模型建立主要聚焦在动力学部分，进而研究其吸附/解吸速率、吸附量、吸附/解吸温度及蒸发/冷凝压力之间的关系。为了准确建立考虑吸附滞后因素的卤化物的吸附动力学方程，吸附滞后首先被定义为吸附线与解吸线之间的差异[图 11（a）]。以 $CaCl_2$-氨工质对为例，其两条分别代表吸附过程 Ca_{2-4} 和解吸过程 Ca_{4-2} 的 Clapeyron 线将整个反应区域分为三个部分，即 a、b、c 区域。由于滞后的影响，在中间 b 区域的吸附剂状态取决于其前一步的反应状态。即对于冷却吸附过程，吸附剂从 c 区域经过降温至 a 区域，此时中间 b 区域的吸附剂状态即为 $[Ca(NH_3)_2]Cl_2$；而对于加热解吸过程，吸附剂从 a 区域经过升温至 c 区域，此时中间 b 区域的吸附剂状态即为 $[Ca(NH_3)_4]Cl_2$。因此，滞后效应对卤化物的反应状态将产生明显的影响。在吸附/解吸过程中，其吸附单元的结构和传热条件如图 11（b）所示，氨气通过吸附单元中心的传质通道进行扩散和传递，而传热部分则通过吸附剂的外部加热流体输入热量。在非稳定解吸过程中，外层的温度高于内层的温度，导致不同层的解吸阶段不同，反之亦然，进而可建立不同时刻的吸附/解吸速率模型。

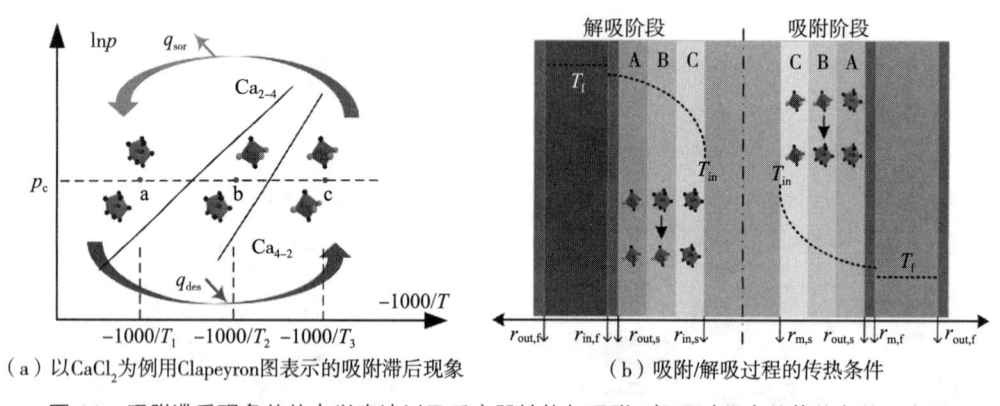

（a）以 $CaCl_2$ 为例用 Clapeyron 图表示的吸附滞后现象　　（b）吸附/解吸过程的传热条件

图 11　吸附滞后现象的热力学表达以及反应器结构与吸附/解吸过程中的传热条件示意图

An 等对复合卤化物的氨络合与分解反应构建了耦合滞后效应的三种类比模型（指数、幂函数及线性模型），而后进行了材料级别的吸附动力学测试。由于所构建的模型基于材料尺度、不包括反应器的空间参数，说明所得到的数据为零维数据矩阵，即考虑局部温度和压力下的动力学响应。对于复合氯化锰及氯化钙，线性模型具有最高的匹配度（表 1）。为了验证所构建的模型在大尺度应用时的可靠性，通过耦合具体的外部传热传质条件构建了完整的吸附储热反应器模型[图 11（b）]，并在填充 200 g $CaCl_2$/膨胀石墨吸附剂的反应器中进行测试。结果表明，在结合实际的温度和压力条件后，所建立的反应器模型和动力学方程可以准确地模拟反应器的全局吸附量，对解吸时间和总反应时间的模拟误差分别为 2.3%~6.4% 及 3.9%~10.4%（图 12），满足工程应用的精度要求。

表 1 CaCl$_2$–NH$_3$ 工质对的线性动力学模型

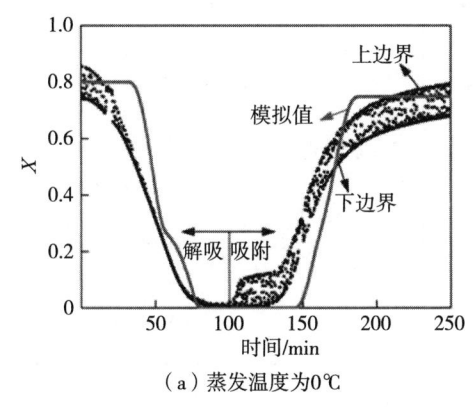

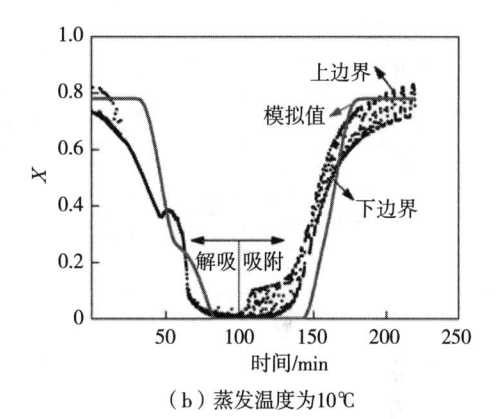

反应阶段	X 的范围	更新的 X	线性模型
Ca$_{2-4}$	（0，1/3）	$3X$	$\dfrac{dX}{dt}=\dfrac{k_s}{3}\left[1-\dfrac{p_{eq}(T_s)}{p_c}\right](1-3X)^m$
Ca$_{4-2}$	（1/3，0）	$3X$	$\dfrac{dX}{dt}=\dfrac{k_d}{3}\left[\dfrac{p_{eq}(T_s)}{p_c}-1\right](3X)^m$
Ca$_{4-8}$	（1/3，1）	$3X/2-1/2$	$\dfrac{dX}{dt}=\dfrac{2}{3}k_s\left[1-\dfrac{p_{eq}(T_s)}{p_c}\right]\left(\dfrac{3}{2}-\dfrac{3}{2}X\right)^m$
Ca$_{8-4}$	（1，1/3）	$3X/2-1/2$	$\dfrac{dX}{dt}=\dfrac{2}{3}k_d\left[\dfrac{p_{eq}(T_s)}{p_c}-1\right]\left(\dfrac{3}{2}X-\dfrac{1}{2}\right)^m$

（a）蒸发温度为0℃

（b）蒸发温度为10℃

图 12 反应器全局吸附量的模拟及实验结果对比

3. 吸附循环及系统应用

在吸附循环方面，新型的制冷与供热循环主要体现在提高变温热源及环境温度的适应性以及高效且多模式供储循环上。通常，简单循环的 COP 较低（大多低于 0.4），这主要归因于吸附床在冷热交变条件下造成剧烈的温度波动所致。为了进一步提升吸附制冷或热泵的 COP，回收吸附系统中的余热并构建了双床回热循环、复叠循环、多级循环、热波与对流热波、回质循环及回热回质等循环，显著提升了制冷或储热㶲效率。近年来，复合吸附循环受到学者们的普遍关注，通过压缩–吸附耦合的制冷及供热循环可以灵活地调控解吸压力而显著提升变热源条件的适应性，实现冷热量的稳定输出，其工作原理如图 13 所示。进一步地，构建了再吸附发电、制冷与储能联供循环，在变热源条件下，高温卤化物解吸发电、低温卤化物解吸吸热以及高温卤化物吸附放热实现电、冷、热联供，获得了最高储能密度达到 1836 kJ/kg（图 14）。最近，美国科学家采用离子热效应的全凝相制冷技术，根据系统温度随固相材料周围离子环境变化而变化，在施加电压为 –0.22 V 的驱动作

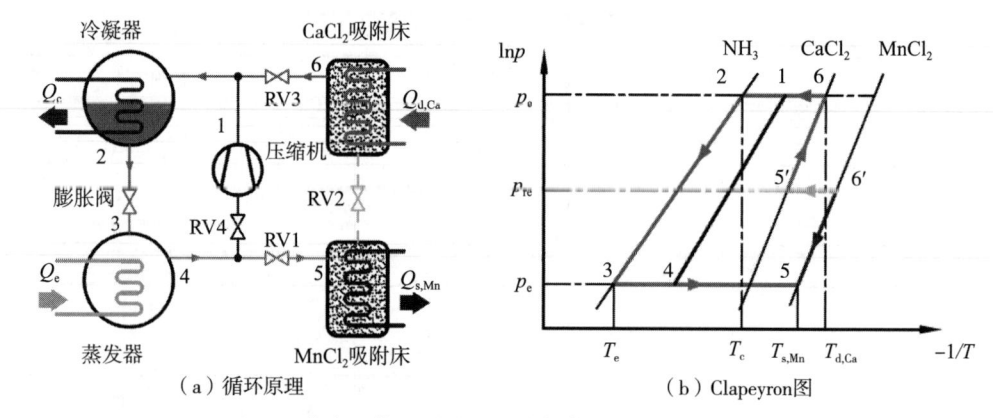

图 13 蒸汽压缩 – 热化学吸附耦合的新型制冷循环

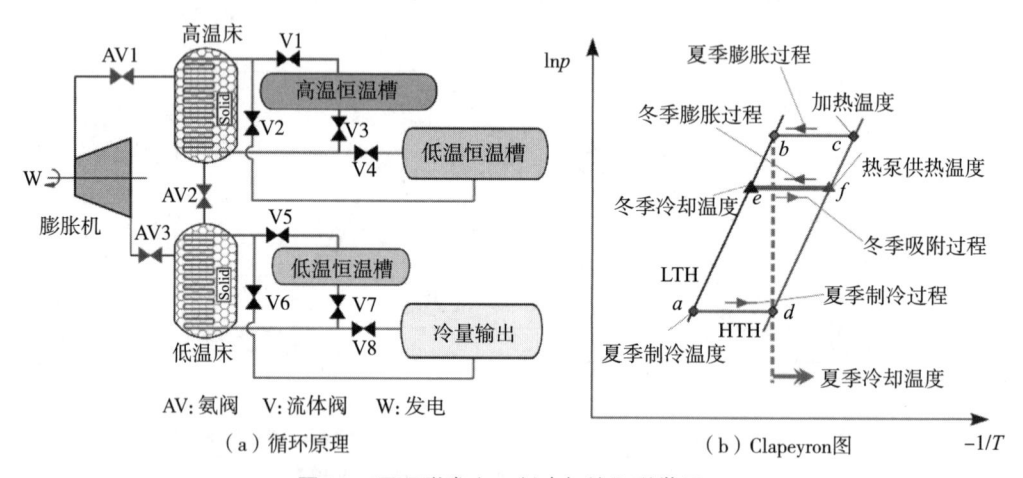

图 14 再吸附发电、制冷与储能联供循环

用下，其降温幅度能够达到25℃，这认为是一项颠覆了传统制冷的新技术。

在吸附热泵方面，通过多级吸附循环可以提升热品位和热源适应性，构建了基于氯化锰 – 氯化锶 – 氨工质对的复叠循环［图15（a）］，系统的热量从96℃升高至161℃，显著提升了输出热量的品位和系统能效。另外，通过构建氯化锰/氯化钙/氯化铵 – 氨工质对的两级级联解吸循环和模块化电池［图15（b）］，在热源温度位于152.8～68.2℃范围内，其最高的储能密度能够达到879 kJ/kg。为了实现夏季制冷与储能的连续性，构建了氯化锰/氯化钙 – 氨工质对复叠循环，通过共用冷凝器实现了解吸储能与吸附制冷过程的解耦，达到了高效灵活的制冷、储能与供热功能。此外，提升制冷及热泵系统性能仍需要在高传热传质的吸附剂和强化传热的吸附反应器设计来缩短循环时间，比如通过固化成形或涂层技术实现传热传质方向的一致性设计，以协同强化传热传质性能，目前提升热质传递性能的方法大都采用材料和结构上的协同强化设计以构建高效吸附反应器和制冷及热泵系统。

（a）吸附式热品位提升循环　　（b）跨季节储热的多级复叠式解吸循环

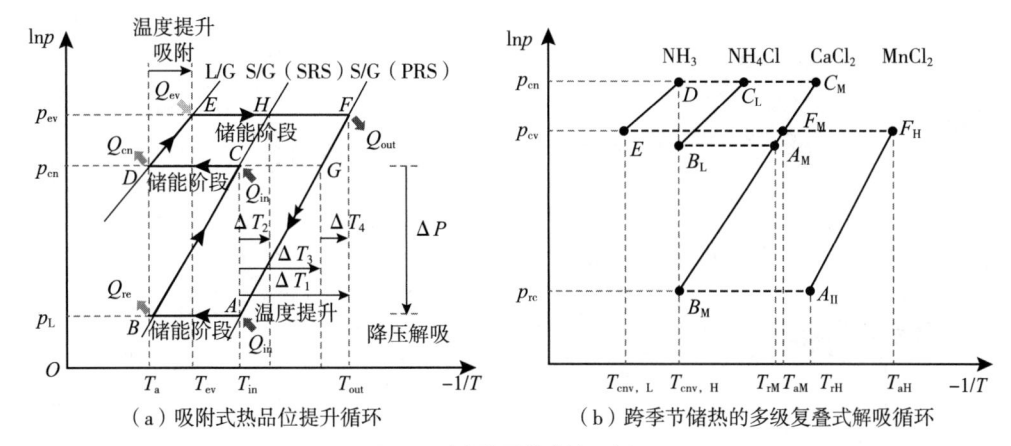

图 15　新型吸附式热泵循环

在吸附制冷及热泵系统应用方面，近年来由于新型吸附剂、高效吸附制冷及热泵循环、吸附床的传热传质技术的提升，吸附式制冷及热泵系统得以在冷藏车（冷藏、冷冻）、数据中心（散热）、固态氨除 NO_x、热泵及储热、冷热供储、汽车热管理等方面得到应用。Wang 等开发了基于氯化锰/氯化钙双盐复合吸附剂–氨工质对的双床连续制冷系统，并在矿车空调上得到验证和应用，该系统可在蒸发温度为 –10℃的条件下连续对外输出 3 kW 以上的冷量 [图 16（a）]。为了提升车载空调系统的环境适应性，Wang 等开发了适应于不同气候区的制冷系统，在典型气候区验证了系统的可靠性 [图 16（b）]，并构建了再吸附空调系统，相比纯电动空调，显著延长了续航里程并提升了系统㶲效率。为了提升冷藏车制冷系统的性能，Wang 等研发的氯化锰/氯化钙–氨工质对的双级吸附式冷藏车直接利用机车尾气加热吸附床，所产生的冷量基本可以满足冷藏和冷冻的温度需求，在中集冷藏车上获得示范应用 [图 16（c）]。随着吸附技术应用场景的进一步拓展，Wang 等开发的固态氨技术用于替代烟气后处理的尿素储氨方案，储氨量提高 50% 以上，在佛吉亚除 NO_x 技术上获得应用，并在科林蓝泰有限公司除 NO_x 方面获得技术转化。在热泵及储热方面，Wang 等通过构建多级吸附储热循环，显著提升了系统的热源稳定性，在跨季节储热和大温升吸附热泵上实现了高供热 COP 和长周期储热效率。此外，Wang 等基于再吸附发电系统提出的冷热交替去除溶液泵的无泵有机朗肯循环发电系统，在河北承德钢铁有限公司获得示范应用 [图 16（d）]。随着基于吸附技术的不同应用场景和不同类型技术的组合，制冷系统将向着小型化、高能效、灵活性方向发展。在气候变化和双碳背景下，其应用潜力将得到进一步释放。

（二）国内外重要进展对比

在吸附循环构建与吸附系统应用领域，国内研究都处于世界领先水平，依托上海交通大学杰出青年基金项目对以膨胀石墨为基质的多卤化物复合吸附剂制备、多卤化物的热

（a）双盐连续制冷系统　　　　　　　　　（b）高适应性车载空调系统

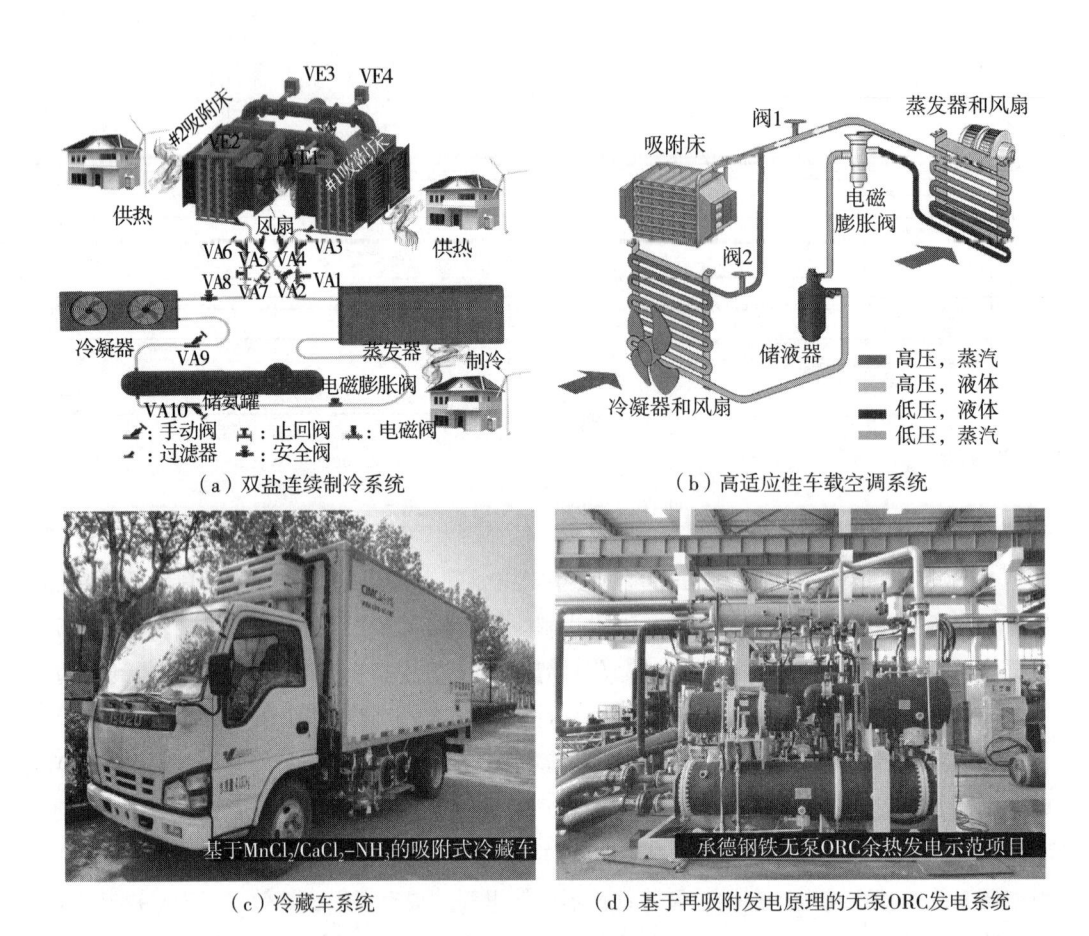

（c）冷藏车系统　　　　　　　　　　（d）基于再吸附发电原理的无泵ORC发电系统

图16　吸附制冷、热泵与发电的示范应用

力学与动力学性能、广适应性动力学模型构建与新型的储热与制冷循环及系统，开展了大量研究工作并获得了国际同行的广泛认可。上海交通大学曾与英国华威大学进行了重大国际（地区）合作项目的实施，深入研究了不同热质传递条件下吸附制冷工质对的传热传质强化与吸附特性。重要的是，国外不少企业生产的很多产品均采用国内学者提出的复合吸附思想合成高性能的卤化物复合吸附剂，在产品使用过程中证实了回质循环、回热回质循环以及双床连续制冷循环方式的优越性。经过这几年的持续技术攻关，吸附制冷及热泵技术在国内得到了蓬勃发展，其产学研的市场化应用也处于世界前列，相关企业可以提供硅胶－水吸附式冷水机组、复合吸附剂－氨冷冻机组、复合吸附剂除湿转轮空气处理系统以及高温热泵系统等。由于传统吸附材料及制冷与热泵系统的研究已逐渐成熟，为了进一步提升传统吸附剂的性能或开发新一代高性能吸附剂，目前国际上大量学者均聚焦于高分子配合物的吸附性能研究，因其具有高比表面积和可设计性等特点，能够显著提升系统的制冷与供热性能。这充分展示出材料、化学与能源等交叉学科协同发展的趋势，在此方面处于领先地位的研究单位包括美国西北大学、美国麻省理工学院、法国巴黎材料研究所、荷兰代尔夫特理工大学、英国伯明翰大学等。但在新型纳米材料的研发领域，国内相对国外的发展较慢，上海交通大学、华中科技大学、中山大学、中科院工程热物理研究所开展了卓有成效的研究工作，但研究深度和体量仍有较大的提升空间。

（三）核心问题及发展趋势

在全球气候变化和双碳背景下，太阳能和低品位余热的高效利用可以显著节约能源并降低碳排放，因而在化学、材料、能源学者的持续努力下，吸附制冷技术未来5年的研究应主要围绕新吸附材料的吸附机理和量产工艺、吸附系统的能量效率提升、长时储冷/储热、吸附技术拓展应用以及工程示范商用等方面展开。

首先在新吸附材料的吸附机理和量产工艺上，根据原生材料的构效关系设计先进的复合吸附剂，然后开展量产工艺研究，以满足器件甚至系统的材料规模。其次在吸附系统的能效提升上，开发新型制冷工质对以及优化基于传统工质对的制冷系统，运用多学科交叉的优势上加速吸附式制冷工质对的探索开发，以研发适应未来制冷需求的高效吸附工质对，比如气候变化导致的极端高温环境制冷等，并优化传统工质对的制冷系统以提升系统能效和简化产品结构，加速转化并形成新产品，从而高效利用低品位热能并对接双碳战略需求。在长时储冷/储热上，发展冷热量连续稳定输出的控制方法并不断拓展先进应用范畴。值得期待的应用领域包括冷库中吸附制冷机组、商用吸附制冷空调、移动式吸附制冷机、车载制冷/除NO_x一体化系统、极端气候下的高效热管理等。在国内外形成基础研究与工程应用并重的科研格局，力争在变革性吸附机理、广适应性吸附工质对及商业应用上取得突破。

三、热声制冷技术

热驱动热声制冷与热泵系统一般包括至少一组热声发动机和一组热声制冷机单元，每个单元主要由换热器和回热器构成，各单元之间由谐振管等谐振机构连接，形成封闭的系统。热声转换发生在回热器中。采用的工质一般包括氦气、氮气、氩气和二氧化碳等气体。

如图17（a）所示，在热声制冷单元的回热器中，气体微团的热力学循环过程可由以下四个步骤描述：a）等压放热。气体微团在几乎恒定的压力下向左移动，由于回热器壁面温度的降低，气体微团向固体表面释放热量。b）等温膨胀吸热。在该过程中气体微团的位移很小，近似认为其停留在热端，由于压力的降低，气体微团膨胀，并从回热器壁面吸收热量。c）等压吸热。气体微团在几乎恒定的压力下向右移动，由于回热器壁面温度的升高，气体微团从固体表面吸收热量。d）等温压缩放热。与b）过程类似，近似认为气体微团停留在冷端，由于压力的升高，气体微团压缩，并向回热器壁面释放热量。经过这样一个循环过程，就实现了利用声功制冷。

在热声发动机单元中，循环与热声制冷循环类似，四个过程分别如图17（b）所示[a）等压吸热，b）等温膨胀吸热，c）等压放热，d）等温压缩放热]。需要指出的是，在理想情况下，上述两个循环都可以达到对应卡诺（或逆卡诺）循环的效率。这是热声制冷和热泵系统具有潜在高效率的理论基础。

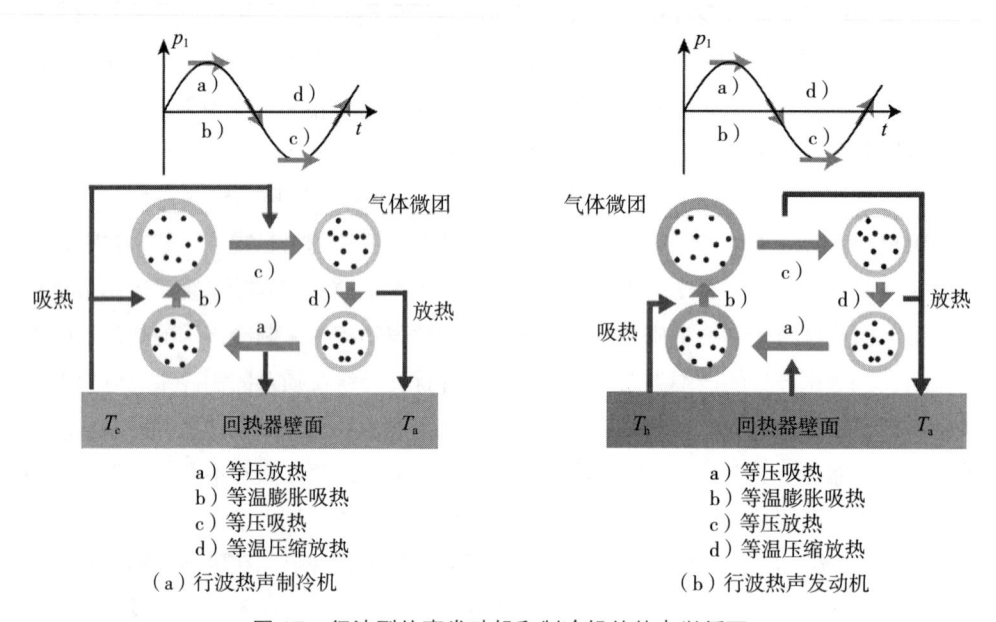

（a）行波热声制冷机

（b）行波热声发动机

图17 行波型热声发动机和制冷机的热力学循环

根据声场的不同，热声制冷系统可分为驻波型和行波型系统。近些年，热声制冷技术的发展多集中在更高性能的行波系统以及新型热声循环上。下面将重点介绍这些进展。

（一）热声制冷的发展现状

1. 双行波式热声制冷系统

早期的热声制冷系统以驻波型为主。经过近三十余年的发展，该领域的研究热点已集中在效率更高的双行波式型系统上。这里的"双行波"是指发生热声转换的回热器和传输声功的谐振管均处在以行波为主的声场，这样有利于提升热声转换和声功传输的效率，进而提升系统性能。

这一类系统的结构一般为环路，在环路中存在多组热声发动机和制冷机单元。其中一个例子是如图18所示的具有两个热声核心单元的热声制冷系统。每个核心单元包括一个热声发动机单元和一个热声制冷机单元。当系统运行时，由于热声效应，热量在热声发动机单元中被转化为声波，所产生的声波经谐振管被传播至热声制冷机单元内，进而通过消耗声功实现泵热。近些年相继出现了具有类似结构特征的空调温区和低温制冷温区热声制冷系统样机，以及高温热泵机型的构想。以工作在空调温区的系统为例，当热源温度为 200~300℃时，单机制冷量可达几千瓦至几十千瓦的水平，整机 COP 可达 0.5 左右。值得一提的是，在 2019 年荷兰 SoundEnergy 公司推出了双行波式商用热声制冷机系统 THEAC-25，迈出了热声制冷技术商业化的重要一步。

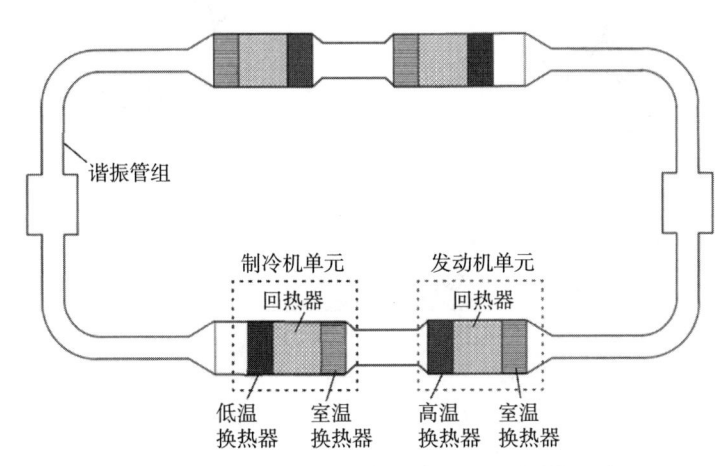

图 18 双行波式热驱动热声制冷机的典型结构示意图

2. 气－液耦合或气－固耦合式热声制冷系统

降低谐振管内的声功传输损失是提升热声制冷系统性能的重要途径。其中一种方式是在谐振管中引入液体活塞形成气－液耦合谐振器，以减小谐振管尺寸或降低谐振频率，进而降低声功传输损失并提升系统效率。在图 19 所示的三级行波热声制冷机中，便采用了以液态水作为谐振活塞的气－液耦合谐振器，显著降低了系统谐振频率。当充气压力为 5 MPa、加热温度为 250℃时，该系统在 -10~10℃的制冷温度区间内可获得 3.7~5.7 kW 的制冷量，COP 为 0.4~0.5。这比同工况下以气体谐振管替代气－液耦合谐振器时的制冷量和 COP 提升了 2~3 倍。

另一个减小谐振损失的方式是引入固体活塞形成气－固耦合谐振器。这一思路在热声发动机领域已经有诸多实践并取得了良好效果，但在热驱动热声制冷和热泵领域的应用还不多。目前尚无关于采用气－固耦合谐振器的热驱动制冷系统的实验研究；相关理论预测表明，在 300℃的热源温度下，这一类系统在空调工况下的 COP 可超过 0.6。图 20 给出了一种采用了气－固耦合谐振器的热驱动热声冷电联产系统，其紧凑性远高于传统的热声系统。实验结果显示，该系统在加热温度约为 190℃时，可在 -20℃的制冷温度下获得 230 W 的冷量和超过 6 W 的电功，COP 约为 0.09。

此外，对于热驱动热声制冷系统，当加热温度升高时，系统由于能流不匹配，系统效率出现瓶颈。近期理化所热声研究组提出了一种热声制冷新流程，在高加热温度下，采用旁通结构使得部分声功绕过发动机直接进入制冷机，使系统在高加热温度下，实现声场、

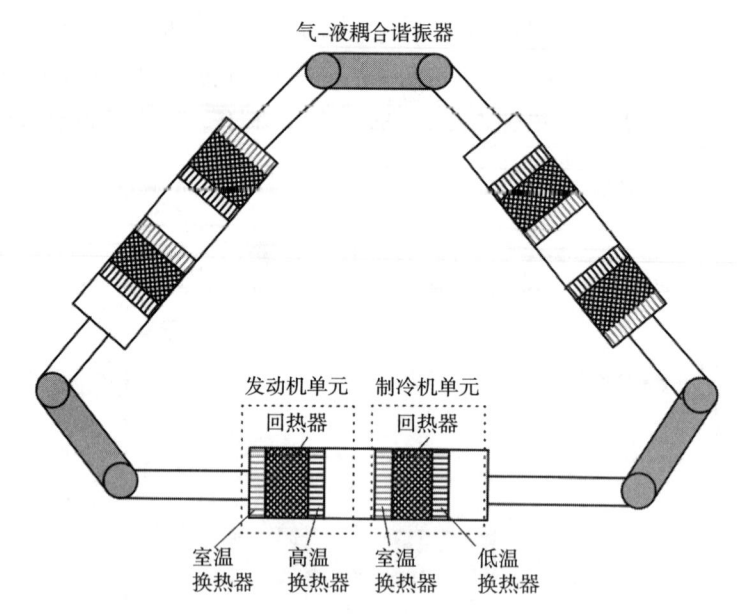

图 19　采用气-液耦合谐振器的热声制冷系统

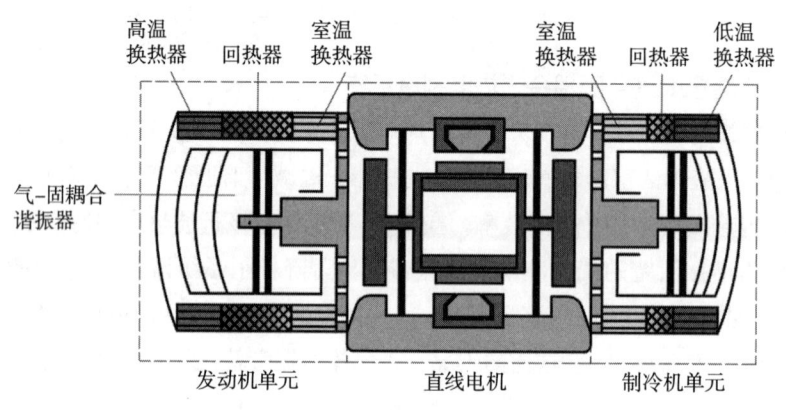

图 20　采用气-固耦合谐振器的热声斯特林制冷系统

阻抗协同的基础上进一步实现能流协同（因此又称为三协同型热驱动热声制冷机），大幅度提升系统的COP。在此基础上，搭建了一台如图21所示的千瓦级实验样机，采用三级环路行波结构并使用了气液耦合谐振器。最新的实验结果表明，系统在450℃的加热温度下，在标准空调工况下（7℃/35℃），COP达到1.12，是目前公开报道的热驱动热声制冷机最高COP的2.7倍，并超过了吸附式制冷技术和单效吸收式制冷技术，甚至能媲美双效吸收式制冷系统。

另外需指出的是，采用气-固耦合谐振器的热声系统也就是自由活塞斯特林系统。这说明热声技术与斯特林技术已经逐步融合。从理论上来讲，斯特林热机可以被视为热声热机的特殊形式，而热声理论也可用于解释包括斯特林热机在内的热声热机；从技术上来

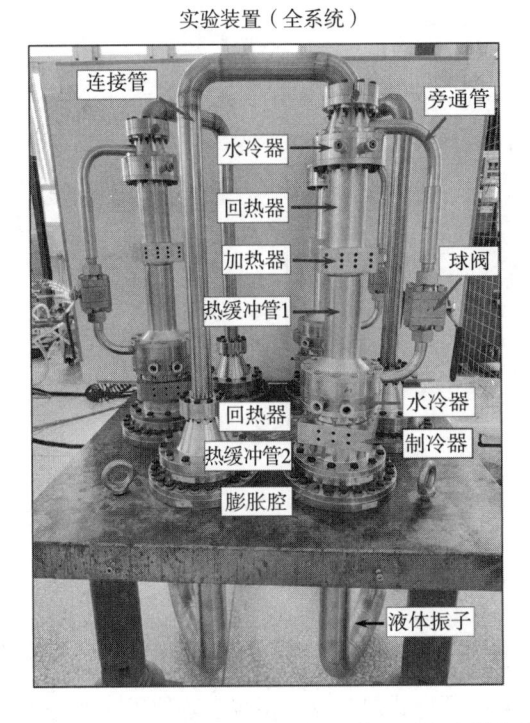

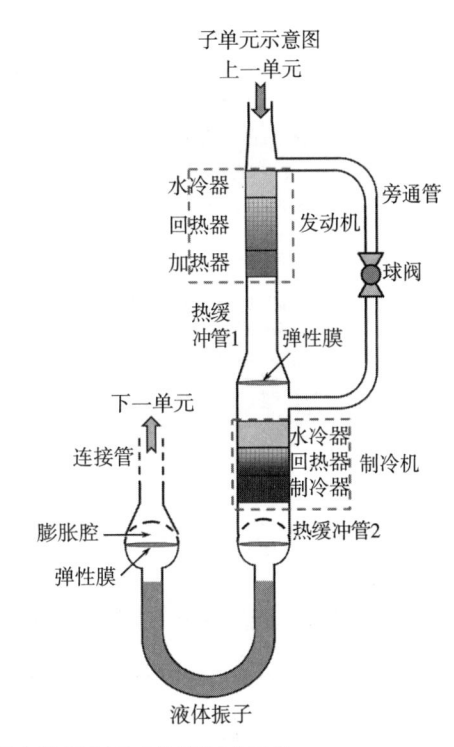

图 21　新型（三协同型）高效气液耦合谐振热驱动热声制冷系统

讲，有更长研究历史的斯特林热机比热声热机更为成熟，积累的工程经验有利于更高性能热声系统样机的研发。因此，两者的融合水到渠成，互相促进。

3. 新型传质强化热声制冷循环

近些年兴起的另一个重要研究方向是传质强化热声制冷，即在传统热声制冷循环中引入由声振荡激发的传质过程来强化声制冷过程，以提升热声制冷的性能。其中的一个例子是利用气液相变进行强化的湿式热声制冷循环。在采用这种循环的系统中，工质是由传统工质（例如氦气）和可发生相变的活性物（例如水）组成的混合物。在声场的作用下，混合气体微团中的压力和温度发生周期性变化，促使其中的活性物发生气液相变，伴随的强烈热效应在一定条件下可显著提升制冷量。

目前，这种新型热声循环的相关研究仍处在概念验证阶段，为研发高性能实验样机，还需解决回热器内传质不稳定和换热器性能与热声转换不匹配等问题。国内中科院理化所联合以色列理工学院以超亲水纤维素薄膜为材料制成了适用于湿式热声系统的新型板叠/回热器，解决了传质效率低的问题（图22）。由此构建的湿式热声发动机，在60℃的温差驱动下，压力振幅比国际同行在类似温差下的结果高一个数量级。这一成果有望推动高性能湿式热声制冷机的研发。

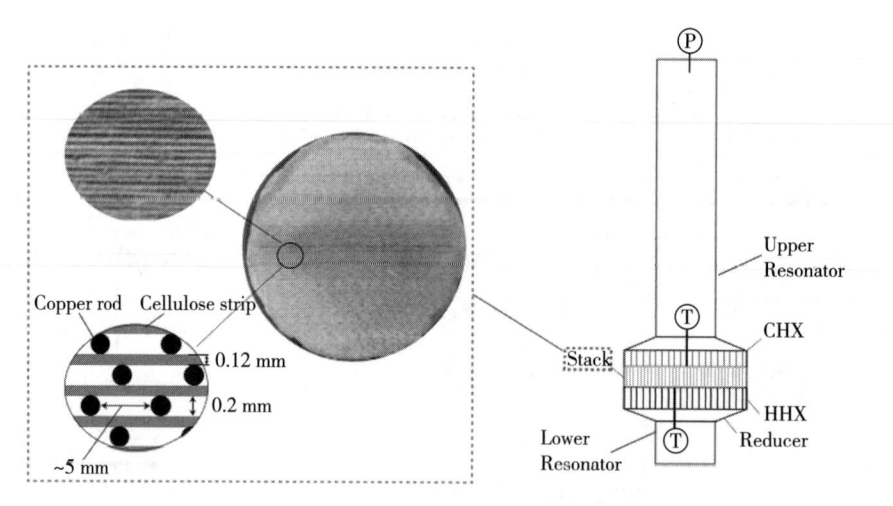

图 22　采用超亲水板叠/回热器的湿式热声发动机

（二）国内外重要进展对比

在基于传统热声循环的热声制冷技术方面，中国科学院理化技术研究所在双行波热声制冷系统、气–液耦合式热声制冷系统和气–固耦合式热声制冷系统上均取得重要进展，所研发的样机在性能上均处世界领先水平。荷兰 SoundEnergy 公司率先对热声制冷系统进行了商业化尝试。此外，欧洲近些年如雨后春笋般涌现了多个热声制冷技术公司，例如荷兰 Blue Heart Energy 公司、挪威 OLVONDO 公司和法国 Equium 公司等；国内的中科力函公司也曾做过这方面的尝试，这表明热声制冷技术的商业化已经起步。

在新型热声制冷循环研究方面，目前国际上的研究热点为传质强化热声制冷，处于领先研究地位的机构包括美国密西西比大学、以色列理工学院、日本产业技术综合研究所（AIST）和东京农工大学等。他们相继在热声发动机和制冷机中验证了相变对热声转换的强化作用。以图 23 所示的驻波型声驱动热声制冷机为例，实验结果表明，异丙醇的相变过程可使该系统的 COP 达到无相变时的 3 倍；进一步的理论预测表明，气液相变同样有望将行波型热声制冷机的制冷量提升一个数量级以上，并达到大于 40% 的相对卡诺效率。此外，吸收和吸附等传质过程也有望被应用于热声制冷的强化。国内中国科学院理化技术研究所和浙江大学等单位对新型热声循环也展开了卓有成效的研究。

（三）核心问题及发展趋势

热声制冷系统目前的性能与吸收式或吸附式等发展相对较为成熟的制冷技术相比仍有一定差距。为提升热声制冷技术的竞争力，未来的研究可着重关注以下几个方面。①提升声场主动精确调控水平。恰当的声场是提升热声转换和声传输效率的最关键因素，

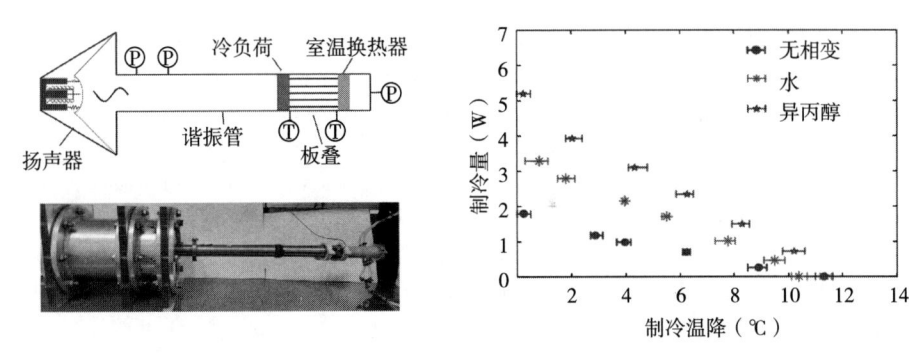

图 23　湿式热声制冷机及相变在不同温降下对制冷性能的强化效果

因而声场调控是热声系统优化设计的核心。目前已出现了阻容协同调相的调节方式，但声场仍有优化空间，探寻进一步精确调控声场的手段依然是研究的重点。②进一步降低谐振损失。尽管声功传输效率更高的行波谐振管已经被广泛采用，但谐振管内的声功损失依然是限制系统性能的重要因素。为进一步降低谐振损失，可采用气－液耦合或气－固耦合谐振器，通过大幅度减小谐振机构尺寸来减小损失。然而，采用气－液耦合谐振器系统的性能仍需进一步提升，而气－固耦合谐振器的引入则会大幅增加系统的机械复杂度。这些问题都亟待解决。③高性能交变流动换热器的研发。在热声系统的换热器中，换热依赖于气体工质与固体壁面的对流作用，其换热系数远低于依靠相变换热的蒸汽压缩制冷系统中的换热器。这导致换热温差很大，严重影响系统性能。由于交变流动的特性，换热器的性能很难通过增大流动方向尺寸来提高。解决该问题的潜在技术方案包括采用自泵式换热器等。④湿式热声制冷循环等新型传质强化循环的探索。这一类循环具有大幅提升热声制冷系统性能的潜力，目前有待研发高性能实验样机以进一步验证其可行性。

参考文献

[1] 谢晓云，江亿，等. 国家标准《吸收式换热器》，GB/T 39286—2020.

[2] Wang L.W., An G.L., Gao J., Wang R.Z. Property and Energy Conversion Technology of Solid Composite Sorbents, Science Press, 2021.

[3] 吴韶飞，安国亮，田宜聪，等. 基于双盐复合吸附剂的跨季节冷热自适应调控新策略[J]. 中国科学：技术科学，2022，52（5）：755-772.

[4] Chen G., Tang L.H., Mace B., et al. Multi-physics coupling in thermoacoustic devices: A review[J]. Renewable and Sustainable Energy Reviews, 2021, 146: 111170.

[5] Yi Y.H., Xie X.Y., Jiang Y. A Two-stage vertical absorption heat exchanger for district heating system[J]. International Journal of Refrigeration, 2020, 114: 19-31.

［6］Yi Y, Xie X, Jiang Y. Process design and analysis of a flexibly adjusted zonal absorption heat exchanger for high-rise building heating systems［J］. Applied Thermal Engineering, 2021, 195: 117173.

［7］Hu T.L., Xie X.Y., Jiang Y. A detachable plate falling film generator and condenser coupling using lithium bromide and water as working fluids［J］. International Journal of Refrigeration, 2019, 98: 120-128.

［8］Xie X.Y., Yi Y.H., Zhang H., et al. Theoretical model of absorption heat pump from ideal solution to real solution: Temperature lift factor model［J］. Energy Conversion and Management, 2022, 271: 116328.

［9］郑姝影. 吸收式热泵中发生器内的传热传质研究［D］. 北京：清华大学，2021.

［10］Hu, T., Li, J., Xie, X.Y., et al. Match property analysis of falling film absorption process［J］. International Journal of Refrigeration, 2019, 98: 194-201.

［11］Zhu C.Y., Xie X.Y., Jiang Y. Confirmation and prevention of vapor bypass in absorption heat pump with U-pipe pressure separation device caused by upward side two-phase flow［J］. International Journal of Refrigeration, 2021, 130: 199-207.

［12］Elsayed E., Anderson P., Raya A.D., et al. MIL-101（Cr）/calcium chloride composites for eNHanced adsorption cooling and water desalination［J］. Journal of Solid State Chemistry, 2019, 277: 123-132.

［13］Liu Z.L., An G.L., Xia X.X., et al. The potential use of metal-organic framework/ammonia working pairs in adsorption chillers［J］. Journal of Materials Chemistry A, 2021, 9: 6188-6195.

［14］An G.L., Xia X.X., Wu S.F., et al. Metal-organic frameworks for ammonia-based thermal energy storage［J］. Small, 2021, 17: 2102689.

［15］Wu S.F., Wang L.W., An G.L., Zhang B. Excellent ammonia sorption enabled by metal-organic framework nanocomposites for seasonal thermal battery［J］. Energy Storage Materials, 2023, 54: 822-835.

［16］Liu Z.L., Xu J.X., Xu M., et al. Ultralow-temperature-driven water-based sorption refrigeration enabled by low-cost zeolite-like porous aluminophosphate［J］. Nature Communications, 2022, 13: 193.

［17］Liu Z.L., Li W., Cai S.S., et al. Large-scale cascade cooling performance evaluation of adsorbent/water working pairs by integrated mathematical modelling and machine learning［J］. Journal of Materials Chemistry A, 2022, 10: 9604-9611.

［18］Marsh C., Han X., Li, J.N., et al. Exceptional packing density of ammonia in a dual-functionalized metal-organic framework［J］. Journal of the American Chemical Society, 2021, 143: 6586-6592.

［19］Guo L.X., Hurd J., He M., et al. Efficient capture and storage of ammonia in robust aluminium-based metal-organic frameworks［J］. Communications Chemistry, 2023, 6: 55.

［20］An G.L., Li Y.F., Wang L.W., et al. Wide applicability of analogical models coupled with hysteresis effect for halide/ammonia working pairs［J］. Chemical Engineering Journal, 2020, 394: 125020.

［21］Gao P., Wei X.Y., Wang L.W., et al. Compression-assisted decomposition thermochemical sorption energy storage system for deep engine exhaust waste heat recovery［J］, Energy, 2022, 244: 123215.

［22］Lilley D., Prasher R. Ionocaloric refrigeration cycle［J］. Science, 2022, 378: 1344-1348.

［23］An G.L., Wang L.W., Gao J. Two-stage cascading desorption cycle for sorption thermal energy storage［J］. Energy, 2019, 174: 1091-1099.

［24］Wu S.F., Wang L.W., Zhang C., et al. Solar-driven dual-mode cascading cycle based on ammonia complexation reaction for flexible seasonal thermal management［J］. Chemical Engineering Journal, 2023, 452: 139536.

［25］Chi J.X., Yang Y.P., Wu Z.H., et al. Numerical and experimental investigation on a novel heat-driven thermoacoustic refrigerator for room-temperature cooling［J］. Applied Thermal Engineering, 2023, 218: 119330.

［26］Hou M.Y., Wu Z.H., Hu J.Y., et al. Experimental study on a thermoacoustic combined cooling and power technology for natural gas liquefaction［J］. Energy Procedia, 2019, 158: 2284-2289.

[27] Xu J.Y., Hu J.Y., Sun Y.L., et al. A cascade-looped thermoacoustic driven cryocooler with different-diameter resonance tubes. Part Ⅱ: Experimental study and comparison [J]. Energy, 2020, 207: 118232.

[28] Luo K.Q., Zhang L.M., Hu J.Y., et al. Numerical investigation on a heat-driven free-piston thermoacoustic-Stirling refrigeration system with a unique configuration for recovering low-to-medium grade waste heat [J]. International Journal of Refrigeration, 2021, 130: 140-149.

[29] Daoud J.M., Friedrich D. A new duplex Stirling engine concept for solar-powered cooling [J]. International Journal of Energy Research, 2020, 44: 6002-6014.

[30] Zare S., Tavakolpour-Saleh A. Free piston Stirling engines: A review [J]. International Journal of Energy Research, 2020, 44: 5039-5070.

[31] Yang, R., Meir, A., & Ramon, G. Z. A standing-wave, phase-change thermoacoustic engine: Experiments and model projections [J]. Energy, 2022, 258: 124665.

[32] Kawashima Y., Sakamoto S., Onishi R., et al. Energy conversion in the thermoacoustic system using a stack wetted with water [J]. Japanese Journal of Applied Physics, 2021, 60 (SD): SDDD05.

[33] Yang R., Meir A., Ramon G.Z. Theoretical performance characteristics of a travelling-wave phase-change thermoacoustic engine for low-grade heat recovery [J]. Applied Energy, 2020, 261: 114377.

[34] Yang R., Blanc N., Ramon G.Z. Environmentally-sound: An acoustic-driven heat pump based on phase change [J]. Energy Conversion and Management, 2021, 232: 113848.

[35] Yang R., Blanc N., Ramon G.Z. Theoretical performance characteristics of a travelling-wave phase-change thermoacoustic heat pump [J]. Energy Conversion and Management, 2022, 254: 115202.

[36] Offner A., Yang R., Felman D., et al. Acoustic oscillations driven by boundary mass exchange [J]. Journal of Fluid Mechanics, 2019, 866: 316-349.

[37] Blayer Y., Elkayam N., Ramon G.Z. Phase-dependence of sorption-induced mass streaming in an acoustic field [J]. Applied Physics Letters, 2019, 115: 033703.

[38] Steiner T. Looped thermoacoustic cryocooler with self-circulating large area cooling [C]. The 22nd International Cryocooler Conference. Bethlehem, Pennsylvania, USA. 2022: 479-487.

撰稿人：谢晓云　王丽伟　杨　睿　吴韶飞

第三节　固态制冷技术

一、概况

固态制冷是利用固体材料的热效应实现制冷的一类技术。由于固体材料不会挥发至大气，所有固态制冷技术都有零温室效应指数（GWP）的环保优势。从发展历史上看，对于固态制冷技术的两次研究高潮均与传统蒸气压缩制冷剂的替代有关。20世纪90年代前后产生了第一波对固态制冷技术的研究高峰，对应了《蒙特利尔议定书》对CFC、HCFC制冷剂（第二代制冷剂）的限制和替代，室温磁制冷技术和首台电卡制冷机均诞生于这个阶段。2010年后，随着高GWP的HFC制冷剂（第三代制冷剂）的替代研究和《基加利修正案》的签署，固态制冷技术迎来了新的发展热潮。由于尚无兼具性能、环保、安全性的HFC替代工质，这一波固态制冷技术的研究热潮仍在不断发展，并且伴随着增材制造等先进技术的发展和应用，近年来不仅诞生了首台弹热制冷机并催生了多台商业化磁制冷设备（原型产品），热电制冷在酒柜等应用场景也取代了部分蒸气压缩制冷的市场份额。2022年和今年，国际制冷学会和中国制冷学会先后成立了"固态制冷与供热工作组"（solid-state cooling and heating）和未来制冷技术工作组，标志着固态制冷技术发展进入新阶段。

从热效应的原理来看，固态制冷可分为利用载流子热效应的制冷技术和利用固态相变潜热的制冷技术两大类。如图1所示，利用半导体材料中电子输运热量（帕尔贴效应）的热电制冷（thermoelectric）和利用半导体材料发射热电子输运热量（热电子发射效应）的热离子制冷（thermionic）可在稳恒电场作用下，利用电子作为载流子，产生连续稳定的制冷效应产生连续稳定的制冷效应；类似地，透明晶体利用反Stokes荧光效应（anti-Stokes fluorescence，ASF）可在定向激光作用下产生荧光辐射，利用光子作为载流子，吸收晶体的热量，被称为固体激光制冷或光学制冷（optical refrigeration，与极低温多普勒激光制冷不同）。它们属于第一类固态制冷技术。

利用外场源驱动固态相变过程中产生潜热的属于第二类固态制冷技术，根据外场源和固态相变类型的不同，可分为磁场驱动磁热材料铁磁相变的磁（热）制冷（magnetocaloric），电场驱动电卡材料铁电相变的电卡制冷（electrocaloric）和应力场驱动固体材料结构相变的力热制冷（mechanocaloric）。根据应力形式的不同，力热制冷又可进一步细分为使用单轴应力驱动的弹热制冷（elastocaloric），使用各向同性应力驱动的压卡制冷（barocaloric），使用轴向扭矩驱动的扭卡制冷（twistocaloric）和使用径向扭矩驱动的挠热制冷（flexocaloric）。固态相变的正逆相变分别为放热和吸热，制冷效应仅能周期性的产生，需要匹配合适的热力学循环，以构建可连续稳定工作的制冷机。

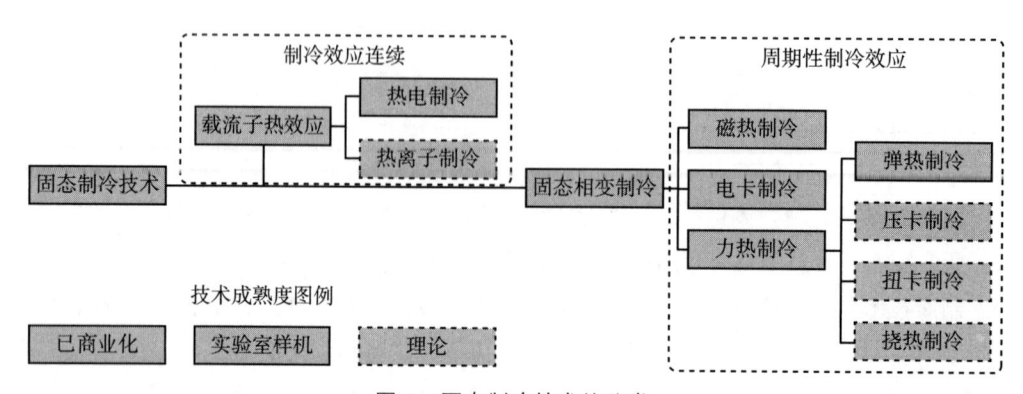

图1 固态制冷技术的分类

在众多固态制冷技术中，热电制冷是目前唯一得到商业化应用的制冷技术。近年来，磁热、电卡、弹热制冷技术也得到了快速发展。本专题报告将主要介绍这四种固态制冷技术的研究进展，简要介绍其他几种近年受到关注的制冷技术。固态工质的性能决定了各项固态制冷技术的发展上限，因此，对每项技术所使用的材料性能及发展也做了简要介绍。

二、热电制冷技术

热电制冷作为一种绿色的固态制冷技术，因无运动部件、无制冷剂、热响应速度快、控温精度高和易集成封装等特点得到了快速发展。不过与传统压缩式制冷技术相比，热电材料需的ZT值需达到4以上。然而，由于热－电参数间的交互耦合关系，在可预见的未来，很难实现如此高的ZT值。因此，热电制冷技术通常是作为传统制冷技术的一种补充技术。当前，在绿色低碳的发展背景下和快速发展的电子信息、医疗健康等技术需求下，热电制冷技术的应用市场不断扩大。近年来，随着红外探测器、遥感卫星等航空航天、军事应用对小型低温制冷技术需求的激增，以及液化天然气、液氮等低温冷能回收利用需求的增加，低温半导体制冷技术逐渐引起人们的关注。据统计，2023年全球热电制冷模块的市场规模达10.52亿美元，2022—2028年市场年平均增长率高达11.05%。针对近五年学者们在高性能热电制冷材料的开发、高性能热电制冷器的研制和高效热电制冷技术应用等方面开展的工作，本节综述了热电制冷相关研究的进展，讨论了热电制冷技术的前景和挑战。

（一）热电材料的研究进展

在室温温区，当前热电制冷材料研究主要分为两类：按组成成分分类主要包括已商业化的Bi_2Te_3基热电材料和Mg基热电材料（$Mg_3Bi_{2-x}Sb_x$）。低温温区的热电工质以BiSb基材料为主。

1. Bi2Te3基热电材料

Bi_2Te_3及其固溶体合金作为室温附近发展最为成熟、性能最好的一类热电材料，如何最大限度地提高其ZT值是当今热电制冷领域亟待解决的主要问题之一。近十年来，部分学者通过引入晶格缺陷、晶界、纳米结构等，或通过控制晶格生长取向、量子限域效应、共振能级掺杂等来调控载流子迁移率、晶格费米能级附近的态密度，进而降低晶格热导率、提高功率因子。近五年来Bi_2Te_3基热电材料的优值系数如图2所示。在室温附近，p型热电材料的ZT值主要在1.0～1.5之间，n型热电材料的ZT值主要在0.7～1.2之间。因此可以看出当前，n型材料的热电性能普遍低于p型材料，其原因是n型碲化铋基材料中载流子的输运模型更为复杂，且各因素对其性能的影响也存在着很大的不确定性。因此，如何进一步提高n型热电材料的ZT成了当前的研究热点。

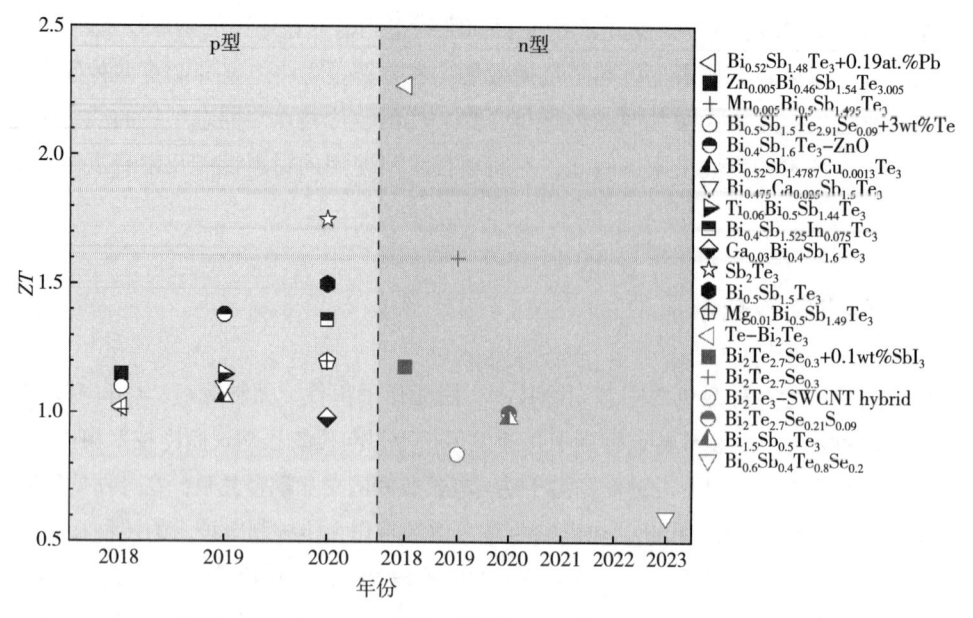

图 2　近五年 Bi_2Te_3 基热电材料室温下的 ZT 值（T=300 K）

2. 新型 Mg 基热电材料

由于碲金属非常稀缺（地壳含量仅约百万分之 $1×10^{-3}$），碲化铋材料的价格通常较为昂贵。因此，也有许多研究者尝试利用其他元素代替昂贵的碲金属以降低成本，其中镁基材料被认为是最有潜力的材料之一，利用镁元素替代碲元素可以在材料性能没有大幅度衰退的前提下使成本大幅度降低，具有广阔的应用前景。现有部分镁基材料的优值系数如图 3 所示。与 Bi_2Te_3 基相比，n 型 Mg 基材料的热电性能高于 p 型的，因为 p 型材料的电学性能较差。2022 年，中国科学院物理研究所赵怀周团队制备出室温 ZT 值达到 0.75 的 n 型热电材料 $Mg_{3.2}Bi_{1.5}Sb_{0.5}$，并通过材料缺陷工程显著提升了其化学和热力学稳定性。并将该材料与 p 型碲化铋基热电材料 $(Sb_{0.75}Bi_{0.25})_2(Te_{0.97}Se_{0.03})_3$ 相配合，团队研发并构筑了 7 对、31 对和 71 对的可服役热电制冷器，其制冷性能参数与现有商用热电制冷器件相当，但性能投入比可降低 25% 左右。不过，由于镁元素的易挥发性，Mg 基材料的热稳定性较碲化铋基材料差，故其距离实际的商业应用尚有一段距离。

3. 低温热电材料

低温热电材料的研究主要集中在 BiSb 基合金，$CsBi_4Te_6$ 合金，Mg_3Bi_2 基合金、FeSb 合金等。其中，BiSb 合金是目前性能最好的低温热电材料，早期研究集中于 BiSb 单晶热电材料的研究，其低温 ZT 值受材料组分、制备工艺的影响较大。已报道的低温 Z 值可达 $6×10^{-3}/K$（相应的 ZT 值约 0.5，80 K）。对 BiSb 材料施加磁场后，由于热磁效应的作用，其 Z 值有所提高。但是，由于 BiSb 单晶是层状结构，容易沿解理面劈裂，力学性能较差，其器件应用受到很大限制。近年来，中科院理化所开展了 BiSb 多晶热电材料的研究，系

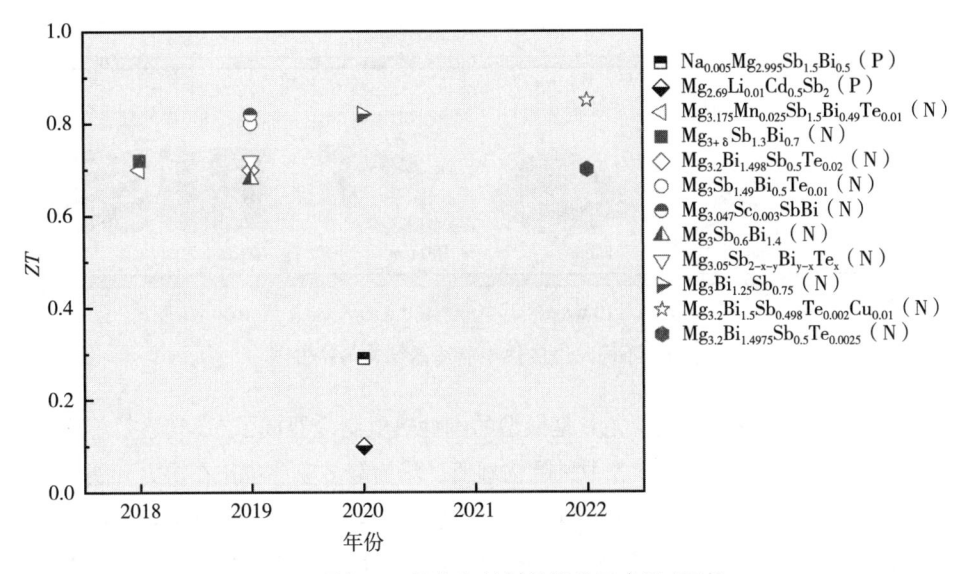

图 3 现有 Mg 基热电材料的组分及室温 ZT 值

统研究了材料制备方法（无压烧结、热压烧结、放电等离子烧结等）和元素掺杂对其热电性能的影响规律，其 Z 值可达 0.5×10^{-3} K^{-1}（相应的 ZT 值约 0.7，140 K）。

此外，近年来陆续报道一些新型低温热电材料，如 2000 年韩国 Chung 等人报道一种 p 型 CsBi$_4$Te$_6$ 化合物，其最大 Z 值可达 3.6×10^{-3} K^{-1}（相应的 ZT 值约 0.8，225 K）。Mg$_3$Sb$_2$ 基合金本是一类高温热电材料，近年来研究发现，富 Bi 的 Mg$_3$(Bi, Sb)$_2$ 合金则具有优异的低温热电性能。2019 年美国 Mao 等人报道其室温 ZT 值可达 0.7，200 K 的 ZT 值约为 0.3。FeSb$_2$ 的低温热电性能较差，但其在 50 K 以下温区具有较高的 Z 值，显示出一定的竞争优势。

（二）热电制冷器件及其应用的研究进展

热电制冷器，依据热电材料的强度，可分为刚性热电制冷器和柔性热电制冷器，依据热电臂厚度可分为"常规型、小型、微型"三种。如图 4 所示，热电臂厚度 ≥ 1 mm 为"常规型"，以面外型为主，制冷通量为 1 ~ 10 W/cm^2，制作工艺简单、商用较多；厚度在 100 μm ~ 1 mm 为"小型"，以面外型为主，制冷通量为 10 ~ 100 W/cm^2，该类型器件已商用，但国内商业化产品性能有待进一步提升；厚度 ≤ 100 μm 为"微型"，结构上可分为面内型、面外型两种，该类型器件尚未商业化应用，因冷却通量大且易集成封装，在高热流密度芯片热管理等方面具有重大潜力，是目前国内外研究的热点，主要集中于高精密集成工艺的开发和界面阻力的降低。

1. 刚性热电制冷器

在过去的几十年里，热电制冷器主要就是指刚性热电制冷器，即基于无机热电材料制备的塑性差的热电制冷器。器件结构不易变形。随着热电材料发展和光电子信息技术，刚

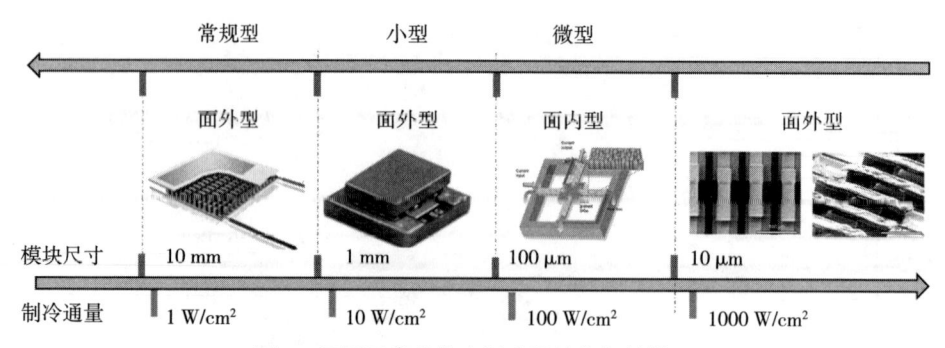

图 4　不同尺度的热电制冷器结构与特性图

性热电制冷器得到了快速发展，尤其是微型的刚性热电制冷器成了5G光通信芯片散热的关键技术。目前，华中科技大学、中科院物理所、华为等多家单位正在协力开展高性能微型热电制冷器件批量化制备及低阻化集成应用的技术攻关。此外，热－电－磁耦合效应的研究已经成为一个日益增长的跨学科研究热点。2021年，武汉理工大学张清杰院士团队通过在热电材料中加入10%的磁热材料，开发了新型的热电磁全固态制冷器，有效提升了器件制冷能力，不过如何控制复合材料界面结构是目前该类型器件首要解决的技术难题。近五年，热电制冷技术在激光器件、电子元件、交通生活、传感器等方面得到了广泛的应用，如图5所示。

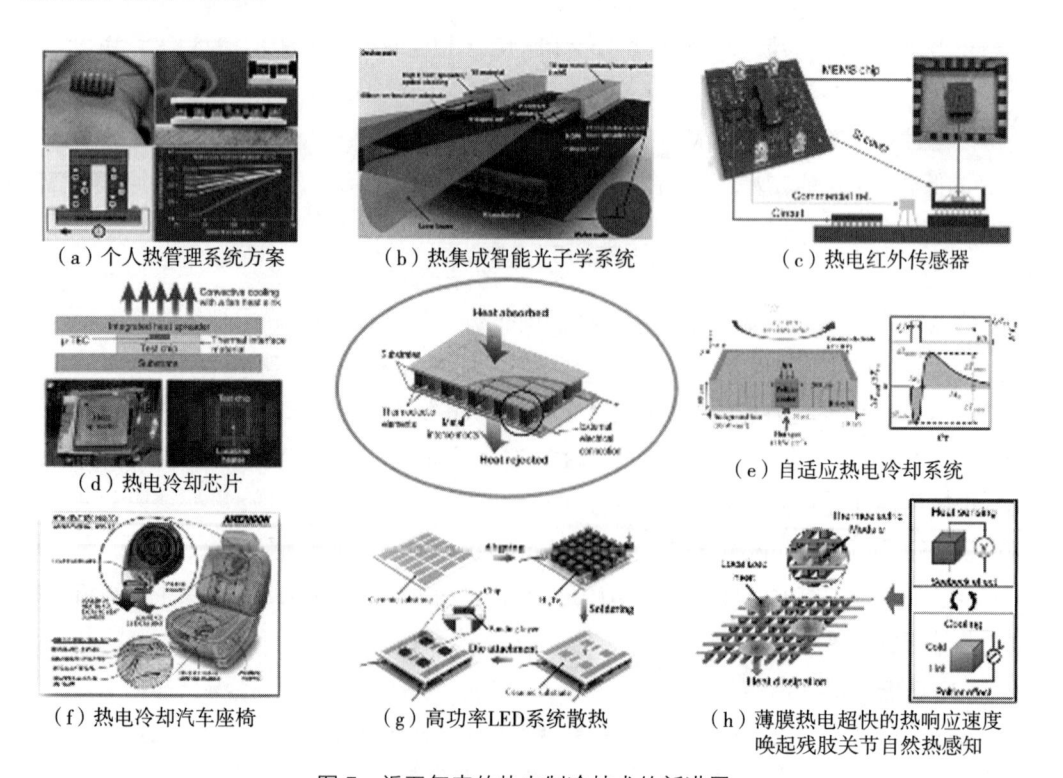

（a）个人热管理系统方案　　（b）热集成智能光子学系统　　（c）热电红外传感器

（d）热电冷却芯片　　　　　　　　　　　　　　　　　　　（e）自适应热电冷却系统

（f）热电冷却汽车座椅　　（g）高功率LED系统散热　　（h）薄膜热电超快的热响应速度唤起残肢关节自然热感知

图 5　近五年来的热电制冷技术的新进展

2. 新型柔性热电制冷器

随着人们对可穿戴电子产品和节能需求的不断增加，自供电－热电－个人热管理（PTM）应运而生。热电PTM技术的实现离不开柔性热电制冷器，柔性热电制冷器是指采用柔性材料作为热电材料（或电极）的热电制冷器。相比于刚性热电制冷器，柔性热电制冷器具有更高的柔韧性和可塑性，能够适应各种曲面形状和应用场景。柔性热电制冷器应用前景广阔，如用于可穿戴设备、智能家居、医疗设备等；新型柔性热电制冷技术的新进展如图6所示。

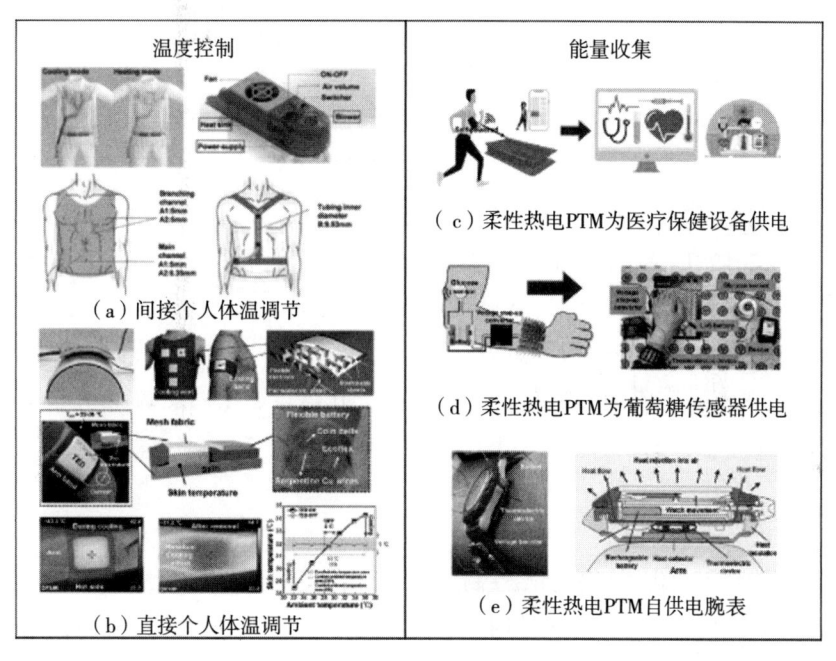

图6 柔性热电制冷技术的新进展

3. 低温热电制冷器

有关低温半导体制冷器件的研究较少。2003年，Harutyunyan等人采用CeB6制备低温制冷器件，在4～5 K温度下的制冷温差约0.2 K。2019年，日本Sidorenko等人研制了一组低温热电器件，其n型热电臂采用BiSb合金，p型热电臂采用YBa$_2$Cu$_3$O$_7$超导薄膜，该器件在80 K温度下的制冷温差达到13.5 K，制冷量达到0.36 W。2022年，Chen等人报道一组低温热电器件，其n型热电臂采用BiSb合金，p型热电臂采用MgAgSb合金，该器件在200～300 K温区的热电转换效率约1.76%。中科院理化所研制的低温制冷器件，其n型热电臂采用BiSb合金，p型热电臂采用Tl$_2$Ba$_2$Ca$_2$Cu$_3$O$_{10}$超导材料，该器件在80 K温度下的制冷温差达到5.5 K，制冷量达到0.36 W。

（三）核心问题与未来展望

热电材料依旧是限制该技术发展的瓶颈问题，亟待新理论与新技术的发现，突破赛贝克系数、电导率与热导率之间的交互耦合关系，开发高 ZT 值的新型热电材料；当前商业化热电材料的室温 ZT 值依旧在 0.7～0.9，然而在国内外学者的努力下已开发出室温 ZT 值≥1 热电材料，亟须针对批量化生产技术的研究。此外，随着电子信息技术的快速发展，对 5G 光通信等光电子器件芯片冷却的需求也不断提升，高性能器件设计方法的研究与精准控温系统的开发十分重要，建立热电制冷系统的循环理论对推进其高效应用也非常关键。

三、固态相变制冷技术

磁（热）制冷是发展最为成熟的固态相变制冷技术，低温磁制冷已取得了工程应用，室温磁制冷自 2015 年已有多个商业化尝试。电卡制冷和弹热制冷仍处于实验室研究的阶段。

固态相变制冷的热效应一般不足以直接满足实际制冷装置对制冷温差的需求，需要构建由固态相变工质构成的回热器（regenerator）并运行主动回热式循环（active caloric regeneration）。

（一）磁（热）制冷

磁制冷是指利用变化磁场驱动磁性制冷工质磁矩有序度发生变化从而在退磁阶段产生制冷效应的方法。根据磁矩来源，使用原子核内质子、中子磁矩变化的核绝热退磁制冷在 mK 级热汇预冷条件下可以产生 μK 级的低温；使用电子磁矩的顺磁盐工质绝热退磁制冷可在液氦温区预冷条件下产生并维持 mK 级的低温；使用电子磁矩的稀土及稀土合金、过渡族金属化合物材料可工作在液氢温区至室温温区内产生制冷效应。磁制冷的研究始于 20 世纪初极低温区顺磁盐的磁热效应，室温磁制冷的研究可追溯至 1976 年第一台应用 Gd 的磁制冷机。

1. 磁工质的研究进展

近二年磁制冷工质并未取得突破性进展，现有的磁制冷机仍采用以 Gd、GdEr 或 GdY 为代表的二级相变材料和 LaFeSiH（一级相变材料）。理想的磁制冷工质的性能如表 1 所示。

表 1 典型磁工质的性能

性能指标	现有技术水平	预期技术水平
磁热效应 （制冷能量密度）	2T 场强 Gd：3～5 K GdSiGe & LaFeSiH & Mn-MCM < 8 K	> 10 K（2T）
磁热效应温区	Gd：40 K，GdSiGe & LaFeSiH：< 10 K	复合工质总磁热效应 > 50 K
相变回滞	Gd：工质热力完善度 > 90% GdSiGe & LaFeSi：60%～80%	保持磁热效应，工质热力完善度 > 90%
居里温度	Gd 可降低，LaFeSi 可微调	覆盖大范围温区
成本	有稀土元素镧或钆	无稀土元素
其他	Gd：良好的机械性能和导热率	LaFeSiH 复合材料保持高导热率和机械性能

2. 室温磁制冷机的研究进展

近年来，室温磁制冷机的技术路线已基本定型，即使用旋转的稀土永磁材料 NdFeB 产生交变的磁场，在磁场区域布置多个并联的填充磁热工质的回热器，通过控制传热流体流动的流量分配阀与热源、热汇换热。例如丹麦技术大学研发的磁制冷机 MagQueen（图 7），其磁体由 50 号 NdFeB 和软磁材料组成，在圆周方向具有对称的两个高磁场区域（1.44 T），连续旋转的磁体由电机经减速器驱动。在磁场内部，沿圆周方向布置 13 个回热器，每个回热器采用热端大、冷端小的梯形设计匹配熵流，每个回热器内填充 10 层不同相变温度的 LaFeSiH 颗粒（0.4～0.6 mm 当量粒径），采用两侧多、中间少的非均匀层间填充策略，匹配回热器内的实际温度分布，最大化利用磁热效应，共计 3.4 kg 磁工质。流量分配阀由 26 个电磁阀和 26 个单向阀组成，乙二醇水溶液传热流体由一台离心泵驱动。该系统在 5.6 K 制冷温差下可实现 950 W 的制冷量。该系统采用了非轴对称的奇数组回热器设计，可保证连续旋转磁体的扭矩平稳性，并可充分回收退磁时的机械能，因此实现了高效率。在 5.6 K 制冷温差工况下，COP 约为 7.04，对应 11.6% 的热力完善度。该系统集成了室温磁制冷机中的先进技术，是近年来室温磁制冷机的典型案例。

针对多个应用场景，近三年已建成了多个基于连续旋转磁体的多回热器磁制冷机的商业化原型机。巴西圣卡特琳娜州联邦大学将磁制冷机与风冷红酒柜柜体结合，参考 IEC 62552—2015 标准，在 25 ℃ 环境温度下实测了酒柜的制冷性能，实现了空箱 1 小时 37 分钟拉温（12.8℃）和稳定条件下变频制冷的功能，在稳定运行条件下，整机 COP 约为 0.38，相当于 1.6% 的热力完善度，其中最主要的能耗来自乙二醇溶液泵，功率约为驱动磁体转动的主电机的 4 倍，但泵效率仅有 18%

图 7 典型旋转式磁制冷机

［图 8（a）］。磁制冷机中安装了 8 个圆周方向并排布置的回热器，填充了三层 Gd/GdY 颗粒状工质。2022 年，德国 MagnoTherm 公司发布了磁制冷冷藏柜，用于冷却啤酒和果汁，其中磁制冷回热器可提供 33 K 的制冷温差［图 8（b）］。在此之前，法国 Magnoric/Ubiblue（曾用名 CoolTech）公司在 2021 年报道了一台设计容量是 15 kW 的磁制冷冷水机组的单个回热器性能测试结果，使用 5.5 kg 的 Gd 和 Gd 二元合金工质，在 18.3 K 制冷温差条件下实现了 900 W 制冷量［图 8（c）］。这些应用场景的尝试为室温磁制冷技术的最终商业化奠定了基础。

（a）巴西圣卡特琳娜大学创制的磁制冷酒柜

（b）德国 MagnoTherm 公司创制的磁制冷冷藏柜

（c）法国 Magnoric/Ubiblue 公司创制的磁制冷冷水机组

图 8　近三年磁制冷技术的商业化尝试

3. 低温磁制冷机的研究进展

尽管室温磁制冷在近年来的发展速度放缓，近三年来，低温磁制冷机的研究在全球范围进入了一轮新的快速发展期。在液化天然气温区，近期美国西北太平洋国家实验室和埃姆斯国家实验室展示了 1.3 MPa 压力条件下从室温开始冷却并液化天然气的磁制冷装置（图 9）。该装置的磁场由 7 T 场强的 NbTi 超导线圈产生，内部包含两个对偶布置的往复式移动的回热器，每个回热器内部由四层 Gd/GdTb/GdDy/GdHo 磁工质填充组成，共 1.27 kg，每层工质的设计工作温差为 40 K；回热器内的四层工质采用了热端大、冷端小的梯形结构布局，该设计方法与室温磁制冷回热器相同；回热器内流通 2.7 MPa 的氦气进行回热和换热。被回热器冷却后的高压氦气进入管翅式换热器，冷却室温（295 K）的天然气并将其液化。实际测试时，四级磁工质实现了非均匀的冷却效果：低温级承担了更大的制冷温差。空载时系统实现了 160 K 的总制冷温差，氦气被冷却至 135 K；在带载时，氦气温度稳定在略低于 LNG 沸点（155 K），实现了 0.012 g/s 的液化速率（表 2）。

表2 现有磁制冷/热泵系统的制冷(热)性能

制冷性能指标	数值	制冷/热泵装置信息
最大制冷温差(零负载)(K)	45	往复式多层钆合金颗粒床回热器
最大制冷量(零制冷温差)(W)	3042	旋转式多层 La-Fe-Si-H 颗粒床回热器
最大制冷密度(零制冷温差)(W/g)	2.0	旋转式多层 La-Fe-Si-H 颗粒床回热器
最大热力完善度(7.3 K 温差)	39.2% COP=15.9	旋转式多层钆合金颗粒床回热器

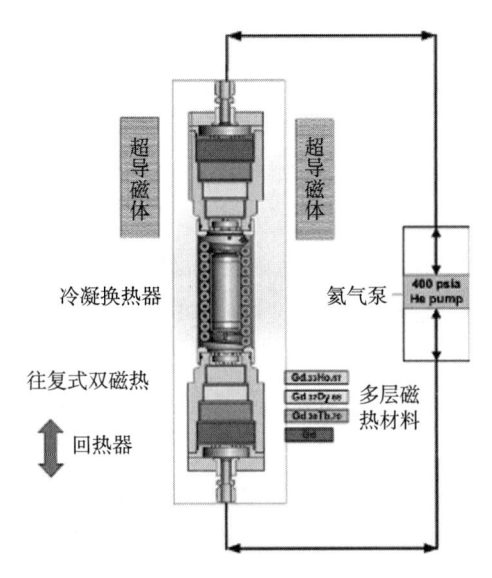

图9 用于天然气液化的磁制冷原型机流程图

在液氢温区，日本材料科学研究所研制了低温制冷机预冷的磁制冷氢液化装置，使用两组各填充 250 g 质量 HoAl$_2$ 颗粒状磁工质的往复移动磁热回热器，磁热回热器由直线电机驱动其进入和离开 5 T 强度的超导磁体区域，实现励磁和退磁过程。回热器内流通氢气进行换热，被磁工质冷却后的氢气离开回热器，通过竖直管翅式结构的液化容器，冷却氢气并将其液化。在低温制冷机将磁热回热器热端预冷至 35 K 时，回热器冷端出口氢气温度达到约 15 K，液化容器中的液位传感器在开机约 100 s 后获得信号，表明出现了液氢。

亚开(sub-Kelvin)级磁制冷机具有不依赖重力、结构紧凑、无须使用稀缺的 ^{3}He 等突出优势。2021 年，在亚开温区，中科院理化所创制了极低温单磁体单级绝热去磁制冷机(ADR)，填补了我国在该技术方向的空白。该制冷机的磁场是 4 T 的 NbTi 超导线圈，使用 30 mm 直径、50 mm 高度的 GGG 单晶作为工质，使用主动气隙式热开关控制吸热与放热，热汇采用 GM 型脉管制冷机提供 4 K 的环境。ADR 达到了 0.47 K 的最低温，单周期低于 1 K 温度的冷量为 2.7 J，提供的制冷量约为 0.7 mW，对应了 57% 的热力完善度。在此基础上，该团队正在开发多级连续 ADR。

4. 核心问题与未来展望

极低温绝热退磁制冷多用于 mK 至液氦温区的大型低温科学装置、航天遥感设备和量子计算 / 通信系统，成本约束较少，近年来面临国产化的发展需求，需系统性的研究兼具大熵变和高导热的磁热模块、研制亚开温区的高开关比热开关、发展多级制冷 – 蓄冷复合型绝热退磁制冷循环；近三年来，欧美资助了多项磁制冷氢液化的项目，将促进液氢到 LNG 温区磁制冷机的发展，我国在该方面需要开展宽温域多层复合磁热材料的匹配及结构参数优化研究。在室温温区，近三年已涌现出多个冷藏应用场景的磁制冷产品原型机，但其成本、可靠性、能效仍待提高。在现有的磁工质体系、永磁材料能量密度的约束下，磁制冷装置在永磁磁路优化设计、3D 打印的高效磁回热器技术、低功耗流路控制、多层磁工质复叠技术、回热器磁场 – 流场时序匹配等方向仍有提升潜力。具体来看，需要探索解决以下关键科学问题：

1）在亚开极低温区，是否存在兼具大熵变和高导热率的顺磁盐工质？

2）在液氢到液化天然气温区，阐明宽温域多层变结构复合磁热材料的匹配方法与关键参数设计准则。

3）在室温温区，揭示多磁极磁路 – 多回热器 – 多层磁热材料架构下磁 – 热 – 流多物理场的协同与时序匹配规律。

磁制冷是发展历史最为悠久、技术成熟度最高的固态相变制冷技术，通过未来 3~5 年在上述科学问题方向的探索，有望在极低温区成为稀释制冷的竞争技术，在液氢到液化天然气温区发展出高效液化实验装置填补国内该方向的空白，在室温温区提升现有磁制冷酒柜和冷藏柜的性能和竞争力，加速我国室温磁制冷的商业化进程（图 10）。

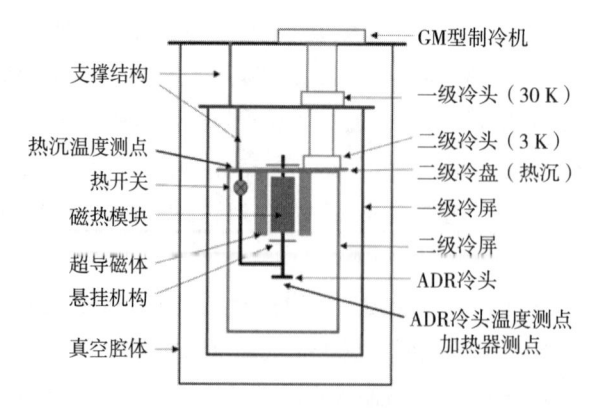

图 10　绝热去磁制冷机结构示意图与实物图

（二）电卡制冷

电卡效应和其他的固态相变制冷效应类似，是由外加广义力驱动的材料热效应。在外加场作用下，材料的熵变化，从而表现出吸放热的行为。电卡效应相对磁热效应、弹热效应等有独到的优势。它直接使用电能驱动热力学循环，具有极低的不可逆能量损失，因此可以提供较高的理论循环效率和较低的碳排放量。同时，直接的电场驱动也使得制冷器件系统便于设计，且具有小型化、可穿戴的潜力。2006 年和 2008 年，无机材料体系和有机材料体系中的巨电卡效应相继被发现，使电卡制冷技术迅速获得了学术界和工业界的广泛关注。经过十余年的发展，电卡效应制冷技术已成为一种颇具潜力的新型高效制冷技术，且在一些特种领域作为传统制冷技术的补充和替代有着优秀的表现。

1. 电卡材料的研究进展

电卡制冷技术高度依赖电卡材料，虽然通过一些工程上的设计可以优化电卡制冷器件的工作效果，但电卡材料本身的性能最为关键。电卡材料的发展主要有两个重要的方向：一是追求在同等电场强度下更高的电卡效应强度；二是拓宽电卡材料的工作温区。

高的电卡效应强度一方面可以提高电卡制冷器件的制冷能力；另一方面也可在保持制冷能力的同时降低驱动电场强度，从而保护电卡制冷材料，提高电卡制冷器件的寿命。

Qian 等人发现在 PVDF-TrFE-CFE 材料体系中引入少量 C═C 双键能够大幅提高电卡效应强度，从而实现了低电场强度下的巨电卡效应，将电卡材料的制冷循环工作周期提高到超百万次（图 11）。Defay 等人也在 B 位离子高度有序的钪钽酸铅中发现了 3.7 K/40 kV cm^{-1} 的巨电卡效应，电与热的能量转换效率超过 100 倍。Liu 等人在有机钙钛矿体系 [(CH$_3$)$_2$CHCH$_2$NH$_3$]$_2$PbCl$_4$ 中发现了 11.06 K/29.7 kV cm^{-1} 的巨电卡效应。

电卡材料通常是对工作温度敏感的，也就是说仅仅在较小的温区内才有较高的电卡效应。这对实际工作的电卡制冷设备是不利的，也给电卡制冷的设计带来了挑战。目前工程上提出的解决方案是类比磁制冷器件，采用不同工作温度电卡材料的级联来加宽工作温度范围并确保较高的制冷量以及 COP，如图 12（e）所示。但是级联系统不可避免地大大增加了电卡热泵系统的系统复杂度，降低了可靠性。

电卡材料的发展表明，弛豫铁电体因具有较大的电卡效应和较小的温区依赖性，适合在材料体系中作为固体工质［图 12（a）~（c）］。弛豫铁电材料是由随机取向的极性纳米区（PNR）形成的。虽然材料在零电场下的排列是随机的，但与一般介电材料相比，材料仍能在电场下产生较大的极化。弛豫铁电相的这种不稳定性质成功地将巨电卡效应扩展到更大的温区，如图 12（d）~（f）所示。与正常的电铁材料相比［图 12（d）］，弛豫体在热力学循环中涉及的两个等场过程在较宽的温区中是互相平行的［图 12（f）］。因此，弛豫铁电体电卡材料的发现提升了电卡制冷装置的设计可行性和灵活性。例如，Wu 等人就在 NaNbO$_3$ 基弛豫铁电体的工作中利用弛豫性在保持较大的电卡效应强度的基础上获得了

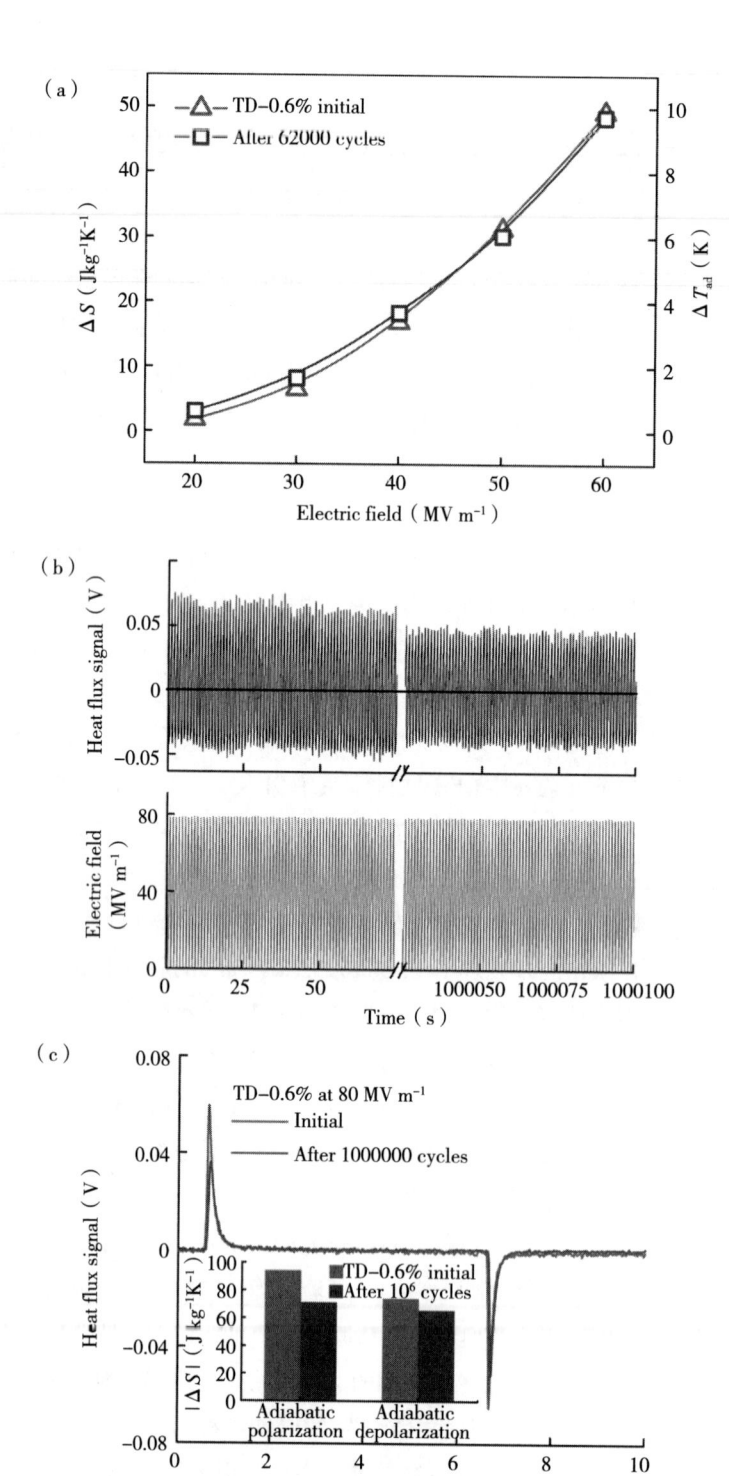

图 11 高熵聚合物的低场巨电卡效应实现百万次循环

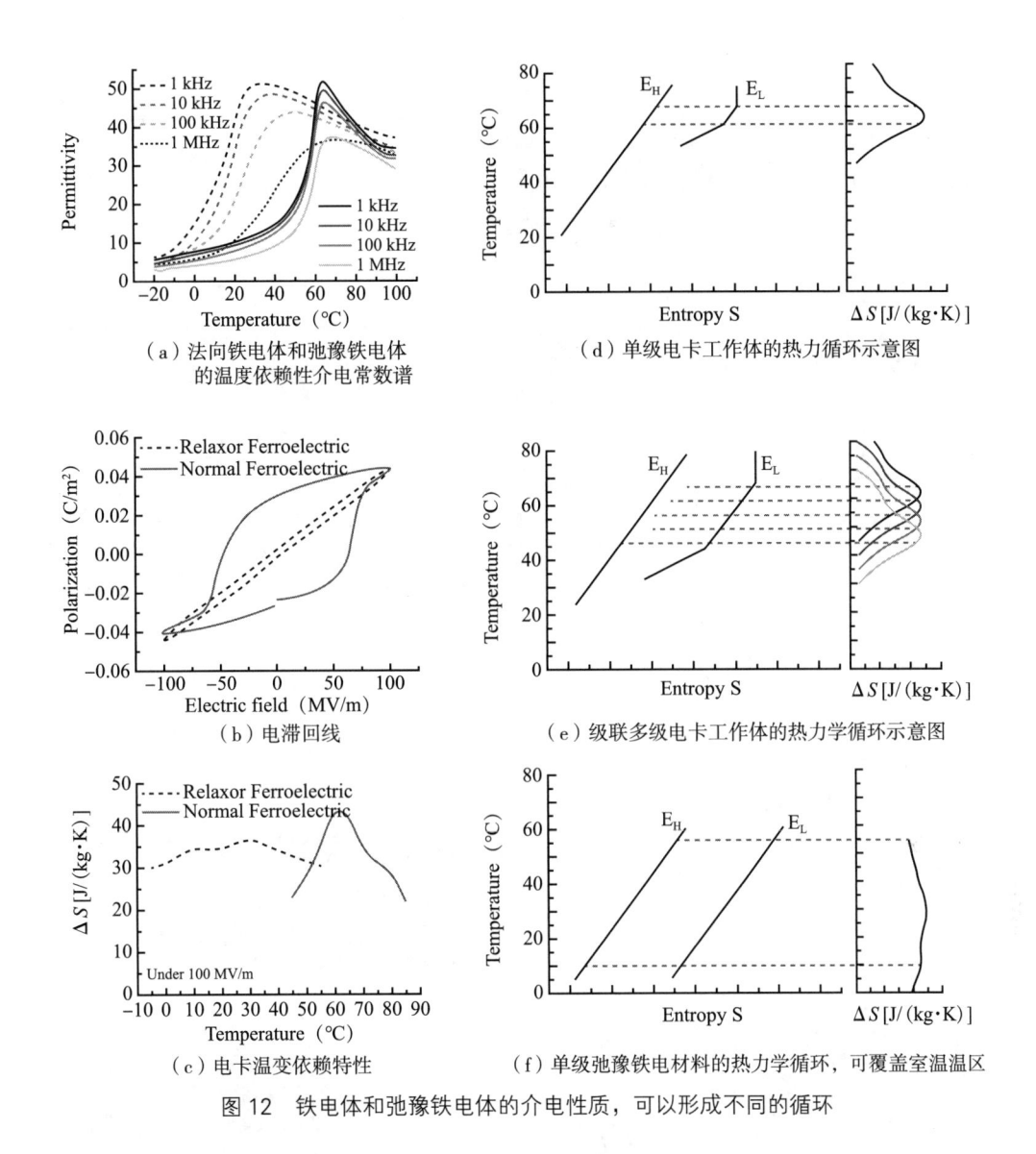

(a) 法向铁电体和弛豫铁电体的温度依赖性介电常数谱
(b) 电滞回线
(c) 电卡温变依赖特性
(d) 单级电卡工作体的热力循环示意图
(e) 级联多级电卡工作体的热力学循环示意图
(f) 单级弛豫铁电材料的热力学循环，可覆盖室温温区

图 12 铁电体和弛豫铁电体的介电性质，可以形成不同的循环

宽的有效温区。

在电卡材料其本身上做叠层级联的设计，利用其界面的相互作用也能实现大工作温度范围的电卡效应表现。Bai 等人的工作在钛酸钡的 Sn、Zr、Hf 三种不同元素取代物的叠层陶瓷中实现了 57 K 的有效温区（图 13）。

2. 电卡制冷器件的设计与原型机

近三年来，由于电卡制冷材料的不断进步和突破，电卡制冷器件的研究开始加速。Pei 等人基于静电吸附的柔性电卡器件证明了级联叠层的增效作用。基于 3 K 电卡绝热温变的材料的四层级联器件在空载条件下可实现 8.7 K 的制冷温差，并保持了良好的效率（图 14）。Wang 等人通过往复式固态接触电卡换热器件设计实现了 5.2 K 的制冷温差。这

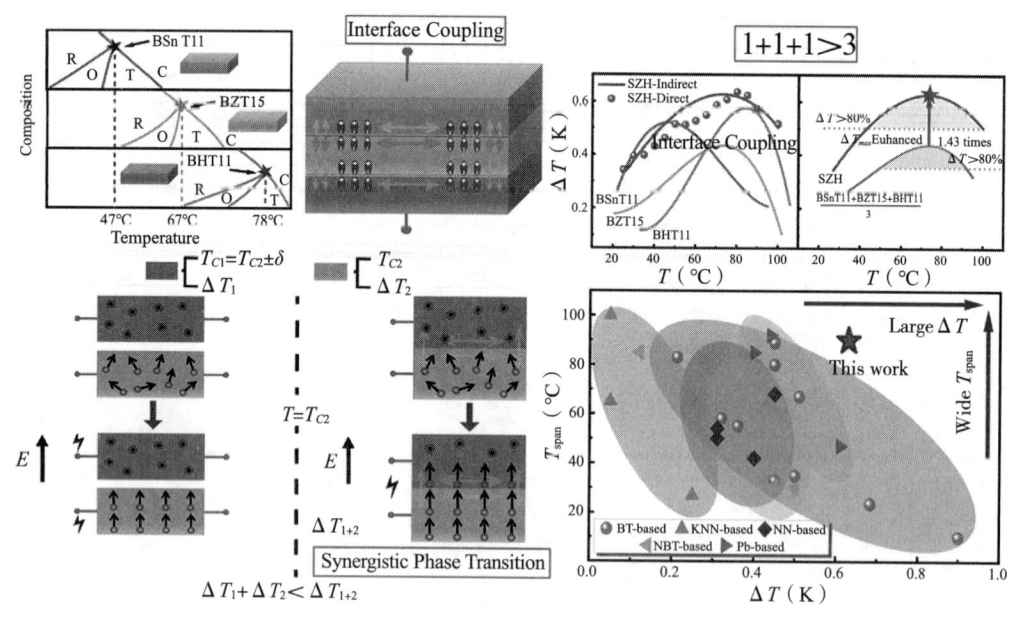

图13 钛酸钡基叠层陶瓷实现了大温区电卡增效

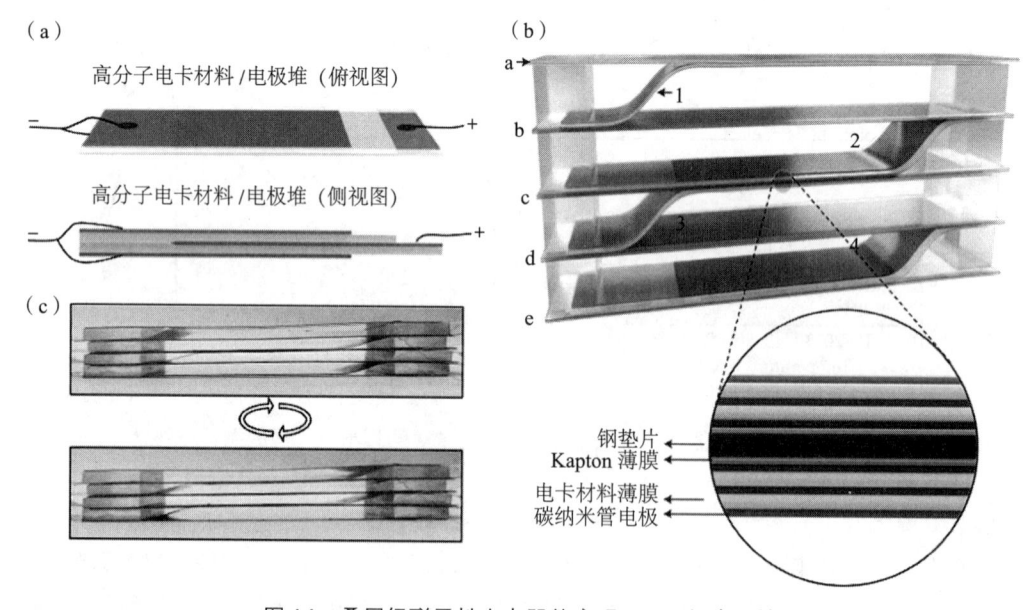

图14 叠层级联柔性电卡器件实现8.7 K制冷温差

种基于钪钽酸铅多层电容器的电卡制冷器件的最大热流密度达到了135 mW/cm², 这是以往报道的电卡器件的四倍以上（图15）。Defay等人通过精细的设计和制作在液态换热电卡器件中测量出了13.0 K的制冷温差（图16）。这一突破证实了电卡材料是最有希望的固态制冷技术候选者之一。

电卡回热器通常是将一个固体电卡制冷工质基底与通有回热介质的通道堆叠在一起构成

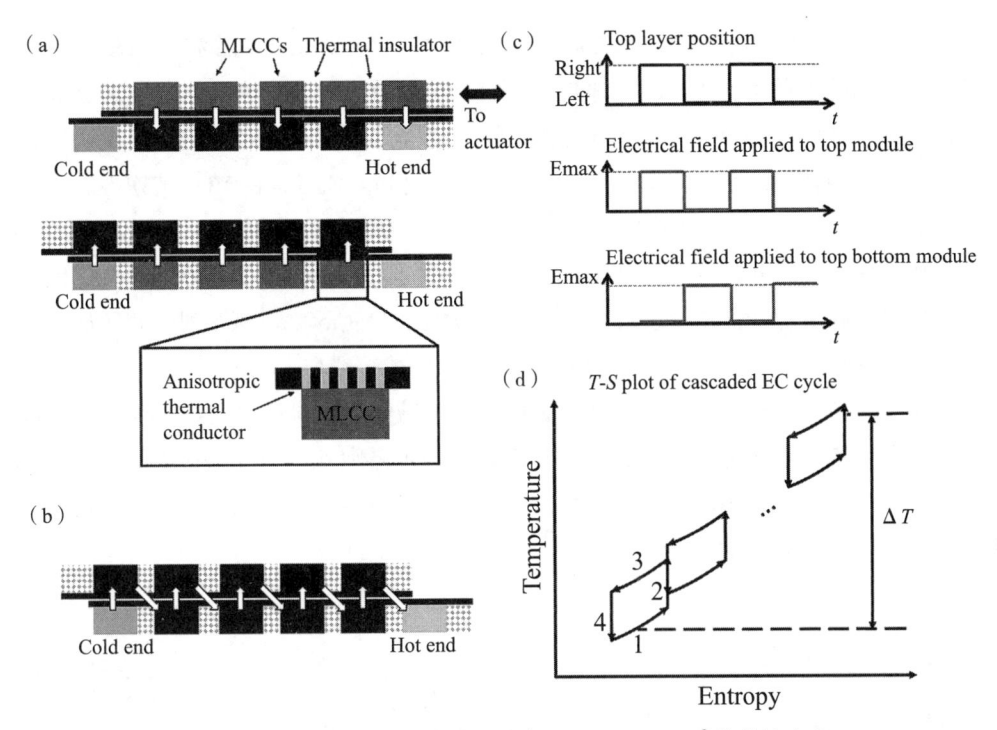

图 15 钪钽酸铅多层电容器器件实现 135 mW/cm² 的热流密度

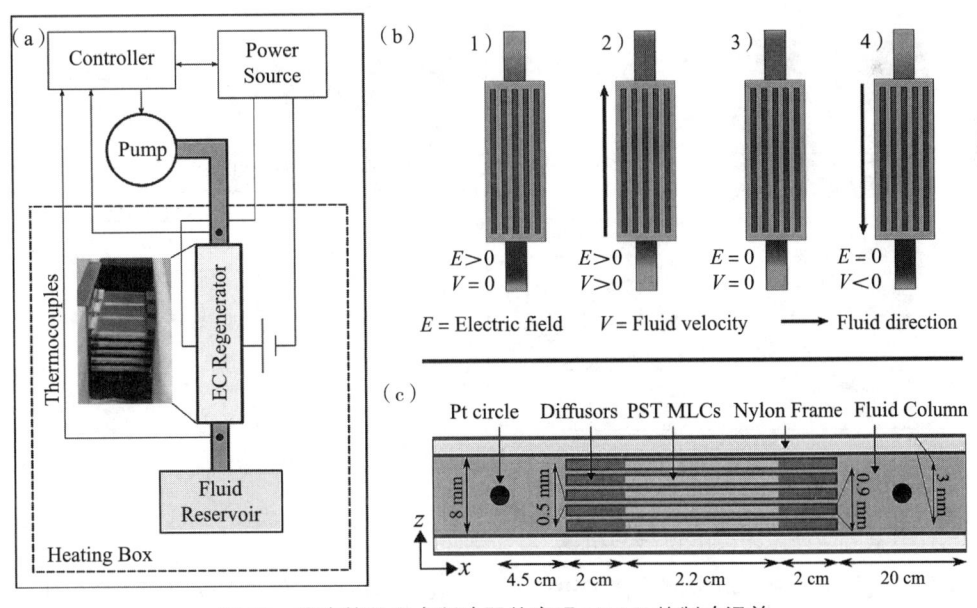

图 16 液态换热电卡制冷器件实现 13.0 K 的制冷温差

的。如图 17（a）所示的一种电卡回热器，铁电陶瓷由 10 层陶瓷厚膜组装，中间有 100 mm 厚的垫片以形成通道，热交换液通过蠕动泵泵入管道。该设备成功地使得原先在室温下只能产生 1 K 温变的电卡工质获得了 3.3 K 的制冷温差。2017 年，美国联合技术研究中心也成功开发了

113

一个通过流体-固体热交换的电卡回热器,能够在室温下达到 14 K 的制冷温差[图 17(b)]。

降低电卡器件的工作电压对未来电卡器件的应用推广具有重大的意义。多层电容器(MLC)结构可以显著降低各层电卡材料的厚度,降低外场所需电压。美国宾夕法尼亚州立大学的章启明教授课题组报道了一系列采用聚合物和陶瓷材料在 MLC 结构中制造的电卡器件。在其设计中,电卡工作体相对于固体再生层交替堆叠[图 17(c)],叠加形成电卡工作元件。通过仿真可以推断出更高电场和更高驱动频率下的器件性能:在优化模型中获得的最大制冷功率密度能达到 9 W/cm³,热力完善度为 50%。该系列研究还从数值模拟和实验两方面论证了一种带有旋转结构的电卡回热器[图 17(d)]。

由于大多数电卡材料具有电活性,它们在静电场作用下同时改变着材料的形貌和温度。通过电致伸缩效应或静电力与热效应的耦合,可以设计出一种无外接电机的电卡制冷机,从而进一步提高设备的 COP。研究人员基于此展示了电卡制冷技术在可穿戴电子设备上作为热管理器件使用的可行性[图 17(e)~(f)]。

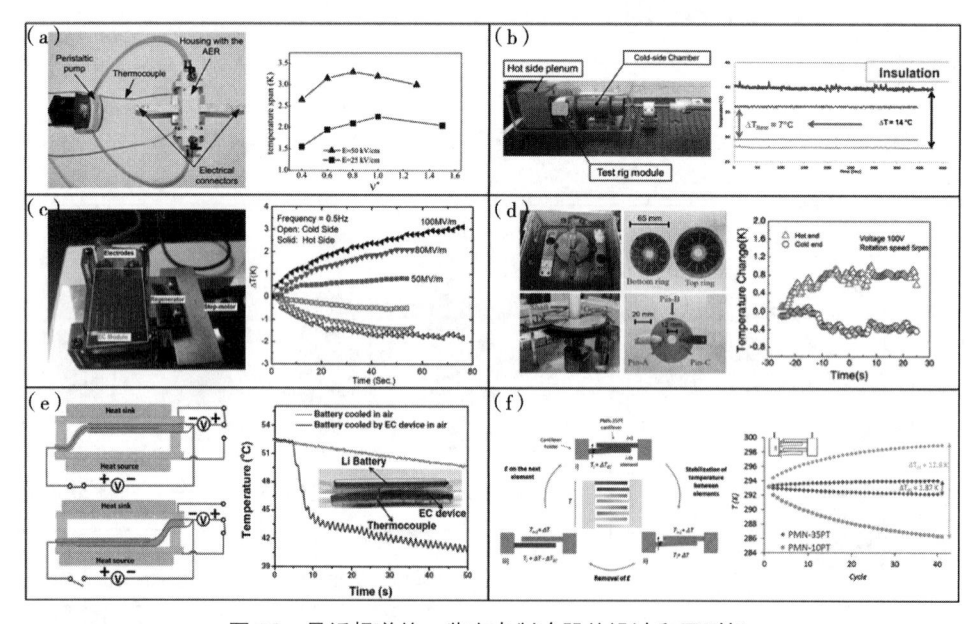

图 17 最近报道的一些电卡制冷器的设计和原型机

3. 电卡制冷技术发展的挑战与机遇

在过去的十年里,电卡制冷技术快速发展,表明其在现有和非常规应用领域中作为一种主动热管理方案的潜力,可达到零 GWP、零 ODP、轻量化和节能的效果。电卡制冷工质是一种薄膜电容器,设计灵活,易于缩放和集成。它可以服务于多个行业,如太阳能电池、可穿戴式热管理设备(单兵热隐身与热伪装)、锂离子电池热管理、电子数据中心芯片原位制冷以及电动汽车客舱热管理等。在过去十年中,人们对巨电卡现象的了解不断扩展,为以上多种新的应用场景开辟了新的究方向。目前,电卡材料和器件方面的研究已经显示出电卡制冷技术的独特优势。

然而,电卡制冷技术的进一步发展在材料开发和器件设计方面面临着许多挑战。目前,学界广泛报道的电卡制冷材料并没有产业化。高分子方面,虽然有法国阿科玛等西方特种化工材料企业少量的生产科研用量的电卡高分子粉料,电卡高分子仍需后续制成薄膜、多层膜等器件形态,产业界尚缺乏成熟的、专门的、高质量的电卡制冷高分子工质制备工艺流程;在陶瓷方面,日本村田制作所拥有少量制备钽钪酸铅多层陶瓷电容器的能力,然而该类陶瓷稳定运行的电卡效应温变仅有 2.5 K,难以用于实际器件。关键制冷核心器件的缺乏,是限制电卡制冷技术在应用领域发展的最大瓶颈。考虑到:电卡制冷效应来源于凝聚态物理;材料的创制理论来源于无机非金属、有机高分子材料;器件的循环、传热,来源于工程热物理;而电 – 机械驱动来源于机械工程;基础科研领域的跨学科交叉成为电卡制冷技术应用破局的关键。

在基础理论方面,电卡制冷效应仍需进一步深入理解,相关材料仍需进一步优化。领域内需要探索、厘清以下关键科学问题:

1)极化自由度(极化熵)在凝聚态材料中的来源及其与分子、畴、界面、晶粒等功能基元序构间的映射关系。

2)如何认识高极化混乱度所需的无序结构与高热导率所需的晶格有序结构之间的潜在矛盾,如何设计跨尺度、跨维度精细结构同时实现高电卡效应与高热导率?

3)如何建立宽温区电卡效应中材料所表现出的铁电弛豫特性与超临界铁电 – 顺电相变之间的统计物理学图像?

4)如何估计一个理想凝聚态材料的电卡效应极限,如何基于现有极性材料系统设计、优化,并接近该极限?

由以上关键科学问题可见,电卡制冷效应的相关基础研究仍处于起步阶段。电卡效应,21 世纪初才被科学家发现的有趣凝聚态物理现象,在当时仅限于理论的预测。十五年后的今天,大量的实验数据无法用当年的理论图像描述。本领域内仍有丰富的科学内涵与应用发展潜力未经挖掘。随着领域内对电卡制冷技术关注度的逐渐提高,未来十年电卡制冷有望得到快速、长足的发展。

(三)弹热制冷

弹热制冷是利用弹热工质在卸载时的相变潜热制冷的固态相变制冷技术。弹热工质在用商用级驱动器卸载时的温度变化超过 20 K,热效应显著且容易获得,因此自 2010 年以后受到了广泛关注。从 2014 年第一台弹热制冷机问世以来,弹热制冷技术得到了快速发展,已有 20 余台公开报道的弹热制冷机。本节主要介绍弹热制冷工质和系统近三年的研究进展。

1. 弹热工质的研究进展

弹热效应指固体材料在单轴应力作用下的温度变化（绝热温变）或吸/放热现象（等温熵变）。具有弹热效应的固体制冷剂称为弹热工质，主要包括合金和高分子两类材料。

最典型的弹热工质是镍钛二元合金。镍钛二元合金通常包含母相（奥氏体相，高温、低应力稳定）和马氏体相（低温、高应力稳定）以及中间相（R 相），奥氏体相、马氏体相、R 相的区别在于晶体结构，类似气液相变，结构相变可由温度或应力驱动。镍钛二元合金是一种商业化大规模应用的材料，据估计，每年全球产量在万吨量级。室温条件下，商用级镍钛二元合金通常能产生 20 K 以上的绝热温变和 10～15 J/g 的相变潜热；最近的研究表明，在 120℃，实验室级镍钛二元合金可以产生 38 K 的绝热温变，对应了 20 J/g 以上的相变潜热。近年来有多个关于商用级镍钛管的长期疲劳寿命的研究，验证了商用级镍钛管在工况合适的条件下可实现千万次的运行并且保持稳定的弹热效应。同时，为了直接构建具有高换热比表面积的微通道结构工质，近年来也有多个研究机构跟进使用增材制造技术制备镍钛二元合金材料的工作（图 18）。

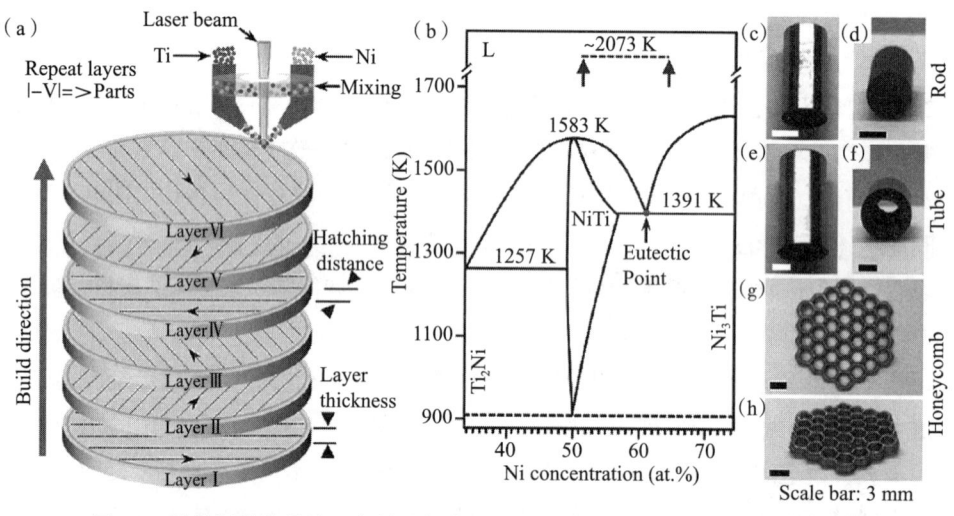

图 18　增材制造获得的具有纳米复合结构的镍钛二元合金管状、蜂窝状样品

镍钛二元合金的相变回滞过大，导致其效率和疲劳寿命较低，因此，通常在其中掺杂铜、铁、钴等元素构成三元或四元合金，使得马氏体相、奥氏体相的晶格匹配度提升，获得低回滞和长寿命。例如，德国基尔大学制备的 TiNiCu 和 TiNiFe 三元合金相变回滞显著低于镍钛二元合金，实现了千万次循环寿命。2019 年，北京科技大学制备的 NiMnTiB 合金得到了 31.5 K 的绝热温变，突破了当时的纪录。近年来，低回滞的三元镍钛基合金已得到了商业化应用。

另一种应用规模较小的商业化弹热工质是铜基合金。铜基合金具有低成本的优势，其绝热温变虽然在 5~10 K，但其导热率相比镍钛二元合金高一个数量级，并且相变所需的应力也显著低于镍钛二元合金，更低的应力使得在相同驱动力条件下铜基合金的。

高分子弹热材料的研究主要集中在天然橡胶，也有少量对硅橡胶、丁苯橡胶和聚氨酯、聚乙烯等聚合物的研究。高分子材料的弹热效应主要来源于聚合物分子链有序程度的变化和应变诱导结晶的结构相变。高分子弹热材料的弹热效应（绝热温变）一般在 10 K 左右，需要 5~6 倍的伸长率，但所需的驱动应力远低于合金（表 3）。

表 3　弹热工质的性能（SMA 代表形状记忆合金，即弹热工质）

性能指标	现有技术水平	预期技术水平
相变潜热	商用级 NiTi：10~15 J/g 实验室级 NiTi：20 J/g 实验室级 Cu-SMA & Fe-SMA：~5 J/g	>20 J/g（40 K 绝热温变）
驱动应力	NiTi：500 MPa（拉伸），700~1000 MPa（压缩） Cu-SMA：200 MPa	保持相变潜热且 <100 MPa
相变回滞	工质热力完善度 60%~80%	工质热力完善度 >90%
寿命	实验室级薄膜 107 次，商用级 Ni-Ti 管 107 次（压缩）	商用级工质 >108 次

2. 弹热制冷机的研究进展

弹热制冷机主要包含两种循环类型：单级循环和主动回热循环。单级循环旨在最大化地利用弹热效应，其特征为弹热工质温度均匀；主动回热循环依靠由弹热工质和传热流体构成的弹热回热器，通过传热流体的交变流动构建温度梯度，实现数倍于弹热工质绝热温变（弹热效应）的制冷温差。

西安交通大学研发了全球首台全集成的弹热制冷冰箱原型机，其中的制冷机部分采用了单级循环的设计，使用 0.7 mm 的商用镍钛二元合金丝组，采用固－固接触换热的设计，匹配了倾斜大扭矩电机直驱的机械设计方案：电机倾斜运动同时提供了竖直方向的加载驱动力并实现了水平方向的固－固接触传热控制（图 19），该设计方案显著简化了驱动机构的复杂性和体积。冰箱原型机实现了 9.2 K 的制冷温差，由于改善了驱动机构设计方案，系统的紧凑性达到了目前为止的最优水平。在此基础上，西安交通大学将单级制冷机升级为双级复叠制冷机，实现了 15 K 的制冷温差。类似地，德国卡尔斯鲁厄大学将单级弹热制冷机升级为四级复叠之后，在驱动系统不变的条件下，实现了 27.3 K 的制冷温差，这两个案例证明了从单级到复叠改善系统制冷温差的有效性。最近，香港科技大学提出通过弯折驱动弹热工质相变的加载方式，并构建了通过弯折驱动 0.5 mm 镍钛二元合金片，实现了 11.5 W 的制冷量，丰富了单级弹热制冷机的集成方法。总之，近年来单级弹热制冷机的研究集中在采用固－固接触换热，无液相传热流体，不需要密封和驱动泵，因此设计紧凑、结构简单，可适应较低制冷量的应用需求（100 W 以内）。

使用主动回热循环的弹热回热器近3年得到了快速发展。使用主动回热循环的弹热回热器需要加载 – 自下向上流动传热流体 – 卸载 – 反向流动传热流体这四个步骤（图20）。由于使用液相传热流体，弹热回热器可快速扩展容量，适用于具有大制冷量需求的应用场景。最近，使用高分子材料的弹热制冷机（回热器）实现了零的突破，里昂大学使用4.7 mm外径的天然橡胶管，实现了8 K的制冷温差和1.5 W的制冷量。2022年，仿照壳

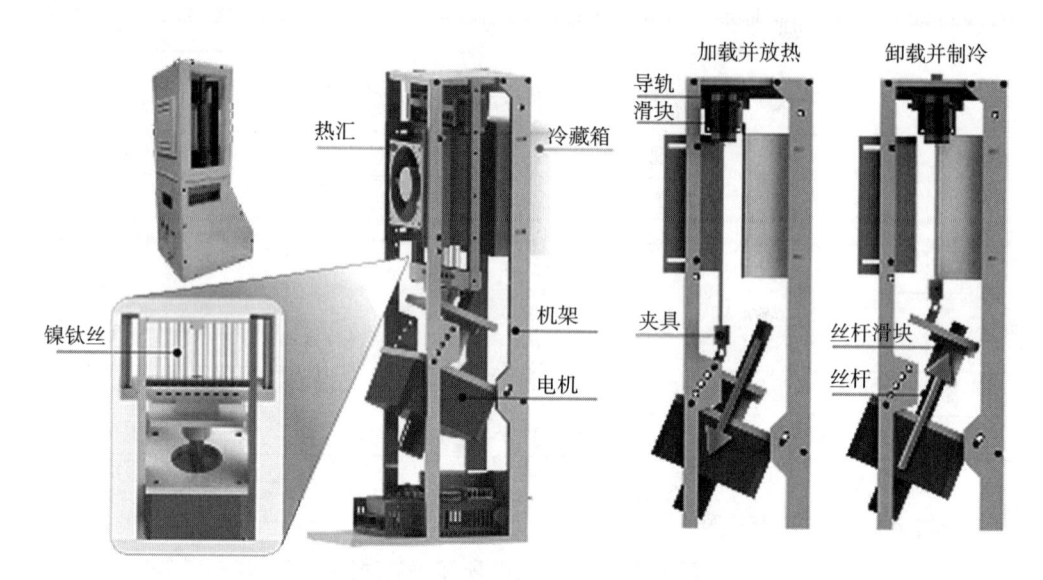

图19 典型单级弹热制冷机的结构与流程图

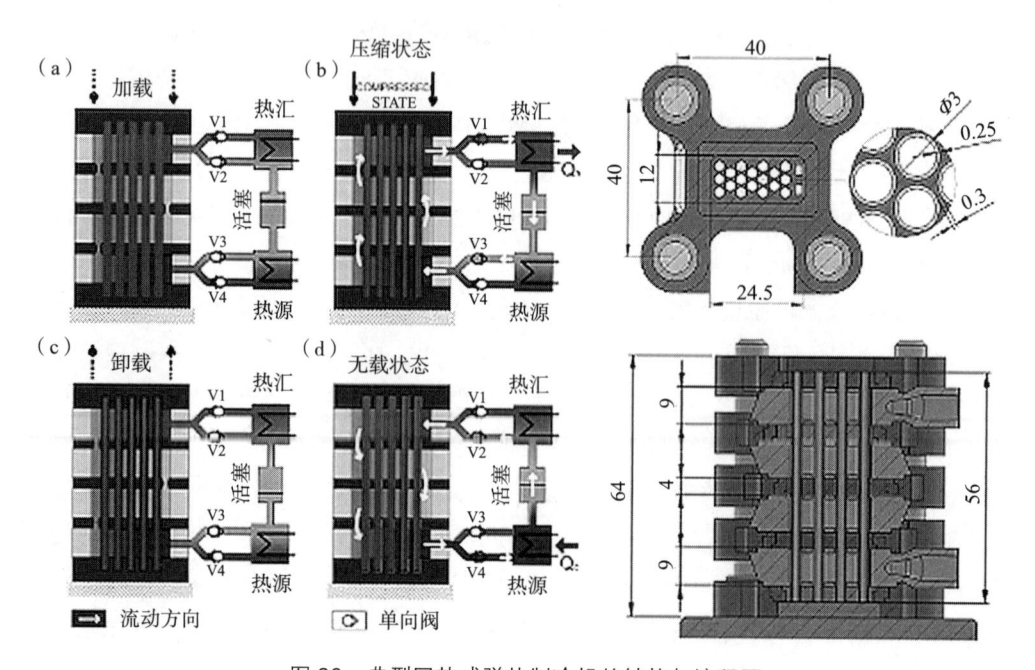

图20 典型回热式弹热制冷机的结构与流程图

管式换热器管外扰流的结构特征，马里兰大学和斯洛文尼亚大学独立提出了轴向压缩管束、管外径向绕流的回热器结构设计。马里兰大学沿用 4.7 mm 外径和 0.5 mm 厚度的商用镍钛管，实现了单流程回热器 16.6 K 的制冷温差；卢布尔雅那大学采用 3 mm 外径、0.25 mm 的薄壁管构建了类似壳管式换热器的四流程回热器，实现了 31.3 K 的制热温差和 50 W 的制热量。西安交通大学在进一步优化了回热器内流道和管束传热结构后，实现了单流程 18 K 的制冷温差和双流程的 25 K 的制冷温差，获得了 105 W 的制冷量，更多流程的弹热回热器正在研发和测试。

可见，现有的弹热回热器的通用技术路径是压缩小管径、大比表面积的管束，采用管内或管外单相传热流体换热。为了强化传热，2021 年，德国弗劳恩霍夫研究所提出了使用低沸点有机液体气 – 液相变传热的方式改善管束回热器换热性能的全新技术路线，并验证了管外沸腾换热可以有效提高换热效率，因此可将回热器运行频率提高到 1.5 Hz，在约 10 W 的有效制冷量下实现了 6.27 W/g 的功率密度。最近，香港科技大学提出了使用微肋结构和"回"字形结构强化传热的方法，在保持管束强度和压缩力学性能的条件下显著增大了换热面积，实现了 27.7 K 的制冷温差。

为了充分发挥单级循环和主动回热循环在不同工况下的优势，最近，马里兰大学和西安交通大学联合开发了多模式弹热制冷机（图 21），在小制冷温差条件下采用较大的利用因子运行单级循环，在大制冷温差需求时运行小利用因子的主动回热循环，实现了 260 W 的制冷量和 22.5 K 的制冷温差，首次将弹热制冷机的综合性能做到了与现有主流磁制冷机相同的水平，为弹热制冷机的发展提供了新的思路（表 4）。

3. 核心问题与未来展望

弹热工质是决定该技术性能上限的首要因素（见表 4）。在保持合金结构相变潜热的约束条件下，通过晶相设计提高晶格适配性和引入纳米相等材料工程方法降低相变应力和

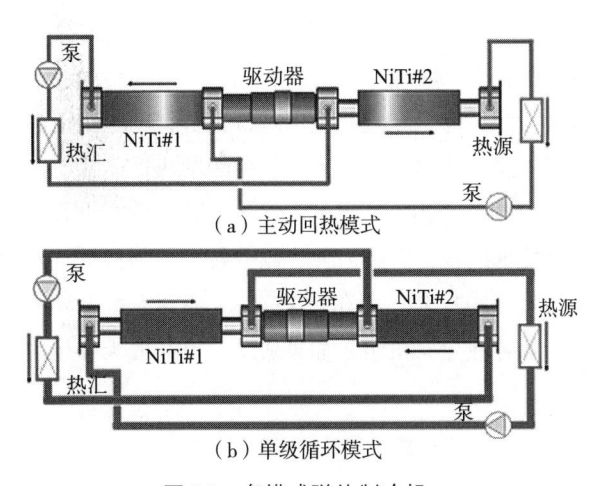

图 21　多模式弹热制冷机

表 4　现有弹热制冷机的制冷性能

制冷性能指标	指标大小	制冷装置信息
最大制冷温差（零负载）（K）	31.3	周期性压缩镍钛合金管
最大制冷量（零制冷温差）（W）	260	周期性压缩镍钛合金管
最大制冷密度（零制冷温差）（W/g）	18	周期性拉伸镍钛合金薄板
最大制冷性能系数（COP，10 K 温差）	3.2	周期性拉伸镍钛合金薄板

相变回滞，是弹热制冷技术发展必须要解决的核心问题。另外，弹热制冷系统应选用具有大驱动力、小位移特性的驱动装置，但目前商用级驱动器并无满足该特性的产品，需要重点研究大驱动力（扭矩）、小驱动位移（转速）的高功率密度直驱型直线驱动器。从驱动器匹配的角度，西安交通大学提出的使用高温形状记忆合金驱动器带动弹热制冷回热器的新循环方法可能是一种解决途径。除了驱动器，还需要重点研究兼具良好力 – 热 – 流性能的高比表面积弹热回热器，例如通过增材制造获得微通道回热器，或研制基于非规则结构的泡沫金属回热器。可以看到，高性能弹热材料的基础在于金属材料科学与工程，紧凑高效驱动器来源于电气工程电机专业，而弹热回热器的研制需要力学和工程热物理。因此，弹热制冷技术在未来 3～5 年需重点研究以下横跨多个学科的科学问题：

1）如何构造兼具晶格结构差异（高相变潜热）和晶格适配性（低相变回滞和高疲劳寿命）的弹热工质？

2）什么构型可兼具力学稳定性、高表面积传热性能、低流动阻力、易加工性、可拓展性，用于下一代弹热回热器？

3）如何构建适配弹热制冷剂非线性力学特性的高功率密度、大驱动力、小驱动位移直驱式直线驱动器？

4）构建弹热制冷 – 蓄冷多模式复合制冷循环，阐明多模式复合制冷循环的稳定低功率制冷性能与动态高功率蓄冷、放冷性能。

通过解决上述科学问题，有望在现有商用级镍钛合金的基础上在材料层面产生性能突破，在器件层面获得更高制冷功率密度的下一代弹热回热器，并与更加紧凑、高效的驱动器结合，可促进更大制冷功率（10 kW 级）、更高效率（20% 热力完善度）的弹热制冷系统的研制工作，与蓄冷技术结合，有望为弹热制冷技术找到特殊且匹配的应用场景。国外在这方面已经开始了探索：2021 年，爱尔兰 Exergyn 公司在多个展览和学术会议宣称正在研发 10 kW 制热量的地源弹热热泵机组，如果成功，可能成为弹热制冷技术的第一个商用场景。

（四）压卡制冷等其他力热制冷

除了单轴应力驱动的弹热制冷以外，近年来也有关于其他力热效应的研究（图22）。例如在塑晶材料体系中发现的庞压卡效应，单位质量能量密度可达弹热效应的10倍以上。在天然橡胶和形状记忆合金中，可以通过扭转丝状材料，达到与弹热效应能量密度接近的扭卡效应。在形状记忆合金体系的理论分析表明，非均匀应力的挠热效应与弹热效应接近，相比单轴应力驱动，所需的驱动力更小，并且理论能量转化效率更高。

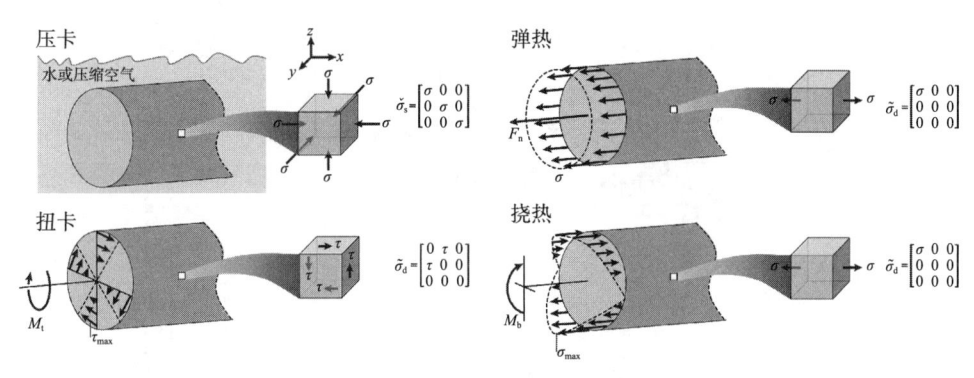

图22 力（机械）热效应的分类

2023年国际制冷大会期间，英国剑桥大学孵化公司Barocal展示了正在研制的压卡制冷原型机，宣称获得了150 W的制冷量和10 K的制冷温差。压卡制冷的难点在于高压条件下的高效换热，需重点研究基于高比表面积结构压卡工质的驱动-换热协同循环流程。扭卡效应的优势在于可由旋转电机直接驱动，但所需的过大扭矩需要系统层面的巧妙设计，以便充分利用现有商用级电机有限的驱动扭矩。挠热效应的驱动在材料中产生了大量拉伸应力，如何提高工质在复杂应力条件下的疲劳寿命以及施加弯折扭矩的最优加载方式都是需要进一步研究的重要问题。

（五）固态相变制冷技术的对比

图23对比了已有实验室级原型机的三种固态相变制冷技术。室温磁制冷机的研究历史最为悠久，截至目前，共有100多台公开报道的磁制冷机。电卡制冷机的研究始于20世纪90年代CFC/HCFC制冷剂替代的大背景，但受限于当时的材料性能，直到2006年多种巨电卡效应材料的发现之后，才迎来了新的发展机遇。弹热制冷的研究历史最短，第一台公开报道的弹热制冷机可追溯至2014年，在过去10年已有20余篇关于弹热制冷机的研究论文，由于商用级弹热材料的热效应远超磁热、电卡材料，并且高强度的力场相比高强度的磁场、电场更容易获得，弹热制冷机的研究门槛最低，已吸引了多个研究磁制冷机

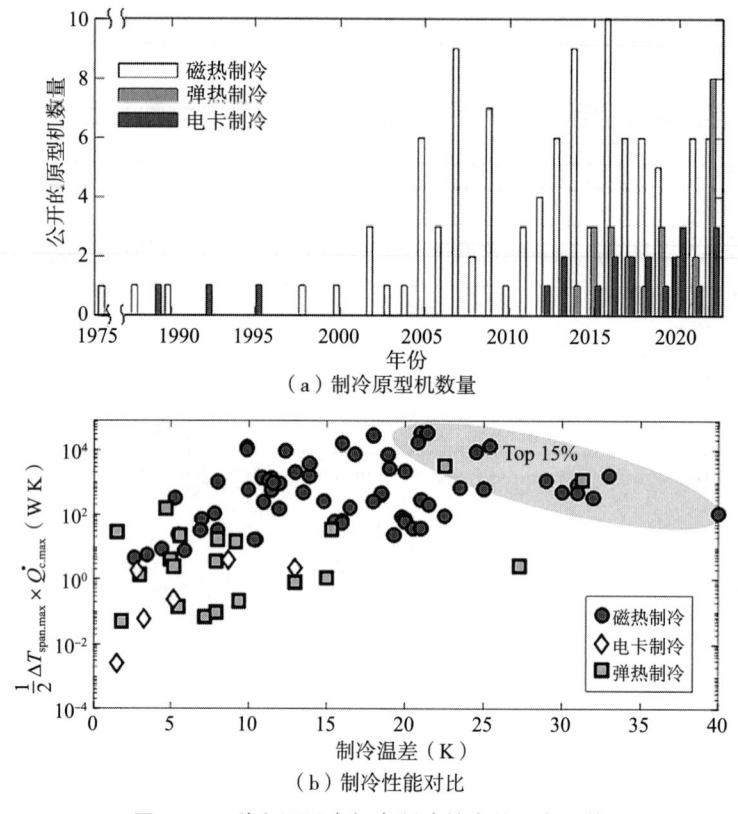

图23 三种主要固态相变制冷技术的研究现状

的机构开展弹热制冷的研究。2022年，弹热制冷机的数量首次超过当年报道的磁制冷机。

目前，磁制冷机的制冷性能仍然保持着引领地位（图23B）。由于可获得kW级的制冷量，磁制冷冷水机组可在空调、冷藏等设备上得到应用。弹热制冷机的制冷性能增长迅速，已有多台弹热制冷机的性能可与最优异的磁制冷机相媲美，多元化的换热方式表明弹热制冷在中小型制冷需求的场景都有应用潜力。电卡制冷的研究主要针对局部精确控温的应用场景，因此制冷量相对较小，与电致伸缩的结合及柔性化材料的发展使得该技术在芯片冷却和可穿戴热管理设备上有应用潜力。

四、总结与展望

蒸气压缩制冷的原理（液体汽化相变制冷）始于18世纪，首台基于蒸气压缩循环的制冷机诞生于19世纪，经历了20世纪CFC制冷剂的发现和压缩机技术的不断完善，蒸气压缩式制冷击败了蒸气吸收式制冷技术。如今蒸气压缩制冷仍然是最主要的制冷技术。相比之下，固态制冷属于非常年轻的制冷技术，并且由于固态制冷往往涉及固体物理和材料，超出了传统热力学的范畴，需要多个学科的学界和业界的持续大力推进才能不断发展并完善。

固态制冷技术的"天花板"在材料。材料的性能不仅包含了制冷性能（性能系数、能量、功率密度等），还包含了经济性和稳定性。材料性能提升的基础在于固体物理，需要借助半导体材料、高分子材料、金属材料、陶瓷材料等多个材料学科的工艺技术，部分还涉及制冷材料和电极、电路的封装，或需借助增材制造技术获得高比表面积的结构形态。近年来，传统刚性材料向柔性材料的发展也极大地拓展了固态制冷技术的潜在应用场景。

固态制冷技术现阶段的性能由系统集成设计方案决定。系统集成方案包含了热力学循环、驱动场/驱动器的设计、传热设计和整机机械设计，系统集成方案的更新换代意味着固态制冷技术性能的阶段性飞跃。目前，热电制冷与热管散热技术的结合已基本成为标准架构，多回热器旋转式磁制冷机是目前磁制冷商业化原型机的标准集成方式，弹热制冷和电卡制冷的系统集成方式仍在研究和探索，尚无压卡和扭卡制冷成功的系统集成案例。

尽管固态制冷技术尚无法超越历史悠久的蒸气压缩制冷技术，但其性能已达到了部分应用场景需求的制冷性能，结合部分固体制冷剂的额外优势（零振动、高蓄冷能量密度），在特殊应用场景有望取得成功应用，而在主流应用场景的替代仍有待进一步研究。

参考文献

[1] Hwang, Y. & Qian, S. Caloric cooling technologies（50th IIR Informatory Note on Refrigeration Technologies）. https://iifiir.org/en/fridoc/146206（2022）.

[2] Moya, X. & Mathur, N. D. Caloric materials for cooling and heating. Science 370, 797–803（2020）.

[3] Tang, X. et al. ENHancing the Thermoelectric Performance of p–Type Mg3Sb2 via Codoping of Li and Cd. ACS Appl. Mater. Interfaces 12, 8359–8365（2020）.

[4] Yang, J. et al. Next-generation thermoelectric cooling modules based on high-performance Mg3（Bi, Sb）2 material. Joule 6, 193–204（2022）.

[5] Sun, D. et al. Active thermal management of hotspot under thermal shock based on micro-thermoelectric cooer and bi-objective optimization. Energy Convers. Manag. 252, 115044（2022）.

[6] Zhang, Q., Deng, K., Wilkens, L., Reith, H. & Nielsch, K. Micro-thermoelectric devices. Nat. Electron. 5, 333–347（2022）.

[7] Yu, Y. et al. High-integration and high-performance micro thermoelectric generator by femtosecond laser direct writing for self-powered IoT devices. Nano Energy 93, 106818（2022）.

[8] Shen, L. et al. Optimization of Interface Materials between Bi2Te3–Based Films and Cu Electrodes Enables a High Performance Thin–Film Thermoelectric Cooler. ACS Appl. Mater. Interfaces 14, 21106–21115（2022）.

[9] Snyder, G. J. et al. Distributed and localized cooling with thermoelectrics. Joule 5, 748–751（2021）.

[10] Li, S. et al. Active Thermal Management of High-Power LED Through Chip on Thermoelectric Cooler. IEEE Trans. Electron Devices 68, 1753–1756（2021）.

[11] Lou, L. et al. Thermoelectric air conditioning undergarment for personal thermal management and HVAC energy

［12］ Nozariasbmarz, A. et al. Efficient self-powered wearable electronic systems enabled by microwave processed thermoelectric materials. Appl. Energy 283, 116211（2021）.

［13］ Dall'Olio, S. et al. Novel design of a high efficiency multi-bed active magnetic regenerator heat pump. Int. J. Refrig. 132, 243-254（2021）.

［14］ Lionte, S., Risser, M. & Muller, C. A 15kW magnetocaloric proof-of-concept unit: Initial development and first experimental results. Int. J. Refrig. 122, 256-265（2021）.

［15］ Nakashima, A. T. D. et al. A magnetic wine cooler prototype. Int. J. Refrig. 122, 110-121（2021）.

［16］ Archipley, C. et al. Methane liquefaction with an active magnetic regenerative refrigerator. Cryogenics 128, 103588（2022）.

［17］ Kamiya, K. et al. Active magnetic regenerative refrigeration using superconducting solenoid for hydrogen liquefaction. Appl. Phys. Express 15, 53001（2022）.

［18］ 王昌, 等. 用于宽开温区的极低温绝热去磁制冷机. 物理学报 70, 090702（2021）.

［19］ Qian, X. et al. High-entropy polymer produces a giant electrocaloric effect at low fields. Nature 600, 664-669（2021）.

［20］ Nouchokgwe, Y. et al. Giant electrocaloric materials energy efficiency in highly ordered lead scandium tantalate. Nat. Commun. 12, 3298（2021）.

［21］ Liu, X. et al. Giant room temperature electrocaloric effect in a layered hybrid perovskite ferroelectric: [（CH$_3$）2CHCH$_2$NH$_3$] 2PbCl4. Nat. Commun. 12, 5502（2021）.

［22］ Zhang, L., Zhao, C., Zheng, T. & Wu, J. Large electrocaloric response with superior temperature stability in NaNbO$_3$-based relaxor ferroelectrics benefiting from the crossover region. J. Mater. Chem. A 9, 2806-2814（2021）.

［23］ Yin, R. et al. Emergent ENHanced Electrocaloric Effect within Wide Temperature Span in Laminated Composite Ceramics. Adv. Funct. Mater. 32, 2108182（2022）.

［24］ Meng, Y. et al. A cascade electrocaloric cooling device for large temperature lift. Nat. Energy 5, 996-1002（2020）.

［25］ Wang, Y. et al. A high-performance solid-state electrocaloric cooling system. Science 370, 129-133（2020）.

［26］ Torelló, A. et al. Giant temperature span in electrocaloric regenerator. Science 370, 125-129（2020）.

［27］ Ding, L. et al. Learning from superelasticity data to search for Ti-Ni alloys with large elastocaloric effect. Acta Mater. 218, 117200（2021）.

［28］ Bachmann, N. et al. Long-term stable compressive elastocaloric cooling system with latent heat transfer. Commun. Phys. 4, 194（2021）.

［29］ Hou, H. et al. Fatigue-resistant high-performance elastocaloric materials made by additive manufacturing. Science 366, 1116-1121（2019）.

［30］ Chen, Y., Wang, Y., Sun, W., Qian, S. & Liu, J. A compact elastocaloric refrigerator. Innov. 3, 100205（2022）.

［31］ Li, X., Cheng, S. & Sun, Q. A compact NiTi elastocaloric air cooler with low force bending actuation. Appl. Therm. Eng. 215, 118942（2022）.

［32］ Sebald, G. et al. High-performance polymer-based regenerative elastocaloric cooler. Appl. Therm. Eng. 223, 120016（2023）.

［33］ Emaikwu, N. et al. Experimental investigation of a staggered-tube active elastocaloric regenerator. Int. J. Refrig. in-press（2022）.

［34］ Ahčin, Ž. et al. High-performance cooling and heat pumping based on fatigue-resistant elastocaloric effect in compression. Joule 6, 2338-2357（2022）.

［35］ Zhang, J., Zhu, Y., Yao, S. & Sun, Q. Highly Efficient Grooved NiTi Tube Refrigerants for Compressive Elastocaloric Cooling. Appl. Therm. Eng. 228, 120439（2023）.

[36] Qian, S. et al. High-performance multimode elastocaloric cooling system. Science 380, 722-727（2023）.
[37] Li, B. et al. Colossal barocaloric effects in plastic crystals. Nature 567, 506-510（2019）.
[38] Wang, R. et al. Torsional refrigeration by twisted, coiled, and supercoiled fibers. Science 366, 216-221（2019）.
[39] Hou, H., Qian, S. & Takeuchi, I. Materials, physics, and systems for multicaloric cooling. Nat. Rev. Mater. 7, 633-652（2022）.
[40] Lei, Y. et al. Laser cooling of Yb_3^+: LuLiF4 crystal below cryogenic temperature to 121 K. Appl. Phys. Lett. 120, 231101（2022）.

撰稿人：申利梅　钱小石　钱苏昕　周　敏　钟　标

制冷技术应用

第一节　空调制冷技术

一、研究背景

目前，建筑运行能耗占比约占全球总能耗的30%，而空调系统是建筑运行的碳排放大户。广义的空调系统是指供暖、供冷、通风、空调等建筑室内环境控制系统，是保障居住建筑、公共建筑和工业建筑中所需环境参数的主要手段。我国幅员辽阔，气候多样，在商用、住宅、工业建筑（洁净厂房、数据中心等重要能耗领域）中，均有空调制冷、供热需求，部分特殊工艺对室内环境还有工艺要求。2020年我国空调器的保有量达6.5亿台，其中城镇空调器拥有量为148台/百户，农村城镇空调器拥有量为71台/百户，房间空调器产量在全球的占比超过70%。另外，中央空调市场蓬勃发展，2021年，中央空调年销售额超过1200亿元。因此，在"碳中和"背景下，近年来空调系统的研究热点主要集中在加速建筑节能减排、推动空调系统低碳运行的关键技术方面。

二、空调系统低碳发展的技术思路

根据《中国建筑节能年度发展研究报告》（2022），民用建筑中空调系统的能源消耗碳排放量分别是城镇住宅1.2亿吨、公共建筑2.1亿吨、农村建筑使用商品能源1.0亿吨，考虑北方采暖能耗5.5亿吨二氧化碳，我国民用建筑空调系统运行能耗导致的碳排放约为9.9亿吨二氧化碳。进一步考虑工业建筑的碳排放量，建筑运行阶段的碳排放量已超过10亿吨。因而，空调系统低碳化是空调系统未来发展的核心。

空调系统的碳排放包括间接碳排放（使用化石燃料生产空调运行耗电所排放的 CO_2）和直接碳排放（因泄漏和维修、拆除排放制冷剂导致的 CO_2 排放当量）两部分，可以用公式（1）、公式（2）来表示。

$$C = \varepsilon \sum_{j=1}^{j=8760} \left(\sum \frac{q \cdot A \cdot T}{COP_{sys}} - \Delta E \right) + \frac{GWP \cdot G \cdot \beta}{N} \tag{1}$$

$$COP_{sys} = \alpha \left(\frac{1}{COP_{SCE,term}} + \frac{1}{COP_{SCE,dis}} + \frac{1}{COP_{UNIT}} + \frac{1}{COP_{SINK,dis}} + \frac{1}{COP_{SINK,term}} \right)^{-1} \tag{2}$$

其中，ε——碳排放因子，kg/kW·h，我国电网现有水平的碳排放因子可取 0.577。

q——建筑的冷热负荷强度，kW/m^2。

A——空调系统对应的服务面积，m^2。

T——空调系统的服务时间，h。

ΔE——表示太阳能、风能和水力势能等可再生能源生产电能的使用量，kW·h。

G——空调系统的制冷剂充注量，kg。

β——制冷剂泄漏率，是指空调系统在使用年限内制冷剂的总泄漏量与初始充注量之比，kg/kg。

COP_{sys}——空调系统的逐时能效比，kW·h/kW·h；包括：冷热量采集与释放设备的逐时能效比（$COP_{SCE,term}$，$COP_{SINK,term}$）、冷热量采集与输配系统的逐时能效比（$COP_{SCE,dis}$，$COP_{SCE,term}$）、冷热源设备的逐时能效比（COP_{UNIT}）。

α——实际工程的环境条件对空调系统能效比的影响系数，$0 < \alpha \leq 1$。

降低空调系统的碳排放量、实现碳中和的主要技术途径如下：

（1）在保障舒适性前提下，降低空调系统的冷热负荷需求（qAT）

降低建筑的负荷强度（q）是碳减排的重要途径。围护结构的传热系数是实现空调低碳化运行的基础，随着超低能耗建筑技术的发展，建筑保温特性近年来已取得较大改善，非透光围护结构传热系数已降低至 0.1~0.3 W/（m^2·K）；此外，也有采用包括动态调节窗户、遮阳系统、玻璃幕墙实现可变传热系数以及可变通风的智能围护结构。减少空调系统的运行时间（T）和服务面积（A），结合实际建筑需求，发展具有"部分时间、部分空间"特征的空调系统，可降低空调系统所承担的冷（热）负荷，以降低碳排放。此外，还可以通过优化室内气流组织、形成非均匀的室内环境以降低需求负荷，如采用置换通风、地板下送风、个性化送风等。

（2）优化空调系统对室内热湿负荷的处理方式（COP_{sys}）

室内热湿环境处理方式也直接影响空调系统的运行能效。在空气处理过程中有较大温差、湿差情况下，可以将室内热湿环境的处理过程进行分级，各级处理过程使用不同参数的冷热介质处理空气，有利于对不同品位冷热源的充分利用并提高能效。温湿度独立处理、新风独立处理等系统都是空调系统对室内环境处理的优化方式。目前，主要的除湿技术包括溶液除湿技术（广泛用于温湿度独立处理空调、新风处理、全热回收和工业／农业干燥等领域）和固体除湿技术（空气露点可达 −40℃以下）。

（3）提高运行能效（COP_{sys}），降低空调运行耗电量

优化空调系统的部件性能，是空调系统节能降碳的重要路径，根据环境适应性要求和负荷需求，确定不同的空调系统技术特征，可提升空调系统性能并提高全工况性能。对于房间空调器、多联机等小型空调系统，应研发高效的转子和涡旋压缩机；对于中央空调等系统，应发展磁悬浮、气悬浮等无油润滑技术，发展高性能蒸气压缩循环，系统优化设计方法。优质热源或热汇对于提升空调系统能效也尤其重要。制冷时，适当提高室内温度、采用水冷与蒸发式冷凝器；制热时，适当降低制热出水温度或室内设定温度，如有条件可采用温度更高的低温热源。因地制宜地选用不同冷热源形式，如水地源热泵、空气源热泵，形成复合冷热源系统，并构建品位匹配、梯级利用的空调流程或处理方法，也提高了空调的运行能效。此外，由于系统的安装方式、使用工况及运行条件的差异，实际使用性能与设计状态存在很大差异。因此，应当发展基于实际运行性能和大数据技术的智能控制、系统调适和健康诊断技术，使空调设备与系统发挥应有的效能。

（4）开发利用可再生能源（ε 与 ΔE），并提高空调吸纳电网可再生电力的"柔性"

可再生能源利用是建筑供暖空调系统唯一的碳汇，是实现空调系统"碳中和"的重要途径。光伏直驱空调是空调系统可再生能源自发自用、即时就近消纳最为直接的模式，而通过建筑墙面、屋顶的光伏发电，还可以通过余电上网、电网调节等实现建筑空调系统用电的低碳化并降低空调用电的碳排放因子。同时，通过预制冷、风机变频控制、优化送风温度等技术手段提高空调系统的柔性，以实现可再生电能（水电、风电等）的消纳及错峰运行，从而为空调系统"碳中和"提供重要的二氧化碳负排放技术支撑。

（5）降低空调系统的直接碳排放量

降低直接碳排放应使用低 GWP 制冷剂，如使用自然工质、氢氟烯烃（HFO）等。研究指出，可采用时间阶梯式的标准能效值，即在初期适当降低能效标准、待技术较为成熟时再逐步提高。减少制冷热泵系统重的氢氟碳化物（HFCs）制冷剂充注量，延长设备的使用寿命，减小运行周期内制冷剂泄漏，禁止空调维修、拆卸时制冷剂直排，避免制冷剂在生产、运输等过程中的泄漏，做好制冷剂的回收与再生利用工作。

三、室内环境控制关键技术进展

室内热湿环境控制在保障人居环境舒适性、提高工农业生产效率和产品品质方面具有不可替代的作用。因此，实现高效低碳的热湿环境控制是亟须解决的重大课题。从室内环

境控制形式上看，可分为主动式调节和被动式调节。

（一）温湿度处理技术

1. 湿空气热湿处理的先进理念

建筑热湿环境控制的解耦方法通常可以分为两类。第一类是基于硬件的温湿度解耦，即通过添加额外的除湿设备或改进系统结构分别控制温湿度，例如独立新风+辐射冷暖空调系统；第二类是基于软件的温湿度解耦，即通过开发先进的控制算法控制室内环境的温湿度。当第一类方法的解耦程度不高时，与第二类方法结合使用可以提升控制性能和节能效果。源汇品位匹配原则为高效空调系统设计提供了理论指导。用温度表征显热负荷和冷热源的品位，用平均等效湿度表征潜热负荷和湿汇的湿度品位，再将湿度品位转化为温度，从而可基于温度品位统一评估不同冷热源和湿汇用于热湿负荷处理时的潜力。在此基础上，将不同品位的热湿负荷与具有合适品位的冷热源及湿沉进行匹配，从而构建合理利用自然能源和废弃冷热源的空调系统，有利于降低电驱动系统的容量和能耗。

2. 冷凝除湿空调技术

基于蒸气压缩制冷循环的冷凝除湿技术广泛应用于中小型建筑中的舒适性空调中。主要的新技术包括采用双蒸发温度实现热湿解耦处理、回收冷凝热实现送风再热等技术。图1（a）为一种基于双级直膨式冷凝除湿的独立新风系统，室外空气依次流经高、低温蒸发器，然后由制冷剂过冷热将新风加热至送风温度。该系统在名义工况下系统能效达到5.42 W/W，比常规系统高出26%。

图1（b）为一种基于三介质换热器（作为冷凝器）的可实现温湿度同时控制的空调系统。该系统通过制冷循环控制送风湿度，通过调节冷凝器的旁通风量和冷却水流量控制送风温度。当室外湿球温度较低时，可利用冷却水直接处理回风实现"免费"供冷。利用非共沸工质的温度滑移特性进一步实现源汇品位的优化匹配。为提高系统对热、湿负荷变化的适应性和装置的紧凑性，还可采用分液冷凝器实现非共沸工质的组分调控，如图1（c）所示。

3. 溶液调湿空调技术

近几年的研究主要集中在如何通过研发新型吸湿剂和改进循环流程来实现深度除湿以及低品位热能的深度利用。

新型液体吸湿剂相比传统卤盐水溶液，弱酸盐、离子液体和深共晶溶剂等新型吸湿剂具有腐蚀性低、不易结晶等优势，已逐步用于溶液除湿，现阶段还存在吸湿能力相对较弱、成本高、黏度高等问题。在溶液深度除湿方面，可将功能型离子液体应用于常规溶液除湿系统实现深度除湿。国内学者测试了一种新型离子液体在低湿工况下用于绝热型平板降膜装置时的除湿再生性能，结果表明其出风含湿量最低可达2.2 g/kg。在降低驱动热源温度实现低品位热深度利用方面，国内学者通过多元溶液组分调控提高了饱和水蒸气分压

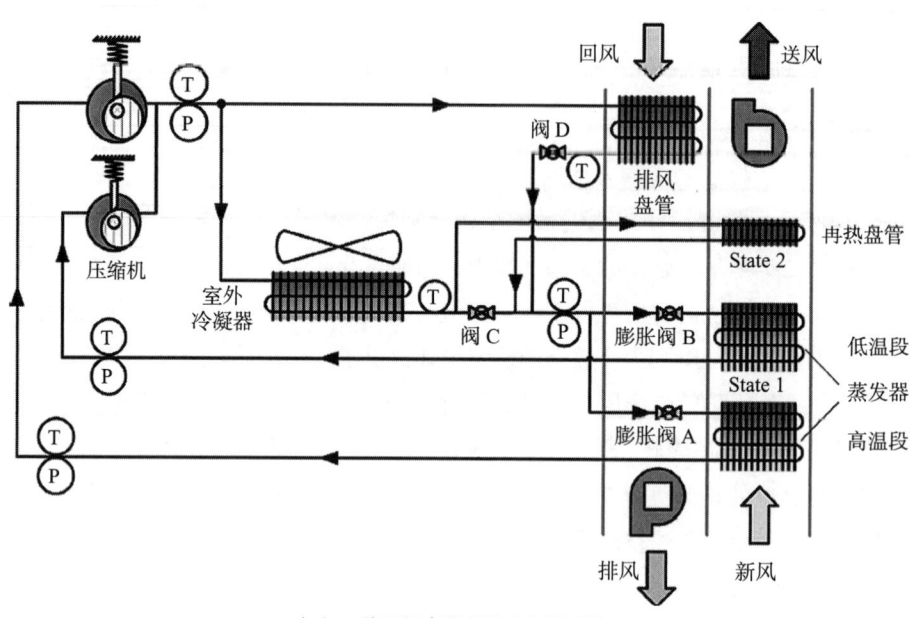

（a）一种双级直膨式独立新风系统

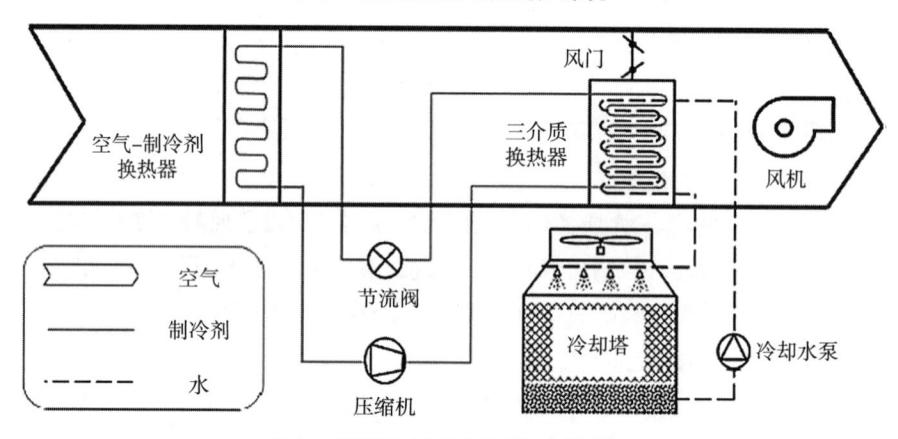

（b）一种基于三介质换热器的空调系统

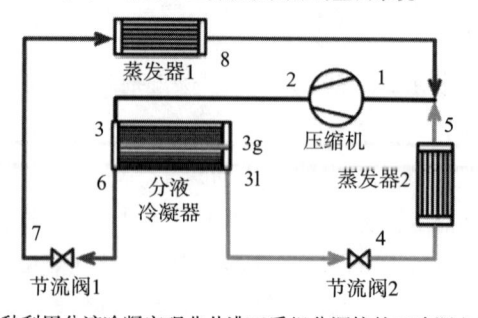

（c）一种利用分液冷凝实现非共沸工质组分调控的双冷源空调系统

图 1　冷凝除湿机组及系统

随温度变化的敏感性，研发出了多种除湿能力强、再生温度低的多元溶液，可将再生温度降低 4~8℃。

除通过开发新型工质实现深度除湿外，更多研究关注复合型溶液深度除湿系统的构建。图 2（a）为一种基于溶液除湿的梯级深度除湿系统。该系统利用喷水冷却除湿模块和多级内冷型溶液除湿模块对空气进行分级除湿，可在高气液比（>4）下将高湿空气除湿至 6 g/kg 以下。图 2（b）为一种复合型溶液深度除湿系统，其中再生器、表冷器和除湿器串联连接，省去了再生风道。试验表明：送风含湿量为 2.1~4.5 g/kg，系统 COP 为 2.4~3.2 W/W。

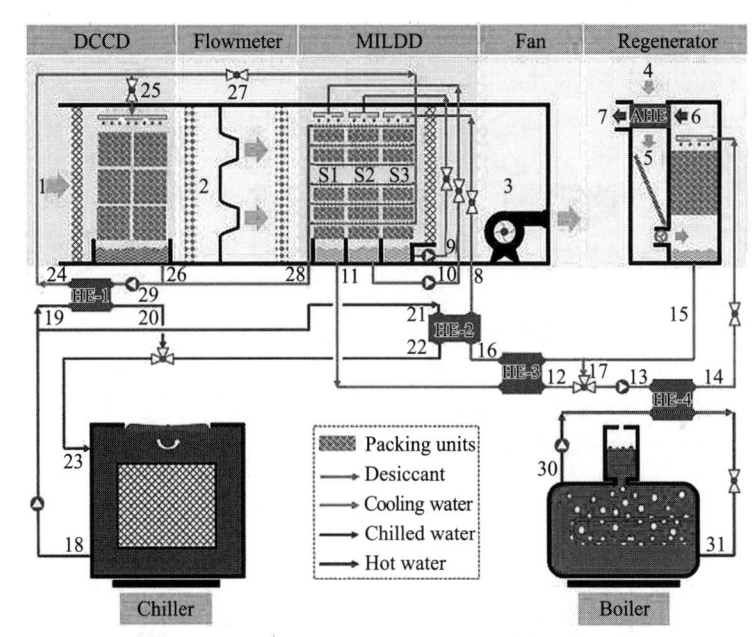

（a）一种基于溶液除湿的梯级深度除湿系统

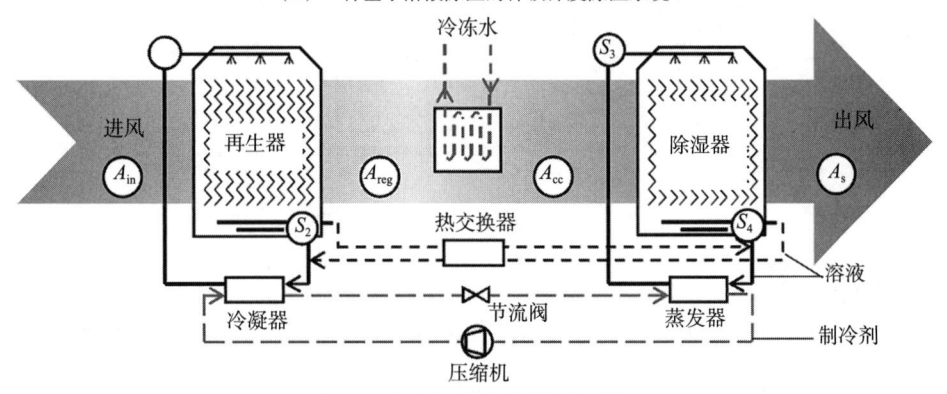

（b）一种复合型溶液深度除湿系统

图 2　溶液除湿机组及系统

当热泵驱动的溶液除湿系统用于深度除湿时，由于溶液再生温度较高，冷凝温度也随之升高。对于采用 R-134a 等工质的亚临界热泵循环，由于冷凝温度接近临界温度，系统 COP 会显著下降。若采用 CO_2 超临界循环，则可提供 80~90℃ 的再生热源并具有较高 COP。

由于新型工质降低驱动热源温度的程度较为有限，更多研究专注于构建新型系统流程以实现低品位热能的深度利用。图 3 为一种基于低品位热能梯级深度利用的热湿调控系统，采用 80℃ 左右热水驱动吸收式冷水机组制取高温冷水（14~18℃）用于空气干式冷却，发生器出口 70℃ 左右热水继续驱动溶液除湿新风机组用于空气除湿，最终可将热水利用至 60℃ 左右，较传统系统热利用深度提升 1 倍，系统的性能系数可达 0.61。为利用更低品位的热能，国内学者提出了一种基于双工质对的双级溶液除湿/再生系统，利用经 $CaCl_2$ 溶液除湿后的部分空气对 LiCl 溶液进行再生。

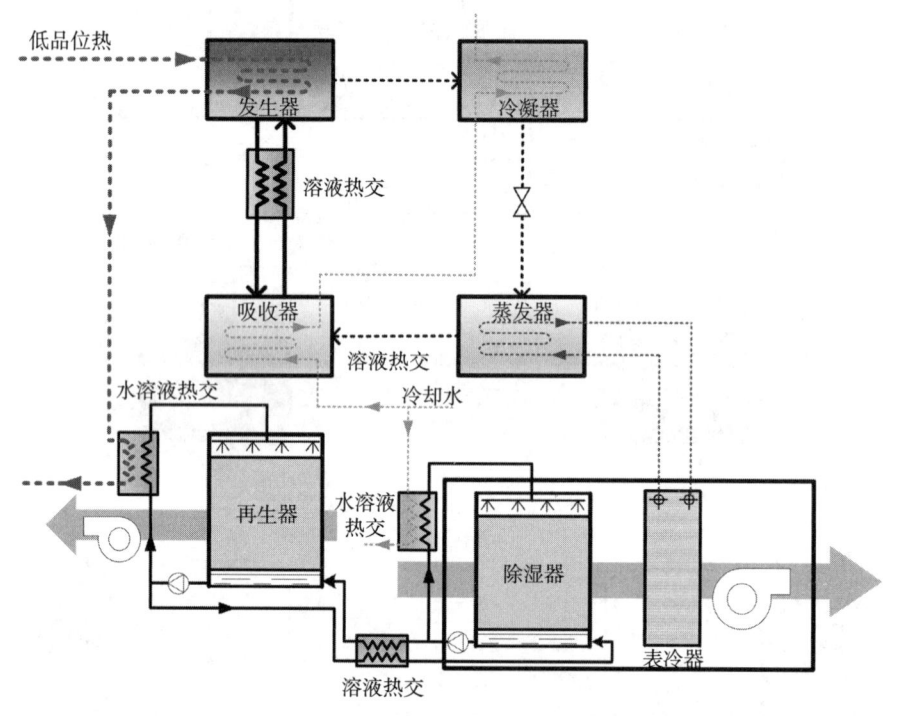

图 3 基于低品位热梯级深度利用的热湿调控系统

4. 固体调湿空调技术

在新型固体干燥剂研发方面，固体干燥剂和吸湿性盐结合形成的复合干燥剂、金属有机骨架（MOF）材料均有利于提高除湿性能和降低再生温度。MOF 是一种新型多孔晶体材料，由无机金属离子和有机配体自组装而成，具有许多优点，如巨大的比表面积和微孔体积、较低的再生温度、较大的吸湿量和 S 型等温吸放湿曲线。国内学者提出了一种铝基

MOF 的新型合成方式并将 MOF 浆料涂覆于除湿换热器表面，除湿能力可达硅胶除湿换热器的 2~3 倍。

固体转轮除湿空调的研究主要通过研发转轮基体材料和吸附剂、使用分级除湿/再生和级间冷却方案、构建复合型除湿系统等方式提高除湿性能并降低再生温度和能耗。国内学者将一种木浆纤维纸（WPFP）作为转轮基体并通过浸渍法在其上涂覆硅胶。结果表明，该方法可降低转轮的再生温度，除湿 COP 可达 1.75 W/W。为进一步降低转轮除湿系统的再生温度并提高能效，国外学者在分级除湿、级间冷却的基础上，在每一级中使用与该级进口空气状态相匹配的 MOF 材料［见图 4（a）］。相比单级系统，该系统再生效率和除湿效能分别提升 5%~20% 和 20%~40%。如图 4（b）所示，国内学者创新性地将转轮除湿与溶液除湿集成到低湿工业厂房的空调系统中，送风露点温度可低于 −10℃。当被处理空气从 5 g/kg 除湿到 1 g/kg 时，该系统的 COP 可达 1.6 W/W。

除湿换热器通过涂覆在换热器表面的干燥剂处理空气湿负荷，通过换热器管内冷却水承担空气显热负荷，可实现温湿度独立控制。当前研究集中在干燥剂涂层选择、换热器设计及结构优化、系统应用等层面。国外学者受肺部结构启发，开发了一种 3D 打印除湿换热器［图 4（c）］。相比现有除湿换热器，该装置比表面积更大、压降更低，体积吸附率可达 54.8 g/（m³·s）。同时，国内学者也在该领域开展了引领性的基础及应用研究。首次将除湿换热器应用于列车空调［图 4（d）］，相比现有空气处理机组，新系统在标准工况下 COP 可提升约 40%，且对各种气候区具有高度适应性。图 4（e）为一种基于除湿换热器的热泵型新风除湿系统，该系统利用冷凝热实现近似等温的新风除湿过程，每千瓦时电耗的除湿量是传统冷凝除湿的 1.60~2.88 倍。

5. 负荷品位分级与自然与低品位能源的高效利用

利用自然能源处理负荷是降低空调能耗的重要途径。针对目前负荷仅考虑数量而没有品位的问题，通过负荷分级方式将空气处理过程划分为若干级，并将负荷品位用恒温源温度表征，提出了基于负荷和能源品位匹配的空气冷热处理流程构建方法。

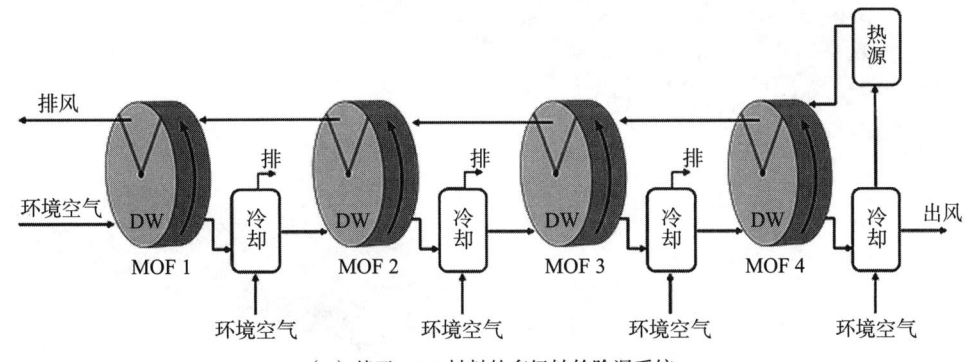

（a）基于 MOF 材料的多级转轮除湿系统

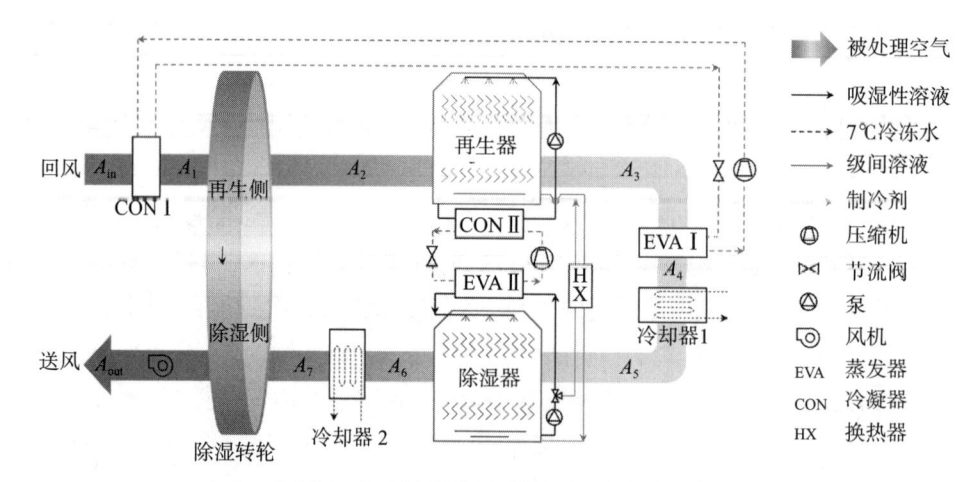

（b）一种低湿工业厂房用转轮除湿与溶液除湿一体化空调系统

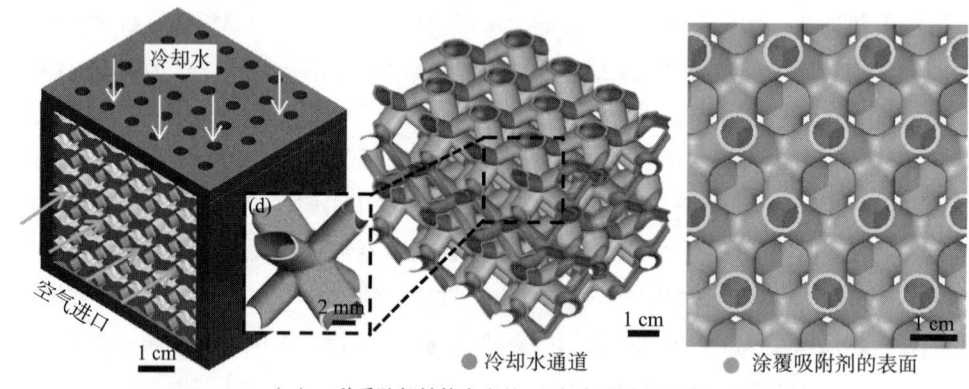

（c）一种受肺部结构启发的3D打印除湿换热器

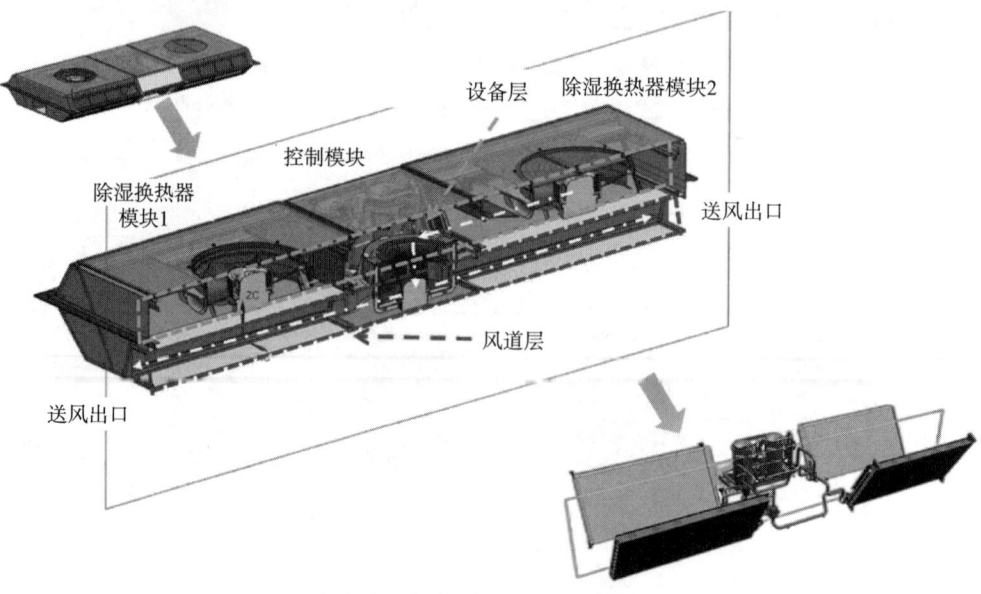

（d）基于除湿换热器的列车空调系统

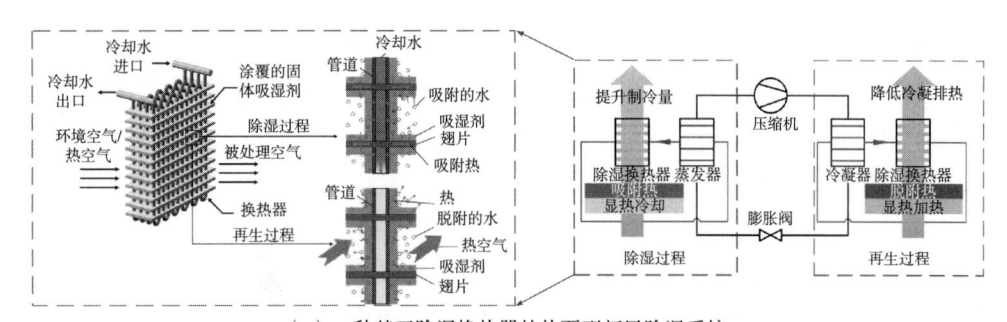

(e）一种基于除湿换热器的热泵型新风除湿系统

图 4　固体调湿空调技术

通过将自然能源拓展应用于新风处理、室内循环风处理、围护结构负荷拦截等，可以有效降低空调的负荷强度；国内学者率先提出嵌管窗技术方案，并优化了嵌管墙的结构。通过在嵌管中通入自然环境中采集到的冷却水和低温热水，使得高于室温的水可以用于室内供冷、低于室温的水可以用于室内供热，扩展了自然能源的利用范围、延长了自然能源的利用时间；在新风主动参与室内空气处理过程中，利用高焓低湿区和低焓高湿区新风实现显热与潜热的量质转换，并配合机械制冷的室内热湿环境营造方法，可实现焓值高于室内、湿度高于室内的新风也能用于室内环境营造并节能运行（图 5）。

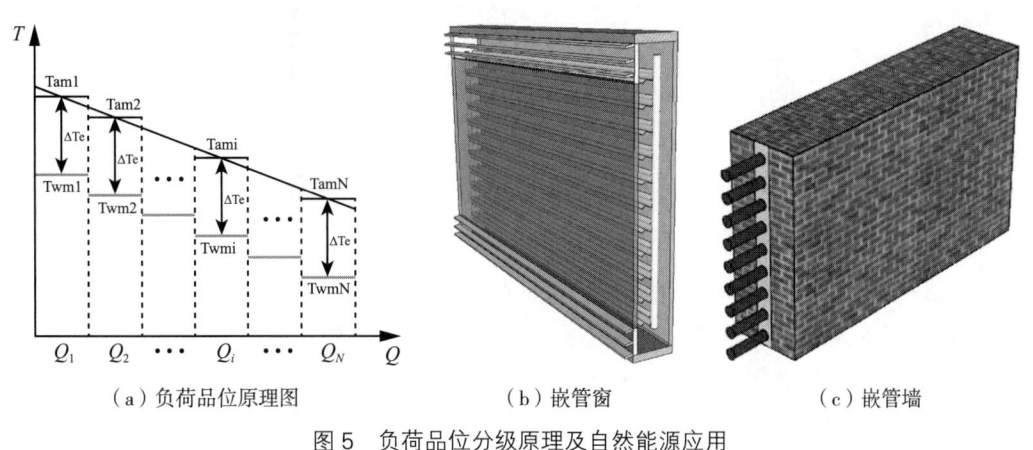

（a）负荷品位原理图　　　（b）嵌管窗　　　（c）嵌管墙

图 5　负荷品位分级原理及自然能源应用

（二）被动式热湿调节技术

1. 围护结构保温隔热

在建筑围护结构中使用相变材料、保温材料和热反射涂层是降低建筑能耗的重要手段。相变墙体可有效减少夏季冷负荷和冬季热负荷，降低空调和供暖系统的运行能耗并提高室内热舒适性。当前研究主要集中在复合相变材料的研发、与建筑材料的结合、同保温材料或热反射涂层结合等方面。

保温墙体通常使用热导率较低的材料提升保温隔热效果，是建筑节能的重要手段。但在某些场合，如夏季夜间室外温度低于室内时，提高热导率反而有利于"无偿"供冷，因而研发热导率可调的新型保温材料及调控策略，可进一步提升该技术的节能效果。国外学者提出了一种热导率可调控的相变墙体，可使年得热量和热损失分别减少15%～72%和7%～38%。

高发射率反射涂层应用于屋顶及外墙时可以显著减少建筑对太阳辐射的吸收从而降低夏季空调负荷，但高发射率反射涂层可能会增加冬季供热负荷，因此反射涂层在实际应用中是否节能还需综合考虑气候区和建筑类型等因素，进而研发发射率可调控的反射涂层有望进一步提升节能效果。

2. 建筑室内调湿材料

建筑调湿材料可利用多孔结构对室内空气中的水分进行吸附以降低室内湿度峰值出现的频率和大小，缓解室内湿度波动，是一种被动式湿度调节方法。天然多孔材料因其易于获得、成本低和环境友好性而被广泛用作调湿材料，如：硅藻土、蒙脱土、沸石粉、海泡石、高岭土等。但大多数天然多孔材料在室内条件下吸附水蒸气的能力有限，并且不能将室内湿度水平精确地自主控制在小范围内。MOF也有望解决上述问题。

国内学者基于MOF提出了精密湿度控制材料的概念，并对其在建筑环境中的应用进行了研究。结果表明，该复合材料具有良好的湿热缓冲能力。然而，目前MOF的应用仍处于实验室水平，大规模制备较为困难。为减少MOF的用量，可将金属有机框架MIL-100（Fe）和传统吸湿材料（扇贝壳粉和硅藻土）结合用作被动调湿涂料。此外，由于调湿材料能够缓解室内湿度的波动，可将调湿材料应用于辐射供冷房间，通过调湿材料的湿缓冲特性防止辐射末端发生结露现象。

3. 排风全热回收和自然通风

对室内排风进行全热回收可有效降低空调系统的热湿处理负荷。目前的全热回收通风技术主要有膜式、吸附转轮、溶液式等，但其在严寒条件下均可能出现冷凝、结冰等问题，因此提高排风全热回收装置在寒冷地区的适用性和热回收效率是当前的研究热点。

国内学者分析了溶液全热回收装置在冬季运行时的性能，结果表明，当室外温度高于-15℃时可正常运行，全热回收效率约为70%；当室外温度低于-15℃时，可通过预加热空气或预热喷淋溶液的方式避免结冰风险，预热空气的方式优于预热溶液。除排风热回收外，自然通风也是一项重要的被动式节能技术，可改善室内热环境和空气质量。何时以及如何利用自然通风并使其与暖通空调系统协调运行是技术实践中的难点。国外学者提出了一种用于暖通空调和自然通风系统的强化学习控制策略，通过对热湿地区（如迈阿密）的案例研究表明，与启发式控制相比，该控制策略可使暖通空调系统能耗降低13%，高湿小时数减少63%。

四、空调系统关键技术进展

除了对室内环境控制技术进行优化外,研发高效的空调系统是节能降碳的重要路径。空调系统关键部件对空调系统的性能和能效具有重要影响,通过对部件的优化设计、制造和选择,可以显著提高系统性能并降低能源消耗;进一步地,合理整合冷热源设备,可以优化系统运行,降低能源消耗;在线性能测量是评估空调系统运行状态和能耗的有效手段,不仅可以实时监测系统各部件的运行参数,还可以通过大数据分析,找出空调系统存在的问题和节能潜力,为进一步节能降碳提供指导;大数据应用在空调系统节能降碳方面具有巨大潜力,通过对大量历史运行数据的挖掘、分析,可揭示空调系统的耗能规律和优化策略。

(一)空调系统关键部件研究

空调系统关键部件的效率和性能对整个系统的能源消耗和舒适度具有决定性的影响。空调系统关键部件包括压缩机、换热器和自控阀件等,这些部件的性能优劣,直接影响着系统的能效和性能。

1. 压缩机技术研究进展

近年来离心机用高速永磁电机、磁悬浮/气悬浮无油轴承技术发展迅速,下面对此进行详细介绍(图6)。磁悬浮压缩机采用磁轴承代替常规轴承,利用磁场使转轴在旋转中始终处于悬浮状态,从而不会产生机械接触摩擦,实现运动部件无油运行并降低机组运行能耗。目前,市面上已推出冷量范围100~1100 RT的磁悬浮变频离心压缩机系列,单机制冷量1000 RT的机组性能系数COP可达7.19 W/W,综合部分负荷性能系数IPLV可达9.94 W/W。气悬浮压缩机采用气体轴承,依靠转子高速旋转时气膜产生的浮力使转子悬浮,具有结构紧凑、旋转精度高、无摩擦的特点,研究表明,气悬浮变频离心式冷水机组性能系数COP可达6.06 W/W,IPLV可达8.81 W/W,且相较于磁悬浮机组成本更低、结构更简单、体积更小,是离心压缩机高速化、小型化的发展新方向。

此外,家用空调器、单元式空调机和多联机广泛使用转子式压缩机。为满足不同地区、不同气候条件下空调系统的高效运行需求,近年来,压比适应变容量调节技术的宽温区高效变频转子压缩机得到快速发展。

图7(a)所示为大小缸变频变容压缩机,压缩机的小气缸连续运行、大气缸可卸载,大幅提升了压缩机低负荷工况下的能效,实验结果表明,在10%负荷率工况下,系统能效可由1.93 W/W提升至4.32 W/W;图7(b)所示为三缸双级变容积比压缩机,其内部有1个高压缸、2个低压缸,压缩机可通过控制高、低压二通阀通断切换三缸工作状态与两缸工作状态,克服了传统双级压缩机容积比固定、无法随工况变化调节的缺陷,在 −30℃

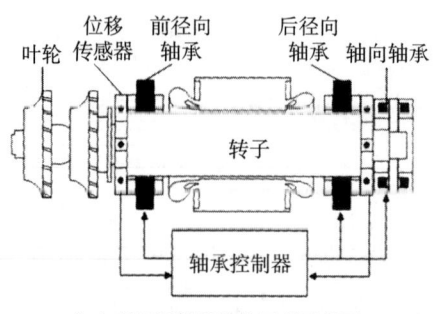

（a）磁悬浮轴承结构原理示意图

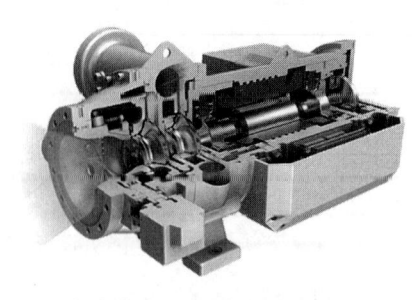

（b）格力磁悬浮离心式压缩机

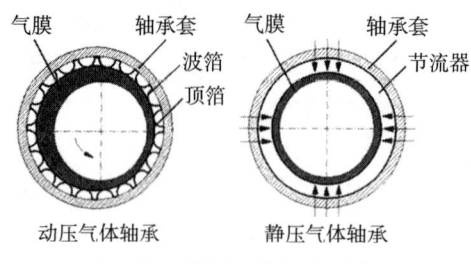

（c）气悬浮轴承结构原理示意图

（d）海尔静压气悬浮压缩机

图 6　磁悬浮与气悬浮冷水机组

环境仍可正常运行，在 –20℃工况下 COP 可达 2.14 W/W；图 7（c）为吸气 / 补气独立压缩转子压缩机，由两个并联设置的主缸与副缸分别压缩低压吸气与中压补气，相较于补气单转子压缩机，避免了补气过程中补气口的节流损失，相比于常规单级压缩空调器 APF 可提高 6%；针对长江流域变工况下适应性问题以及冬季制热量不足、能效比低问题，提出新型端面补气、滑板补气压比适应容量调节压缩方案，研发出宽工况范围、高适应变频调速转子压缩机 [图 7（d）、（e）]，解决了现有补气固有的结构缺陷并实现产业化，为大规模推广"部分时间、局部空间"空调设备奠定了基础。

2. 换热器技术研究进展

发展结构紧凑、制冷剂充注量低、换热性能高的换热器对于提升空调系统性能非常重要。翅片管换热器是制冷热泵空调系统中广泛采用的换热器，因此应当从管翅材料、管翅加工工艺、管排数、翅片类型、翅片间距、管径细化等多个方面开展优化，如新型翅片、加装涡发生器、采用纳米流体等多种强化传热的技术方案。

针对室内机组翅片管换热器风速场分布不均匀、制冷时冷凝水容易积存在翅片间隙中导致其换热性能差的问题，美的基于协同强化传热机理，提出了风速与翅宽分布非均匀相似的换热器结构，以此设计了图 8 所示的基于最速下降线的 C 形换热器，不仅通过不等宽翅片更合理匹配不均匀风场、增强了整体对流传热强度，同时突破翅片设计传统观念，强化排水 / 排污效果，大幅度提升了室内机的传热效果。

(a)大小缸变频变容压缩机 　　(b)三缸双级变容积比压缩机 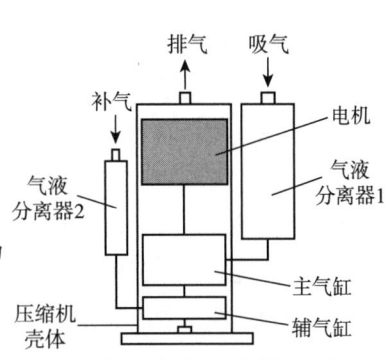　　(c)吸气/补气独立压缩转子压缩机

(d)端面补气压缩机 　　(e)滑板补气压缩机

图7　变容、补气转子压缩机

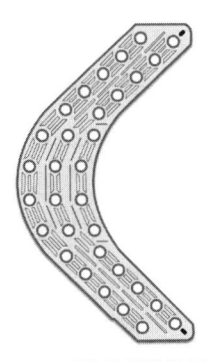

(a)C形换热器结构图 　　(b)C形换热器实物图

图8　最速曲线C形换热器

针对空气源热泵冬季蒸发器结霜问题，通过涂层等物化手段实现翅片管表面改性已成为热门技术，研究表明，通过换热器表面改性直接干预凝水与霜层形成，以降低结霜量、提高结霜过程换热器的综合换热能力，并提高除霜效率、缩短除霜时间。

近年来，微通道换热器在制冷空调领域的应用逐渐增多，特别是在汽车空调领域。除了传统的单排型结构外，双排微通道、双层微通道结构的微通道换热器陆续出现。图9所示双系统微通道换热器将两个系统的换热管相间嵌合，形成一套换热翅片结构，节约了换热面积及翅片材料用量，在实现高度紧凑结构的同时减少了制冷剂充注量，在低负荷工况单系统运行时相比普通换热器具有更大的换热面积，换热能力提升10%以上。

关于微通道换热器的技术进展主要包括冷凝水排除、制冷剂分配、高效除霜等。一些研究采用了扁管垂直放置、增加导流翼、倾斜化设计等冷凝水排除技术，以保证换热器冷凝水顺利排除。此外，许多研究对换热器在不同布置形式和制冷剂流向时的分流特点进行了分析，研究表明，利用扁管垂直放置、制冷剂下进上出、扁管插入集管一部分等能够较好地解决换热器中制冷剂分流不均的问题。

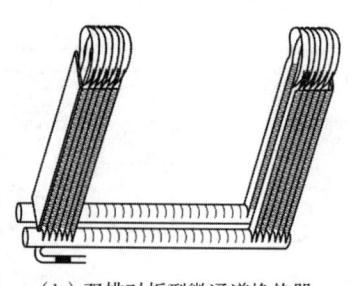

（a）三花双系统微通道换热器　　（b）双排对折型微通道换热器　　（c）波浪形双层微通道换热器

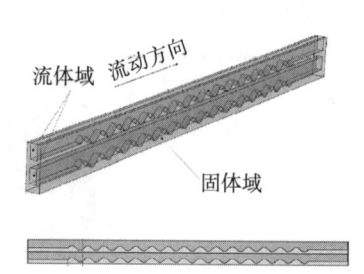

图9　微通道换热器

3. 其他关键部件技术研究进展

各种阀件和辅助部件在空调系统的控制、流量调节等方面具有重要作用。近年来，各类阀件产品精度不断提高，针对不同制冷剂、不同应用场景的系统阀件种类增多。CO_2系统运行压力高，需要具有耐高压性能的部件，如图10所示CO_2四通换向阀最高工作压力可达14 MPa，双导阀最高工作压差10 MPa，可代替多个CO_2电磁阀进行流路切换，实现可靠的流路切换。此外，为适应大型热泵制冷系统中的换向需求，通过电磁线圈的通断电控制改变活塞位置的电磁式大容量四通换向阀以及通过电机直接驱动的旋转式大容量四通阀产品也相继出现。

（a）CO_2四通换向阀　　（b）大容量交叉式四通换向阀

图10　近来发展的四通换向阀

总体来说，阀件产品正在向精细化、特定化、智能化、集成化方向发展，不断满足新的应用需求。

（二）建筑冷热源设备集成

建筑冷热源设备是保障建筑物室内环境舒适度和能源利用效率的关键设备，其发展将更加注重环保、节能、高效和智能化，从空气源热泵、复合制冷、多联机等技术的进展则可以体现这些特点。

1. 空气源热泵技术

空气源热泵因其清洁无污染、节能高效的优势，在低温环境中也得到了持续的应用与发展，但是因其在低温环境下能效偏低，引起了广大学者、企业的重视，与此同时，国家也制定了低环境温度空气源热泵（冷水）机组的相关标准。

近年来，低温空气源热泵热风机相关技术大量涌现。如包括美的等企业推出了可实现一机两用的热风机产品，该种产品可通过不同的组合模式，保证合适的室内温度分布，营造较好的室内舒适度；金茂绿建公司推出了单机双级涡旋式超低环温空气源热泵机组，可以在 $-40℃$ 的超低环温下稳定、高效制热；梅肯公司推出了变频复叠热泵技术，可在 $-35℃$ 环温下产生 $75℃$ 热水。格力研发了基于三缸双级压缩机的空气源热泵技术，即在单台压缩机上实现变容积比的双级压缩，减小了低温工况下中间腔的热损失，提高了中间补气量，大幅提升了机组低温制热量，并结合中间补气控制技术，提高了热泵空调系统的可靠性，机组 $-20℃$ 工况下，制热能效可达 2.14 W/W，$-35℃$ 工况下稳定运行。为实现空气源热泵低碳设计、运行，有企业将若干的先进技术结合在一个设备上，通过采用直流调速、低温补气压缩技术、高效逆流换热器、高效内螺纹铜管翅片换热器等关键部件，极大提升了低温热泵的制热量、制热效率及运行可靠性。

针对空气源热泵在低温高湿环境下的除霜严重导致制热量衰减、除霜时制热间断影响供热舒适性等问题，清华大学和广州华德研发了溶液喷淋式无霜空气源热泵冷（热）水机组，并实现了工程应用。机组在夏季制冷时为采用水喷淋管板换热器（蒸发式冷凝器）的冷水机组；冬季运行时热泵四通阀换向，利用防冻溶液喷淋管板换热器，以吸收空气显热和水蒸气潜热，溶液吸收水分后逐渐变稀（相当于结霜过程），并利用热泵冷凝器出口的过冷热实时再生溶液（相当于除霜过程），通过热泵除霜和结霜位置的分离，实现了空气源热泵的无霜、高效、连续供热。

2. 复合制冷技术

近年来，随着大数据与新兴科技的发展，数据中心、通信基站以及电子洁净厂房等建筑的环境营造需求愈发提升，面对此类特殊建筑的空调需求，同时考虑节能高效的宗旨，复合制冷技术在这些场景中得到了快速发展。对于自然冷源的利用，将自来水作为自然冷源分担部分电子洁净厂房中全年存在的冷负荷，通过与水冷机组的配合，达到节能高效的目的，同时还可以辅助完成厂房中特有的超纯水制备工艺，制冷侧全年减少能耗15%左右。有学者通过自然冷却空调系统与热管空调末端相结合的方式，对原机房空调进行降噪、节能改造。该系统在冬季环温较低的情况下，利用冷却塔提供的自然冷源制取冷水；当环温不满足自然冷源制备要求时，系统则开启机械制冷（即蒸气压缩制冷），同时配合末端吊顶热管的方式，吸收服务器的热量，改造后系统的节能率可以达到38%。

3. 多联机技术

面对多房间负荷需求差异的放大，多联机冷量分配不合理所导致温度波动大、能耗高的行业难题，企业提出了基于房间负荷动态预测的多联机变蒸发温度控制思路（图11）。该控制方法将多房间动态负荷预测算法及多联机变蒸发温度–变过热度控制技术相结合，通过需求与冷量预测高精度实时匹配，实现多联机长时间高能效运行，与同类产品相比室内环境达到热稳定状态后室温波动可降低约70%，耗电量可减少约20%。

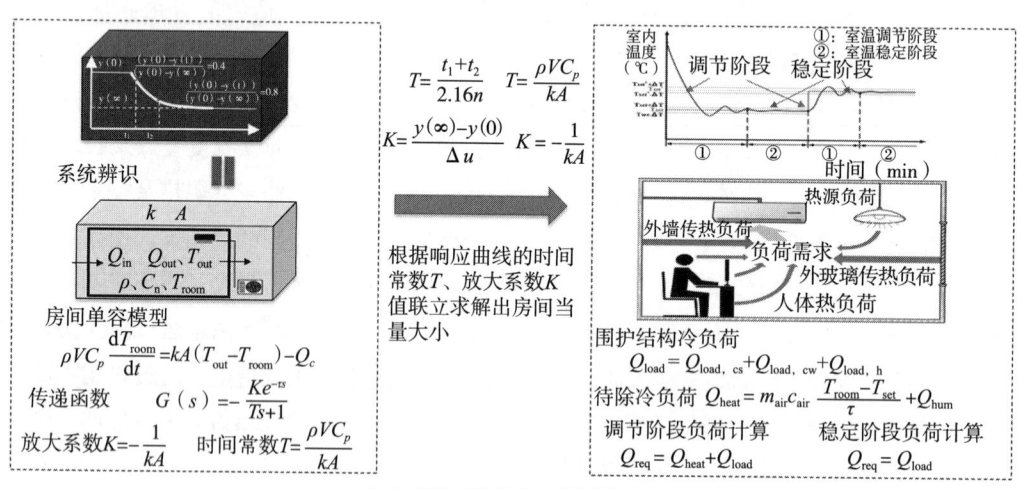

（a）房间分阶段负荷预测模型

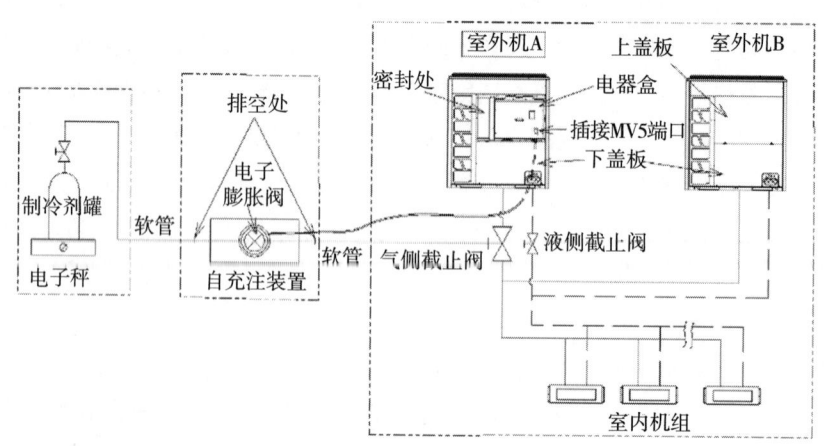

（b）制冷剂自动充注操作示意图

图11 多联机相关技术

为了解决各地域温湿差异大的问题，美的研发了基于多温湿场景热舒适性算法的三管制多联机热回收温湿平衡控制技术，该技术通过蒸发器与再热器联通的三管制设计，实现了升温除湿、恒温除湿等多种模式，同时还实现了全屋多室内机无风感的多联机产品，基于多联机的全屋控制，实现各个房间的无风感独立控制，提高了用户舒适性。

合适的制冷剂充注量是多联机高效运转的前提，针对多联机现场安装操作不规范、传统的制冷剂充注量计算方法不能完全适用于复杂多样的实际多联机系统的问题，海信日立开发出了根据实际室内、外机搭配形式，自动辨识制冷剂最优充注量的自动充注技术，提升了多联机现场安装效率并规范了安装操作。

4. 舒适、节能空调系统

随着人们生活水平的提高，愈发关注空调系统的舒适性及节能性，美的提出了多矢量的旋转风道技术，极大改善了制热场景下的热舒适性，并首创180°旋转风道系统，使最大射流速度提升50%以上，实现制热工况导风损失由17.5%大幅下降至2%，并创新性地提出了贯流风道自动优化设计技术，不仅可以有效降低风感，同时可以降低噪声并减小风机功率18.9%。

为了有效利用自然能源，清华大学和格力电器合作研发了"集成蒸发冷却新风与太阳能的超高效空调器"（图12）。该空调器包括压缩机补气梯级冷却制冷系统、蒸发冷却新风系统、市电与光伏耦合直驱自动控制系统，可有效利用太阳能、水蒸发潜热等清洁能源。在31天实际运行测试中，在稳定控制室内温、湿度前提下，相较于制冷季节能效比SEER=3.0的空调器，其节电量达到89.8%，实现了综合节电率84.1%，折合减排碳排放量85.7%。

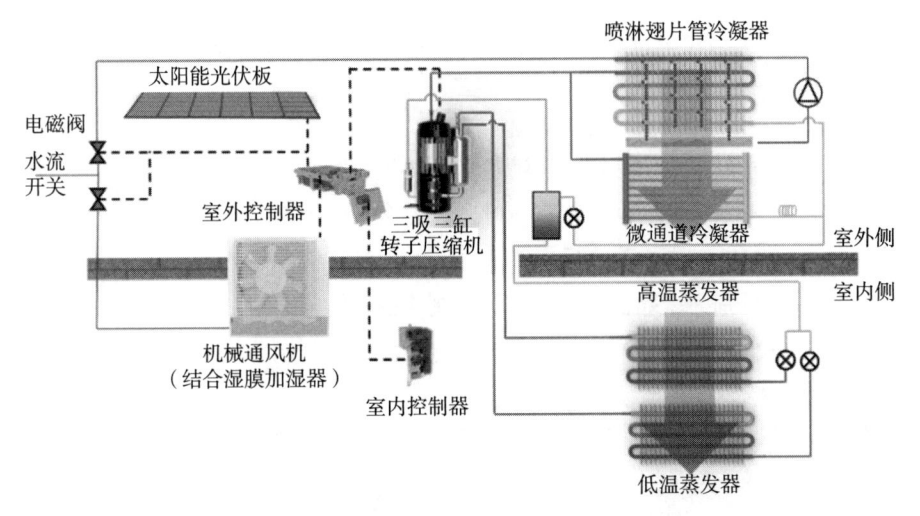

图 12 集成蒸发冷却新风与太阳能的超高效空调器示意图

(三)直膨式空调系统在线测量

各类空调设备因其调控方式、现场安装条件及运行环境与其实验室性能有较大差异，不能用实验室测量结果来直接反映设备在工程现场的实际运行性能。因此，需通过测量装置在现场或在线进行实时性能测量，以获取大量现场运行数据。发展可行、便利且具备良好的长期在线测量精度的在线性能测量技术，对于把握和提升房间空调器、单元式空调机、多联机等直膨式空调系统的实际运行性能、实现故障诊断、提供定制化优化控制策略都具有重要意义。

1. 空调器现场性能测量

当压缩机吸气制冷剂过热时，研究人员提出了测量空调器运行性能的压缩机能量平衡法。压缩机能量平衡法以压缩机为控制体，通过能量守恒和质量守恒原理计算出流经室内换热器的制冷剂流量，并根据压力和温度传感器测得的数据计算室内换热器进、出口的制冷剂比焓值差，进而获得室内换热器的冷（热）量，进而得到机组的制冷（热）量。图13（a）所示为单级压缩空调器的工作原理以及压缩机能量平衡法的测点布置，图13（b）为其循环的压焓图。压缩机控制体的能量平衡方程如式（3）所示，机组制冷量与制热量分别如式（4）与式（5）所示。

$$m_{\text{ref}} h_2 + P_{\text{com}} - Q_{\text{loss}} = m_{\text{ref}} h_3 \tag{3}$$

$$CC = m_{\text{ref}}(h_2 - h_5) - P_{\text{id}} = \frac{P_{\text{com}} - Q_{\text{loss}}}{h_3 - h_2}(h_2 - h_5) - P_{\text{id}} \tag{4}$$

$$HC = m_{\text{ref}}(h_3 - h_6) - P_{\text{id}} = \frac{P_{\text{com}} - Q_{\text{loss}}}{h_3 - h_2}(h_3 - h_6) + P_{\text{id}} \tag{5}$$

式中：CC，HC——分别为空调器的制冷量和制热量，W；

P_{com}，P_{id}——分别为压缩机和室内机风机的输入功耗，W；

Q_{loss}——压缩机壳体的散热量，W；

h_2，h_3——分别为压缩机吸气、排气的制冷剂比焓值，J/kg；

h_5，h_6——分别为制冷与制热运行时，冷凝器出口的制冷剂比焓值，J/kg；

m_{ref}——制冷剂质量流量，kg/s。

2. 多联机现场性能测量

多联机具有长管路、多末端、多旁通回路的结构特点。将压缩机、油分离器和旁通回路构成的压缩机组件抽象为"广义压缩机"（图14），并将所有室内机视作一个"等效室

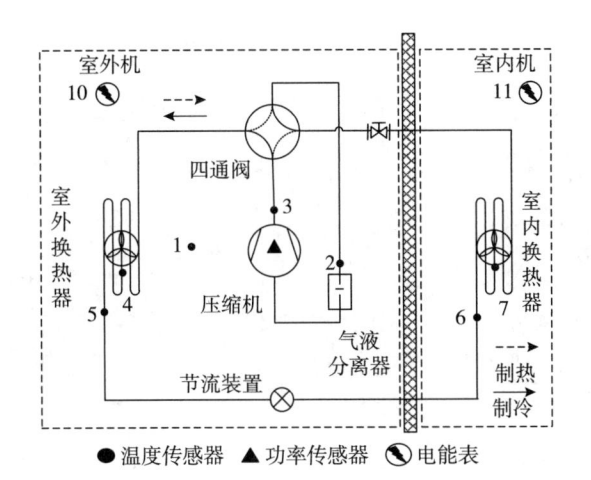

(a)压缩机能量平衡法测点布置

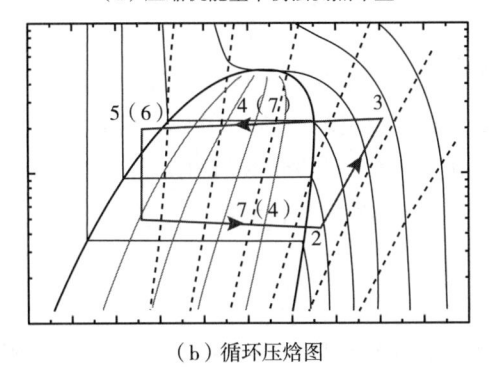

(b)循环压焓图

图 13 压缩机能量平衡法应用于单级压缩房间空调器制冷（热）量的测量原理

内机"，即可形成基于"广义压缩机"能量平衡法的多联机现场性能测量方法。通过"广义压缩机"能量平衡法，获得流过"广义压缩机"的制冷剂质量流量，在忽略室内、外机连接配管的漏热损失时，其多联机系统的总制冷（热）量就等于室内机吸收（或放出）的热量总和。

根据式（3）可计算出进入室内末端的制冷剂总质量流量，然后将所有室内机视作一个"等效室内机"，当忽略室内、外机连接管路的漏热损失时，从室外机测量的多联机系统总制冷（热）量就等于室内机吸收（放出）的热量总和，其制冷（热）量计算公式如式（6）、式（7）所示。无论系统是否具有再冷却器回路、再冷却器是否开启，其制冷（热）量的计算公式完全相同，即当再冷却器的旁通支路 EEV-B 的开度变化时，不影响多联机系统总制冷（热）量的计算。

$$Q_c = m_{ref}(h_2 - h_3) \tag{6}$$

$$Q_h = m_{ref}(h_1 - h_4) \tag{7}$$

（a）单台压缩机系统　　（b）并联压缩机系统

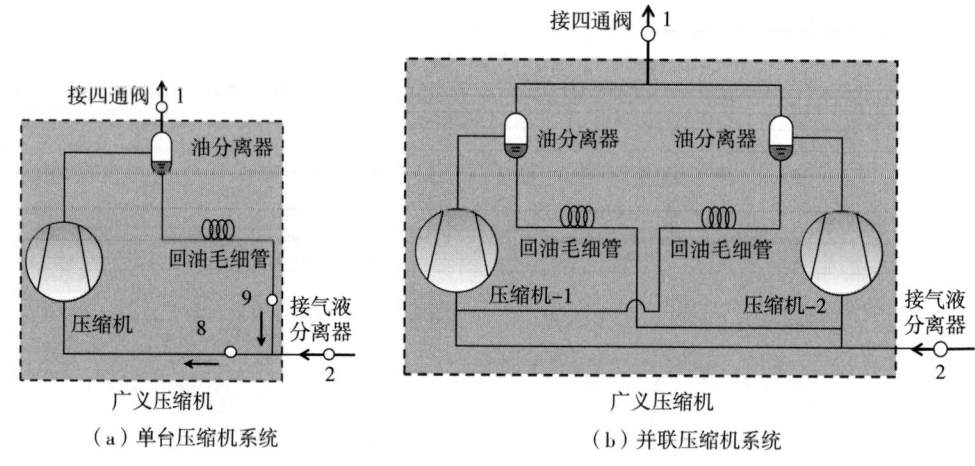

图 14 "广义压缩机"的构成示意图

式中：Q_c，Q_h——各室内机制取的总制冷量、制热量，W；

h_1，h_2——"广义压缩机"的排气和吸气比焓，kJ/kg；

h_3——制冷时室外机出口高压液态制冷剂的比焓，kJ/kg；

h_4——制热时从室内机返回至室外机的高压液态制冷剂的比焓，kJ/kg。

3. 全工况制冷剂流量法

上述压缩机能量平衡法在压缩机回气过热状态下具有良好的测量精度。但是在空调器、单元机和多联机等直膨式空调热泵系统中，工况变化和反馈调节过程中存在动态响应滞后现象，必然会出现压缩机吸气回液现象，也将导致压缩机能量平衡法无法获得此时准确的计算值。

为解决压缩机吸气带液运行状态下直膨式空调系统制冷（热）量难以准确计算的问题，研究人员提出了基于压缩机能量平衡法（简称 CEC 法）自动修正容积效率和指示效率的全工况制冷剂流量法，其实现途径如图 15 所示。在压缩机吸气处于过热状态时，利用 CEC 法测量空调器的制冷（热）量，并自学习压缩机的容积效率和等熵效率，或构建毛细管绝热节流模型；当压缩机处于吸气带液状态时，则根据测量数据的样本覆盖范围，分别选取适宜的测量方法对电子膨胀阀和毛细管系统的性能参数进行测量，包括 CEC 法与自学习压缩机等熵效率（简称 CE 法）相结合的 CEC-CE 法、CEC 法与压缩机容积效率法（简称 CVE 法）相结合的 CEC-CVE 法、CEC 与毛细管绝热节流模型（简称 CAT 法）相结合的 CEC-CAT 法。通过上述措施，解决了传感器位置固定与制冷剂动态变化、压缩机性能衰减与长期较高精度测量之间的矛盾，实现了直接膨胀式空调系统的全工况、长期现场性能测试，其误差小于 ±15%。

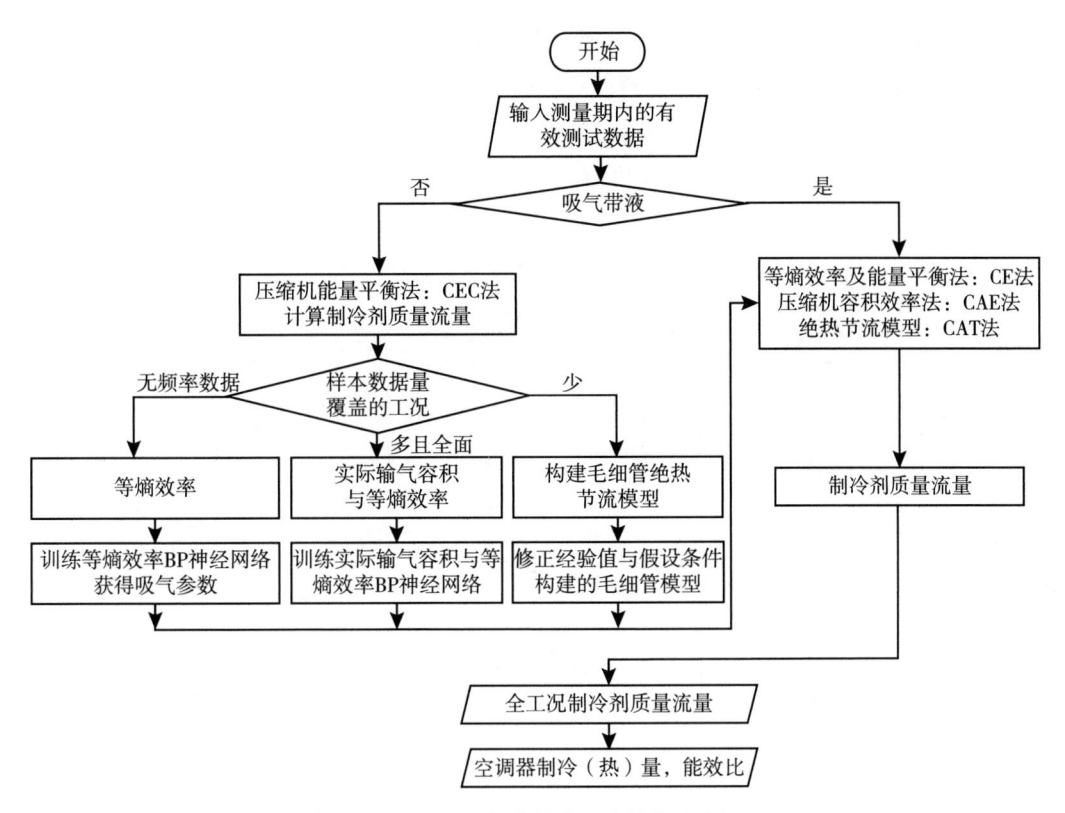

图 15　全工况制冷剂流量法的实现途径

（四）大数据应用技术

在当今数字化时代，大数据技术的应用已经深入各个行业和领域。空调系统作为日常生活中不可或缺的一部分，其技术发展也与大数据紧密结合，为人们创造了更加智能、舒适的生活环境。

1. 物联网空调系统

物联网空调系统是一种利用物联网技术和大数据分析实现空调设备的智能化、远程化和节能化的系统。物联网空调系统可以通过互联网将空调设备与云端服务器、移动终端、智能家居等其他设备连接起来，实现远程监控、故障诊断、节能优化等功能。物联网空调系统的优势在于可以根据用户的需求和环境的变化，自动调节空调的运行模式和参数，提高空调的效率和舒适度，同时降低能耗和维护成本。

目前，在国内外市场上已经有一些品牌推出了基于物联网技术的多联机空调产品和服务。例如，图16给出了某企业研发的物联网多联机空调系统的组成示意图，该系统包括多联机设备系统、智能边缘网关、可配置化平台、大数据流式数据处理引擎、数据仓库、人工智能算法平台六个部分。物联网空调系统不仅为用户带来了更高效、更可靠、更智慧的空调体验，同时也为暖通空调运行节能提供了重要途径。

通过基于物联网大数据的人工智能算法平台，可实现先进的智能诊断算法，达到一键节能、体感控制、智能化霜、低能效提醒、深度低待机控制、自适应（位置、节能、气候、舒适）、自演进以及开放物联等目的。

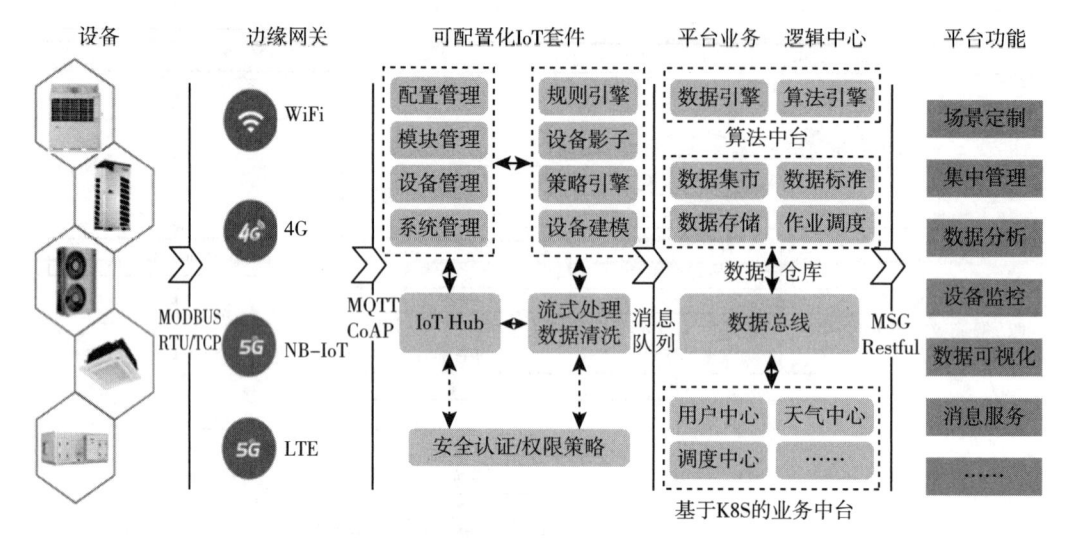

图16　物联多联机系统组成示意图

随着物联网技术的发展和5G网络的普及，多联机也在新产品、新技术、新概念上呈现出前所未有的繁荣发展，其中以节能化、智能化、软件化、集成化等为代表的物联多联机将成为多联机产品发展的新方向。也有企业将数字孪生技术应用到多联机传感器当中，提出了基于制冷剂循环模型以及传感器映射网络的多联机传感器数字孪生技术（图17），形成了多联机内部12个传感器数据的虚拟备份，实现了多联机室外机任意一个实体传感器损坏时机组不间断运行，且后备运行能力能效与正常状态偏差不超过10%；进一步通过虚拟传感器与实体传感器的逻辑比对，解决了传感器长期使用后漂移界定的行业难题，识别误差控制在10%以内。

2. 基于大数据的空调系统调适技术

通过多联机实际运行性能的测试方法获得的大量空调机组现场运行数据，构建数据采集和存储平台；结合大数据算法，对历史运行数据和运行策略进行挖掘，分析空调系统的运行特征与人员空调行为，综合分析并建立出最优的控制模型，调整空调运行状态，能够实现多联机的节能控制与优化调适。

基于空调系统大量的实际运行数据，通过大数据方法对海量的运行数据加以分析，发展了多联机的故障预警技术，提高机组的安全性，同时提升用户体验。例如，针对传统的异常度检测方法样本数据不平衡、样本数据时间维度不连续、样本数据故障特征不明显等

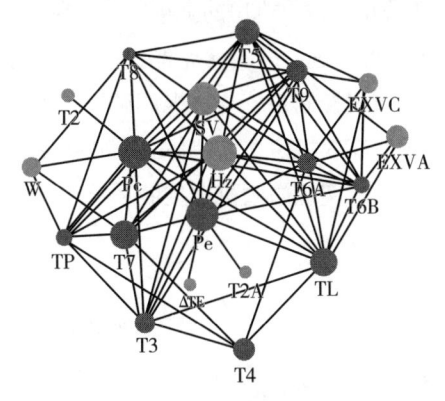

图 17　多联式空调系统传感器数字孪生映射关系图谱

各类问题，采用卷积神经网络（CNN）的异常度预测方法，能够实现对机组运行异常度的预测，对可能造成较大损失的重点故障能够做出预判；预测系统将预测结果反馈给云控制平台，进而通过降负荷、调频等干预手段减缓或者避免故障出现，减少损失。相关技术的进步和发展，为空调系统的控制程序升级、故障诊断、维保服务提升提供新的方法。

同时，有企业采用新的控制手段：模型预测控制，以设定温度作为回风温度的控制目标，通过室温预测模型及室温变化反馈，实现风量自动适应控制及目标设定温度实时修正调节，同时各时刻计算生成目前内机对蒸发温度／冷凝温度的变化需求值，外机基于所有内机的需求，对蒸发／冷凝温度实现最适化控制。基于回风温度控制相应的室内特征负荷实时追踪技术以及多目标协同控制的多联机能量精准平衡技术，实现 30 分钟内室温精度可控制在 0.5℃以内，且实现 21% 的节能效果。

3. 高效冷站设计、集成与空调系统智能运维管理

空调系统的制冷站是建筑冷热源供应中心，其耗电量一般占建筑总用电量的 40% 以上，因此制冷站的高效运行至关重要。在目前的行业常规认知中，把 $SEER_{sys} \geq 5.0 \ W \cdot h/W \cdot h$ 的制冷站称为高效机房或高效冷站。

目前的高效冷站主要采用基于大数据和数字孪生的云平台监测系统。数据孪生系统主要通过全生命周期的云平台监控调节，配合相应的孪生模型，实现制冷站的高效运行，其

中的技术包括中央空调系统仿真优化平台、AI 控制平台、BIM 模块化预制平台以及中央空调系统智慧云平台等，同时配备全工况的高效设备以及低阻抗的输配管网，达到制冷站的全方位、全系统高效节能。通过此类技术集成后的高效冷站在全国不同地区整个供冷季的能效比达到 5.0 W·h/W·h 以上。

基于大数据的控制方法主要采用现在热门的机器学习等算法，有企业创建了可自动预测负荷变化趋势的云端自学习算法，揭示了机房制冷系统各变量的分布规律。研发出的基于云平台的一体化主动寻优节能控制系统，实现系统、制冷机组、压缩机三位一体高效运行。类似地，企业可以在方案设计阶段预测输出机房的全年负荷；在机房优化阶段优化机房管路走向，选择低阻力发件降低局部阻力；进行高效设备选型，包括磁悬浮产品以及变频水泵等。

在高效机房的多智能体分布式控制系统与虚拟调试平台中，通过创建全新的多智能体分布式节能控制系统架构，研发高效机房多智能体分布式控制系统节能控制算法以及云边协同高效机房虚拟调试平台技术，实现高效机房控制系统程序的快速搭建，有效提高了系统能效与工程实施效率（图18）。

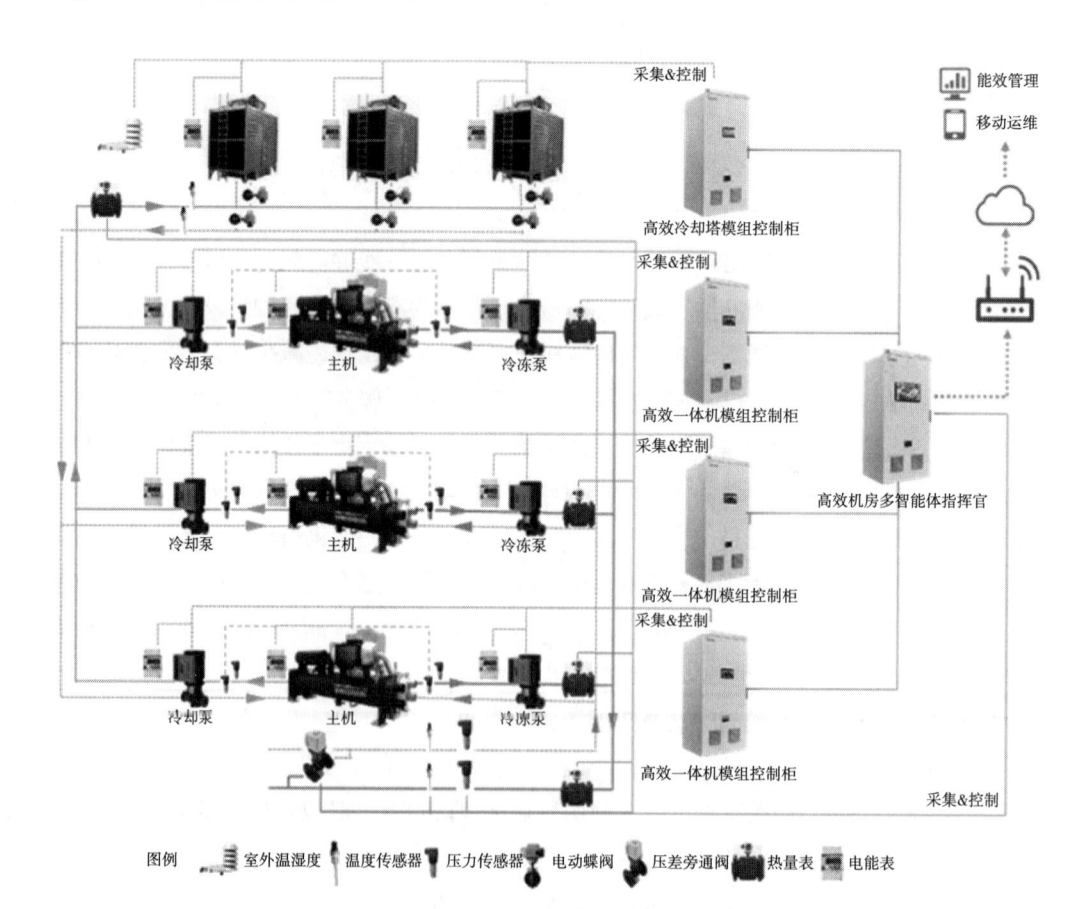

图18　多智能体分布式节能控制系统架构

五、空调系统应用低碳建筑

近零能耗建筑（NZEB）作为一种新兴的创新建筑类型，在实现建筑节能方面发挥着重要作用。被动优先、主动优化和应用可再生能源是实现近零能源消耗的基本途径。节能关键技术的联合应用是实现近零能耗及室内热湿环境调控双目标的重要策略（图19）。

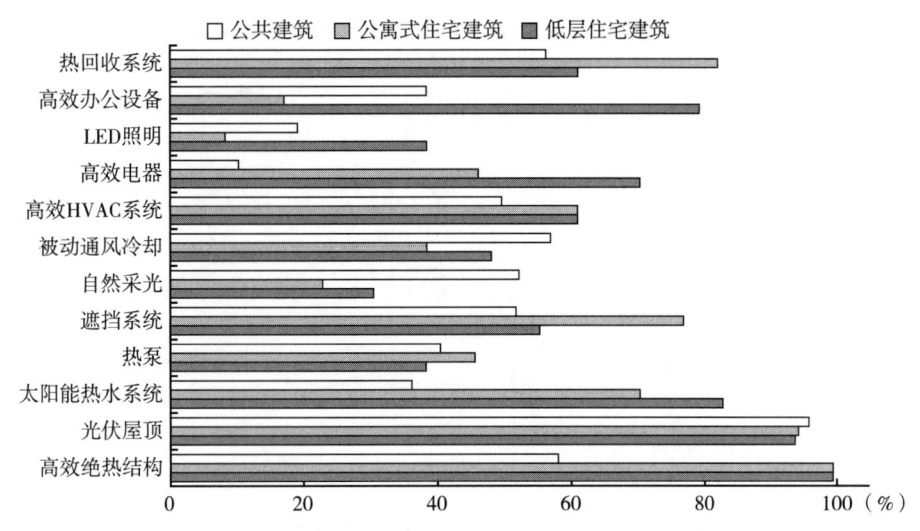

图19 近零能耗建筑热湿环境控制技术：国际 NZEB 关键技术使用频率

国内学者通过改善外围护结构性能和高效利用太阳能实现建筑零碳供暖。结果表明，采用变热性能的围护结构并匹配相应使用策略，与参考建筑相比可改善至少 30% 的室内热不适感且基本实现零能耗供暖。国外学者从优化多种热湿环境调控技术集成使用的控制策略角度，探索了 NZEB 满足热湿需求和室内空气品质的方法。通过引入可对各种能量参数进行动态监测并进行最优能耗分析的智能暖通空调管理系统，在保证室内热舒适的前提下可实现建筑能耗整体降低 50%。

下面将从公共建筑、工业建筑和农业建筑三方面说明空调系统在低碳建筑的贡献以及节能降碳方法。

（一）公共建筑

此前，对公共建筑商业系统的节能评价缺乏较为深入的计算分析，对暖通空调系统的节能设计指导也缺乏清晰依据。有研究以某大型航站楼暖通空调系统为例，分析可能采取的节能措施以及各节能措施的节能率，并对各节能措施的贡献度进行排序。结果显示：大型航站楼暖通空调系统节能措施，首先应考虑空调机组的风机变频，以便在部分负荷工况下能有效降低空调系统能耗；其次建议设置具有排风热回收功能的新风机组，且应尽量提高新风机组排风热回收比例以及热回收效率；最后则是建议部分水泵采取变频措施，适当降低水泵输送能耗以及提高冷热源机组能效。该研究对于北方地区其他型公共建筑，特别是大型航站楼的暖通空调系统节能设计以及绿色建筑节能评价具有指导作用。

此外，在北京大兴国际机场"引领中国机场建设、打造全球空港标杆"的总体建设目标指引下，为实现机场区域内建筑节能与能源资源合理高效利用，机场规划建设了完善的能源基础设施，利用场地条件充分采用地源热泵系统、光伏发电系统和太阳能热水系统，建立了一套低碳、环保、安全的能源整体解决方案，可再生能源利用率达10%以上（图20）。

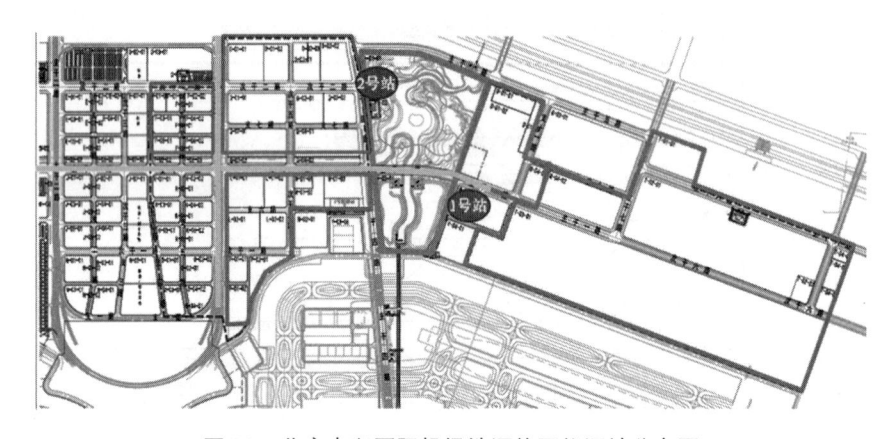

图20　北京大兴国际机场地源热泵能源站分布图

得益于智能算法，建立物联网技术的商业建筑空调系统智能化控制可以使中央空调系统运行控制时对气象参数、末端负荷变化、设备性能等多重影响因素的综合分析能力得到提升。即使面对复杂工况也能获得较为优化的运行控制策略，实现了运行效果和节能效果的协调一致。应用实践表明，物联网智能控制系统能够实现20%以上的节能率，随着系统持续不断地获取更多的运行数据，智能算法还可以继续迭代学习，积累更多优化策略，节能效果有进一步提升的空间（图21）。

国内学者研究指出，通过改善外围护结构性能和高效利用太阳能可实现建筑零碳供暖（图22）。研究表明，采用变热性能的围护结构并匹配相应使用策略，与参考建筑相比可改善至少30%的室内热不适感且基本实现零能耗供暖。国外学者从优化多种热湿环境调控技术集成使用的控制策略角度，探索了NZEB满足热湿需求和室内空气品质的方法。通过引入可对各种能量参数进行动态监测并进行最优能耗分析的智能暖通空调管理系统，在保证室内热舒适的前提下可实现建筑能耗整体降低50%。

图 21 物联网智能控制系统架构示意图

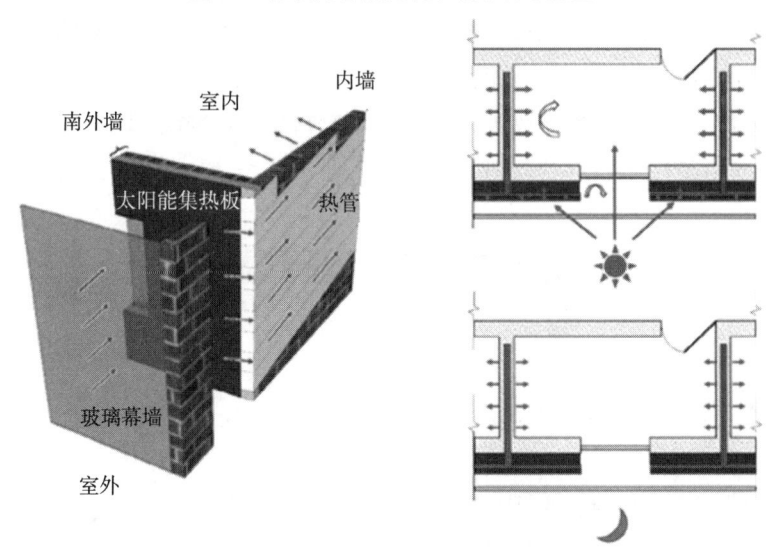

图 22 建筑集成热管的结构和工作原理示意图

近年来,将可再生能源与建筑结合,并应用于空调系统也是研究的热点。空调供暖系统是建筑碳排放大户,被认为是建筑柔性用电最具潜力的可控资源之一。需求侧管理是指供需双方共同对用电市场进行管理,以提高供电可靠性,减少能源消耗及供需双方费用支出。随着智能电网的建设和电力体制改革深入,需求侧管理通过引导电力用户科学合理用电,提高电能利用效率、降低资源需求、配合电网消纳可再生能源,推进建筑低碳化的作用正在逐渐显现。因此,空调系统应具备适应电网的动态响应能力,即实现需求侧响应。

实现需求侧响应的策略主要有:提升能效、负荷削减、负荷转移、调制以及发电等方法。大中型商业建筑空调系统结构和控制机理较为丰富,具有良好的需求侧响应调控潜力。其主要调节方法包括:①调节区域温度(最为直接有效的控制方法,但用户舒适性会

153

受到影响）；②提前预冷或预热（有效转移负荷，但避免正常运行时用电反弹）；③设置变频装置（响应速度极快，但也可能导致系统的水力失调、影响系统工作）；④调节冷水机组温度（响应时间长，部分可能导致能耗增加）；⑤调节风/水系统压力设定值（更简便，响应速度快）；⑥调节蓄热效率（根据用电侧实现不同蓄冷/热策略）。

智能电网和需求侧响应技术发展源于美国，并在 20 世纪 90 年代引入国内。近年来，在"双碳"战略目标的背景下，国内对空调系统参与需求侧响应的研究已逐渐开展。

（二）工业建筑

（1）锂电池生产厂房

随着新能源汽车的蓬勃发展，锂离子动力电池的需求呈现爆发式增长。锂电池厂房生产过程对空气湿度要求很高，尤其是低露点湿度需求空调房间，如干燥间、化成间以及注液间等房间，其湿度控制需求为露点 ≤ -50℃。现有的一级转轮除湿机组很难满足该需求，工程中一般设置两级转轮除湿段进行处理。国内学者对应用于锂电池制造厂涂布车间的转轮深度除湿系统进行了现场性能测试，性能系数仅为 0.66。鉴于该厂仅允许使用电加热作为再生热源，提出将二次回风改为一次回风来降低转轮的除湿负荷从而降低再生电耗（图 23），改进后整个供冷季可节电 8.4%。

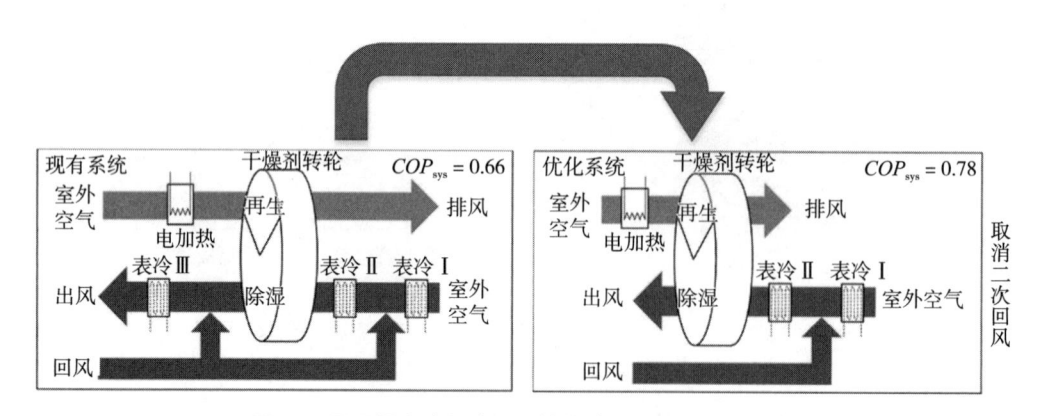

图 23 用于锂电池制造厂的转轮除湿系统及改进方案

（2）数据中心

数据中心温湿度控制对于 IT 设备的稳定运行至关重要。湿度过高会导致结露，可能导致短路和对集成电路、电源和其他硬件的损坏；湿度过低则会导致静电积累。温度过高会导致设备的热损坏，过低则可能导致磁盘驱动器轴承故障（图 24）。

空调末端可以将服务器的热量带出机柜和机房。根据空调末端的布置位置，可将其划分为房间级冷却、列间级冷却、机柜级冷却、芯片级冷却。其中，芯片级冷却系统可直接将芯片散热排至室外，冷却效率最高。

(a) ASHRAE 数据中心环境参数要求

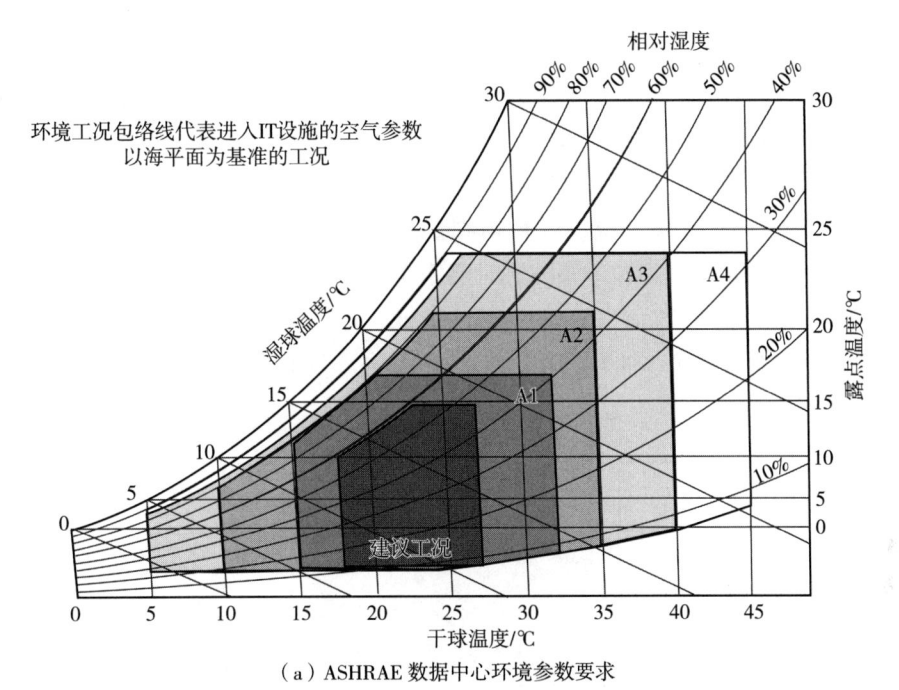

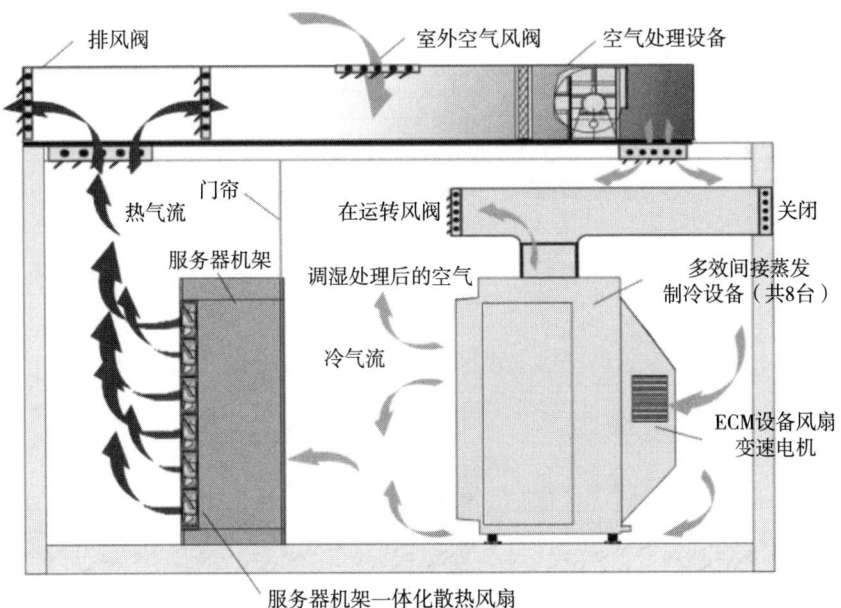

(b) 露点蒸发冷却系统示意图

图 24 数据中心应用

冷却技术主要包括风冷技术、间接式液冷技术、浸没式液冷技术、热管式液冷技术。间接式液冷技术是指通过非接触的方式实现液体冷却媒介和发热电子器件的换热。冷却媒介通过冷却塔与外界冷源换热，并通过制冷剂送至各个机柜或服务器，通过强制对流实现机柜的冷却。液体冷却能力高于空气，因此可大幅提升热交换效率。但液体与散热元件非直接接触，而是通过金属管壁进行热交换，因此也存在一定的局限性。接触式液冷技术是指绝缘液体介质（可保证电子器件的绝缘）与电子器件直接接触的冷却技术，包含喷淋液冷技术（将冷却液喷淋在服务器表面上进行冷却，其 PUE 值为 1.05～1.2）、相变浸没式液冷技术（服务器各部分器件全部浸入冷却液进行冷却，PUE 值为 1.05～1.2）等。接触式液冷技术的传热量大，效率高，可大幅降低冷却能耗，同时提高了运算设备性能和可靠性，减少机房占地面积。但该冷却方式对液体介质以及机房硬件设备的要求很高。联通 5G 喷淋液冷 EDC，移动 5G 云计算喷淋液冷平台、天河新一代高性能计算机喷淋液冷计算单元以及盘古龙岗数据枢纽中心均采用了接触式液冷技术（图 25）。

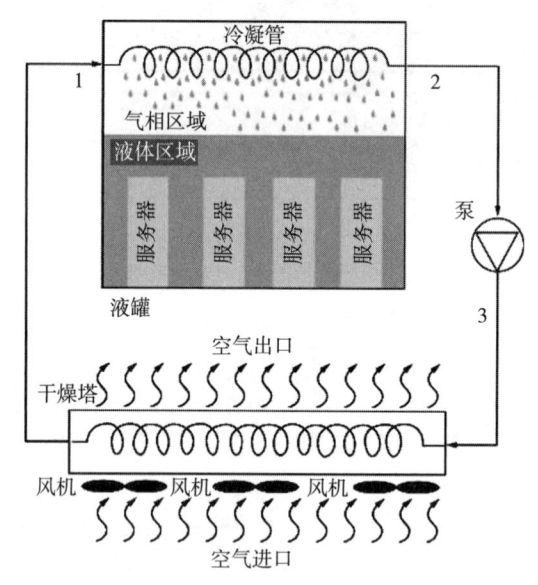

（a）相变浸没式液冷技术结构原理图

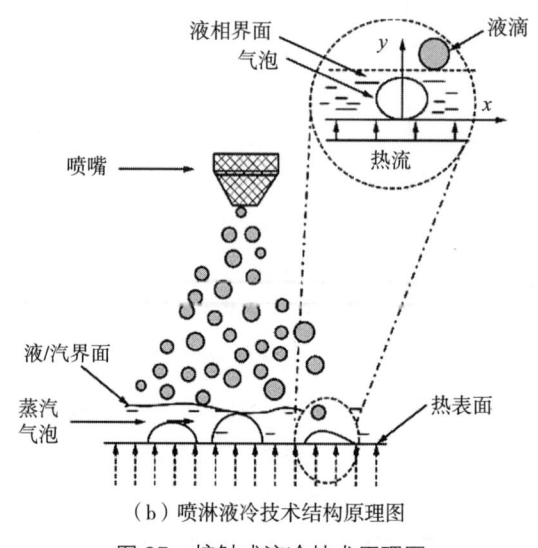

（b）喷淋液冷技术结构原理图

图 25 接触式液冷技术原理图

数据中心全年供冷的冷源是提升数据中心冷却空调能效的关键。直接利用"干空气能"实现数据中心冷却是近年来的研究热点。直接蒸发冷却系统是最为常见的系统，如宁夏中卫亚马逊云计算数据中心（图26）。与传统大型数据中心制冷方案相比，系统全年节能率超60%，年平均PUE为1.25。间接蒸发冷却也得到广泛应用，在空气和水在直接接触进行蒸发冷却过程之前，先对空气进行间接遇冷等湿降温，降低进风温度，从而可制取温度更低的冷水，使冷水温度接近空气露点，其结构和原理如图27所示。应用该技术的乌鲁木齐市联通数据中心，其全年COP达到了16.64 kW·h，全年PUE达到1.285，相比于采用机械冷源制冷方式，其全年节能率达到73%。

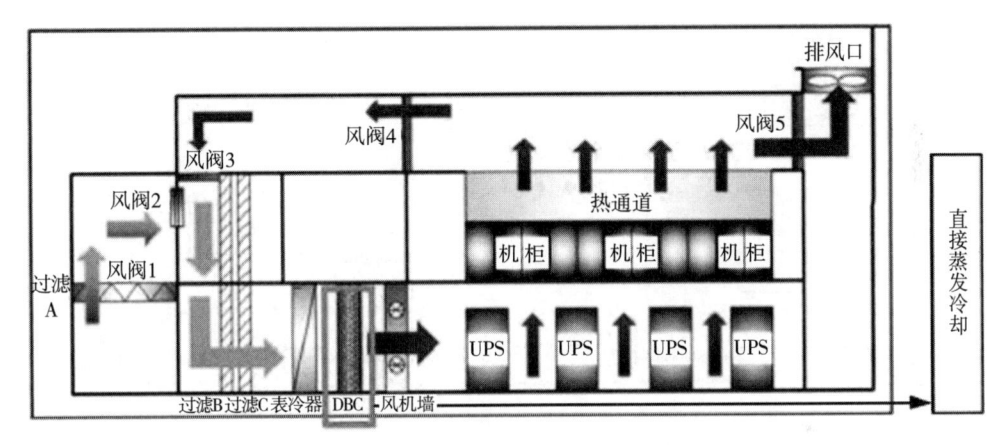

图26 宁夏中卫亚马逊云计算数据中心直接空气侧自然冷却

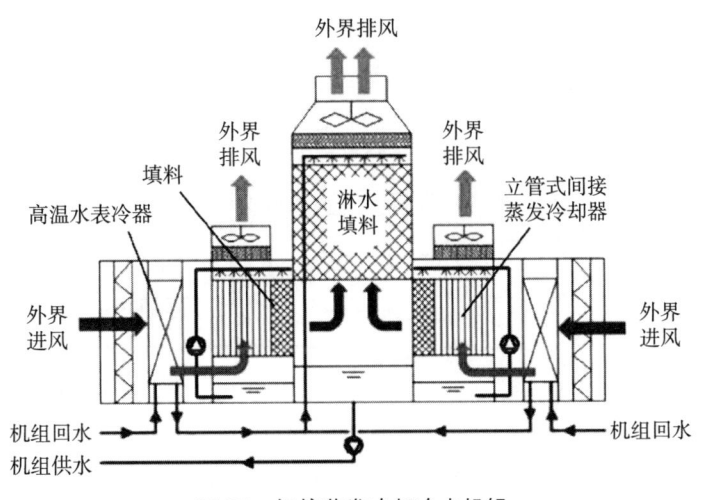

图27 间接蒸发冷却冷水机组

除了利用干空气能，江河湖海的水体是非常好的自然冷源，阿里巴巴千岛湖数据中心是我国第一个采用湖水作为自然冷源的数据中心。即便室外空气温度高达40℃时，机械制冷设备也无须开启制冷。

将自然能源与机械制冷有机结合的复合制冷系统是另一种有效降低数据中心冷能耗的系统形式。蒸发冷却与机械制冷负荷空调是最常见的模式之一，在中湿度地区夏季需要结合机械制冷共同为系统提供冷量，而在过渡季和冬季完全利用蒸发冷却便可以提供冷量。此外，还有湖水源 – 机械制冷复合系统、风冷式热管 – 蒸气压缩复合系统等。湖南云巢东江湖数据中心采用湖水源的制冷系统，根据湖水温度的不同，采用图 28 所示的三种模式，即免费供冷、部分免费供冷和机械供冷模式，实现了系统的大幅度节能。在实际运行期间，整个数据中心可实现几乎全年湖水无偿供冷，实测年均 PUE 值为 1.18。

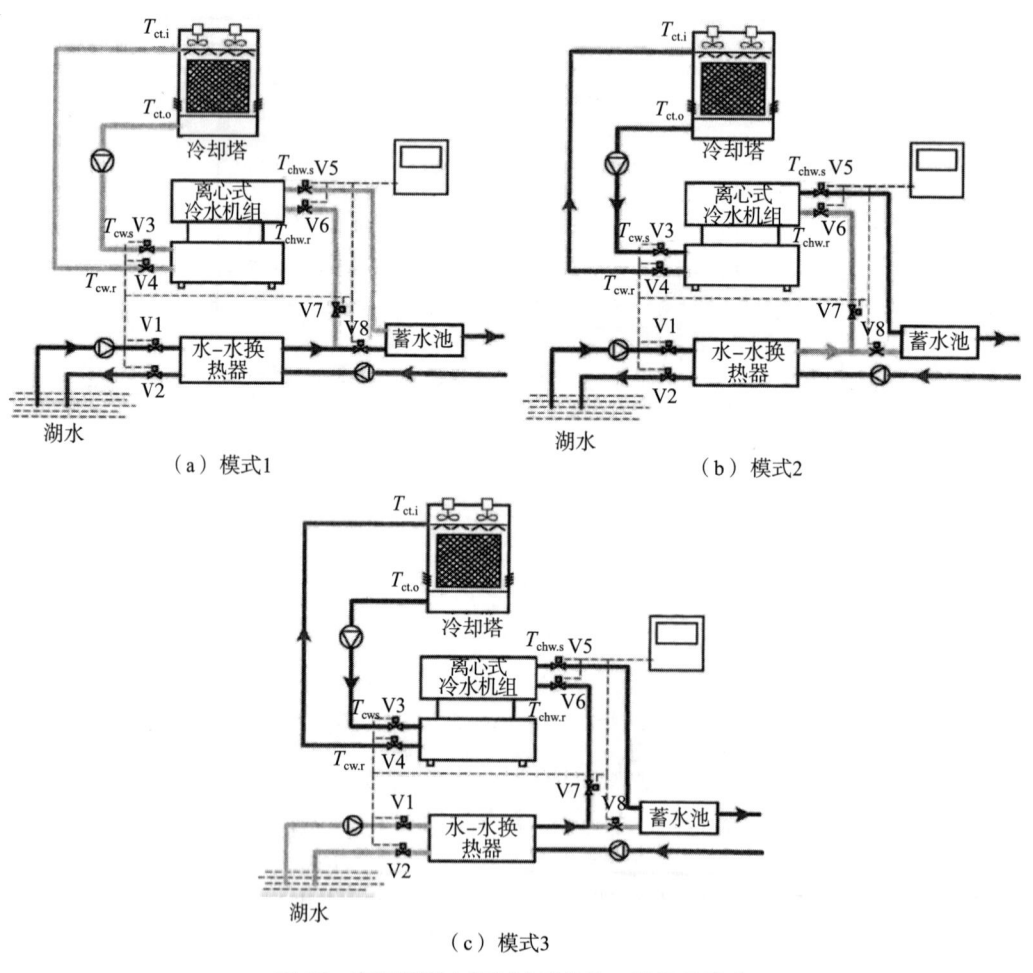

（a）模式1

（b）模式2

（c）模式3

图 28　东江湖湖水源制冷系统的三种运行模式

（3）洁净厂房的空调技术

洁净技术的发展对我国高新技术发展、国防建设和民生建设具有重大意义，如何在保障洁净室环境质量的前提下降低其能源消耗成为关乎洁净领域能否可持续发展的重要议题。

优化洁净厂房的送风控制模式,可以有效降低洁净空调的能耗。通过协调室外和送风通风系统的运行,在多区域洁净室空调系统中可用实现节能运行,试验结果表明,优化送风风量可以缓解供冷与需求不匹配的问题,同时影响室外最优通风方式,节能率高达 63.3%。基于人员位置送风的净化机组控制策略,即提高人员周围送风速度,降低远离人员位置的送风速度。结果表明,人员周围送风速度为 0.35 m/s,远离人员送风速度为 0.15 m/s,可保证与常规定风量方法(即所有送风速度均为 0.35 m/s)相同的洁净度。采用该控制策略,在不同工况下所需风量可降低 42%~55.3%。此外,制药行业洁净室的压力控制是避免交叉污染的必要手段,因此应着重于系统在工作模式和值班模式下的压力梯度控制能力。在工作模式和值班模式切换过程中,房间压力变化可稳定在 ±3 Pa 以内,在保证洁净度的同时,可在非工作模式下节能 39.8%。

在冷热源及空气处理过程节能方面,提出一种采用干式冷却盘管对部分室内回风进行冷却,实现二次回风,避免了冷热偏移的洁净空调系统方案。在满负荷条件下,该系统的冷却供给量比现有系统降低了约 40%~52%。此外,还可以在混风段前分别设置新风和回风的过滤系统,避免了两者的混合损失。结果表明,由于气流阻力降低,总能耗降低 25.8%~45.0%。利用液体干燥除湿是另一种节能方法,新型液体干燥剂-热泵混合式空调系统不仅相对于传统系统节能,还简化整个系统布局,保证了紧凑的系统结构。在送风含湿量为 2.1~4.5 g/kg 的条件下,系统的 COP 为 2.4~3.2 W/W,与传统液体干燥剂除湿系统相比提高了 13.8%。

(三)农业建筑

农业温棚的温湿度控制对于提高农产品产量和品质至关重要。图 29(a)给出了湿度对温室植物的不良影响。总体来说,湿度过低会降低植物生长,过高会引起植物疾病。温室中的湿度控制方法有自然通风、强制通风、冷凝除湿、吸湿材料除湿等。通风是应用最广的湿度控制方法,但其严重依赖自然环境,在冬季,温棚的热损失较大,将导致温棚的制热能耗增加。当前的研究主要集中于如何精确控制温棚中的湿度且降低整体温棚在全年的运行能耗。

溶液除湿或固体吸附除湿可较为准确地控制湿度,且可将空气潜热量转化为显热量从而解决冬季热量不足的问题。图 29(b)为一种溶液除湿型温棚湿度控制装置。装置内的浓溶液用于吸收空气中的水蒸气,稀溶液由 70~85℃的热水驱动再生,水蒸气被吸收时将释放气化潜热加热温棚中的空气。采用该装置的温棚可实现 10% 以上的节能率。

(a)湿度对温室大棚的影响　　　　(b)温棚中的湿度控制装置

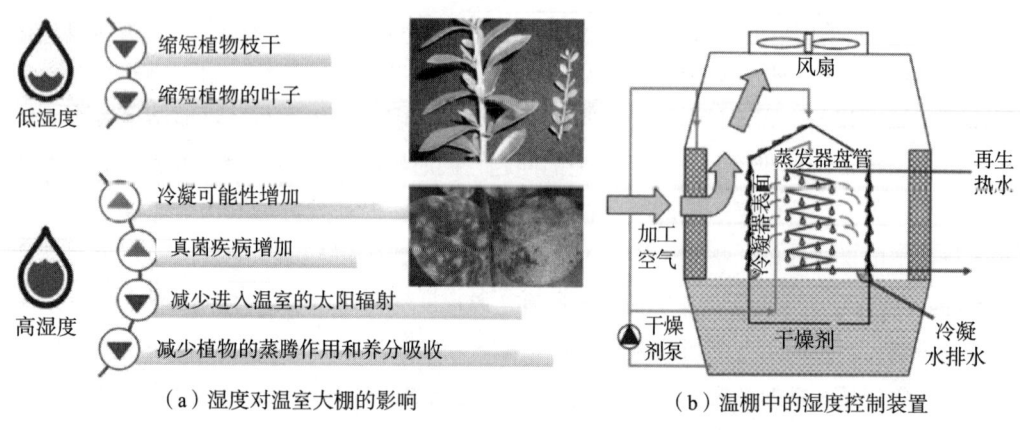

图 29　温棚中的湿度控制

六、总结与展望

根据空调系统技术发展及低碳技术的发展，未来空调系统将发展将更加注重节能、环保和智能控制，并重点发展以下关键技术。

（1）室内环境优化控制技术

针对冷凝除湿空调技术，研究基于分级/分段蒸发实现温湿度独立控制、回收冷凝热用于送风再热的系统流程简化和能效提升方法，研发适用于温湿度独立控制空调的环保型非共沸制冷剂及其组分调控方法；针对溶液除湿空调技术，开发适用于不同除湿需求的低腐蚀性吸湿剂（如弱酸盐、离子液体、深共晶溶剂及混合溶液），研发基于先进制造工艺的高比表面积内冷型除湿装置，研究适用于深度除湿和低品位热利用的新工质和系统流程；针对固体除湿空调技术，开发具有高除湿性能、低再生温度的 MOF 材料和复合干燥剂，建立 S 型吸附等温曲线阶跃压力的调控方法；研发具有高比表面积、低压降的除湿换热器和转轮，研究适合不同应用场合的系统流程及其与常见节能技术（如热泵、蒸发冷却、余热回收）的高效集成方法。

针对被动式热湿调节技术，研究热导率可调控的新型保温材料及其与相变墙体的结合方法，研发发射率可调控的反射涂层和控湿精度高的室内调湿涂料，研究寒冷地区排风全热回收装置热回收效率的提升方法。针对数据中心冷却和狭小空间的除湿需求，研究基于露点蒸发冷却技术的数据中心用复合型空调，通过优化流道设计、研发新型吸水材料等方式提高露点蒸发冷却性能；通过优化电极结构、研发催化剂和膜材料等方式进一步提高电解质膜除湿性能。

（2）适用于"部分时间、局部空间"的空调系统

冬季非集中供暖区的室内采暖方法一直是公众关注的问题，相较于"全时间、全空

间"空调供暖方式,"部分时间、局部空间"空调承担的冷热负荷显著降低。研发节能舒适的空调系统是实现住宅与商业空调低碳化的基本方法、也是长江流域等非集中供暖区空调供暖的关键形式。如近年来结合对流末端与辐射末端各自优势的一体化末端系统,在启动阶段,通过对流换热方式大能力输出热量,实现快速制热,缩短不舒适时间;而在稳态阶段则以辐射换热为主进行供暖,提高室内的舒适性。因此,将对流和辐射末端有机整合,优势互补,实现间歇供热方式下的高效、高舒适室内环境营造。同时,也应进一步发展局部空调,在人员活动区域还可采用局部空调方案(如穿戴式个体空调、座椅空调、局部送风等局部环境空调等),以减小需求热量(及其制热能耗)并维持人员的热舒适。

(3)基于部件优化及自然能源利用的高效空调系统

研发高效制冷热泵循环、优化部件及系统性能是实现空调高效运行重要方法。进一步优化空调设备的部件、提升系统性能尤其关键。另外,利用自然能源处理空调负荷是降低空调系统能耗的重要途径。对于有条件地区,应大量利用自然能源代替或辅助传统冷热源,如自然水体等天然冷源、地热能、干空气能等;当有废热资源时,应充分考虑冷热回收利用。应考虑显热负荷与潜热负荷品位的差异,采用温度、湿度独立控制的空调系统,避免冷凝除湿再热以及电热加湿。除此之外,中深层地热也是一种零碳热源,但需发展井下高效换热器技术、超长重力热管技术等,随着今后地下勘探能力和开发水平的不断提升,我国中深层地热资源将会得到系统和广泛的使用。

(4)空调系统调适与智能运维技术

家用空调器、多联机等设备的运行不配备运维管理人员,因而依靠生产企业进行在线调试是未来发展重要方向,其技术核心是实时获取系统能效和室内舒适性参数。在当前的大数据、智能化时代,通过对性能传感器采集的数据进行挖掘,可以对空调系统实现自学习的智能控制,实现系统调试,从而降低全生命周期碳排放,并进一步实现故障预测与诊断。进一步的,对于中央空调系统,应利用能源管理系统对空调系统进行优化控制并利用大数据分析提出节能改造措施,还将通过建筑暖通空调系统、太阳能光伏装置、储能蓄能系统等能源形式进行统一协调与优化控制,实现系统的整体能效提升。

(5)环保制冷剂及其应用技术

进一步发展使用低 GWP 环保制冷剂。低 GWP 制冷剂主要包括自然工质、氢氟烯烃(HFO)等。HFO 制冷性能较好、GWP 值也极低,但存在一定可燃性,因此安全性较差。为此,与其他制冷剂混合是改善其制冷剂性能的途径之一。如 HFOs 中混配 R-32 以改善热物性、混配 R-134a 降低可燃性等,以兼顾环保和制冷性能。目前 R-452B,R-454B 已成为 R-410A 替代制冷剂应用于家用空调器中。CO_2 作为一种纯天然制冷剂,GWP 为 1 且无毒不可燃。使用 CO_2 跨临界循环具有明显的环保优势,是家用和商用热水设备的发展方向;然而对于制冷剂充注量较大的多联机系统和大容量冷水机组,其制冷剂替代方向尚需结合技术可行性、环保节能性和技术经济性进行综合评估,以确保行业的可持续发展。

（6）基于需求侧响应的空调系统控制技术

尽可能采用可再生电力，如利用建筑表面敷设光伏板，构建"光储直柔"建筑能源系统。随着可再生能源的大量使用，空调系统负荷作为典型的柔性负荷，未来将会发挥更大柔性潜力。发展需求侧响应技术，通过更多灵活可变、主动与电网进行互动，以平抑电网波动，缓解供需侧矛盾。通过调节风机、水泵、压缩机等变频调速装置，结合水蓄冷/热、冰蓄冷、相变储能等技术，消纳可再生能源，实现削峰填谷。制定合理的市场政策，以激励参与需求侧响应行为，建立长效的建筑主动参与电网需求侧响应市场机制以及相关标准规范将成为未来的重要工作方向。

参考文献

［1］ Liang C J Y, Li X T, Zheng G H. Optimizing air conditioning systems by considering the grades of sensible and latent heat loads［J］. Applied Energy, 2022, 322：119458.

［2］ Luo J L, Yang H X. A state-of-the-art review on the liquid properties regarding energy and environmental performance in liquid desiccant air-conditioning systems［J］. Applied Energy, 2022, 325：119853.

［3］ 葛鲁榕，王如竹，葛天舒. 铝基MOF合成及其在除湿换热器中的应用［J］. 工程热物理学报，2023，44（02）：283-288.

［4］ Ge L R, Feng Y H, Dai Y J, et al. Imidazolium-based ionic liquid confined into ordered mesoporous MCM-41 for efficient dehumidification［J］. Chemical Engineering Journal, 2023, 452：139116.

［5］ Shahvari S Z, Clark J D. Approaching theoretical maximum energy performance for desiccant dehumidification using staged and optimized metal-organic frameworks［J］. Applied Energy, 2023, 331：120421.

［6］ Chen W H, Yin Y G, Zhao X W, et al. Sepiolite based humidity-control coating specially for alleviate the condensation problem of radiant cooling panel［J］. Energy, 2023：127129.

［7］ Ren J, Liu J Y, Zhou S Y, et al, Developing a collaborative control strategy of a combined radiant floor cooling and ventilation system：A PMV-based model［J］. Journal of Building Engineering, 2022, 54：104648.

［8］ Zhu Y T, Yin Y G. Performance of a novel climate-adaptive temperature and humidity independent control system based on zeotropic mixture R32/R236fa［J］. Sustainable Cities and Society, 2022, 76：103453.

［9］ Guan BW, Zhang T, Liu X H. On-site performance investigation of a desiccant wheel deep-dehumidification system applied in lithium battery manufacturing plant［J］. Energy and Buildings, 2021, 232：110659.

［10］ 刘华，张治平，王升，等. 我国离心式制冷机组发展现状及趋势［J］. 暖通空调，2022，52（12）：41-47.

［11］ 陆婷婷，刘宇轩，刘骏亚，等. 气悬浮压缩机冷水机组的研究现状及测试［J］. 液压气动与密封，2022，42（8）：110-112.

［12］ 徐振坤，邱向伟，李金波，等. 吸气/补气独立压缩房间空调器的运行特性及应用效果［J］. 家电科技，2021，6（6）：29-35.

［13］ 杜玉清. 微通道换热器用作热泵型空调器室外换热器相关技术分析［J］. 制冷与空调，2022，22（7）：44-49.

［14］王婷，吴信宇，李亚平等. 基于负荷预测的多联机变蒸发温度节能控制［J］. 家电科技，2022（S1）：212-217.
［15］Yang Z, Ding L, Xiao H, et al. All-condition methods for measuring field performance of room air conditioner［J］. Appl. Therm. Eng., 180（2020），p. 115887.
［16］杨子旭，崔梦迪，肖寒松，等. "集成智能通风与光伏的超高效空调器"实现节能80%——全球制冷技术创新大奖赛获胜项目［J］. 家电科技，2021（6）：25-28+35.
［17］Xiao H, Yang Z, Shi J, et al. Methods for performance metering of indoor units in variable refrigerant flow systems based on built-in sensors. Applied Thermal Engineering, 196（2021），117268.
［18］Zhou Z , Chen H , Li G , et al. Data-driven fault diagnosis for residential variable refrigerant flow system on imbalanced data environments［J］. International Journal of Refrigeration, 2021, 125（1）.
［19］Yin J, Liu X, Guan B , et al. Performance and improvement of cleanroom environment control system related to cold-heat offset in clean semiconductor fabs［J］. Energy and Buildings, 2020, 224: 110294.
［20］Ma Z, Guan B, Liu X , et al. Performance analysis and improvement of air filtration and ventilation process in semiconductor clean air-conditioning system［J］. Energy and Buildings, 2020, 228: 110489.
［21］Zhao J, Liang C, Wang H, et al. Control strategy of fan filter units based on personnel position in semiconductor fabs［J］. Building and Environment, 2022, 223: 109420.
［22］黄翔，屈名勋. "双碳"目标下绿色数据中心冷却关键技术路径的探讨［J］. 制冷与空调，2022，22（3）：1-10.

撰稿人：石文星　殷勇高　杨子旭　张　凡　于天蝉　刘树荣　肖寒松
　　　　李天成　池俊杰　曹博文　程小松　陈万河　朱雨彤　雷冰洁

第二节　冷链装备技术

一、研究背景

冷链是指以冷冻及冷藏工艺为基础、制冷技术为手段，使冷链物品从生产、流通、销售到消费者的各个环节中始终处于适宜的低温环境下的特殊供应链。它承担着保证食品药品正常流通的重要作用，是国际国内双循环的重要支撑，在国家多项发展战略实施和多个国民经济重要领域发挥着不替代的作用。

冷链是乡村振兴战略实现的重要支撑。2018年1月2日，国务院公布了2018年中央1号文件，即《中共中央国务院关于实施乡村振兴战略的意见》。建设现代冷链物流体系是实施乡村振兴战略的重要支撑，从政策和制度层面上延续了对冷链物流产业的支持。

"一带一路"发展战略的实施使得冷链的需求不断扩大。"一带一路"沿线国家或地区的新鲜农副产品交易规模和频次将大幅度提升，冷链物流的需求则会越来越大。因此，

"一带一路"为冷链物流的发展也提供了强大的驱动力。

电子商务进一步推动了冷链的发展。近十年来，我国电子商务行业进入快速发展阶段。生鲜电商属于电子商务中极其重要的一部分，生鲜电商、跨境生鲜电商的市场规模和用户接受度都在不断扩大，这使得对冷链的依赖度不断增强，此外，预制菜、医药与疫苗冷链等产业的发展，也为冷链提供了新的发展领域，冷链在这些领域未来的发展潜力十分巨大。

党中央、国务院高度重视冷链行业的发展，2021年12月国务院办公厅发布《"十四五"冷链物流发展规划》，全面阐述了加快发展冷链产业的决策部署。

本章将分别阐述近年来冷链在冷加工、冷冻冷藏、冷藏运输、冷藏销售各环节的技术与装备的主要进展，并分析未来的发展趋势。

二、冷加工装备技术

本节主要从预冷、冻结与速冻方面分别介绍冷加工装备技术的进展，同时也包括近年来新兴的物理场辅助冻结技术。

（一）预冷

预冷多用于果蔬冷却，是在运输上市、贮藏或加工之前，将采收的新鲜果蔬尽可能早地迅速去除田间热，冷却到果蔬的中心温度接近于适宜贮藏温度的过程。预冷是创造良好温度环境的第一步，在高温下延长果蔬从采收到预冷的时间必定增加腐烂，及时将果蔬预冷到所需的温度，可以抑制腐败微生物的生长、酶的活性和呼吸作用，控制水分损失和减少果蔬释放的乙烯。近年来，果蔬预冷越来越受到行业重视。

果蔬预冷技术领域近年来发展较快的是流态冰预冷技术。2018年，国内研究机构研制了基于流态冰的差压预冷装备（图1），创新点在于将先进的流态冰制取技术与传统差压预冷装备结合，利用流态冰高效的蓄冷性能和良好的流动特性替代传统预冷装备的直供冷冷源，达到降低设备造价和预冷成本的目的。流态冰产生的细小冰晶可直接作为冰水预

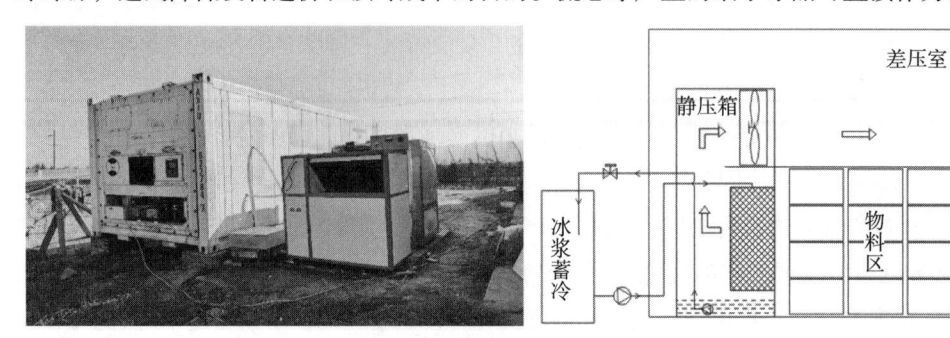

图 1　基于流态冰的差压预冷装备与原理

冷的冰源，降低了制冰能耗和冰晶尺寸，在加快预冷速度的同时减小了对果蔬的损伤。利用流态冰蓄冷替代现有差压和真空预冷的直供冷机组，在保证预冷效果的基础上，其设备体积和造价分别下降了40%和30%，差压预冷前后的失水率降低至0.5%。

果蔬预冷装备主要发展趋势是小型化、移动式。2019年，国内研究机构基于可交换厢体技术研制出可移动式专业化压差预冷装备，创新点在于将压差预冷装置和可交换厢完美结合，可方便地使用专用可交换厢底盘车挂载，实现自身任意自动装卸（上厢下厢），单台车身底盘配套可交换厢冷藏箱2~3台。该系统的操作不需吊车，灵活方便，解决了可移动式装备的装卸困难问题。同时配备了智慧化大数据控制系统，通过触摸屏一键选择果蔬，自动调取大数据库果蔬预冷参数，实现预冷过程智慧化控制。一次预冷果蔬能力2~5吨（叶菜2吨、果蔬5吨），预冷速度快，预冷时间为1~5 h，节能超过20%。

果蔬预冷需要与贮藏保鲜紧密结合，使果蔬的采后处理过程更加高效、节能，保证果蔬的品质。2017年，国内企业研发了"压差预冷+冰温贮运"联合保鲜技术，即将果蔬采摘后立即进行田间快速预冷处理，然后进行冰温贮藏及冰温运输，实现全程冷链。采用移动式压差预冷机在田间环境下完成快速预冷作业，并根据不同季节对不同果蔬进行处理，实现全年移动作业。采用冰温库根据贮藏对象设定相应冰点贮藏温度，并精准控制舱内的冰温恒定。采用蓄冷式冰温集装箱实现一次充冷8 h，连续5天冰温保温，冰温波动不超过0.3℃，箱内最大不均衡温差在0.5℃以内。采用该联合保鲜技术对蓝莓的保鲜实践证明，相比传统冷藏，保鲜期延长了3倍，损耗率降低5%。以"示范基地"模式积极推广上述联合保鲜技术，并取得初步成效。2019年，国内研究机构基于标准20英尺集装箱，综合预冷和冷藏两种模式及两种模式自动切换的全新模式，研制出智慧环保移动式果蔬压差预冷和冷藏一体化装备。该装备有两套制冷系统和一套压差通风装置，根据使用需要实现移动压差预冷装备预冷功能和冷藏功能之间的转换。该装备整体结构简单，预冷和冷藏效果好，广泛应用于果蔬、花卉、菌类和畜牧奶等生鲜农产品的预冷和冷藏等冷链应用中。另外该装备配备了智慧化电子控制系统，能够一键选择大数据库内果蔬种类，自动实现整个装备的模式切换、精准控温、GPS定位等功能，减少了人机交互，实现了智能化控制。一次预冷果蔬能力1~3吨，预冷速度快，预冷时间为1~5 h，比冷库预冷快2~10倍，节能超过20%。

果蔬预冷如果与杀菌消毒技术相结合，可以方便地抑制果蔬微生物滋生，延长贮藏期。2021年，国内研究机构将等离子体活性水杀菌与果蔬预冷相结合，并对影响等离子体活性水制取的因素及其在果蔬预冷中的杀菌效果进行实验研究。其结果表明：随制取时间增加，等离子活性水 pH 呈下降趋势，而温度、电导率及氧化还原电位逐渐增加，杀菌能力增强；制取水温会影响活性水理化特性，当水温为17℃左右制取效果最佳；随杀菌时间增加，活性水悬液杀菌率显著提高，而随着活性水温度降低，杀菌效果减弱；将等离子活性水用于果蔬浸泡预冷、喷淋预冷，均有显著杀菌效果，其中浸泡预冷杀菌效果更佳，杀菌率达 95% 以上。可见此类系统能够在完成预冷需求的同时很好地实现微生物控制。

（二）冻结与速冻

为了保证食品的营养及其品质的长时间维持，冻结是理想的技术手段之一。速冻是指使食品在冻结过程中快速通过最大冰结晶生成带，以提升冻结品质。冻结与速冻是冷加工技术的重要组成。

2019 年，国内企业研发了高效洁净全自动堆积螺旋式食品速冻装置，其主要由高效制冷系统、自堆积式螺旋输送系统、CIP 原位清洗系统、保温库体、进出料装置、智能控制系统等几大部分组成（图 2）。该速冻装置采用高效食品快速技术、气流组织优化、蒸发器大面积翅片结构与精密制造、智能监控集成控制等多项技术，实现了自堆积螺旋高效稳定驱动，并完成了在线监控技术、高效冻结技术、全自动 CIP 原位清洗技术及装备成套设计制造、核心部件系列化、产业化技术的集成运用和集成创新，提高了农产品冻结速度，降低能耗。通过开发相应软、硬件系统，实现了各智能监控点的集成优化。

2020 年，国内研究机构开发了智能化液氮速冻装备，如图 3 所示。在该装备中建立了典型鱼肉类的速冻工艺包和基于流场优化设计与温度智能控制的速冻装置智能控制策略，装备内置了自主探索出的食品冻结工艺数据库，运行时可以根据冻结的食品种类进行智能化选择。根据选择的冻结工艺，装备控制器自动调节不同位置的风量、风速和风向，以及冻结食品的移动速度，实现 –196 ~ 0℃范围内不同冷却温度和降温速率的智能化控制。经第三方检测，装备处理量为 1227.789 kg/h，可实现 –150 ~ –35℃快速冻结。同时，该食品冷却

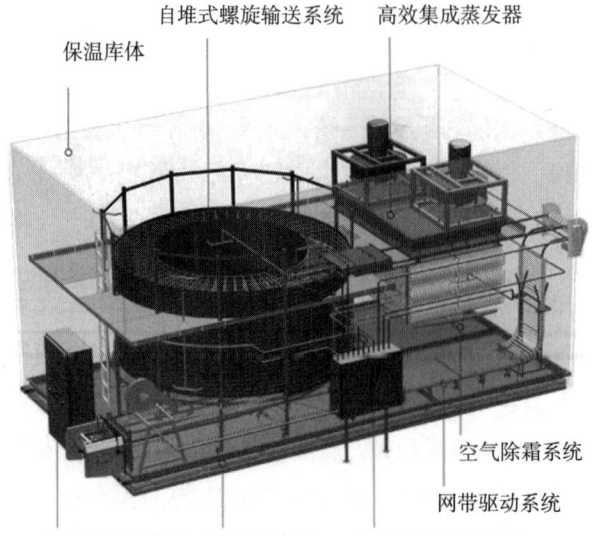

图 2 高效洁净全自动堆积螺旋式食品速冻装置

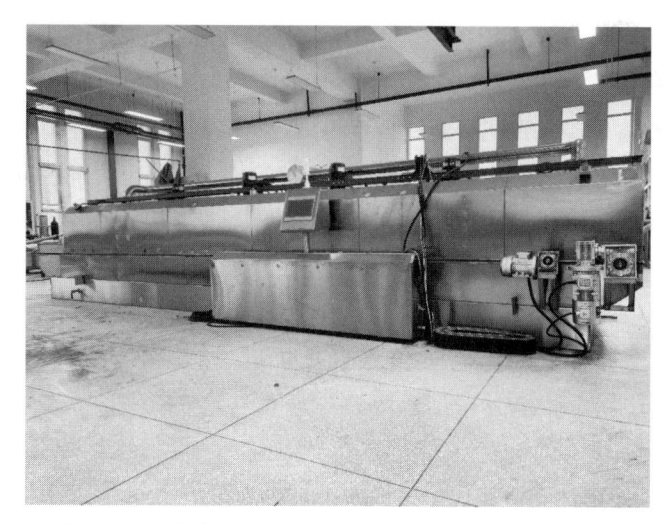

图3 智能化高品质天然低温冷媒超低温快速冻结装备

装备安装了冷量回收装置,对低温氮气的冷量进行了回收,能够有效降低食品速冻的能耗。

2021年,国内企业针对现有速冻设备能耗大、单位产能占地大、自动化和智能化程度低、蒸发器除霜频繁等问题,设计开发了智能立体冻结隧道,其原理如图4所示。食品经加工及包装后,通过流水线输送到智能化立体冻结流水线中,通过冷风降温,实现了大规模盘装分割肉、禽产品的连续自动化冷冻,具备高空间利用率的特点。该装置的技术创新包括以下几点:①开发了基于实时追踪定位的速冻设备用深度智能化控制技术。采用国内首创的软监控技术,实现货品实时追踪定位,追踪记录每个货位的货品种类、冻结时间、是否冻结完成和班次等信息,全面挖掘全部货位信息并用以指导智能隧道的全自动运行及深度智能化运行。相比于基于传感器的物联网技术,该技术无须任何传感器,极大地

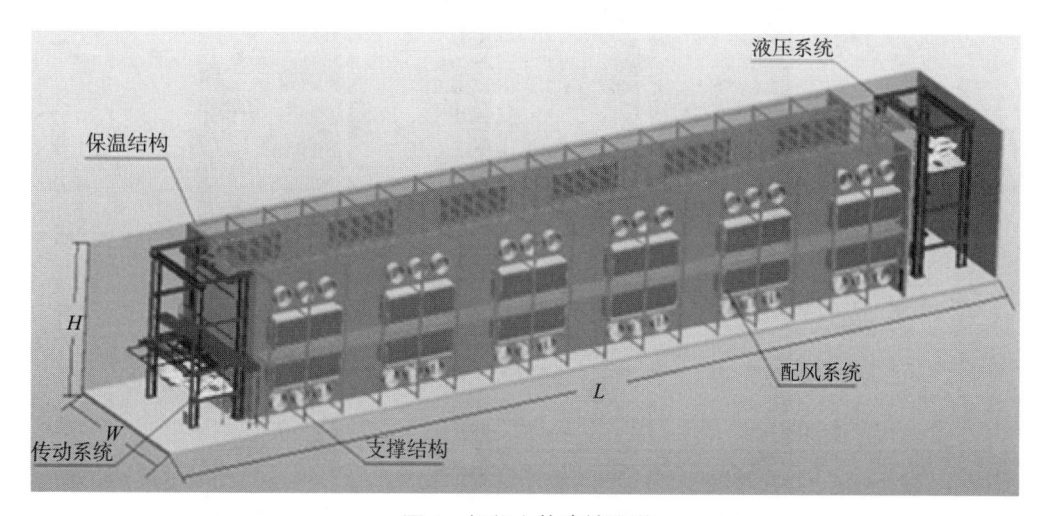

图4 智能立体冻结隧道

节省了传感器成本，并减少了由传感器引起的故障。②开发了变距式自拦霜高效换热技术。采用变距式顺排结构，提出大片距拦霜、中片距缓霜换热、小片距强化换热的设计理念，开发出速冻设备制冷系统用变距式自拦霜高效蒸发器，显著延长了蒸发器化霜周期。③将低能耗高品质速冻工艺、速冻装备内部气流组织优化、变距式自拦霜高效换热和基于实时追踪定位的速冻装备智能化控制等技术有机结合，研制开发了低能耗智能化隧道式连续冻结速冻设备，实现了速冻设备智能化、低能耗、低占地面积、长蒸发器除霜周期。

在特定场景专业化冻结装备领域，2022年，国内企业针对蒸煮成熟后的甜糯玉米棒急速冻结，提出了智能型下旋流隧道速冻装置速冻机。该设备根据玉米棒实际冻结曲线合理分区，预冷段、冷却段、深冷段的温度分别为 +5℃、-15℃、-35℃。采用振动装置使多层玉米换热均匀，独有的下旋流送风方式，实现均匀布风，冻结效率高、冻结速度快。所采用的弧形挡风板设计无送风死角，可减少运行损失。2022年，国内企业在预制菜领域研发了特有装备。研发的炒饭速冻机采用的振动结构，可以解决目前炒饭粘连、结块的现象。另外对速冻机内部气体的循环流道设计能显著提高换热能力，降低食品干耗。

（三）物理场辅助冻结技术

物理场辅助冻结技术是近年来新兴的、正在研究中的冻结技术。

2019—2023年，国内研究机构在磁场辅助冻结技术领域取得系列进展。开展了磁场对水及其盐溶液中冰晶生长过程影响的实验与仿真研究，采用人工置核的方法，定量地研究了不同磁场强度作用下单个冰晶的动态生长过程（图5）。实验结果证明了磁场可以抑制冰晶生长，降低其生长速率；建立了基于相场法的冰晶生长模型，模拟了单个冰晶的动态生长过程；开展了多种生鲜食品（包括水产、肉类、果蔬等）的磁场辅助冻结实验，从

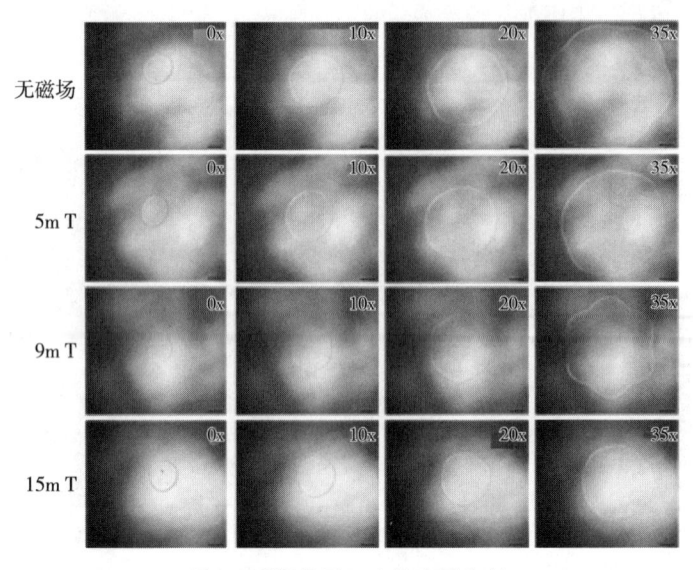

图5 磁场作用下水的冰晶生长

宏观（冷冻参数、失水率、质构、pH等）和微观（冰晶形态、尺寸及分布）两个层面，探究了不同参数的磁场对不同种类食品的作用效果并进行了归纳总结。通过研发多种类生鲜食品的磁场辅助冻结工艺，为物理场辅助冻结技术的进一步应用提供了理论基础。鉴于已有实验结果中磁场可以提高过冷度，为避免冻结形成的冰晶对食品造成损伤，进一步地研究了磁场辅助超冰温保存技术。将磁场辅助与油封的方法相结合，提出了实现深度过冷的方法，以水、水果为实验对象，实验结果得到的过冷度大于现有方法且可长期维持，为实现食品的深度过冷和超冰温保存奠定了初步基础。

2020年，国内研究机构开展了超声波场强分布和空化效应、正交超声波场对冷冻效率和品质影响的研究。研究表明，超声波对马铃薯的冻结品质产生积极影响，如图6所

图（a）中可以看到，浸渍冷冻处理的马铃薯样品的细胞壁出现了明显的扩张和塌陷现象

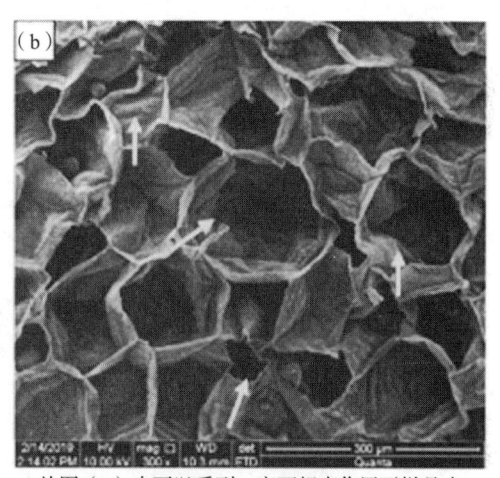

从图（b）中可以看到，底面超声作用下样品内形成了部分尺寸较大的冰晶

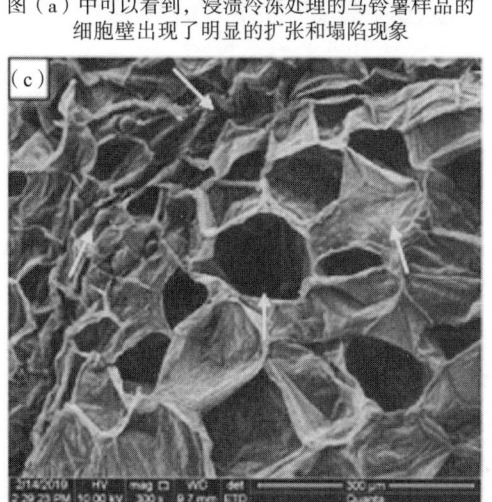

从图（c）中可以看到，侧面超声处理后样品的细胞壁结构有很大的不均匀性

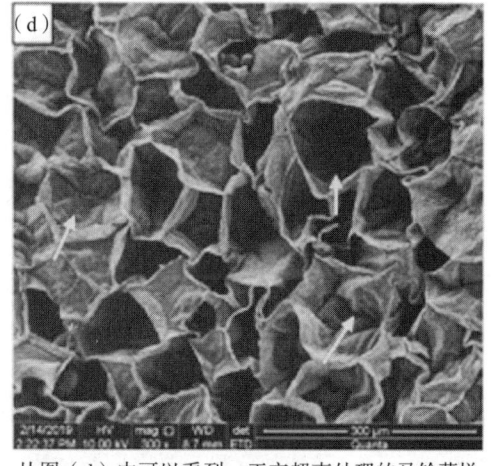

从图（d）中可以看到，正交超声处理的马铃薯样品的细胞壁结构最为紧密均匀，冰晶对细胞壁结构的破坏程度最小

图6 超声波辅助速冻对马铃薯品质的影响

示。基于超声波场强分布和空化效应、正交超声波场对冷冻效率和品质的影响的研究，研发了自动化超声波辅助冷冻装备。在该装备中，在冷冻机超声波处理腔（六棱柱体）内部底部以及六棱柱侧面上，以 120° 为夹角安装了 20 kHz 和 28 kHz 两组超声振子，在超声控制面板上可以分别独立调节不同频率换能器的占空比与功率。经第三方检测，所研发的设备处理量达到了 102 kg/h。

三、冷库用制冷技术

冷库是采用人工制冷降温并具有保冷功能的仓储建筑，是重要的冷链设施。

在冷库制冷系统方面，CO_2 跨临界制冷技术近年来发展迅速，特别是其喷射器技术。2020 年，国内企业研发了带可调节喷射器的跨临界二氧化碳机组，如图 7 所示。拓展了不同室外环境应用范围，与传统氟利昂系统相比，节能最高可达 40%。

图 7 带可调节喷射器的跨临界二氧化碳机组

在冷库温度场与风场控制方面，采用新型的风场方式构建的冰温库近年来得到了较快发展。国内企业建设的一种冷链冰鲜库采用织物风道下部渗透风，水平小孔送风，射程 3 m，末端风速 0.3 m/s，尾部大孔喷风以减少风道长度降低成本（图 8）。通过回风温度控制压缩机，压缩机可进行 15%～100% 无级调节。采用大风量低风速风场，实现上下全截面空气自然对流；国内企业研发了基于变频控制与翅片顶排管的新型冰温冷库（图 9）。采用台数和变频控制，保证温度波动小；冷库顶部布满翅片顶排管，保证空间均匀性。

在冷库建设方式方面，土建和钢结构冷库一旦建成，规模和功能很难以随着市场的需求而改变。为了克服上述不足，2019 年，国内企业研发了一种移动式多功能模块化冷箱，如图 10 所示。该模块化冷箱是在原有传统冷藏集装箱基础上进行改进，冷箱内可以根据要求分别配置预冷、冷藏、速冻的功能，其中单冷箱也可以实现多温区冷藏的功能，另外多功能模块化冷箱可以根据冷量和冷藏空间需要自由配置组合，在不使用时可随时拆装移动。

图 8　织物风道冷链冰鲜库　　　　图 9　基于变频控制与翅片顶排管的新型冰温冷库

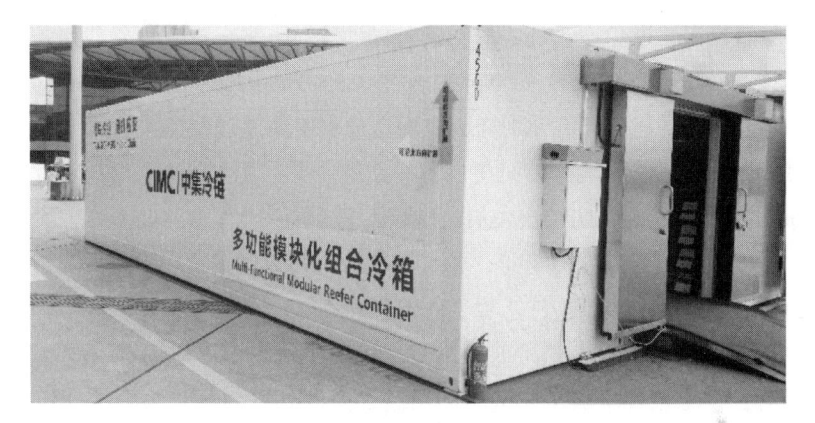

图 10　多功能模块化组合冷箱

在冷库综合能效方面，冷热联供提高能源的综合利用效率是冷冻冷藏领域值得探索的方向。2017年，国内研究机构和企业合作提出一种新型宽温区高效制冷供热耦合集成系统。该系统高度集成天然工质低温制冷系统、全热回收的氨高温制热系统、谷电水蓄热系统、微压蒸汽发生系统及水蒸气增压系统于一体，形成了采用天然工质的宽温区高效制冷供热耦合集成系统的成套集成技术，实现了宽广温区范围内（–50～160℃）高效环保的制冷和供热，冷热联供、水气同制，达到了能源的高效及梯级利用和冷热量的优化输配的目的。

四、冷藏运输装备技术

随着销售终端与食物生产源距离的增加，对冷藏运输的要求也随之增加。一方面，提高生鲜食品的保鲜能力，确保低温/冻品等冷链运输，不仅能维护民生餐饮"舌尖上的安全"，还能减少食品腐败浪费，进而降低因此而产生的间接 CO_2 排放；另一方面，随着冷藏运输装置数量的增加，设备自身的能源消耗，制冷剂引起的温室气体效应，燃油发动机的污染物排放和直接 CO_2 排放也随之上升。因此，电气化、高效、环保冷媒成为冷藏运输装备的技术发展方向。

虽然市场占比还无法和新能源快递物流车相比，但冷藏车的电动化趋势已经显现出来。2022年新能源冷藏车销量为2915辆，同比大涨80%。从车企来看，布局新能源的企业明显激增，2022年有43家企业有新能源冷藏车在售，比前一年增加6家。除了纯电动之外，燃料电池冷藏车的增长非常明显，2021年保有量仅为27辆，到2022年增长至663辆，比插电式混动车辆更受欢迎。

除电动冷藏车发展迅速之外，电动冷藏三轮车可以满足未来对"最后一公里"的清洁运输需求。近年来这一领域也不断有新的技术和产品推出，例如国内企业推出的电动冷藏三轮车，其制冷机组已经可以达到 -25℃的制冷要求。在保温材料上，采用聚氨酯发泡板，有效隔热保温，避免冷气外泄的问题，保证冷运效果，也能节省能耗，节约运输成本。同时，该车具有先进的物流系统，在车厢植入GPS应用，提供车辆定位、温度上传和收款系统等，这些功能的配置使配送员在配送过程中能更加便捷快速。

在冷藏车用制冷系统方面，传统机械制冷系统主要采用HFCs制冷剂。近年来利用新型工质的车用制冷系统也取的较快发展，主要工质包括CO_2、R-448A等。国内企业研发了采用CO_2制冷剂的集装箱制冷机组，并且其性能与传统HFCs制冷系统相当，在保持同样效率的同时，减少了碳足迹，达到了低碳目标。

冷藏车还可以利用蓄冷板维持低温。蓄冷板式冷藏车主要应用在一些短途公路运输中。在应用时，蓄冷板式冷藏车，进场停用后，使用外接制冷机组向冷冻板充冷。一般 8~12 h 即可充冷结束，板内共晶液全部冻结，等待出车装货使用。小型冷板式冷藏车可直接取下冷冻板，送至充冷站充冷，已冻结的冷冻板可重新装车供使用。若暂时不出车，则已充冷的冷冻板可存放在低温库内备用。另一种自带冷冻机式蓄冷板冷藏车，在进场停用时，可借地面电源启动制冷机完成自身充冷。蓄冷板式冷藏汽车具有车内温度稳定，制冷时无噪声，故障少，结构简单，投资费用较低等特点。但其制冷的时间有限，仅适用于中、短途公路运输。

五、冷藏销售设备技术

冷藏销售设备处于冷链的终端，对于满足消费者对食品品质日益增长的需要具有重要作用。

在冷藏销售设备制冷技术方面，国内研究机构研发了基于双压机联控系统、喷射器增效双温系统的冰箱，均实现了双温调节（图11和图12）。双压机联控系统采用双压缩机的并联制冷循环系统，可实现商用陈列柜冷藏、冷冻高效切换，分级匹配外部热负荷。喷射器增效双温系统采用喷射器增效，可有效回收节流损失，降低压缩机压比和耗功，减小系统耗电量。

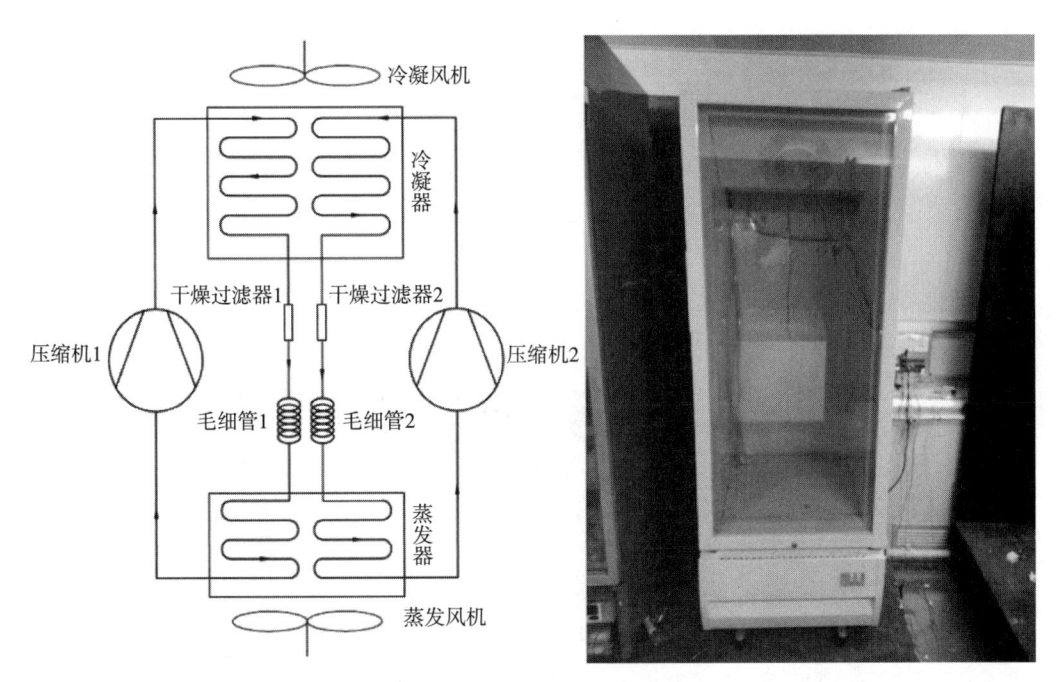

图 11 双压机联控系统

针对深海鱼类及普通海鲜存储的低温冷柜和冰箱在近年来获得显著进展。2019年，国内企业研发了基于非共沸混合工质HX46（R-290/R-170）的-60℃低温冷柜。首创了新型环保混合制冷剂HX46，可替代低温产品常用的R-12、R-508B等制冷剂，对臭氧层无破坏，同时可将温室效应降低90%以上。突破性地采用J-T制冷循环替代自复叠和复叠循环，实现了-60℃的低温，空箱降温200 min可达-60℃，装载在24 h内可将60 kg负载降低到-18℃以下，是普通冷柜产品的5~6倍（图13）；另外与同类型低温冷柜相比，能耗可降低38.4%以上。采用滑移温度自清除技术解决了非共沸混合制冷剂温度滑移的问题。通过耦合蒸发器压降与混合制冷剂滑移温度的方式，成功将蒸发器的进出口温度控制在3℃以内。以上创新技术达到了国内领先水平，经济效益和社会效益显著。

在冷藏销售设备制热技术方面，国内研究机构研发了冷凝热回收型双温风幕柜，如图14所示。采用三股气流的立体风道和回收冷凝热的风冷冷凝器结构，同时应用了HC高冷凝压力制冷系统和单制冷系统冷、热变负荷调节方法，使能耗下降30%以上。

六、需解决的关键技术与发展方向

（一）需解决的关键技术

结合冷链需求的新形势，以及我国冷链技术装备发展现状，冷链领域需解决的关键技术如下。

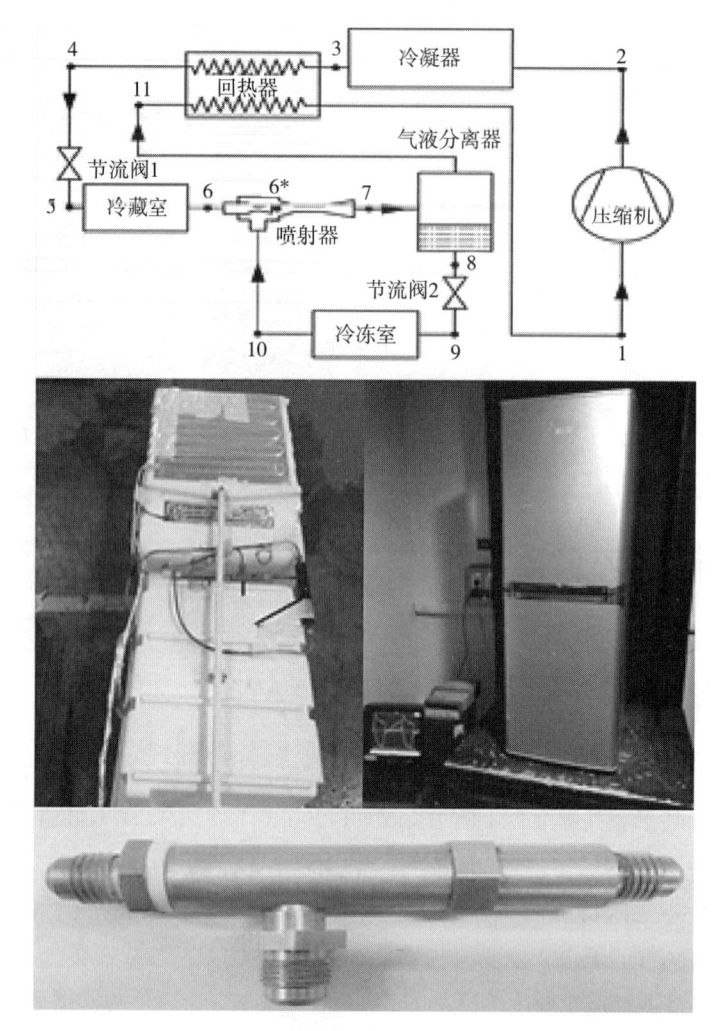

图 12　喷射器增效双温系统

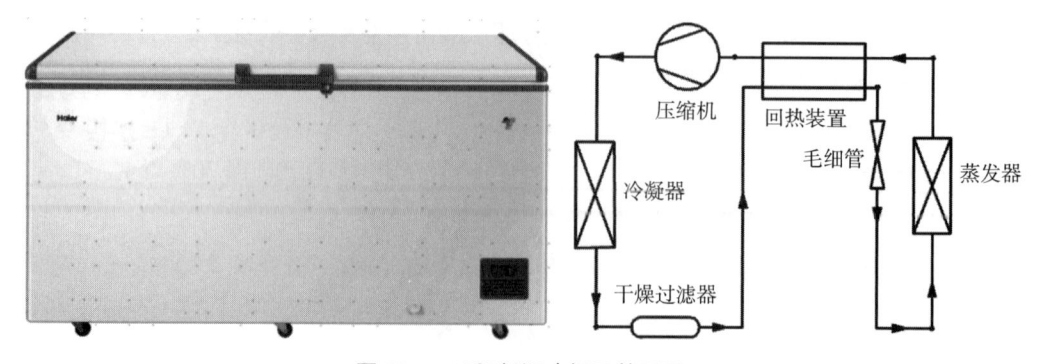

图 13　-60℃低温冷柜及其原理

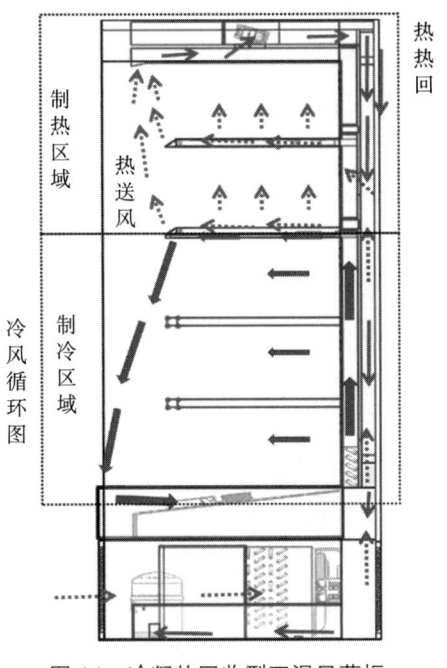

图 14 冷凝热回收型双温风幕柜

（1）适合我国的生鲜农产品和易腐食品保鲜工艺

面向我国典型生鲜农产品和易腐食品特点，有针对性地开展保鲜工艺研究，形成中国生鲜食品保鲜工艺数据库，发展气调保鲜、冰温保鲜、生物保鲜及其协同保鲜工艺。

（2）智能化高效果蔬产地预冷技术与装备

针对我国农产品产地处理设备智能化程度低、产地损耗大等突出问题，研发适合农业集团、农民专业合作社、规模化家庭农场等不同农产品产地场景的智能化果蔬产地预冷技术与装备，降低预冷能耗，实现操作简单、价格低廉的产地预冷；研发高效的气、液、固多相及相变预冷保鲜技术与装备。

（3）高品质低能耗冻结技术与装备

针对目前我国冻结能耗高、品质低的现状，研发适用于高附加值果蔬和水产品的高品质低能耗冻结技术与装备；针对预制菜等发展需求，研究典型预制菜速冻工艺，研发高效低能耗预制菜速冻装备；重点突破智能化物理场辅助冻结装备。

（4）生鲜肉/冰鲜肉冷链技术与装备

根据中国独特饮食烹调习惯，有针对性地开展僵直前生鲜肉/冰鲜肉冷加工和冷藏贮运，深入研究专门技术与装备，为发展中国特色生鲜肉/冰鲜肉供应体系奠定装备基础。

（5）冷链食品高效杀菌消毒技术与设备

面向冷链食品杀菌消毒需求，研发冷冻食品表面安全高效低温物理杀菌消毒技术、冷冻食品表面杀菌消毒/高品质食品冻结一体化技术、冷链食品贮运环境无残留杀菌消毒技术，发展系列化冷链食品绿色杀菌装备。

（6）精准控温便携式医药（疫苗）冷链技术与装备

开发满足精准控温需求、便携式的蓄冷冷藏箱和便携式机械制冷冷藏箱，应用于疫苗冷链物流的"最后一公里"。

（7）可再生能源驱动制冷技术与装备

研究风能直接驱动制冷技术、太阳能驱动双效吸收式制冷技术、光伏直流变频驱动制冷技术、冬季北方地区自然冷能利用技术。

（8）冷库与冷链园区节能技术

研发和完善高密封性快速冷库门技术、新型阻燃冷库板材料技术等冷库节能技术；研发和完善冷凝热回收技术、冷冻冷藏用环保工质高温热泵技术、冷热同制综合能源系统。

（9）冷链装备与设施用环保工质制冷技术

发展和完善以二氧化碳、氨和新型环保工质为制冷剂的冷链制冷技术，突破超低充注模块化氨制冷技术与装备、环保混合工质节流制冷技术与装备、冷藏销售用超低充注碳氢制冷剂制冷系统、天然工质缺陷管理与安全保障技术。

（10）基于新能源汽车的冷藏运输技术与装备

发展电动冷藏车、太阳能驱动制冷、LNG驱动冷藏车、液态空气驱动冷藏车技术的可再生能源冷链运输技术与装备体系。

（11）冷链装备信息化、自动化、智能化技术

在信息化方面，在低成本、高可用性的前提下，发展食品品质感知技术、环境参数感知技术、产品位置感知技术、食品安全溯源技术；在自动化与智能化方面，研制开发高效智能化产地冷加工系列装备和冷库智能化技术。

（二）发展方向

结合我国冷链行业现状和国际冷链行业发展情况，我国冷链技术装备将朝着以下四个方向发展。

（1）绿色低碳

随着节能减排、碳中和等需求日益严峻，绿色低碳是未来冷链发展的重要方向。发展可再生能源驱动制冷技术、冷库与冷链园区节能技术、冷链装备与设施用环保工质制冷技术、基于新能源汽车的冷藏运输技术等节能技术，研制全程冷链各环节高效冷链装备，并开展冷链装备与设施能效评价标准制订和能效评价工作，将有力推动冷链能效水平的提升。另外，解决传统制冷剂的臭氧层破坏和温室效应问题也是未来冷链发展的迫切需求。研发新型环保制冷工质，研究和完善 CO_2 和氨制冷系统等工作将大大减轻臭氧层破坏及温室效应压力。

（2）健康安全

健康安全是冷链技术发展的基本要求，冷链健康安全包括食品医药安全与装备设施安全两方面。在食品与医药安全方面，冷链食品杀菌消毒技术和食品安全信息化技术有巨大的市场潜力，疫苗冷链等医药冷链对安全也具有高标准要求；在装备设施安全方面，零ODP、低GWP环境友好型制冷剂的制冷系统和冷链装备将日趋普及。对于可燃制冷剂和可燃有毒制冷剂，应用风险评估、安全使用技术、制冷剂充注减量技术、制冷剂泄漏检测及应急处置技术也将快速发展。

（3）精准环控

精准控制冷链装备与设施内环境是实现易腐食品品质保障的重要手段，表征环境的主要参数有温度、湿度、气体浓度、风速、压力、光强度以及各参数的波动等，其中环境温度及其波动是影响食品质量变化和腐败变质的最主要因素。未来综合制冷系统容量调节、均匀供冷末端设备、气流组织优化等技术，实现精准的贮运环境参数及其波动控制，有望大幅减少易腐食品腐损。

（4）信息化与智能化

在信息化方面，食品品质感知技术、环境参数感知技术、产品位置感知技术、食品安全溯源技术，在冷链装备与设施中将发挥愈来愈重要的作用；在智能化方面，冷链装备将日趋与人工智能、自动化技术等科学技术紧密结合，可实现针对不同冷链物品种类的智能化控温。

参考文献

[1] 中华人民共和国中央人民政府. 国务院办公厅关于印发"十四五"冷链物流发展规划的通知［EB/OL］. http://www.gov.cn/zhengce/content/2021-12/12/content_5660244.htm, 2021, 11.

[2] 田长青. 中国战略性新兴产业研究与发展·冷链物流［M］. 北京：机械工业出版社，2020，10.

[3] 田长青，邵双全，徐洪波，等. 冷链装备与设施［M］. 北京：清华大学出版社，2021，6.

[4] 孟庆国. 冷链产业与技术发展报告［M］. 北京：中国建筑工业出版社，2022.

[5] 中国物流与采购联合会冷链物流专业委员会等. 中国冷链物流发展报告（2022）［M］. 北京：中国财富出版社有限公司，2022.

[6] 中国制冷学会. 2022年中国制冷展技术总结报告［R］. 北京：中国制冷学会，2022.

[7] 中国制冷学会. 2021年中国制冷展技术总结报告［R］. 北京：中国制冷学会，2021.

[8] 中国制冷学会. 2020年中国制冷展技术总结报告［R］. 北京：中国制冷学会，2020.

[9] 中国制冷学会. 2019年中国制冷展技术总结报告［R］. 北京：中国制冷学会，2019.

[10] Dongmei Leng, Hainan Zhang, Changqing Tian, et al. The effect of magnetic field on the quality of channel catfish under two different freezing temperatures［J］. International Journal of Refrigeration, 2022, 140: 49-56.

［11］Dongmei Leng, Hainan Zhang, Changqing Tian, et al. Low temperature preservation developed for special foods in East Asia: A review［J］. Journal of Food Processing and Preservation, 2022, 46: e16176.

［12］Junyan Tang, Hainan Zhang, Changqing Tian, et al. Effects of different magnetic fields on the freezing parameters of cherry［J］. Journal of Food Engineering, 2020, 278: 109949.

［13］Junyan Tang, Shuangquan Shao, Changqing Tian. Effects of the magnetic field on the freezing process of blueberry［J］. International Journal of Refrigeration, 2020, 113: 288-295.

［14］Junyan Tang, Shuangquan Shao, Changqing Tian. Effects of the magnetic field on the freezing parameters of the pork［J］. International Journal of Refrigeration, 2019, 107: 31-38.

［15］Qingyi Wei, Xiaomei Wang, Da-Wen Sun, et al. Rapid detection and control of psychrotrophic microorganisms in cold storage foods: A review［J］. Trends in Food Science & Technology, 2019, 86: 453-464.

［16］田长青, 孔繁臣, 张海南. 冷链碳减排技术途径及成效测算［J］. 制冷与空调. 2022, 22（03）: 72-77.

［17］田长青, 孔繁臣, 张海南, 等. 冷链碳排放及低碳技术减排分析［J］. 制冷学报. 2023, 4（4）: 68-74, 111.

［18］The Carbon Footprint of the Cold Chain［R］. International Institute of Refrigeration, 2021.

［19］陈勇, 于斌, 李琰芬. "双循环"背景下我国农产品冷链物流升级路径探析［J］. 商业经济研究, 2022（5）: 117-119.

［20］莫梓钧. 新冠肺炎疫情期间我国智能冷链物流发展研究［J］. 中国市场, 2021,（17）: 133-135.

［21］杨天阳, 田长青, 刘树森. 生鲜农产品冷链储运技术装备发展研究［J］. 中国工程科学, 2021, 23（4）: 37-44.

［22］王侃亮, 姚国章. 我国冷链物流发展的驱动因素制约因素及对策研究［J］. 物流工程与管理, 2021, 43（8）: 26-28, 22.

撰稿人：田长青　张海南　王　丹　王　波

第三节　高温热泵技术

一、高温热泵与热能消费降碳

（一）热泵与碳中和

为了实现"双碳"战略既定目标，能源供给侧会发生巨大变化，化石能源的使用将会大大减少，而逐步变为以可再生电力为主的能量供给形式；然而能源消费侧的变化却十分有限，工农业生产和建筑仍有大量的热需求。在传统能源供给体系中这些热需求大部分是通过化石能源燃烧所产生的，而在新的能源供给体系中则需要通过电热转换去满足，所以实现高效电热转换将会是至关重要的，而热泵就是可以利用可再生电力和热能的高效供热技术。

热泵技术主要包含电驱动的压缩式热泵和热驱动的吸收式热泵，可以通过闭式热泵或开式热泵循环实现能源增量或热能升温的目的，通过利用来自空气、太阳能或余热的低温热能可以实现高效供热，并具有热水、蒸汽和热能等不同输出方式。近十年来各类热泵技术和产品得到了长足发展，例如空气源压缩式热泵已经在我国北方"煤改电"清洁供暖中发挥了重要作用，吸收式热泵在工业余热回收中发挥了重要作用，实现了显著的节能减排。由于热能需求十分广泛，是建筑业、农业、工业和交通运输业等行业中的重要能量需求形式，因此热泵也具有广泛的应用背景。热泵适用于何种场景是由循环形式和工质共同决定的。压缩式热泵在采用传统的 R-134a 作为工质时可以实现 80℃的热输出，且热泵体量较大；为了实现更高温度的输出，近年来 R-1234ze（E）和 R-1234zd（E）等工质获得了广泛关注，但相关技术发展成熟度不如传统工质；此外自然工质如 R-744（即二氧化碳）和 R-718（即水）也是优良的工质选项，但也具有其高压力或真空运行的挑战。吸收式热泵的工质主要包含溴化锂水和氨水工质对，环保性能优异且可覆盖的温区范围也更宽，但采用热能进行驱动导致效率低。

碳中和目标的实现对于整个社会能源体系所造成的改变必然是深刻、全面且彻底的。由于经济发展与用能体量是正相关的，只有在可再生能源发展速度远高于用能体量上升速度的情况下，才可以满足经济持续发展下的用能需求；如果能够实现能量利用效率的进一步提升，则可以大大缓解提升可再生能源供给的压力。可以看出，面向碳中和的能源体系需要在可再生能源的"开源"和能耗降低的"节流"上同时进行努力，而热泵则是支撑两者实现的重要技术。在面向碳中和远景的"开源"方面，太阳能光伏和风电等可再生电力将成为主要能源供给形式，煤、石油和天然气的体量则会大大降低；然而根据国际能源署的统计数据，能源需求侧的电力需求并不高，仅占大约 20% 的比例，余下的是 50% 冷热需求和 30% 交通燃料需求。在现有的能源结构中，很多热需求是直接通过化石燃料燃烧所得到的，当化石能源逐步被可再生电力取代后，这些冷热需求就需要热泵或电加热提供，因此热泵也将会成为提升可再生电力利用效率和满足冷热需求的核心技术。在面向碳中和远景的"节流"方面，能量综合利用效率的提升可以缓解可再生能源提升的压力，而热泵作为一种可以将余热转换为有效热输出的技术，也将在未来扮演非常重要的角色。热泵的驱动能源可以采用可再生电力，同时在工作时可以利用可再生热能实现能量倍增和温度提升，从而实现清洁高效供热。由于热泵的热输出已经可以覆盖较宽的温区，热泵供热可以满足建筑、农业和部分工业用热，随着热泵技术的不断发展其覆盖温区范围还将得到进一步提升，这种可再生电力驱动的高效供热这就属于热泵在"开源"方面的作用。由于不同用热过程对热能温度需求不同，往往还存在不同温度的余热，而这部分余热也可以作为热泵的低温热源输入来替代环境热能等可再生能源，从而通过热泵实现余热的提质再利用，而这就属于热泵在"节流"方面的作用。

（二）高温热泵的需求及挑战

目前我国燃煤的60%用于发电和热电联产，每年为社会提供超过5万亿 kW·h 的电力和54亿 GJ 的热量；剩余40%燃煤中，22%作为能源或原材料用于冶金、有色、建材、化工等流程工业，18%通过中小规模的锅炉产生循环热水或低压蒸汽，为建筑采暖和非流程制造业（纺织、印染、造纸、食品、制药、喷涂、光纤、印刷、各种干燥等）提供温度低于150℃的热能。此外，我国每年消耗的3300亿 m³ 天然气中，也有40%用于建筑采暖和上述非流程制造业的热量供给。

随着国民经济的快速发展，工业、交通、建筑、农业等领域对中低温热需求将进一步增加，传统的解决方案大多通过化石燃料燃烧供应高温热能或蒸汽，然而该过程能效低且碳排放多，不符合"双碳"战略的需求。在此背景下，电加热、锅炉房甚至包括天然气等形式将慢慢被取缔，通过热泵实现电气化和高效的供热对于解决这一难题来说变得至关重要。考虑采用热泵能解决150℃以下建筑供热和非流程工业热能供应，在满足相关用热需求的同时，每年可以减少二氧化碳排放当量超过17亿吨，这相当于2020年我国二氧化碳排放总量的15%~20%，可对"双碳"战略实施起到重要支撑作用。

在建筑用热方面，热需求温度大多在100℃以下，50~60℃的热能已经可以满足大多数状况的热需求，采用现有热泵技术是很容易满足上述需求的。在工业用热方面，当高温热泵技术能够进一步获得发展和推广应用，可以实现非流程工业中低于150℃的热能供应。随着我国产业结构的升级，低端高耗能产业必须改变能源供应方式，否则将受到限制和淘汰，工业能耗的中低温用热占比还将进一步提高，完全可以通过余热式工业热泵甚至空气源热泵锅炉替代，从而为工业用热脱碳提供有力支持。需要指出的是，冶金和化工等流程工业过程需要更高温度的热能，且对稳定性要求非常高，这部分热能的低碳供给替代还有赖于其他技术的进一步发展。

为了实现该目标，高温热泵是非常重要的发展方向，因此高温热泵也成为近年来国际上的热点研究方向。关于高温热泵的定义目前在文献中的定义并不一致，如图1所示为一种较为典型的分类：供热温度在80~100℃的热泵是高温热泵，而供热温度超过100℃的热泵为超高温热泵。受到热泵温升能力限制，高温热泵的输出温度还会和热源温度有一定关联性。总的来说，热能具有梯级利用的属性，因此输出温度越高的热泵应用范围就越广，输出温度超过80℃甚至100℃的高温热泵将在未来有非常广阔的应用前景。

二、高温热泵技术进展

（一）高温热泵技术路线

由于高温热能和蒸汽制备所需温度高，难以通过传统热泵技术满足——当热泵的温升

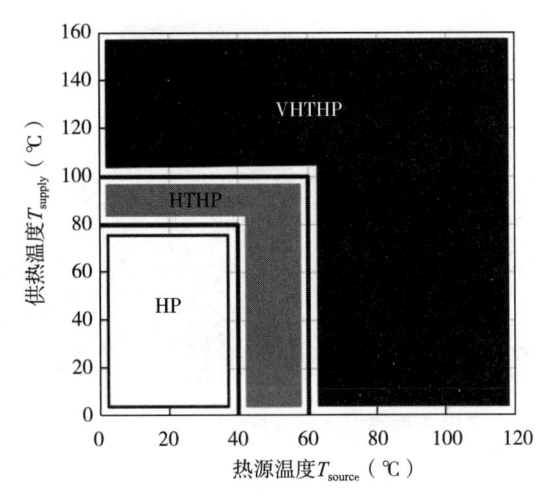

图 1 压缩热泵的温度层级发展，HP：传统热泵；HTHP：高温热泵；VHTHP：超高温热泵

过高时其效率会出现大幅度下降，此外高温工况下的工质、压缩机和换热技术也存在很多挑战。在实际应用中，由于存在热源温度较低，用热温度高等问题，常常要对热泵系统进行一些优化设计，由此形成了如喷射压缩式热泵、双级压缩等热泵系统。同时根据实际的热源情况，可以对系统进行进一步的耦合优化，如结合吸收式或吸附式热泵机组，或采用多水回路或者复叠式系统，形成混合式热泵。

制热温度高于100℃的高温热泵循环可分为闭式与开式系统两条技术路线。闭式热泵系统的循环工质完全闭路循环，只与供热对象发生热的交换；开式热泵系统的不同之点在于其工质并不是完全闭路循环，与供热对象同时发生热和工质的交换。总的来说，闭式热泵系统适合于常规用热场景，而开式热泵系统主要以蒸汽为载体进行供应。两种系统均能适应于宽范围的高温供热，包含化工、石油、医药、轻工、食品等行业的蒸馏及浓缩等工艺过程中，因此在高温热泵的未来发展中，需要同时考虑闭式、开式两种热泵发展路线，或是闭式和开式热泵系统的耦合应用。

在闭式热泵系统供应高温热能方面，传统的制冷剂不但无法满足高温输出需求，还会存在一定的温室效应，因此限制相关技术发展的关键在于高温工质选择和相关关键设备制造等，而HFO和自然工质是目前较为重要的发展方向。如图2所示，采用自然工质水R-718的热泵在高温输出工况下有其独特优势，近年来国内在该方面也取得一些突破，以水为工质的双螺杆压缩式热泵系统可以在蒸发温度80℃、压缩机排气温度120℃和压比为4.2时，实现接近5的COP。

开式热泵系统主要将水作为工质提供蒸汽，即机械蒸汽再压缩（Mechanical Vapor Recompression，MVR）技术，该技术可使二次余热蒸汽经压缩后提高温度、压力及焓值，使之成为具有使用价值的高品位热源，节能效果好且制热性能系数高，以三元混合烷烃的精馏分离系统为例，MVR热耦精馏比常规热耦精馏可节能约38%。开式热泵作为一种高

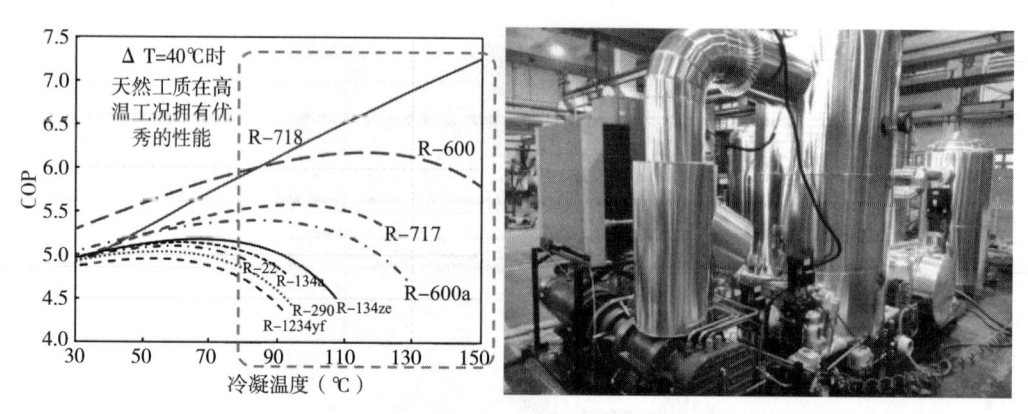

图 2 水蒸气工质 R-718 的超高温压缩式热泵的理论优势（左图）与样机（右图）

效余热利用装置还可以实现冷热联供，不论是在节能降耗还是经济效益方面来讲，都非常具有吸引力。

考虑到闭式热泵的大温升优势和开式热泵的直接蒸汽供应优势，二者的结合将在未来成为一个重要的发展方向。通过大温升闭式热泵系统耦合蒸汽发生系统或开式热泵系统，实现从空气中取热并制取高品位热，可用于替代燃煤锅炉和供应清洁蒸汽。如图 3 所示，空气源热泵蒸汽发生系统已实现从空气中取热并产生蒸汽用于酿酒，蒸汽产量为 0.5 t/h。随着我国产业结构的升级，低端高耗能产业将受到限制和淘汰，工业能耗的中低温用热占比还将进一步提高，可以通过余热式工业热泵或空气源热泵锅炉进行替代，从而为工业用热脱碳提供有力支持。

图 3 空气源热泵蒸汽发生系统

为支撑上述技术路线的实施，在兼顾不同路线的发展以外，还在于高温工质的选择、关键设备制造等。

（1）高温工质的选择

目前 R-134a，R-123 和 R-245fa 等具有相对优异热力学性能的制冷剂已经在热泵系统中被广泛应用。R-134a 的临界温度为 101.1℃，当冷凝温度低于 70℃时是比较合适的选择；R-123 的临界温度为 183.7℃，当冷凝温度大于 100℃时，R-123 是目前比较合适且已经被广泛应用的工质。尽管 R-123 和 R-134a 基本覆盖了合适的热泵温度工区，然而它们已经被各国逐渐的限制使用。R-245fa 具有更高的临界温度、较高热稳定性和水解稳定性，在冷凝温度低于 130℃时是较好的选择，但 R-245fa 的 GWP 值也很高，被认为是中间过渡的热泵工质，也将面临后续的替代和淘汰。

考虑到环保和替代成本，零 ODP 和极低的 GWP 是未来热泵工质重要的筛选标准，并可以分为自然工质和人造工质两类。自然工质以水、二氧化碳、氨和碳氢化合物（R-290，R-600，R-600a 等）为代表，人造工质主要以 HFOs 类和 HCFOs 类为主。同时混合制冷剂在保证较好的环境特性的同时，可以大致维持原有系统的性能，也受到了很多学者的研究关注。这里重点对两种适合高温热泵的自然工质进行讨论。

第一种高温自然工质是 CO_2，它也被认为是最具潜力的氢氟烃类替代制冷剂，是自然工质热泵系统推广应用的热点。由于 CO_2 临界温度低（31.3℃）导致临界 – 常温饱和压力比相对较低，可实现超临界状态下的放热，常应用于跨临界蒸气压缩循环系统。该系统可用于产生热水，出水温度可高达 90℃，可应用于干燥温度较高的物料干燥场合，还可用消毒或熨烫等场景。

第二种高温自然工质是 H_2O，它具有稳定安全、汽化潜热大且廉价易得的优势，但也存在其独特挑战。在蒸气压缩式循环系统中，水蒸气分子量低、绝热指数高以及比容大的物理性质也决定了水蒸气压缩系统具有压差小、压比大、单位容积制冷量小、容积流量大、排气温度高等特点。考虑到上述特性，对 MVR 的研究与应用较多，该系统利用压缩机将蒸发器产生的水蒸气升压增焓后，回流至蒸发器做热源。该技术可与余热回收结合，使原来需要废弃的低品位蒸汽得到了充分的利用，省去了二次蒸汽处理并节约大量的冷却水和动力消耗。此外，水蒸气压缩技术也开始应用于闭式高温热泵系统，但存在单级容量和闭式系统较小等问题。

（2）关键部件制造

受自然工质特殊的热力学性质所限，基于自然工质的热泵系统在装置及系统设计上与传统热泵有较大不同，其核心部件——压缩机的优劣对整个系统影响巨大。

CO_2 压缩机主要为活塞式压缩机、转子式压缩机和双螺杆压缩机，其中 CO_2 活塞式压缩机的研发较为有挑战，自主开发设计 CO_2 活塞式压缩机以克服其阀片强度、密封润滑等技术难题。在应用广泛的 CO_2 跨临界循环中，单螺杆压缩机在热力平衡特性方面相对于其他种类压缩机具有很大优势，但由于其啮合副加工精度等难题，目前尚无相关产品。

在水蒸气压缩机领域，欧美产品占有较大市场份额，我国产品存在零部件防腐防锈、密封、耐高温等问题。对关键部件采用抗腐蚀和抗生锈的特殊材料进行加工制造，或对普通材料的表面进行特殊化处理是一项简易可行的措施。另外，蒸汽容易侵入压缩机内润滑油或润滑脂工作的地方，这将对其安全运行非常不利，近年来业内新开发的无油润滑和水润滑技术或许将为解决该问题指出一个方向。

（二）热回收式高温热泵

统计年鉴显示我国能源加工转换中的余能占全国总能耗的26.3%，而余能的绝大部分是热能，如果回收余能中的50%并加以利用，则可以将社会总能耗降低至40.3亿吨标煤。在工业余热中，低于150℃的低品位余热体量巨大，在钢铁、水泥和玻璃等行业甚至占到总体余热的约50%。余热排放不但造成能源浪费，还需要消耗额外水资源和电力维持冷却塔运行，回收这部分余热的意义十分重大。常见的余热利用包括余热直接利用、有机朗肯循环、吸收吸附制冷和热泵技术。相比其他技术，热泵技术对余热温度要求低，且可以提升余热温度，实现从被动梯级利用到主动调控的目的，因此是低品位余热利用的有效手段。

相比环境热源，工业余热的温度更高，所以基于工业余热利用的热泵会具有更高的效率，但工业余热的巨大体量与余热回收的改造属性也带来了更多挑战：首先工业热泵的功率远高于家用热泵的功率，其次工业热泵应用于余热回收时需要特别考虑投资回收属性。例如，家用热泵的能效仅是用户的一方面考虑，但工业热泵的能效却可以直接决定项目投资回收期是否能够满足余热回收改造的投资预期，反而需要更高的能效。

在余热利用的热泵技术中，主要技术路线压缩式热泵技术和热驱动热泵技术：其中压缩式热泵技术由于无法采用热能直接驱动，需要消耗电能，因此主要用于低品位热能的提升；而热驱动热泵技术主要包括吸收式系统和吸附式系统，可以由低品位热能直接驱动产生冷量或热能品位提升，消耗很少的电能。压缩式热泵系统简单且效率高，系统容量可大可小，在应用于余热温度提升的场景时比较有效且可以应用于高温工作；缺点是仅可以应用于驱动能源增量，而无法利用余热实现制冷和驱动能源品位提升。吸收式热泵的优点是具有制冷、一类热泵和二类热泵等不同运行方式，产业成熟且具有多种可选系统，适用于大型化的工业应用场景；缺点是系统对于热源温度波动的适应性较差，且由于驱动能源品位低导致效率相对较低。

目前吸收式热泵和压缩式热泵已经在工业余热回收中有一定应用，且在建筑供热方面应用更多。如图4所示为采用吸收式热泵和压缩式热泵进行工业余热回收的两个案例。左侧是位于兰州大唐西固电站的余热回收改造工程，该工程共采用了290 MW的吸收式热泵回收电厂冷却塔余热，并最终用于区域供热，吸收式热泵由原有的汽轮机低压采暖抽气，并达到1.77的COP，即每份原有的热量输入可以回收0.77份的余热。右侧是位于鞍山鞍钢的余热回收改造工程，该工程采用了9 MW的离心式压缩式热泵回收钢厂余热，用于厂区供热，这也是压缩式热泵首次用于大型余热回收场景，其现场运行效率达到6.13。由于上述两个工程均因地制宜地利用了余热，并实现了高效余热回收，其投资回收期也分别在

图 4　工业余热回收的吸收式热泵（左）和压缩式热泵（右）

2~3年，体现了良好的节能减排和经济效益。

面向高温供热和工业余热回收的特殊场景，热泵技术的发展仍然面临了很多挑战，主要包括余热和用热在温度、空间和流程上的不匹配上，并带来了高温输出、远距离热输送和流程优化的需求。

1）由于余热排放温度往往较低，而现阶段热泵技术的温升能力不强，因此其余热回收大多集中于进行中低温输出，并用于建筑供热和流程供冷，进一步考虑到建筑供热的需求一般远离工业园区，会导致热能输送距离远且成本高。即使热泵的输出温度得到显著提升，工业流程中热需求与热排放存在空间差异，仍然存在跨园区的热能输送需求。目前的热能远距离输送主要采用热水管网，其能量输送密度依赖于供水回水温差，而通过热泵可以拉大供回水温差并提升热能输送密度；近距离的热能输送依赖于蒸汽，其能量输送密度高但热损较为严重，可以考虑开发吸收式远距离热输送技术，一方面进一步提升热能输送密度，另一方面降低热能输送过程中的热损失，其原理与吸收式热泵相似，但相关研究还不成熟。

2）如果将余热回收和用热场景均集中在工业流程则可以实现余热的就地消纳，并大幅度降低余热输送，但工业流程需要的热能温度较高，因此高温热泵在工业余热回收中同样十分重要。

3）进一步考虑采用热泵进行余热回收并供应工业流程用热的场景，无论采用何种技术和输出温度的热泵，最重要的是找到最合适的技术与原有的余热排放和用热流程进行高效匹配，这对于提升整体能源利用效率、降低投资成本和系统复杂度至关重要。考虑到工业流程复杂度高且差异性大，可以从两方面开展工作，一方面挑选典型流程进行优化，另一方面发展通用性的技术和优化方法，从而推广技术的相关应用。

三、高温热泵技术应用案例

随着高温热泵技术的重要性被更广泛认可，近几年也出现了一些高温热泵在不同行业的应用案例，其中以空气源高温热泵和热回收高温热泵干燥较为典型。

（一）环境热源利用的高温热泵技术

（1）基于空气源高温热泵的酒坊蒸汽供应

山东某酿酒公司的生产过程需要大量的高温蒸汽。该酒坊原有一口蒸酒锅，工作时需要大约100 kg/h的蒸汽，原有供热设备是一台制热量72 kW的电热蒸汽锅炉。为扩大生产，该企业拟新增两口蒸酒锅，从而提高酒的产量。但是电热锅炉所需总功率超过了现场所能提供的电力变压器容量上限200 kW，因此需要在满足用电负荷限制且改造量最小的前提下，实现高效、清洁、经济、便捷的蒸汽供应系统。

如图5所示，空气源高温热泵蒸汽发生技术以热泵和蒸汽压缩技术为基础，通过热泵技术从空气中取热来初步供应80℃以上的高温热水；通过负压蒸汽的发生技术，实现水蒸气足量充分的闪蒸，供应充足的低压水蒸气；通过蒸汽压缩技术，用双螺杆水蒸气压缩机实现强制性吸气压缩，同时满足负压吸气和大流量的需求。

如图6所示，该案例采用一套供应蒸汽温度为120℃，出气量0.3 t/h的空气源热泵蒸汽机组，满足扩产后的纯粮蒸酒的需求。针对空气源锅炉的性能进行了实时测试，实时测试结果表明空气源锅炉在环境温度为15℃的时候，设备的COP可以达到2左右。检测显示：在环境温度为18.9℃，供应120.2℃饱和蒸汽时，该设备的COP可达1.85。系统于2020年投入使用，至今已连续运行2年6个月，能够完全保证酒窖日常生产蒸汽的供应，最大蒸汽供应量可以实现0.3 t/h，最大电功耗不超过150 kW，在尽量降低能耗的前提下，为酒坊的扩大生产提供了充足稳定可靠的蒸汽供应。在用户使用期间，平均节省电量约为46%，设备每小时节约90 kW·h电能，每年可节约用电777600 kW·h，节约46.7万元运行费用，2.4年可以回收投资成本。

（2）基于空气源热泵的金属零件磷化生产线供热

在浙江某电镀工厂内，有四条磷化生产线的除油槽、磷化槽以及皂化槽需要加热保温，所需保温温度在80～85℃。在应用热泵前，该电镀工厂通过燃气锅炉燃烧天然气来产生160℃左右的高温蒸汽，然后通过蒸汽管道分别供给每个生产线中需要加热的水槽，在水槽中换热来使水槽保温。目前保温蒸汽的使用量大约在0.3 t/h每条生产线，全年生产费用约170万元。该工厂因节能降碳改造升级需求，需要针对蒸汽供应系统进行供热端改造。

如图7所示，该案例热泵系统包括四台空气源热泵蒸汽机和一个容积1立方的供热水箱，输出端可供应120℃蒸汽，也可以根据实际需求降低供热温度来提高系统效率，最低可以供应95℃高温热水。在供应端通过管道同程设计来保证管阻一致，使得水蒸气和热水可以有效地送至每个恒温槽的换热器中，并最终回流至供热水箱。同时根据系统需求配备有纯水机和保温水箱。

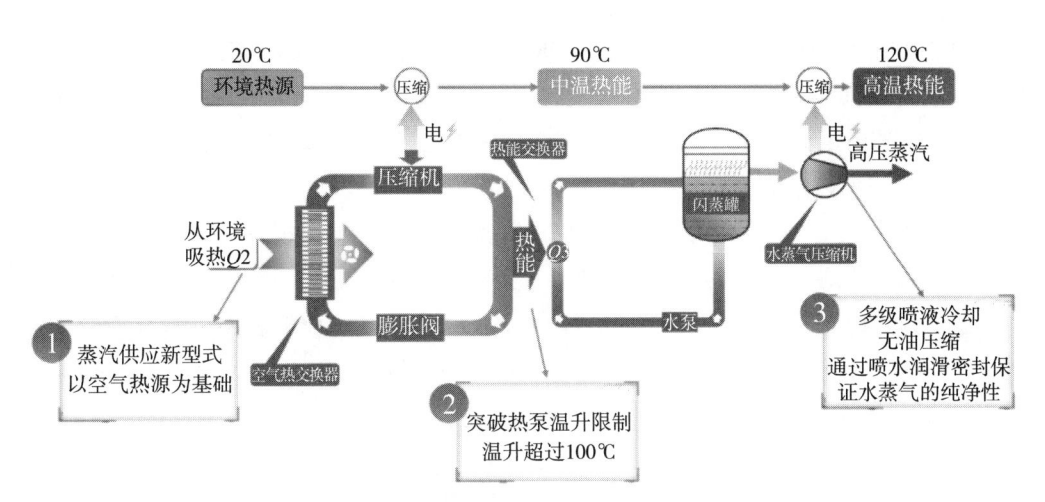

图 5 基于空气源高温热泵的酒坊蒸汽供应流程图

图 6 基于空气源高温热泵的酒坊蒸汽供应现场图

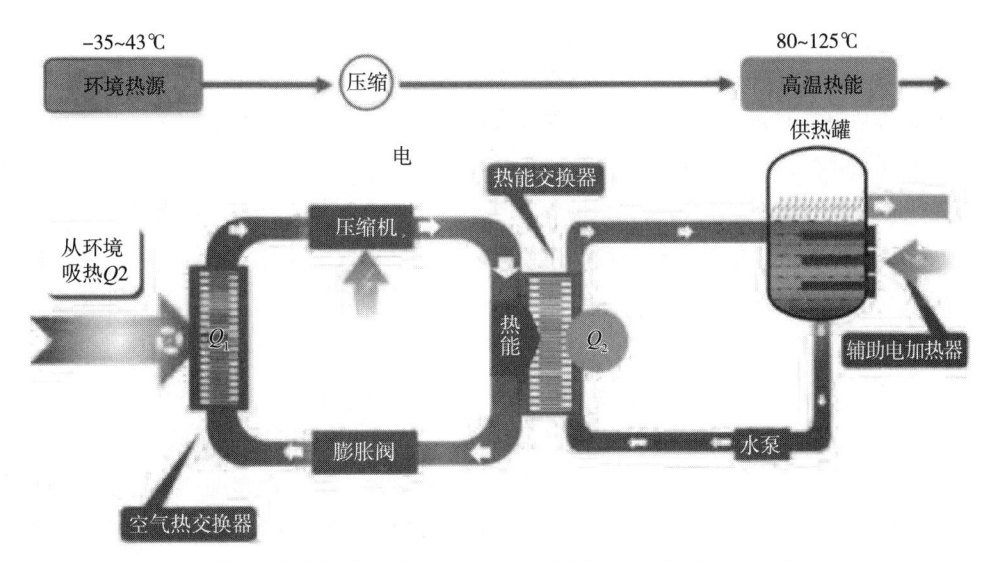

图 7 基于空气源热泵的金属零件磷化生产线供热流程图

如图 8 所示，该案例于 2023 年 1 月开始运行生产，目前整体供热系统在当地环境温度不低于 −20℃的工况下，始终能够满足 95~120℃高温热水的供应。在磷化生产线运行时，始终能够满足 A、B、C、D 四条生产线中除油槽生产温度为 70~80℃、磷化槽生产温度为 80~85℃以及皂化槽生产温度为 65~70℃的保温需求。并且通过系统设备的智能控制满足磷化产线开始生产时在 1 小时左右实现除油槽加热到 80℃、磷化槽加热到 85℃以及皂化槽加热到 70℃的需求。该供热系统在实际运行过程中，空气源热泵蒸汽机实际进水温度设定为 105℃，储水温度设定为 110℃，系统整体的 COP 在 1.8 附近，每天耗能约为 3050 度电，日均运行费用为 2750 元，预计每年运行费用在 82 万元，和原系统相比每年节约运行费用近 90 万元，节省近 53% 运行成本。

图 8　基于空气源热泵的金属零件磷化生产线供热现场图

（二）热回收式高温热泵技术应用案例

（1）基于闭式除湿热泵的大型塔式粮食干燥

黑龙江某粮食储备有限公司每年约有 2 万吨的潮粮需要烘干。在应用热泵技术前，现场采用传统燃煤粮食烘干塔对粮食进行烘干，粮食烘干过程中，烘干温度不稳定，导致粮食品质较差；同时，从燃煤热风炉和烘干塔分别排出的高温烟气和高温高湿含尘废气直接对空排放，不仅造成热量的大量浪费，而且对周围环境造成了严重污染。

如图 9 所示，在闭式除湿热泵粮食干燥系统中，高温低湿的空气（温度约 70℃，相对湿度 10%~15%）被送入粮食烘干塔对粮食进行烘干，随后变为高湿含尘空气（温度约 35℃，相对湿度约 80%）从烘干塔排出；然后含尘空气先经过高效除尘器除尘、除杂后变为洁净的空气，随后经过多级蒸发器降温除湿后变为低温高湿的空气（温度约 18℃，相对湿度约 98%），并在该过程中实现了废热的回收；接着，低温高湿的空气被多级冷凝器逐级加热升温后变为高温低湿空气（温度约 70℃，相对湿度 10%~15%），并在该过程中实现了废热回收后的再利用；最后高温空气再次被送入烘干塔对玉米进行烘干，进而完成一个完整的循环。整个玉米烘干过程中，无粉尘等污染物排入环境，同时对废热进行了回收和再利用，实现了粮食的绿色清洁烘干，降低了烘干能耗。

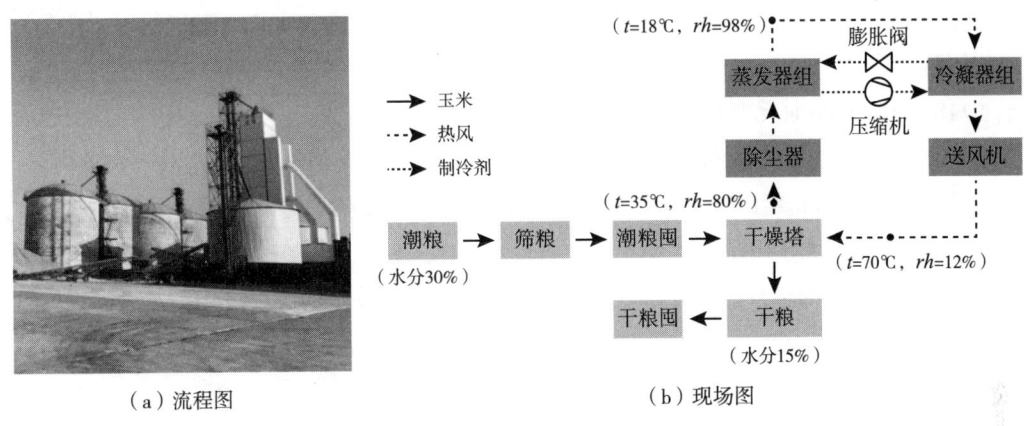

（a）流程图　　　　　　　（b）现场图

图9　基于热泵的大型塔式粮食干燥

该案例用户侧需要在平均外温为零下20℃、粮食降水幅度为15%的条件下、送风温度为70℃时，每天处理潮粮不低于300吨。系统采用四台蒸汽压缩式螺杆热泵机组和一台环路热管进行除湿供热，每台热泵机组的设计热容量为600 kW，环路热管的设计热容量为300 kW。在实际测量中，设备每小时的最大除湿量为2100 kg，最大运行功率为650 kW，热泵机组的COP为3～6。

该系统主要用于烘干粮库中的稻谷，每天处理湿稻谷800～1000吨，将稻谷水分从16%～17.5%降至14%左右。与原有燃煤烘干塔相比，每吨干稻谷的烘干成本节省6～10元（电价0.48元/度，煤价1200元/吨）。截至目前，系统已运行4个烘干季，并获得约50万元的经济收益。本案例展示了在高寒地区采用大型闭式除湿热泵进行粮食绿色清洁节能烘干的可行性、环保效益和经济效益，为该技术的广泛应用提供了良好的示范效应。

（2）基于闭式除湿热泵的VOCs废气近零排放处理技术

山东某生物工程企业在药物干燥生产环节会产生大量含VOCs的废气，其原有处理方法是对废气进行末端治理，首先通过水喷淋降温吸收，再通过生物法、等离子体或（和）光催化进行VOCs降解处理后直接对空排放，目前存在处理不完全、异味大和余热无法回收等问题。该闭式除湿热泵案例在不影响原有生产工艺的条件下，通过除湿模块闭式除湿、废气处理和加热模块回热升温，保证气体的循环再利用质量，从而实现近零排放和余热回收。其主要技术特点包括：生产过程气体循环使用，对空排放的气体量接近于零；对废气余热进行充分回收和高效再利用，降低生产能耗20%以上；将VOCs冷凝于水，实现近零排放目标。

该案例设计在物料初始含水率60%～65%、终了含水率8%、干燥尾气温度70℃的条件下，设备送风温度为70℃，系统每小时的产量（干物料）为120 kg/h。整套设备采用四台 12 HP 蒸汽压缩式热泵机组进行除湿供热，循环风量为 6000 m³/h。在实际测量中，设备的送风温度达到 70℃，整条干燥线的产量为 124.8 kg/h，热泵机组的 COP 达到 4~6.5。

如图 10 所示，该案例于 2018 年 4 月开始投产使用，至今仍在正常运行使用。设备投入使用后，闪蒸干燥线的产量由 108.6 kg/h 提升至 124.8 kg/h，蒸汽用量由 0.1282 t/h 降低至 0.1184 t/h，每小时耗电量由 160.4 kW·h 降低至 140.84 kW·h。按蒸汽价格 180 元 /t，电价 0.63 元 /(kW·h)，干燥成本由 1.15 元 /kg 降低至 0.88 元 /kg，年节约费用 35.7 万元。系统目前已运行约 5 年，减少 0.02 万吨二氧化碳排放，并获得约 178.5 万元的经济收益，整个项目的投资回收期约为 2.5 年。本项目展示了闭式除湿热泵在生物制药领域零排放处理 VOCs 干燥尾气的可行性、环保效益和经济效益，为该技术的广泛应用提供了良好的示范效应。

图 10 基于高温热泵的 VOCs 废气近零排放处理

四、总结

在未来的能源体系中，可再生电力将成为能源供应的主体，而在用能端建筑、工业、农业和交通等不同行业 50% 以上的用能需求是供冷供热，因此电气化的高效供冷供热供应将变得非常重要，而热泵将起到连接二者的桥梁作用；同时热泵可以实现工业用热效率的提升，通过降低能源消费体量并降低可再生能源体量提升的压力。

目前热泵在分布式热水制备方面已经有较好的技术积累与发展，但要做到更大范围的热冷需求覆盖，热泵在未来还需要面临多方面的挑战。几项较为重要的技术发展路线包含基于高温热泵的高温热能和蒸汽供应、面向工业余热就地消纳利用的热泵技术。为了支撑这些技术路线的实现，热泵必将向超高温、兼顾大容量和高温输出等方向发展，并最终为我国的"双碳"战略实现提供强力支持。

参考文献

[1] 中国制冷学会. 制冷及低温工程学科发展报告（2018—2019）[M]. 北京：中国科学技术出版社，2020.
[2] 王如竹，何雅玲. 低品位余热的网络化利用[M]. 北京：科学出版社，2021.
[3] 中国制冷学会. 碳中和制冷技术发展路线[R]，2022.
[4] 舒印彪，张丽英，张运洲，等. 我国电力碳达峰、碳中和路径研究[J]. 中国工程科学，2021，23（6）：1-14.
[5] 清华大学建筑节能研究中心. 中国建筑节能年度发展研究报告 2019[M]. 北京：中国建筑工业出版社，2019.
[6] Yan Hongzhi, Hu Bin, Wang Ruzhu. Air-source heat pump for distributed steam generation: a new and sustainable solution to replace coal-fired boilers in China[J]. Advanced Sustainable Systems. 2020, 4（11）：2000118.
[7] 徐震原，王如竹. 空调制冷技术解读：现状及发展展望[J]. 科学通报，2020，65（24）：2555-2570.

撰稿人：王如竹　杨鲁伟　徐震原　李伟钊

第四节　车用热泵及热管理技术

一、车用热泵及热管理技术发展情况

（一）车用热管理与"碳中和"

新能源汽车已成为肩负未来出行、产业发展、能源安全、空气质量改善等多重历史使命的国家战略。然而，随着近些年的发展，新能源汽车行业的发展也正面临着冬季续航里程焦虑、充电时间焦虑、安全性焦虑等问题。

造成以上三个问题的主要原因分别在于：①新能源车辆中发动机余热缺失，因此冬季制热大多数依靠 PTC 电加热来实现，在冬季运行工况下会占用大量电池输出；②高倍速快充条件下电池及其辅助配件发热量巨大，容易造成热失控，引发安全问题；③新能源车辆行驶及充电等过程中存在大量发热部件，如电池、电机、电控系统等，一旦发生局部热管理异常，将引发严重的热失控及安全问题。

由此可见，新能源车辆极度依赖精准的整车热管理系统来保持乘员舱、电池、电机、电控系统等的全工况高效、平稳、安全运行，因此发展更为低碳、节能、环保、舒适、行之有效的整车热管理系统及其设备成为新能源车辆产业最重要的技术内容之一。

更重要的是，面向"碳中和"历史任务，新能源汽车热管理系统中使用的工质必须解决低碳化的问题。目前的车辆热管理系统一般采用传统的氢氟碳化物（HFCs）类工质（如小型乘用车中广泛使用的 R-134a，客车及轨道车辆中广泛使用的 R-407C 等）。这类工质的当量碳排放是 CO_2 的数千倍，考虑到目前我国车辆热管理系统的制冷剂几乎零回收的使用方式，以及平均 3%~6% 左右的年化泄漏率，车辆热管理系统的潜在当量碳排放总量十分惊人。同时，除了热管理工质本身的当量碳排放量之外，工质在生产、使用、运输等过程中造成的间接碳排放也需要被考虑在内。

一方面，仅从使用角度，电动汽车的碳排放为 0，较燃油车每千米节省碳排放约 120 g，我国乘用车保有量 2.8 亿辆，平均每辆每天按 20 千米计算，全部替换成电动车，每年减少碳排量可达 2.4 亿吨。另一方面，车辆空调系统传统采用的氢氟碳化物（HFCs）类工质 R-134a 的全球变暖潜能值（GWP）为 1430（为 CO_2 气体的 1430 倍），属于强温室效应气体。我国新能源乘用车空调系统中 R-134a 的充注量平均约 0.7 kg，按照我国乘用车保有量近 2.8 亿辆计算，其空调系统使用的氢氟碳化物（HFCs）若完全替换为 CO_2，可以有效减少当量 CO_2 排放量约 3.0 亿吨。因此，新能源车的普及推广，以及在新能源车辆热管理系统中采用天然工质替代 R-134a 等氢氟碳化物（HFCs），对于我国实现 2060 碳中和目标、消减汽车产业碳排放、构建交通领域低碳技术体系具有重要意义。

（二）车用热管理技术中的制冷剂

HFCs 具有较长的寿命和较高的全球变暖潜值（GWP），因此被列入《京都议定书》的受控温室气体，每年举行的联合国气候变化大会和蒙特利尔议定书缔约国大会上都有关于有关限制 HFCs 类物质使用的议案提出。2016 年，第 28 届《蒙特利尔议定书》缔约方大会最终通过了旨在减少 HFCs 排放的《蒙特利尔议定书》基加利修正案，目前车辆热管理行业使用最广泛的 R-134a 成为《蒙特利尔议定书》基加利修正案主要受控物质之一，发达国家与发展中国家都制定了明确的替代时间表，而我国也将从 2024 年开始实行 R-134a 的逐步替代。

新能源汽车热管理领域替代制冷剂的筛选准则包括：具有良好的热力学性能、能够适应热泵运行和制热需求、满足环保（ODP 为 0，GWP 低）和安全性要求、生产成本和制冷剂替代成本综合低等，目前潜在的替代方案主要有 HFO 类工质、纯天然工质 R-290 和 CO_2（R-744）等。

HFO-1234yf 是美国杜邦公司和霍尼韦尔公司联合开发的替代制冷剂，环保性良好，ODP=0，GWP=4。由于其热力学性质与 R-134a 非常类似，进行制冷剂替换时对目前 R-134a 系统的改动需求极低，可替代性最强。HFO-1234yf 被认定为轻微可燃制冷工质，有研究显示 HFO-1234yf 在大气中会以一定的摩尔比例转化为三氟乙酸和 HFC-23，因此其全生命周期的使用安全性、环保属性等还需进行广泛的测试验证。另外，近年间欧盟 PFAS 法案的出台严重制约了 HFO 类制冷剂的发展前景，因此无论国际还是国内现阶段 HFO 类制冷剂的研究都有所放缓。

R-290（丙烷，CH3CH₂CH3）的 ODP 值为 0，GWP 值为 3.3。相比于汽车空调常用的制冷剂 R-134a，R-290 在环保性能有着很好的表现，全工况制冷与制热性能均较为优良。由于 R-290 的饱和压力明显高于 HFC-134a，系统管道连接处的密封、承压性需要着重考虑。然而，烷烃类制冷剂 R-290 存在易燃风险，在系统构建与使用过程中均需要妥善考虑防火及防爆等安全问题，通常采取二次回路的方式进行使用，因此全工况制冷与制热性能均会出现不同程度的衰减。同时，考虑到 R-290 的可燃性特征，国内近年间尚未见到 R-290 制冷剂实车验证的报道。

CO_2 作为人类在蒸汽压缩式制冷技术中最早应用的制冷剂种类之一，在 19 世纪初到 20 世纪 30 年代间得到了广泛应用。然而，由于性能不足，CO_2 制冷剂随着 CFC 类制冷剂的提出而逐渐在业界消失。随着臭氧层破坏、全球变暖效应愈演愈烈，纯天然制冷剂 CO_2 又再一次回到了人们眼前。CO_2 是地球大气层的重要组成物质之一，无毒、不可燃、化学性质稳定，同时具有十分优良的热物理性质。

由于 CO_2 制冷剂的临界温度很低，在常规制冷或制热需求下，循环热汇侧的温度极有可能超过 CO_2 制冷剂的临界温度。因此在 CO_2 制冷剂的早期使用中，其使用温度范围是极其受限的。不过，前国际制冷学会主席洛伦森教授等（1993）提出了 CO_2 工质的跨临界循环模式，使制冷或热泵循环的放热侧在临界点之上的超临界区域内完成，而吸热侧在临界点之下的亚临界区域内完成。经过理论研究和大量实验证明，跨临界循环模式可以大幅提升 CO_2 制冷或热泵循环的能效，因此也促进了 CO_2 工质在全球范围内的爆发式发展。CO_2 制冷剂及其跨临界循环的主要优点如下。

1）高压侧 CO_2 制冷剂没有冷凝过程，而是经历一个温度持续降低的冷却过程，可将换热介质持续加热至很高的温度，因而系统的制热性能极佳。

2）在常温条件下，跨临界 CO_2 循环的高、低压压力及其压差要远远大于常规制冷剂循环的压力及压差，但循环的高、低压压比较小，且常规条件下跨临界 CO_2 循环内蒸发压力几乎不可能呈现负压状态。

3）跨临界 CO_2 热泵系统的低温制热效果极好，一般可在 -30℃ 以上的低温环境下稳定制热，且出热风温度高、制热能效比高。

4）CO_2 的单位容积制冷量要远大于常规制冷剂，并且 CO_2 具有较好的流动物性和传热物性，蒸发潜热大、运动黏度低，因此跨临界 CO_2 循环内压缩机气缸容积、系统管路尺寸、换热器以及相关部件体积均大幅降低，符合车用系统轻量化、紧凑化要求。

综上所述，在"双碳"背景和《蒙特利尔议定书〈基加利修正案〉》等多重影响下，汽车空调技术路线的低碳、环保已经成为大趋势。凭借着无毒不可燃、环保性极佳、低温制热优势明显、紧凑化、轻量化等优势，以 CO_2 为首的天然工质成为未来制冷剂替代的最理想解决方案之一。同时也应该注意到，跨临界 CO_2 系统在某些工况下的制冷性能仍然稍差，该技术仍然存在提升和完善的空间。

（三）一体化车用热管理技术

新能源汽车的热管理系统面临巨大的挑战的同时，也存在很大的提升空间。为应对新能源汽车高速发展所带来的诸多挑战并解决整车热管理系统的现有问题，一体化整车热管理新框架及策略的构想应运而生，以更充分地挖掘车辆系统热惯性潜力，进而实现多层次、广领域的优化目标，从而基于同一套蒸汽压缩式制冷系统实现乘员舱舒适性及三电模块（电池、电机、电控）温度精确控制的需求，并充分探索系统内多温度、多目标的能量回收与梯级利用的可能性。在近几年的发展过程中，将乘员舱与三电系统深入耦合至同一套蒸汽压缩式制冷系统的思想已经比较成熟，也成了各主机厂、系统集成商基本公认的方案，如图1所示。

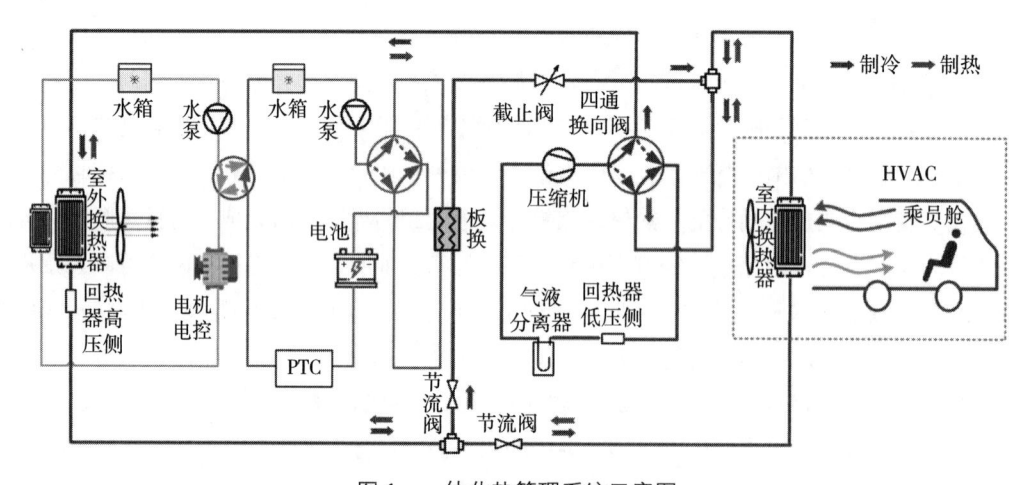

图1 一体化热管理系统示意图

在纯电动乘用车制冷工况下，乘员舱与电池/电机回路的冷却温度要求不同，因此也促使了补气式循环的发展。如图2所示，补气式循环的根本思路都是将冷凝器后已经完成放热过程的制冷剂分为两路，其中一路节流到中间压力后吸收电池回路的热量，蒸发成为气体补充至压缩机的中压补气口；而另外一路被降至更低温度后，节流降压并在乘员舱蒸发器中吸热蒸发，回到压缩机吸气口。通过以上方法，可以显著降低整个系统的无效压力损失，提升能效。

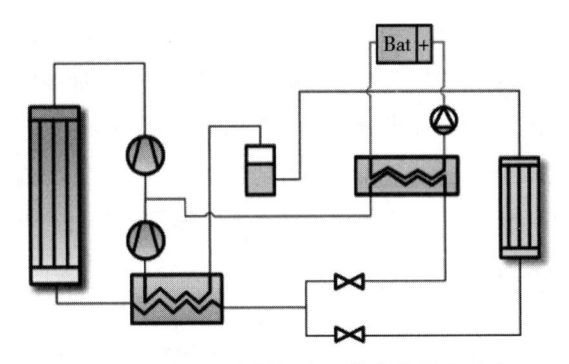

图 2　双蒸发温度补气式一体化热管理系统

为了提高电动汽车热泵系统在低温下的制热性能，延长车辆行驶里程，还可以采用余热回收的方法。电动汽车运行时动力电池、电机和电气控制设备都会产生热量，对这些热量进行回收，并与热泵系统结合起来可以进一步提高冬季供热性能。对于余热回收式热泵系统，总体原则是在上述热泵系统的基础上增设一个余热回收通道用于回收电池、电机以及控制器等部件的废热，用于增大热泵系统的制热量和供热效率。通过以上方案，达到了一方面冷却电池包、电机，另一方面为乘员舱进行制热的双重效果。应该指出的是，在余热回收工况下，电池包、电机的发热温度应该显著高于环境温度，这样才能有效提升热泵系统的蒸发温度，改善热泵系统的性能指标。余热回收式热泵系统结构复杂，从运行逻辑上有所改变，但余热利用率较高。

（四）车用热管理系统的智能化控制技术

近年间，随着新能源车辆的智能化发展，需要实施热管理的部件数量显著提升，如果仍然采用同一套蒸汽压缩制冷系统，系统的复杂性（管路连接等）将急剧增加。因此，一些结构简单、体积小、重量轻的非蒸汽压缩制冷技术在此背景下表现出较好的适应性。例如：热管的几何形状可以在复杂应用场景下进行适配，两相制冷剂由于密度差，在重力（自然对流）的作用下在冷热端之间不断迁移，完成连续的换热过程，最终将高温电子元件的热能传递到大气环境中；类似地，固液相变材料也是电池/电子领域一种很有前途的潜热解决方案，工作时，相变材料从部件中吸收热能而熔化，而当部件温度较低时又重新凝固，在相变过程中温度几乎不发生变化，因此整个部件的温度均匀性管理效果很好；另外，基于珀尔帖效应的热电装置被广泛认为是一种优秀的局部热管理模块，无须额外变压器、整流设备及管路连接的热电装置适合于分布式部件的微热管理要求；此外，其他固态制冷学术技术（如磁致热、电卡制冷、弹热制冷等）也具有噪声低、结构简单、便携性好、温度控制准确等优点，在技术成熟发展至一定阶段后，在车辆热管理领域也具有良好的商业化前景。

新能源汽车热管理精细化和功能的复杂化，在系统布局、结构设计的基础上，有效的控制策略是保障安全、舒适、稳定运行的前提。如何实现热管理的快、稳、准，就对热管理系统的控制提出挑战，在复杂需求驱动和智能化牵引下，控制智能化成为未来精细化热管理的最核心技术，也是未来新能源车辆热管理技术面向多功能、宽温域、多变量、非稳态、非线性需求及实时动态优化、快速响应的根本保障。未来新能源车辆热管理自动控制系统应满足以下功能需求：

（1）热害控制

快速充电是电动汽车充电技术的发展趋势，如何保障充电过程中的安全性显得尤为重要，现有充电过程中电池保护技术主要是通过对电池温度进行检测，一旦发现电池温度过高便停止充电，但该方式并不能快速的降低电池的温度，此时还应开启空调系统，配合电池温控回路对电池进行快速降温。此外，电动汽车在行驶或驻车过程中，由于电池老化等原因，也会出现热失控现象。为更好地解决新能源汽车热失控问题，热害控制技术应具备快速降温与自动控制等功能，当电池温度突然升高时，利用快速降温技术将电池的温度快速降到安全范围内，为避免防控不及时，对于电池的温度应能实时检测、自动控制。

（2）远程控制

在新能源汽车智能化技术发展成熟之前，对整车热管理系统的远程控制技术，是保障新能源汽车安全，避免热失控现象发生的重要手段。目前电动汽车广泛使用的锂电池适宜工作温度区间为15～35℃，通过手机APP将电池的温度实时显示，当电池的温度偏离正常值时，对用户进行报警提示，比如电池温度高于40℃时进行高温报警，电池温度低于0℃时进行低温报警，通过手机APP提醒用户进行车辆维护，检查车辆各主要部件是否处于合理的温度范围内。是否需要手动起动电池热管理的散热功率等操作。远程控制技术在短期内易于实现，在一定程度上能够提高新能源汽车的安全性，并为未来的智能化自动控制技术打下基础。

（3）能量智能管控

复杂系统和精细化温度管控离不开动态运行的控制，未来的新能源汽车一体化热管理系统所涉及的控制量和目标量将愈趋增加，导致控制维度增加。依靠传统的标定控制不仅大大增加开发成本，而且控制精度低，难以实现最优能量管控。依靠PID反馈控制，一定程度上可降低标定开发成本，但是多维度的反馈控制也将导致控制鲁棒性变差，易陷入控制失稳。在智能化趋势下，基于智能算法，诸如模型预测控制（MPC）也将和新能源汽车精细化热管理相辅相成。在新能源汽车发展的趋势下，结合5G技术，综合考虑用户需求、三电设备温度需求、实时路况、运行条件等信息，实现车间数据的交互，实时训练MPC的预测模型，模型精度在运行过程中通过自学习逐步提高，从而更为精确的寻优控制。针对一体化热管理系统愈趋复杂的特性，MPC控制方法因其稳定性高、速度快的特点，可以成为一体化热管理较为可行的全局智能寻优控制技术。

例如，西安交通大学曹锋团队提出了车辆热管理路由器的概念，拟通过全运行周期能量最优分配的全自动化控制方案，实现某段特定行驶过程中全局能耗的最低值，如图3所示。

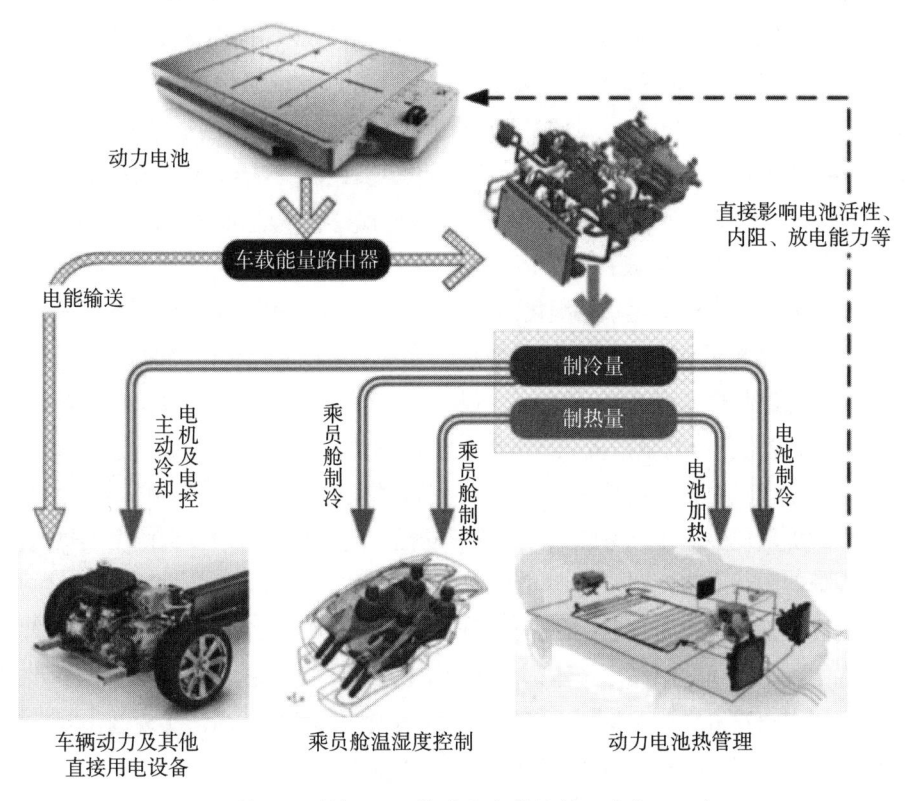

图3 基于全时域 MPC 算法的车载热管理路由器示意图

总之，在智能化大背景下，受高效、稳定的热管理需求驱使，新能源汽车热管理系统的控制也将快速向智能化进步。

二、车用热管理装备及应用

（一）电动乘用车热泵及热管理技术

电动乘用车的热管理技术从实现形式主要有单冷 +PTC（电加热）、热泵辅助 PTC、超低温热泵、余热回收型热泵；按传热方式热管理系统架构主要有空气 – 空气、空气 – 冷却液、冷却液 – 空气、冷却液 – 冷却液四种类型，也即直接式、间接式和半间接式热管理技术。其最大的技术突破还依赖于热泵技术的升级、推广，当前虽仍有大量的电动车装备有 PTC 辅助电加热，但是从实际应用看，近年间已有超过 50% 的车企及车型主要依靠热泵技术实现制热需求，诸如奥迪 R8/Q7 e-tron、大众 e-Golf、比亚迪唐 2 代 EV/E5、蔚来 EC6/ES6/ 新 ES8、上汽荣威 Ei5/Ei6 和 Marvel X/Marvel R、吉利新几何 A 和几何 C、一汽轿车 B30EV、广汽 Aion S/LX、长安汽车 C211EV4、东风亦炫 EV、特斯拉 ModelX、Model Y、Model S、北汽新能源 αT、小鹏 P5、Aion Y、Aion S、Aion V、江淮 iC5、北京 EU5 PLUS、大众 ID.4、ID6 系列、领界 EV、威马 W6 Model 3、Aion LX、Polestar 2、沃尔沃 XC40 新能源、红旗 E-HS3、Model Y、极狐阿尔法 S、阿尔法 T、极氪 001、保时捷 Taycan、宝马 X3、奔驰 EQC、捷豹 1-PACE、高合 HiPhi X、奥迪 e-tron、红旗 E-HS90 等。

在众多技术实现方案中，直接式热泵在电动车热管理中占据主流；间接式热泵因其控制相对简单，易于多温区分区控制，也得到了一定程度的量产应用，如奥迪 R8、宝马 i3 等；而半间接式热泵综合考虑了性能及一体化热管理的难易程度，诸如特斯拉 Model Y 等车型采用这种方式，依靠多模式精细化温度管理实现续航里程的进一步提升，首创性的采用电机堵转为少数极低温制热工况辅助加热，省去了高压 PTC，但仍配备有低压的 PTC；为进一步解决低温制热能力受限问题，补气技术可以在一定程度上提升低温制热能力，在诸如丰田 Prius 等车型得到量产应用；此外，低温制热问题的改善还依赖于精细化的余热回收技术，诸如捷豹 i-pace、长安 CS75 等。受多样化的热管理需求影响，热管理系统的具体实现形式也呈现多样化。考虑除湿、除雾功能，空调箱内一般设置两个换热器，独立作为制热冷凝器和制冷蒸发器使用，可采用风侧旁通或制冷剂旁通的方式，在仅制热或仅制冷的时候满足除湿等功能需求；另外，可以将空调箱内的两个换热器在制冷时候均当作蒸发器，在制热时候同时用作冷凝器，以增大换热面积。在架构功能的模式转换上，多采用电磁阀、三通阀及组合单向阀的实现形式。四通换向阀虽具有简洁实现制热制冷功能转换的作用，但由于部件成熟度不高，目前量产使用较少。

关于电动车电池部分的热管理技术，当前主流车型的使用的有主动风冷、液冷和制冷剂直接冷却几种形式，且主动加热也越来越多地被车企所选用。风冷采用空气强制对流，结构简单、成本低，应用代表如日产聆风（NissanLeaf）、起亚 SoulEV、丰田普锐斯、凯美瑞（混动版）、卡罗拉双擎、雷凌双擎等。而 80% 以上的新能源汽车上采用液冷技术，中高级轿车已经全面采用液冷技术。制冷剂直冷技术由于直接换热，具有效率高、体积小、热延迟小等特点。第一个量产直冷技术的车型是宝马 i3，但由于实际应用因控制等不稳定性，最终夭折。比亚迪海豚的电池热管理系统使用了直冷直热的技术，这也是少有的电池自冷自热的量产车型，电池直冷技术受两相流不稳定性影响，其热稳定性控制及预防局部热失控是关键技术点。预冷和预热、局部加热（如方向盘和座椅）、热负荷预测和前馈控制等技术已经开始得到重视，在中高级轿车和电动汽车上应用在增加。

车辆的电动化催生车辆热管理系统零部件数量激增。新能源汽车热管理涉及的零部件主要分为阀类（电子膨胀阀、水阀等）、换热器类（空气 – 制冷剂换热器、空气 – 水换热器、水 – 制冷剂换热器、冷却板、冷却器、油冷器等）、泵类（电子水泵等）、电动压缩机类、管路、传感器类、辅助风机和鼓风机。压缩机作为核心零部件，直接决定了整套热管理系统的能力和能效。新能源乘用车主流使用的电动压缩机为涡旋式，其体积小、重量轻、效率高。由于电动化带来电驱、电控等的复杂性，且运行工况要求由单冷向冷热宽温域的转变，电动压缩机价值量相比传统燃油车压缩机有所提升。国际上主流的电动压缩机品牌如电装、三菱、三电、韩昂，其中电装主要配套丰田普瑞思，三菱主要配套通用的沃兰达，三电配套本田，松下配套日产聆风，国内品牌包括奥特加等。少部分电动压缩机采用转子形式。国内汽车空调电动压缩机技术虽然起步晚，但经过国内各汽车空调电动压缩机供应商多年来的不断探索和研究，涌现了南京奥特佳、上海海立、深圳弗迪等一批压缩机供应商，这些企业近年来技术进步明显并进行规模化产业布局。其中，南京奥特佳已获得大众集团全球 MEB 纯电动车平台电动压缩机的供货资格，标志着目前国内领先企业的技术与国际品牌进一步缩小差距，逐步得到国际主机厂的认可。

换热器在电动车热管理系统中是除了电动压缩机外，最影响整体性能的关键部件。电池冷却器中较为典型的有液冷板（典型应用场景安装于电池模组之间，集成为电池包，也可安装于电动汽车底盘上，如大众 ID3 车型）、微通道管排换热器（典型应用场景为宝马 BMWX1 和蔚来 ES 系列）、蛇形管换热器（电池结构为圆柱形电池，特斯拉 Model 系列用蛇形管换热器散热）。板式换热器主要用于流体和流体换热，常见于制冷剂和冷却液换热中，主要功能为电池冷却中制冷剂与冷却液换热、间接式热泵中的制冷剂与冷却液换热，以及油冷器等。此外，主流车内外空气换热器采用微通道铝制换热器形式，车外换热器一般是单排多流程，主流芯体厚度为 16 mm，并逐步向轻量化发展。13.9 mm、12 mm 也有部分运用。相比燃油车，其除了换热外还需考虑冬季热泵模式的化霜及排水问题；车内换热器因空间限制，产品尺寸不宜太大，多采用双层多流程结构。

阀件是电动车热管理系统的另一主要零部件，最常见阀件为电子膨胀阀。受制冷、制热多功能需求，电子膨胀阀需要双向节流功能。另外，电磁截止阀、电动切换阀、电动三通阀、电动四通阀、单向阀是实现一体化热管理系统多模式转变的重要部件。电动三通阀和电动四通阀以采用球阀为主，其内泄漏和可靠性是影响产业化的重要因素。

其他部件，如电子风机、电子水泵、传感器等，大部分从燃油车沿袭过渡，也因新能源车辆的特殊性而有所发展，如更大的冷量需求促使高效风机技术的发展；新型制冷剂带来特殊的 PT 传感器的发展；新能源车辆更精细化的温度管理，促使传感器的精度、种类日益丰富等。

在复杂系统发展和电动车轻量化需求的导向下，零部件高度集成技术也在不断提升，例如特斯拉超级水壶和 5/8 通阀的开发，大幅降低了水路管路复杂程度；空调 ECU 被整合到整车 ECU 架构中，减少了电控系统元件；另外，多个单独阀件集成为一个阀岛组件，以及气分、回热器耦合等高度集成化部件的开发与应用，已经成为电动车热管理发展的主流。

在《蒙特利尔议定书〈基加利修正案〉》背景下，当前电动车使用的 R-134a 热管理技术方案正面临着技术替代和技术革新。行业中普遍探讨的方案有 R-1234yf、R-290、CO_2 方案。由于 R-1234yf 性能与 R-134a 较为相似，可实现直接替代。当前量产车型使用 R-1234yf 技术路线的有雪佛兰 Bolt EV、奥迪 e-tron SUV、宝马 i3 和 i8、现代 IONIQ Electric、起亚 Niro EV、日产 Leaf、保时捷 Taycan 等，但面临冬季制热量衰减的问题，且受欧洲 P-Fas 法案等影响，R-1234yf 的未来趋势还未可知，因此，目前 R-1234yf 技术路线在国内企业中还尚未见使用。R-290 制冷剂由于具有可燃性，目前国内仅出现在台架试验及样车阶段，尚未见量产使用。CO_2 热泵空调因其环保和强劲的低温制热特性，包括奥迪、奔驰、宝马等欧洲车企，以及国内东风、长城、上汽、北汽、广汽、理想、蔚来等国内车企展开了大量的 CO_2 热泵空调预研工作。目前已实现小批量量产，如大众 ID4 车型。

除此之外，关于热管理系统控制器软/硬件部分的开发流程，国内众多厂商在近几年研究的基础上，也总结出一套完整的开发流程，如图 4 所示。

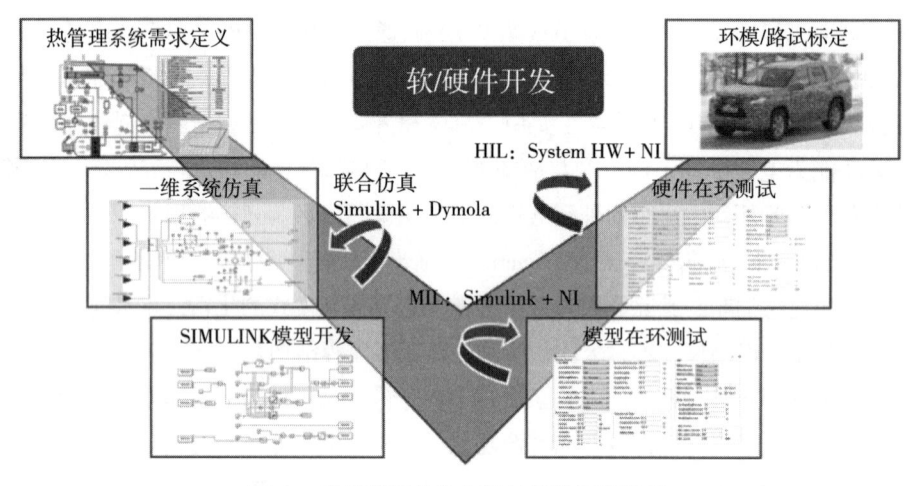

图 4　热管理系统控制器软硬件开发流程

（二）电动商用车、轨道车辆热管理技术

电动商用车、轨道车辆的热管理技术方案较为相近，目前普遍采用整机顶置式架构，如图 5 所示，而轨道车辆中也有采用底置式的车型，其系统通过焊接形式封装于一套集成模块中，通过风道的形式将制冷量或制热量输出给客舱。电动商用车、轨道车辆热管理系统所涉及的零部件同样有压缩机、换热器、阀件、传感器、风机等；电动压缩机一般排量需求较大，目前以电动活塞式为主，逐渐发展转子式；换热器主要采用翅片管换热器，但随着轻量化需求的提高，近些年也有逐渐往微通道换热器发展的趋势。商用车和轨道车辆冷热量需求大，高效热泵的使用更有助于节能降碳，国内外一些主机厂和零部件供应商在新能源客车热管理系统技术上都有所突破。比亚迪新能源客车采用高效制冷技术，具有快速制冷、低噪声和高效能的特点。宇通客车采用先进的电子膨胀阀控制技术和高效能的压缩机，实现了快速制冷、低噪声和高效能，提高了系统的冷却效率和可靠性。然而，由于新能源客车的低温热需求大，现有系统技术很难满足低温下的制热量需求，在北方寒冷地区运行的新能源客车甚至装在柴油燃烧器以供采暖使用，这与发展新能源汽车的初衷相悖，充分反映了新能源客车行业同样亟须高效热泵技术。

图5 顶置式的客车/轨道车辆热管理系统外形图

电动商用车、轨道车辆的现有热管理技术路线仍大量采用氟化烃类工质R-407C。由于需求充注量大，其下一代技术路线中，R-1234yf、R-290的使用较为困难。至于CO_2工质，康唯特早在2000年左右就已试装了CO_2空调样车进行路试，随后，奔驰及系统供应商法雷奥等相继开发客车CO_2空调。近年，国内宇通客车已开发CO_2热泵空调，进行了路试，取得一定成果，但因产业链成熟度不够等原因，目前尚未能量产。在轨交方面，中车大连机车研究所已开发完整的CO_2热泵空调产品，预计将在多条轨交线路投入使用。

（三）其他车辆热管理技术（特种车辆、重卡、物流车、货车、冷藏车等）

其他车辆诸如特种车辆、重卡、物流车、货车、冷藏车等，因需求的特殊性，其热管理技术方案也各有所不同。该类车辆的热管理技术方案一般采用集成模块式，类似商用车，但其结构类型受实际需求影响有所变化。新能源卡车类汽车多以纯电动卡车和燃料电池为主。燃料电池卡车有余热可以使用，其热管理方案可参照燃油车；在电动卡车中，诸如特斯拉Semi、Rivian的R1T和R1S车型、Nikola One等均搭载了热泵空调技术。国内知名企业比如比亚迪、福田、北汽等都在研究和开发电动卡车热泵空调及热管理技术，并推出了一些产品。物流车和货车的热管理技术方案与卡车有一定程度类似。针对冷藏车辆，除电池、司机室的冷热需求外，冷藏室同样需要冷量，车辆的货物保鲜和安全至关重要。随着一体化技术的发展，多蒸发温度是其主要技术特征。

这类车辆的下一代技术路线的发展具有一定程度的不稳定性，受其他车辆热管理产业链的影响，在整个交通载运装备行业，较难具有引领性。

三、车用热泵及热管理技术的发展趋势与展望

综合而言,在当前电动汽车发展以及碳中和目标的背景下,电动汽车热管理行业也向着绿色化、一体化、模块化、智能化的"新四化"方向发展。

(一)绿色高效化

汽车热管理系统绿色高效发展将成为我国交通领域实现"碳中和"的有效助力。绿色化主要体现在强温室效应工质的减排方面,但下一代电动汽车热管理系统的制冷剂替代路线尚不明确,目前形成以 CO_2/R-290 为主流、各形式混合工质为辅的百花齐放状态。下一代电动汽车热管理制冷剂技术路线基本受两大因素影响和制约,一方面是国家相关标准和法规,以及应对环境污染、气候变暖问题的具体政策实施;另一方面,还受电动汽车本身固有的需求特性的演变和不同区域下的功能多样性的影响。

高效化主要体现在热泵技术的发展上。低温续航衰减也是电动汽车发展面临的瓶颈问题之一,能否解决冬季里程焦虑,也逐渐成为整车热管理的技术核心挑战。随着热管理对能量利用效率的需求日渐提高,保障电动汽车热泵空调系统在宽温区(-30~40℃)的制冷与制热性能、减小能耗是热管理系统亟待突破的关键问题。通过各子系统之间的高效耦合与协调控制可以实现能效最大化。余热的有效回收方法能够减小制热能耗,同时可以改善系统的制热性能。热泵和余热利用及其相互交叉耦合的形式,将成为未来热管理的主要方向。

因此,在我国碳中和的大背景下,减排和节能成为迫切需求,电动汽车的热管理系统的下一代发展势必是以绿色高效化为导向的。

(二)功能一体化

电动汽车热管理系统不仅要兼顾车室内温度的冷热控制,更要对三电设备(电池、电机、电控)进行更为精细化的温度管理。随着乘客对舒适性和安全性需求增加,一套多功能的热管理系统将成为主流。因此,应对高密度电池和电机/电控的精细化热管理、综合能效提升、乘员舱舒适性提升等关键问题,实现整车能量管控,功能一体化成为电动汽车热管理系统发展的方向标。下一代的电动汽车热管理系统功能的一体化需兼顾整车安全性目标、动力性目标、续航能力目标、舒适性目标以及耐久性目标,使得所有关键部件的温度变化具有较高的安全裕度;实现三电设备的精细化温度管理和能量调配;保障司乘人员及车辆在使用过程中多样化的冷热需求。

总之,更安全、更舒适的乘坐需求,以及多样化、多目标热管理需求驱使电动汽车热管理系统的功能设计向着更为一体化的方向发展。

（三）结构模块化

传统汽车空调部件相对简单，车载空调的结构布局形式往往也仅是适配车身结构，通过单一的部件连接，实现车室空调的功能。然而，随着电动汽车的发展，热管理功能需求的复杂化、多样化和精细化，导致整车热管理系统的部件数量、接头数量呈爆发式增长。零部件的增加不仅导致接口数量成倍增加，也引发可靠性降低，安装、维修成本增加。同时，零部件的分散式布置也带来振动、噪声的不可控性，给整车 NVH 带来挑战；热管理附件的增多带来的体积变大问题也给结构设计带来挑战。因此，在电动汽车的快速发展和热管理批量产业化的驱动下，系统结构模块化成为未来热管理系统发展的迫切需求。

热管理系统的结构模块化主要体现在零部件的集成和功能性模块两种方式上。零部件的集成方式也根据热管理系统不同呈现多样性，主要包含带回热功能的储液器、车用四通换向阀的发展、换热器与阀件集成、全通节流阀、多通阀、热管理水路部件的集成等形式。更大程度的集成，按功能结构划分：①前端模块；②空调箱；③制冷剂处理模块；④电池、电机、电控模块。热管理系统结构的模块化在不同车型之间通用性增强，使得热管理系统在经历复杂化、多样化的发展后，又重新向着结构简洁的方向发展。

（四）控制智能化

电动汽车热管理的精细化和功能的复杂化，在系统布局、结构设计的基础上，行之有效的控制策略是保障整个系统安全、稳定运行的前提。如何实现热管理的快、稳、准，在复杂需求驱动和智能化牵引下，控制智能化成为未来精细化热管理的灵魂。

复杂系统和精细化温度管控离不开动态运行的控制。未来的电动汽车一体化热管理系统所涉及的控制量和目标量将愈趋增加，导致控制维度增加，依靠传统的标定控制不仅大大增加开发成本，同时控制精度低、难以实现最优能量管控。以 MPC 控制方法为基础，结合实时路况信息、用户多样化特征等的智能化算法，实现对电动汽车热管理系统的精细化、多样化预测性控制，在电动汽车热管理系统的能量智能管控中的重要性逐渐凸显，控制智能化或将成为电动汽车热管理系统未来不可或缺的一环。

参考文献

[1] LORENTZEN G. Trans-critical vapour compression cycle device：USA，WO1990007683 A1［P］. 1989-09-06.
[2] LORENTZEN G，PETTERSEN J. A new, efficient and environmentally benign system for car air-conditioning ［J］. International Journal of Refrigeration，1993，16（1）：4-12.

[3] Yulong Song, Haidan Wang, Yuan Ma, et al. Energetic, economic, environmental investigation of carbon dioxide as the refrigeration alternative in new energy bus/railway vehicles' air conditioning systems [J]. Applied Energy, 2022, 305: 117830.

[4] Yulong Song, Ce Cui, Xiang Yin, et al. Advanced development and application of transcritical CO_2 refrigeration and heat pump technology–A review [J]. Energy Reports, 2022, 8: 7840–7869.

[5] Yulong Song, Ce Cui, Mingjia Li, et al. Investigation on the effects of the optimal medium–temperature on the system performance in a transcritical CO_2 system with a dedicated transcritical CO_2 subcooler [J]. Applied Thermal Engineering, 2020, 168: 114846.

[6] Yulong Song, Zuliang Ye, Yikai Wang, et al. The experimental verification on the optimal discharge pressure in a subcooler–based transcritical CO_2 system for space heating [J]. Energy and Buildings, 2018, 158: 1442–1449.

[7] MAGER R H H, WERTENBACH J. Comparative study on AC- and HP- systems using the refrigerants R134a and R744 [C]. Austria: VDA Alternate Refrigerant Winter Meeting Saalfelden, 2002.

[8] 王丹东, 张科, 俞彬彬, 等. 适用于 −20℃环境的 CO_2 汽车热泵系统的开发及性能测试 [J]. 制冷学报, 2018, 39 (2): 17–24.

[9] CHEN Yiyu, ZOU Huiming, DONG Junqi, et al. Experimental investigation on refrigeration performance of a CO_2 system with intermediate cooling for automobiles [J]. Applied Thermal Engineering, 2020, 174: 115267.

[10] 胡国栋, 碳中和碳达峰系列研究之新能源汽车电子篇——变革时代, 汽车电子的创新发展机遇, 行业研究·深度报告, 2021.

[11] 任焕焕, 等, 基于碳减排路径潜力测算的乘用车积分政策导向研究. 中国汽车, 2021 (9): 17–22.

[12] 杨立滨, 基于电池储能的新能源送端电网暂态稳定优化研究. 2022, 沈阳工业大学.

[13] WANG Dandong, YU Bingbing, HU Jichao, et al. Heating performance characteristics of CO_2 heat pump system for electrical vehicle in a cold climate [J]. International Journal of Refrigeration, 2018, 85: 27–41.

[14] KIM S C, WON J P, KIM M S. Effects of operating parameters on the performance of a CO_2 air conditioning system for vehicles [J]. Applied Thermal Engineering, 2009, 29 (11/12): 2408–2416.

[15] Xiang Yin, Jianmin Fang, Anci Wang, et al. A novel CO_2 thermal management system with battery two–phase (evaporative) cooling for electric vehicles [J]. Results in Engineering, 2022, 16: 100735.

[16] Xiang Yin, Anci Wang, Jianmin Fang, et al. Coupled effect of operation conditions and refrigerant charge on the performance of a transcritical CO_2 automotive air conditioning system [J]. International Journal of Refrigeration, 2021, 123: 72–80.

[17] Y. Ma, Z. L. H. Tian, A review of transcritical carbon dioxide heat pump and refrigeration cycles [J]. Energy, 2013, 55: 156–172.

[18] Anci Wang, Xiang Yin, Fan Jia, et al. Driving range evaluation based on different cabin thermal management goals of CO_2 heat pumps for electric vehicles [J]. Journal of Cleaner Production, 2023, 382: 135201.

[19] Huiming Zou, Tianyang Yang, Mingsheng Tang, et al. Ejector optimization and performance analysis of electric vehicle CO_2 heat pump with dual ejectors [J]. Energy, 2022, 239: 122452.

[20] Yubo Lian, Heping Ling, Jiapeng Zhu, et al. Thermal management optimization strategy of electric vehicle based on dynamic programming [J]. Control Engineering Practice, 2023, 137: 105562.

[21] Anci Wang, Feng Cao, Xiang Yin, et al. Pseudo–optimal discharge pressure analysis of transcritical CO_2 electric vehicle heat pumps due to temperature glide [J]. Applied Thermal Engineering, 2022, 215: 118856.

[22] T. Mesbahi, R.B. Sugranes, R. Bakri, et al. Coupled electro–thermal modeling of lithium–ion batteries for electric vehicle application [J]. Journal of Energy Storage, 2021, 35: 102260.

[23] D Yang, Y Huo, Q Zhang, et al. Recent advances on air heating system of cabin for pure electric vehicles: A review [J]. Heliyon, 2022, 8: e11032.

[24] Sara K, Mohammad M, Saeed J, et al. An ejector-assisted integrated thermal management of electric vehicles switchable between heating and cooling (reversible AC/HP)[J]. Journal of Energy Storage, 2023, 68: 107737.

[25] Qian Ning, Guogeng He, Guohui Xiong, et al. Operation strategy and performance investigation of a high-efficiency multifunctional two-stage vapor compression heat pump air conditioning system for electric vehicles in severe cold regions[J]. Sustainable Energy Technologies and Assessments, 2021, 48: 101617.

[26] Saechan P, Dhuchakallaya I. Numerical study on the air-cooled thermal management of lithium-ion battery pack for electrical vehicles[J]. Energy Reports, 2022, 8: 1264-1270.

[27] Liang G, Li J, He J, et al. Numerical investigation on a unitization-based thermal management for cylindrical lithium-ion batteries[J]. Energy Reports, 2022, 8: 4608-4621.

[28] Huang R, Li Z, Hong W, et al. Experimental and numerical study of PCM thermophysical parameters on lithiumion battery thermal management[J]. Energy Reports, 2020, 6: 8-19.

撰稿人：曹　锋　殷　翔　宋昱龙

低温技术及其应用

第一节 低温空气分离技术

一、低温空分概述

（一）需求与产业总体情况

空气分离设备以空气为原料制取氧气、氮气等工业气体，是能源、化工、冶金等战略产业的重大核心装备。我国拥有全球80%的空分装备市场，每年能耗相当于3个三峡水电站的年均发电量。近年来，在下游炼化、煤化工及钢铁等产业对工业气体需求不断增加的推动下，我国空分气体行业市场规模不断扩大。2010—2021年，我国工业气体市场规模从400亿元增长到1795亿元，年均复合增长率为14.6%。相较于美国、加拿大等发达国家，我国人均工业气体消费量仍较低，不足其1/2。随着我国工业领域的快速发展，工业气体需求与日俱增，我国工业气体市场发展潜力巨大。

（二）低温空分技术与成套装备概况

空分设备是以空气为原料，通过压缩膨胀、深度冷却的方法将空气变为液态，进而精馏分离生产出氧气、氮气及氩气等工业气体的气体分离设备。空分设备主要由压缩系统、净化系统、制冷系统、热交换系统、精馏系统、产品输送系统、液体贮存系统和控制系统构成。空分设备按氧气产量，可分为特大型（>80000 m³/h）、大型（≥10000 m³/h）、中型（≥1000 m³/h）和小型（<1000 m³/h）。其中，大型、特大型空分设备是冶金、石化及煤化工项目中不可缺失的组成部分。

自1902年德国林德博士设计第一台单级精馏制氧机至今，低温精馏空分技术已发展了近 120 年。图 1 为低温空分系统单套装备制氧量和制氧能耗发展趋势，可以看出空分装备一直在朝着大型化和节能化方向发展。空分技术发展的前 40 年内，主要完成了由高压流程到全低压流程的系统变革，通过降低压缩机排气压力大大降低了系统能耗，并为后续空分技术发展奠定了基础；空分技术发展的近 80 年内，主要在于分子筛的应用、增压膨胀机的使用、规整填料的开发，涵盖系统流程优化、部机性能提升及自动控制等多种节能技术综合应用，最终使得空分系统整体能耗不断降低。

我国大中型空分设备的设计与制造已有 60 余年的历史，先后经历仿制、引进技术、自主研发三个阶段。目前，我国空分设备行业实现快速发展，以杭氧、川空、开封空分为代表的民族企业已实现大型、特大型空分设备成套技术国产化，最大规格达到 12 万 m^3/h 等级。经过长期技术攻关和产业发展，国产 6 万等级及以下的空分设备市场占有率已达 90% 以上，制氧容量达世界首位；在 6 万等级以上市场中，国内企业达到与外资企业竞争的水平，杭氧股份在此等级以上空分设备国内市占率达 50% 以上。

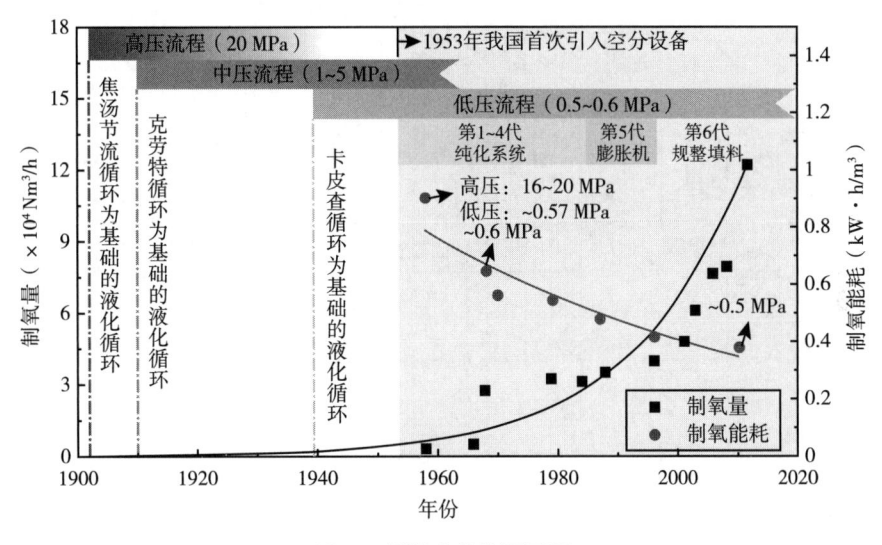

图 1 低温空分发展历程

二、低温空分流程设计技术

（一）低温空分流程

与常温及高温流体不同，低温下流体内部原子和分子间相互作用规律的改变使其宏观热物理性质明显偏离理想气体行为，特别是在气、液两相以及临界区域，准确预测空分混合流体物性对于低温空分流程的精准设计至关重要。通过基于普适临界指数的临界物性计算方法、基于明确物理意义的密度项、温度项和相区项的改进型亥姆霍兹状态方程构架以及基于格鲁尼森数的状态方程性能检验评估方法，可以提高空分流体状态方程在宽温度压力范围、全气液相区的适用鲁棒性和准确性，实现从三相点到室温的物性平均不确定度达到在 ±0.08% 到 ±0.57% 之间，为超大空分流程和部机设计提供了可靠保障。

按照产品出冷箱的压力等级及增压方式的不同，常见的空分流程主要有三种基本类型：外压缩、内压缩和自增压。

1. 外压缩流程

外压缩流程中，空气经过滤压缩、预冷纯化后，增压空气膨胀后进入上塔，低压气体产品出冷箱，经压缩机加压到用户所需压力。多用于氧气产品压力等级不太高、氧/氮气产品规格较少的应用场合，一般适用于冶金行业，用氧压力等级一般 ≤ 3.0 MPa，外压缩空分一般为 60000 m³/h 等级以下（图 2）。

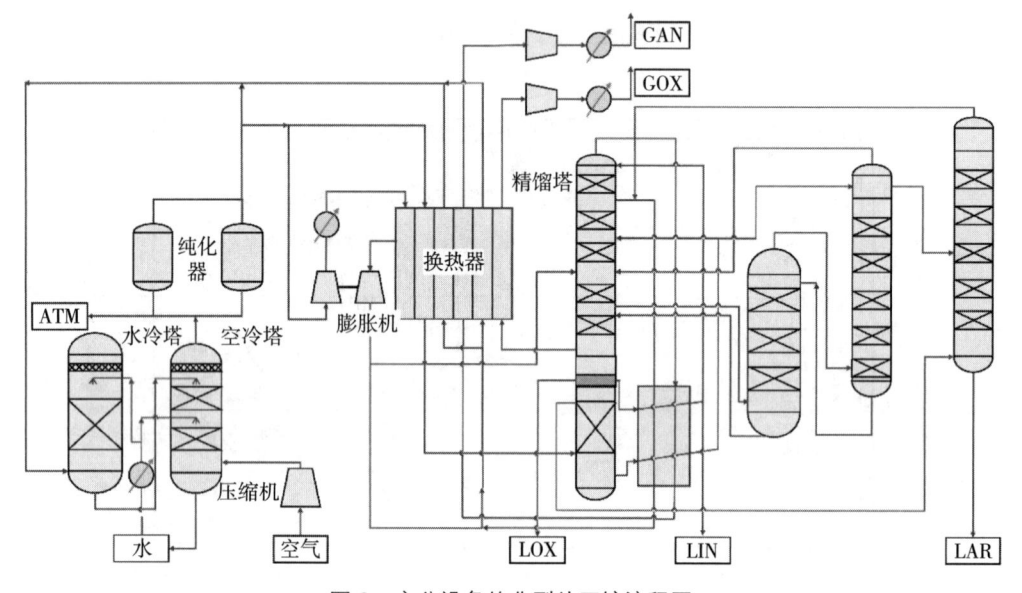

图 2　空分设备的典型外压缩流程图

2. 自增压流程

自增压流程是将塔底液氧抽出，与一股热空气通过液氧蒸发器换热自增压产生氧气。自增压流程利用了冷凝蒸发器中液氧的位能，使得出冷箱的氧气达到一定压力 [40～500 kPa（G）]，从而降低压氧能耗及氧压机成本，多应用于有色冶炼、氮肥、玻纤行业等（图 3）。

3. 内压缩流程

空分设备内压缩流程是指产品气体的供气压力是由液体在冷箱内经液体泵加压并与高压气进行热交换，从而汽化复热来实现规定压力。与加压液氧进行换热的空气（或氮气）压力和流量的确定、高压换热系统构成和精馏系统构成等，是内压缩空分流程设计的核心

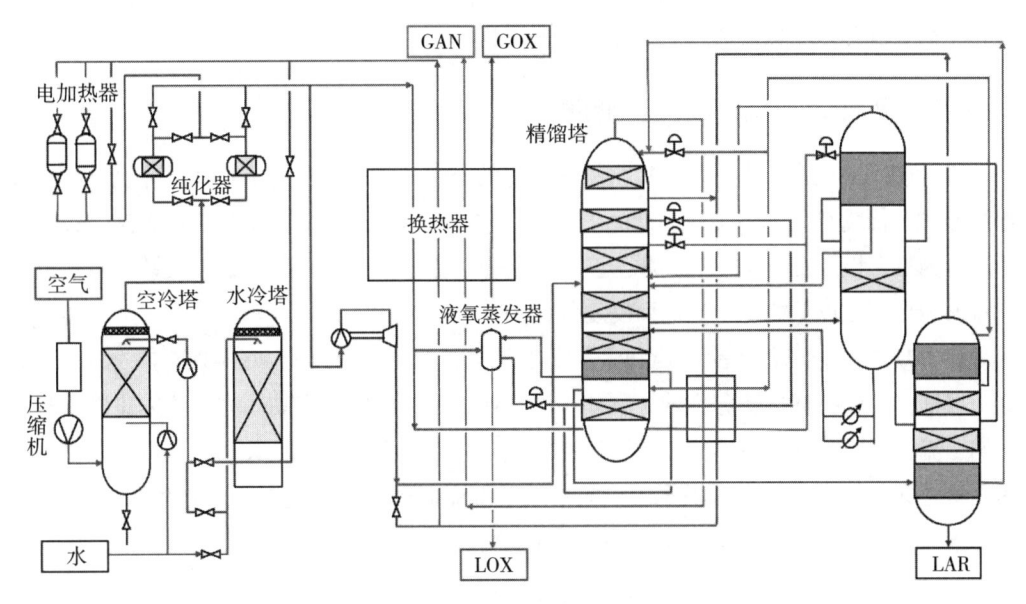

图 3 空分设备的典型自增压流程图

问题。内压缩流程多应用于同时生产多种压力等级的氧、氮产品，或液体产品需求量大、气体产品压力高、设备规模大的空分设备，如煤化工、石油炼化等行业。产品氧气的压力等级一般为 3.0～10.0 MPa，内压缩空分可达到 100000 m³/h 等级（图 4）。

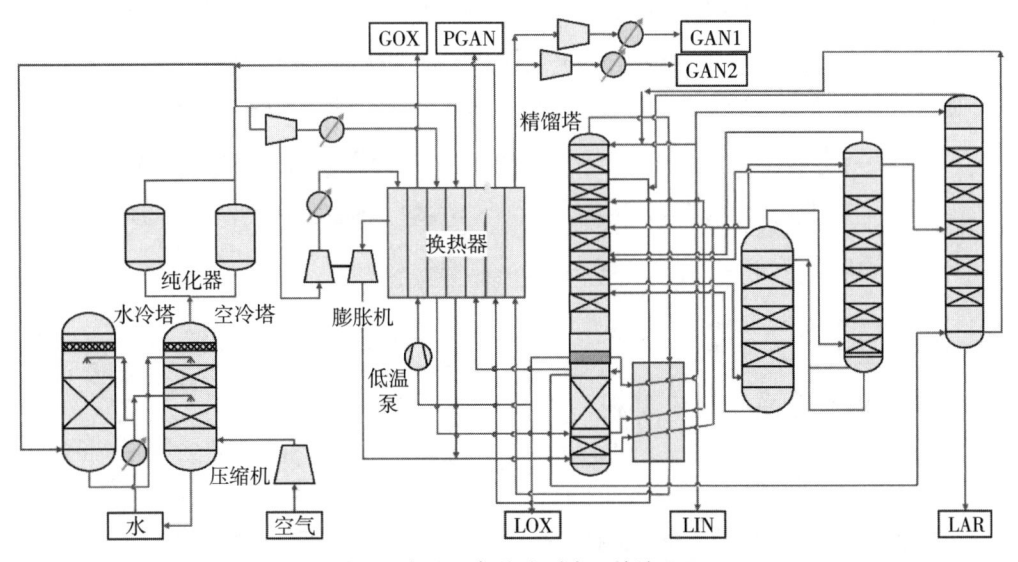

图 4 空分设备的典型内压缩流程图

在上述流程基础上，针对空分产品的不同需求和外部条件演变而来的特殊空分流程还有：富氧（低纯氧）空分流程、LNG 冷能空分流程、稀有气体（氪氙氖氦）全提取空分流程、高纯氮流程、高纯氧流程、自增压空分流程等。

（二）低温空分系统流程设计图谱

工业应用领域对于空分装置提出了多样化的需求，相应衍生出上百种空分设备的流程组织形式。传统空分工艺流程设计由于组织形式众多且缺乏有效的优化匹配方法，存在设计选型困难、设计工况单一等问题。空分设备作为大型工业流程装备，其设计必然是以用户需求为导向，以低能耗为目标而反复优化的过程。

针对现有空分流程产品结构和多工况的特点，杭氧通过对近20年现有空分（近600套）根据多维度指标进行分类统计，如不同行业、产品纯度、产品压力、液体比例、氮氧比例、流程形式、动设备形式、单元设备形式等，得到空分设备的关联性分析，建立了气体制备工艺流程图谱，实现根据用户需求的最低能耗最优匹配流程设计方案的精确导航，有效指导了低能耗空分流程的快速高效设计（图5）。

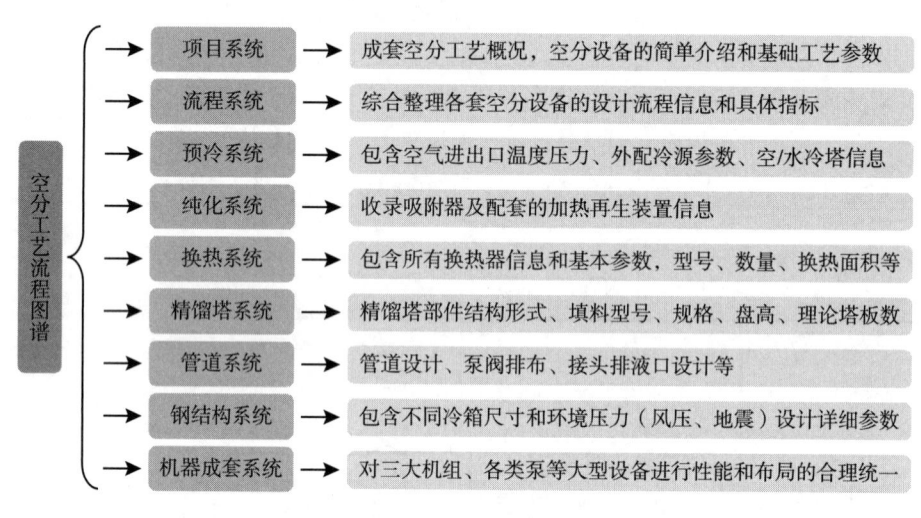

空分工艺流程图谱	子系统	内容
	项目系统	成套空分工艺概况，空分设备的简单介绍和基础工艺参数
	流程系统	综合整理各套空分设备的设计流程信息和具体指标
	预冷系统	包含空气进出口温度压力、外配冷源参数、空/水冷塔信息
	纯化系统	收录吸附器及配套的加热再生装置信息
	换热系统	包含所有换热器信息和基本参数，型号、数量、换热面积等
	精馏塔系统	精馏塔部件结构形式、填料型号、规格、盘高、理论塔板数
	管道系统	管道设计、泵阀排布、接头排液口设计等
	钢结构系统	包含不同冷箱尺寸和环境压力（风压、地震）设计详细参数
	机器成套系统	对三大机组、各类泵等大型设备进行性能和布局的合理统一

图5 空分工艺流程图谱

三、低温空分系统核心部机

（一）空气压缩机

空分系统中常用的压缩机主要包括离心压缩机、往复压缩机、螺杆压缩机、轴流压缩机等，各类压缩机的适用范围如图6所示。往复压缩机和螺杆压缩机适用于中小气量、高压力的场合；离心压缩机转速高，适用于大流量、中低压力的场合；轴流压缩机可用于更大流量的场合。随着现代离心叶轮设计和加工技术的提升，离心压缩机的流量应用上限已大大提高，覆盖了过去空分设备中大部分轴流压缩机的使用场合。目前空分设备中，原料空气流量在 5000～500000 m³/h 之内都是离心压缩机的适用范围；5000 m³/h 以下较多采用螺杆或往复等容积式压缩机。

根据空分工艺流程的要求，原料空气压缩机的排气压力一般为 0.5 MPaG，典型结构包括单轴等温型和整体齿轮型，其中单轴型结构比整体齿轮型结构更适合适用汽轮机驱动，因此大型原料空气压缩机基本都采用单轴等温型。

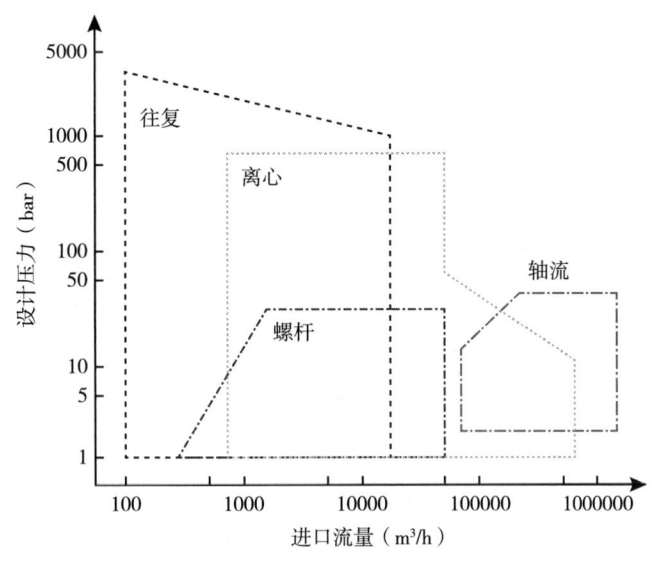

图 6 不同种类压缩机的工作范围

（二）纯化系统

分子筛净化空气流程具有产品提取量大、操作简便、运转周期长、使用安全可靠等优点，在现代空分系统中广泛应用。近几年来，分子筛技术发展较快，吸附容量有了较大提高，同等条件下不同分子筛对二氧化碳的吸附性能可相差 50% 以上。采用高性能分子筛，可使单台吸附器实现 4 小时以上的长周期吸附。分子筛纯化系统通常配置 2 只分子筛吸附器交替工作，常见吸附压力约 0.5 MPa，再生压力约 0.02 MPa，温度在 -5～200℃变化。为了防止主换热器冻堵，一般要求周期内吸附器出口的水含量低于 -65℃露点，CO_2 含量低于 1 ppm。

面向空分装置大型化的发展需求，径向流吸附器由于具有占地面积小、能耗低、可靠性高等优点，代表着大型吸附器结构的发展方向。目前，国内的立式径向流吸附器最大已运用到 10 万等级空分项目中。然而，当径向流吸附器应用于 6 万等级以上的空分设备时，气流分布不均问题较为突出。依托于国家 973 项目，浙江大学与杭氧合作首次采用 PIV 技术揭示立式径向吸附器内流体均布与传质机理，提出了最优导线锥型线与超大型吸附器的分层并联结构设计方法，使得气流均匀度相较传统结构提高了80%，穿透时间延长了79%。

由于大气条件的变化，目前空分装置吸入空气中 CO_2 含量较以往有所提高，还存在 N_2O 等微量杂质对空分的安全性造成影响，因此对吸附性能提出了更高要求。杭氧、川空、上交等单位专门建立了常温动态吸附、低温动态吸附和催化剂性能评价等试验台位，以测试获取不同吸附材料吸附性能核心数据，为提升现有空分、稀有气体等净化系统性能和开发新产品提供关键技术支撑。

（三）板翅式换热器

板翅式换热器由于传热效率高、结构紧凑、适应多种介质热交换和经济性好等优点，广泛应用于大、中、小型空分设备中，图 7 为典型多股流钎焊铝制板翅式换热器示意图。空分系统中板翅式换热器按照用途主要可分为主换热器、过冷器、冷凝蒸发器等。

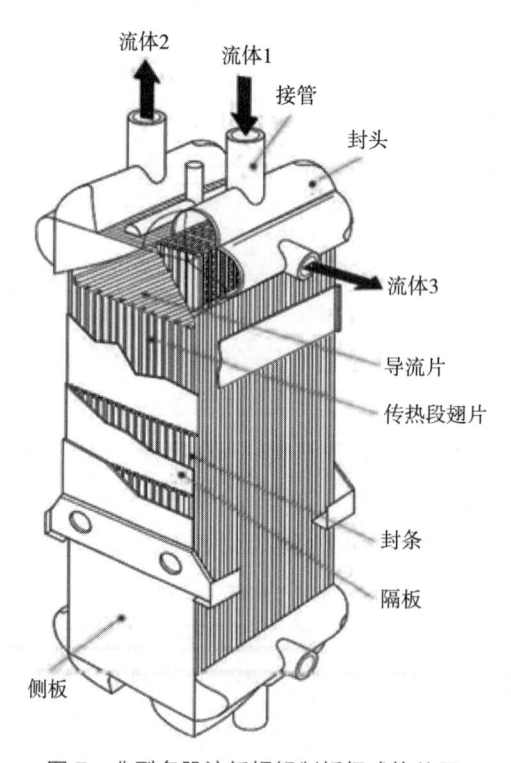

图 7　典型多股流钎焊铝制板翅式换热器

针对空分流体传热性能的准确预测难题，在国家重点研发计划项目的支持下，浙江大学基于低温流体相变传热可视化测试平台，提出了低温空分流体冷凝和沸腾过程的实验关联式，传热系数预测误差 < 15%；发展了多组分低温混合流体换热和微结构强化表面换热的性能预测方法，解决了低温空分换热器传热系数长期依赖常温流体数据导致设计精度不高的难题。杭氧基于低温铝制板翅式换热器的热模实验，建立了换热器工况参数、封头与翅片结构参数、通道布局与换热性能的关联模型，揭示了大型换热器在多股流多相态多压力高扰动工况下的流动传热机理，构建了高、低压翅片优化匹配方法，解决了高低压通道能量密度差异大、低压通道阻力要求严苛、热负荷平衡匹配等难题，为低温空分换热器传热系数准确预测和高效翅片设计提供了理论支撑。四川空分建成了国内唯一的正压通风型板翅式换热器性能测试台位，主要用于研究板翅式换热器的传热与流动性能，可测试的雷诺数最大达 20000，为板翅式换热器的性能优化提供了支撑。

板翅式换热器技术要求高，生产难度大，目前国际上板翅式换热器最高设计压力达 15 MPa，可以实现 10 多种流体同时换热。我国自 20 世纪 60 年代中期开始板翅式换热器的试验研究，生产水平发展至今取得了长足进步，杭氧、川空、中泰深冷等是国内板翅式换热器代表性生产厂商。目前，国产铝制板翅式换热器最高设计压力可达 13.5 MPa，最大板束单元尺寸为 10000 mm × 1800 mm × 1500 mm，产品制造水平总体接近世界先进水平。

（四）透平膨胀机

透平膨胀机是低温空分系统冷量的主要来源，现代空分设备上普遍采用的是向心径 – 轴流反动式透平膨胀机，具有性能高效、运行稳定、调节范围宽泛、结构紧凑等优点。按入口膨胀介质状态不同，透平膨胀机可分为气体膨胀机、液体膨胀机及气液两相膨胀机三类。当前，低温空分系统中以气体膨胀机为主；在大液体比空分和大型内压缩空分系统中，采用液体膨胀机替代节流阀可显著降低能耗、提升经济效益，因而近年来逐渐成为新的发展趋势。目前国内空分厂家已对液体膨胀发电机组进行了研发，总体来说成套业绩仍然有限。

按照制动方式不同，透平膨胀机可分为增压制动（图 8）、发电制动、风机制动、油制动等类型，其中增压制动和发电制动为功率回收型，有利于降低能耗。按照透平膨胀机的工作压力，可分为低压透平膨胀机和中压透平膨胀机。低压透平膨胀机配套用于外压缩流程，入口气体压力在 1.6 MPa 以下，具有容积流量大，膨胀比、功率密度及转速相对较低等特点。四川空分成套唐钢 40000 低压膨胀机等熵效率达到 88%，成套中冶南方 28000 低压透平膨胀机最高等熵效率达到 93%。中压膨胀机配套内压缩流程，入口压力约 4.0 MPa，功率密度高、焓降大、转速高、出口偶有少量带液。四川空分成套新疆庆华 50000 中压膨胀机现场效率超过 85%，已取代进口机组。

总体来看，从等熵效率上来说，国内外低压透平膨胀机性能基本相当，国内较国外相差约 1%；中压高温膨胀机效率国内外基本持平；国产中压低温膨胀机较进口机组平均低 2%～3%。从功率覆盖范围上，国产与进口等同，目前国内杭氧、川空均已完成了 10 万等级中压透平膨胀机样机研制，测试效率超过87%，已完全覆盖了国内特大型空分装置需求。从机组稳定性上来说，国产机组振动值逐步逼近进口机组水准，但平均故障率总体仍然略微偏高。

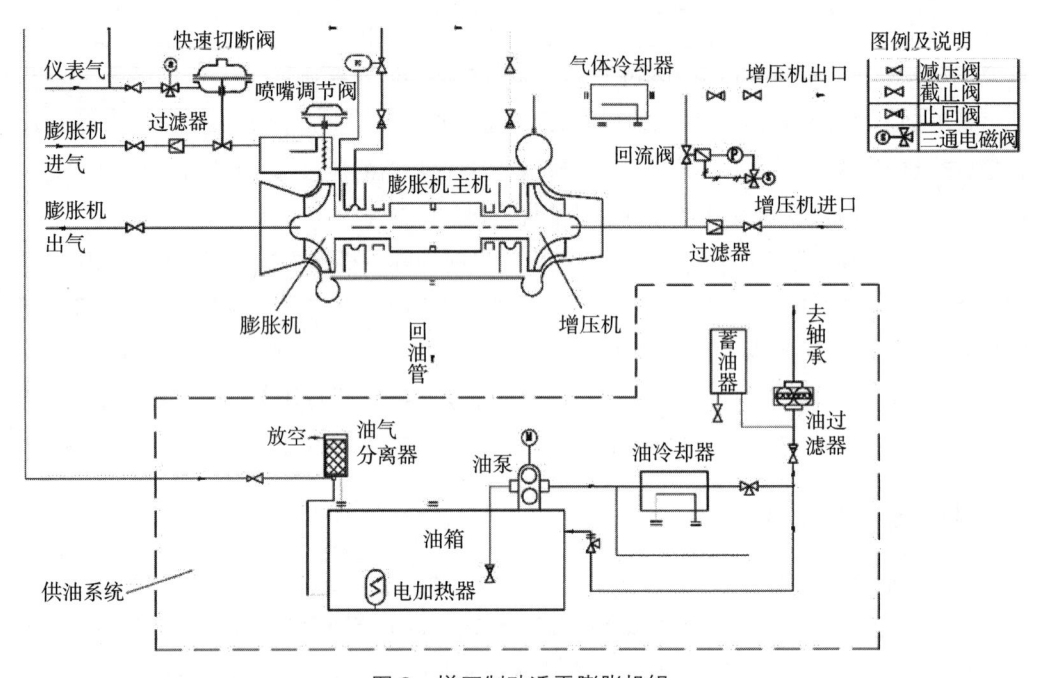

图8 增压制动透平膨胀机组

（五）低温精馏塔

低温精馏塔是空分系统中进行氮氧传质分离的装置，氧氮混合液在重力驱动下从精馏塔顶降液膜流下，与逆流而上的氧氮混合气体充分接触，不断发生液氮的蒸发和氧气的冷凝，最终实现分离。

精馏塔主要分为板式塔和填料塔两种类型，如图9所示。塔板结构因其结构简单、操作弹性大、成本低和板效率高等优点，最先被应用于空分精馏塔中。自从20世纪80年代苏尔寿公司的Mellapak规整填料引入空分设备后，规整填料塔因其更低压降、更高效率和通量，在低温精馏过程中逐渐取代传统板式塔，推动了低温空分领域的技术变革。

随着空分装置朝着大型化方向发展，精馏塔内部尺度效应越发明显。针对大型精馏塔内的大尺度混合流与非定常流动问题，浙江大学结合可视化实验揭示了低温两相逆流界面不稳定机理，提出了低温液泛速度预测方法，液泛预测误差＜3%，实现了空分精馏过程液泛现象的精确预测及预防；阐明了规整填料波纹倾角、表面微纹理、褶皱角以及穿孔模式对低温精馏过程空分流体压降阻力和传质分离的影响规律；基于非平衡级模型及分离效率函数方法开发了精馏整塔计算软件，为减小空分设计过程预留的安全系数和整塔结构尺寸奠定了理论基础。杭氧基于低温精馏热模实验平台，开发了800YG、350YG等系列规整填料及填料选配技术，精馏塔泛点气速提高约30%。同时发明了高效复合型塔内件和大流量环流型气体分布器，解决了特大直径精馏塔入口气体均布差、阻力大、平衡空间大等问题，相同等级的空分装备经优化后，上下塔体积分别减小39.4%和12.3%，氧产量提升7%。

规整填料的优化改进主要以增大比表面积和改变倾角为主，目前已经开出了比表面积为750和800的高比表面积填料，以及X型（60°倾角）和Y型（45°倾角）两种波纹倾角类型。为了进一步减小规整填料压降，苏尔寿公司优化了其Mellapak系规整填料的进出口波纹弧度，并开发出了Mellapak-plus系流线型规整填料，大大减小了填料压降。总体而言，规整填料的结构形式已经较为成熟，进一步优化主要基于细节结构参数、应用场景和工况类型等方面展开。

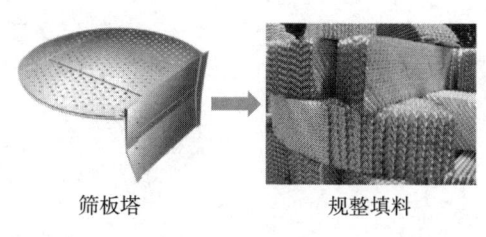

筛板塔　　　　　规整填料

图9　低温精馏塔中的筛板塔和规整填料

四、低温空分系统集成与运行调控技术

低温空分系统流程复杂，涉及纯化、压缩、换热与精馏等几十个关键部件和成百上千个控制单元。然而，由于空分系统往往直接应用于工业用气现场，原料空气状态波动与用气负荷变化容易导致低温空分系统存在气体放散、氮塞故障等严重问题。因此，大型空分系统的数字可视化与运行调控是大型冶金、大型煤化工等重大工程实现全流程生产运行安稳长变优的重要保证。

（一）低温空分系统数字样机

低温空分系统数字样机是大型空分系统运行性能分析与故障诊断的重要载体。空分装备数字样机的关键在于集成空分装备工艺流程图谱、空分装备几何样机、多学科性能分析与实验数据，实现空分装备内部氧氮组分分离过程、氧氮温度变化过程、氧氮流动过程的可视化仿真、分子筛纯化器自动切换过程可视化集成仿真、膨胀机多学科性能数据的集成仿真、主换热器换热性能的集成仿真、精馏塔变工况氧氮分离过程仿真等功能。

在零部件层面上，数字样机需要完成各个关键零部件的拟实几何构建，获取结构、工况与热力性能的关联模型，实现部件级的可视化性能分析。如图10所示，以压缩机与精馏塔两大部件为例，导入压缩机三维几何模型，制作压缩机的空气进入和流出仿真过程，用流动的粒子展示空气进入轴流部分的流动、压缩部分的压缩、空气压缩后的密度变化及温度变化过程。基于精馏系统的实验数据，在数字样机中进行变工况调节的可视化仿真，实现精馏系统变工况过程中氧氮分离过程可视化分析、变工况调节数据的可视化分析。在系统集成层面上，根据空分流程图谱设计参数反演确定的各部机间工艺连接关系，将构建的各部机几何模型进行集成，并根据各部机的分布位置尽可能合理规整的进行管道的搭建，构建了整套空分装备几何模型，实现空分装备整个工作过程的氧氮分离过程仿真，从多个不同角度展示了空分装备低能耗化分离过程。

（a）膨胀机

（b）精馏塔

图10 空分系统可视化数字样机

（二）低温空分系统变工况智能控制

传统空分装置控制系统大多基于工作点模式，难以在确保产品纯度、装置安全平稳操作的前提下实现灵活、快速的工况变化和节能运行。因此，迫切需要以控制、优化、调度、诊断技术为核心，研究形成大型空分系统高效变比例变负荷的智能优化控制技术和系统。

大型空分装置智能化的核心科学问题在于智能建模分析、智能优化控制、智能调度诊断等。在智能建模分析方面，空分装置有着热耦合严重、非线性强等特点，使得各部机的机理模型不易联立求解，计算耗时长并且收敛困难。为此，低温空分系统的先进建模平台往往采用多层次开放架构空分装置模块化建模及模型约简方法。其中，模型约简采用系统化参数估计与模型自适应更新等方法，在复杂系统过度参数化、测量数据不足的情况下保障优化/控制模型的有效性。在智能优化控制方面，为解决大型空分装置的操作可行域窄、变工况速度慢等问题，需实现空分装置变比例操作柔性分析与自动变负荷协同优化控制，求解不同操作条件下空分流程变负荷优化命题。浙江大学与杭氧联合设计了一种基于双层结构预测控制的自动变负荷协同优化控制系统，满足了产品纯度要求高、变工况频繁的技术需求。在智能调度诊断方面，将长短期负荷预测与协同优化控制结合，实现面向需求不确定的空分装置群控群调与管网压力稳定，并基于 PCA 和模糊评价等方法开展多变量诊断研究，实现对氮塞等异常操作的实时监控。

五、低温空分系统典型技术方案与应用案例

（一）煤化工行业

在现代煤化工领域中，空分设备主要提供氧气和氮气。氧气主要作为气化剂和反应原料，不同压力等级的氮气则作为原料气、惰性保护气、气力输送气和吹扫气。随着煤气化技术的进步，现代煤气化向高压化和大型化发展，从而实现能量高效回收利用，降低合成气的压缩能耗或实现等压合成。煤化工型空分设备具有以下显著特点：①产气规模大；②气体产品压力等级高；③气体产品规格多；④氧、氮气产品使用连续性高，压力波动范围要求小。

以杭氧配套神华宁煤 400 万吨/年煤炭间接液化项目的 6 套 10 万等级空分设备为例（图 11），单套空分的产品规格如表 1 所示。采用了全低压分子筛吸附净化、空气透平增压膨胀机 + 液体膨胀机制冷、产品氧气和高压产品氮气内压缩、低压产品氮气外压缩、空气增压、带增效氩塔的工艺流程。6 套空分于 2017 年 8 月全部达标达产，总体技术达到国际领先水平。

图 11 神华宁煤 10 万等级空分设备

表 1 神华宁煤产品规格

产品名称	设计工况 Nm³/h	纯度	出界区压力 MPa（G）	出界区温度	备注
高压氧气	100500	≥ 99.6% O_2	5.5	常温	连续
高压氮气	6000	O_2 ≤ 10 ppm	7.0	常温	连续
低压氮气	57800	O_2 ≤ 10 ppm	0.9	常温	连续
液氧	1000	≥ 99.6% O_2	—	进贮槽	连续
液氮	1500	O_2 ≤ 10 ppm	—	进贮槽	连续

（二）化工行业

在化工行业中，由于采用的气化炉和后续工艺不同，所需的氧气和氮气的产品和压力也呈现多样性，对于不同的氧、氮产品压力等级及流量，需针对性地开发出不同空分流程。目前大部分大型氮肥和甲醇工业都采用高效的气流床工艺，因此所需氧气和氮气压力比较高，一般为 4～10 MPa，因而多采用内压缩流程。另外，由于化工工艺对用氧连续性和稳定性要求极高，因此配套的后备系统也相对复杂。

以杭氧配套安徽昊源化工 50 万吨 / 年二甲醚和 26 万吨 / 年苯乙烯项目的 7 万等级空分设备为例，其产品规格如表 2 所示。采用了分子筛净化空气、空气增压循环、液氧泵内压缩、下塔抽取压力氮流程，带中、低压增压透平膨胀机，膨胀空气进下塔，采用规整填料上、下塔，带增效塔的工艺流程。该套空分已于 2018 年 7 月通过性能考核，能耗水平优异。

表 2 安徽昊源产品规格

产品名称	设计工况 Nm³/h	纯度	出界区压力 MPa（G）	出界区温度	备注
高压氧气	70000	≥ 99.6% O_2	5.0	常温	连续
中压氮气	34500	O_2 ≤ 10 ppm	0.4	常温	连续
低压氮气	55500	O_2 ≤ 10 ppm	0.005	常温	连续
液氧	800	≥ 99.6% O_2	—	进贮槽	连续
液氮	1000	O_2 ≤ 10 ppm	—	进贮槽	连续

（三）钢铁行业

有色金属行业所用氧气压力一般为 50 kPa～1.0 MPa，高炉炼铁所用氧气压力为 0.5～1.0 MPa，转炉炼钢所用氧气压力为 2.5～3.0 MPa，因此对冶金型空分设备流程的选择必须针对用气需求进行综合考虑。另外，钢铁企业的氧气需求具有周期性和间断性特点，而空分设备的供氧是一个连续稳定的过程，供需两者之间存在不平衡性，因而可能存在氧气放散的情况。这除了要求项目前期结合钢铁企业实际用氧规律选取最优的空分设备规模，也对空分控制系统提出了更高的要求，以满足变负荷变工况调节的要求。

以济源国泰空分为例（表3），采用了全低压分子筛净化吸附、空气增压透平膨胀机制冷、全精馏无氢制氩、产品氧气外压缩、产品氮气外压缩的工艺流程。该套空分于2011年正式开车，并应用智能优化控制技术，使空分性能在满足设计要求的同时，氧气放散率降低至0%。

四川空分为唐钢配套的2套6万等级空分装置，采用氧自增压和氧外压缩相结合的流程。该装置氧气通过自增压工艺，提高了氧压机的入口氧气压力，降低了氧压机的运行能耗。装置冷箱内配置了液氩内压缩复温系统，当需要氩气产品时，可通过液氩内压缩复温系统回收液氩汽化的冷量，减少膨胀气量提高氧提取率或者换取液氧/液氮产品；同时配置了高纯液氧提取系统，产量约100 N·m³/h，氧纯度99.999%；同时配置了粗氪氙液提取系统，可提取粗氪氙液约100 N·m³/h，氪氙含量约3000 ppm。

表3 济源国泰产品规格

产品名称	设计工况 m³/h	纯度	出界区压力 MPa（G）	出界区温度	备注
氧气	25600	≥ 99.6% O_2	0.010	常温	连续
氮气	50000	O_2 ≤ 10 ppm	0.005	常温	连续
液氧	500	≥ 99.6% O_2	—	进贮槽	连续
液氮	200	O_2 ≤ 10 ppm	—	进贮槽	连续

（四）气体供应行业

气体供应配套的空分装置，在满足用户供气需求和装置经济的前提下，一般会考虑尽量将空气分离所能得到的产品全部最大化提取。在装置规格合适的情况下，副产氦氖氮氩等稀有气体产品外销。气体供应配套的空分装置，要有完善的液体贮存汽化后备系统，当空分短时故障或停车时，后备系统应能快速响应满足下游用户的供气不中断。设备选型时一般会增加一次投资来优选高效节能的机组和设备，以降低长期供气的运行成本。同时还会考虑尽量智能化，比如一键启动、自动变负荷、远程监控和诊断分析、自动充装系统等。

由四川空分投资建设的陕西川空气体有限公司15000 m³/h空分装置采用了自动变负荷及先进控制技术，提高了操作和自动化水平，减少了不可测干扰和滞后造成的人为误操作，提升了空分装置的运行稳定性和经济性，降低了能耗。陕川15000 m³/h空分装置，通过先进控制技术的实施，实现空分装置自动变负荷功能，装置可在80%～105%范围内完成自动变负荷，实现了减少氧气放散、降低生产能耗，降低了操作人员的劳动强度，保证装置连续稳定运行；同时对装置实行卡边控制，充分发挥装置的潜力，提高氩的收率。

（五）电子行业

随着中国经济的增长和信息产业的发展，近年来中国半导体产业市场处于高速增长态势。在电子元件和半导体元件的生产过程中，通常需要采用纯度达99.999%以上的氮气作为保护气体。日前，我国已将高纯氮作为载气和保护气应用于彩电显像管、大规模集成电路、液晶及半导体硅片等生产过程，因此大量的超高纯度气体供应是非常关键的一环。配套电子行业的空分通常为纯氮设备，制氮流程的技术研发和装备制造在近几十年取得了跨越式的发展，纯氮设备的生产技术已日趋成熟并已完全实现了国产化。以杭氧配套广州大成3万纯氮设备为例，该项目为下游LG显示器面板制造工艺提供高纯电子气，并已于2019年通过用户性能考核。

（六）新能源行业

（1）锂能新能源

四川空分为青海泰丰先行锂能配套的30000制氮装置，采用低能耗的双塔双冷凝器制氮工艺。在传统单塔制氮工艺的基础上，增加1台辅塔，对来自主塔冷凝器蒸发后的富氧空气进行再次精馏，辅塔的冷凝器冷源为来自其自身底部的富氧液空，辅塔精馏后产出低压的液氮，通过液氮泵将其加压送回主塔，从而增加装置的氮气产量，此工艺的氮提取率达70%以上。

（2）LNG冷能利用

四川空分与中海油针对LNG冷能空分技术进行了联合研发，采用自主专利技术的LNG冷能空分装置在宁波、珠海、唐山项目上成功应用，如图12所示，技术参数见表4。采用循环氮气吸收LNG的低温端冷量，乙二醇水溶液吸收高温端冷量来实现LNG冷量转换，相较常规空分耗电降低约56%，工艺耗水降低约99%，节能减排效益明显。一套600吨/天LNG冷能空分，CO_2减排量可达6.5万吨/年。

（a）中海油宁波LNG冷能空分装置　　（b）唐山LNG冷能空分装置

图12　代表性LNG冷能空分装置

表 4　中海油宁波／珠海项目和唐山项目产品规格

项目名称	中海油宁波项目	中海油珠海项目	唐山项目
总产量	614.5 吨／天	614.5 吨／天	723 吨／天
液氧产量	300 吨／天	300 吨／天	540 吨／天
液氮产量	300 吨／天	300 吨／天	150 吨／天
液氩产量	14.5 吨／天	14.5 吨／天	26 吨／天
高纯液氧产量	—	—	7 吨／天

六、低温空分系统发展趋势

（一）流程

大型化、节能化、智能化是低温空分设备发展的必然趋势，而多元化产品应用的需求也让空分设备的设计复杂性进一步提升。与多样化需求相对应的是，目前已发展衍生出上百种空分设备的流程组织形式，而针对用户实际需求精确匹配空分流程，是落实低耗高效设计理念，提高装置设计与制造方面的节能性、经济性，提高空分装置的产业发展可持续性的关键。

在双碳战略驱动下，低温空分技术可望在诸多新兴低碳能源应用中发挥越来越重要的作用。在富氧燃烧系统中，空分设备能耗约占碳捕获总体能耗的 60%，更低能耗、动态响应更快的新型低能耗空分技术，可大幅降低富氧燃烧电站的能耗和成本，具有广阔应用前景；LNG 冷能空分应充分利用大型 LNG 接收站的冷能，结合不同用冷温区的需求，优化 LNG 冷能综合梯级利用方案，提高 LNG 冷能综合利用率；液态空气储能技术作为一种新型储能技术，因具有储能能量密度高、使用场合广、安全稳定等优势，因而储能型空分也有望成为低温空分技术新的发展方向。

另外，由于稀有气体属于重要战略资源，各国对其重视程度越来越高，开发稀有气体分离精制技术以提取氖、氪、氙、氩等稀有气体，已成为空分行业发展的重要方向之一。国内四川空分、杭氧、启元都开发了高纯氪氙精制设备、高纯氖氦精制设备，并投入工业应用。

（二）空气压缩机

空分系统中，各压缩机电费总支出在日常运行成本中所占比例近 90%，而原料空气压缩机的电耗又占整个电耗的 70%。因此，进一步提升压缩机的等温效率和机械效率，是实现低温空分系统节能的关键。压缩机在实际运行中，往往长期偏离压缩机设计工况，造成压缩机实际效率低下、能耗偏高，因此进一步发展压缩机设计优化技术至关重要。传统的一元流、二元流方法设计的压缩机存在效率不高、容量不大等不足，三元流理论和各类先进计算机辅助设计已成为当前主流，辅以试验验证，新设计的压缩机效率比过去提高3%~10%。

由于空气压缩升温的热力学本质，压缩机的出口温度通常能达到110℃。传统多级压缩流程设置有级间冷却器，以降低后续压缩机的入口温度。由于这部分余热直接被排放，导致级间冷却过程产生的烟损占据整体空分系统烟损的38%。且高含湿量空气容易在压缩机内发生冷凝，从而造成做功损耗、叶片腐蚀等问题。为此，浙江大学提出了一种基于空分压缩余热的有机朗肯-蒸气压缩制冷-多级内冷溶液除湿耦合系统，以实现压缩机入口空气降温除湿。其中，有机朗肯循环回收低品位压缩余热，以驱动蒸气压缩式制冷循环，为压缩机入口空气与溶液除湿器提供冷量，而溶液除湿器回收二次余热，为压缩机入口空气降温除湿。结合理论与实验结果表明，该新型空气压缩流程的压缩功可比传统流程降低5%~10%。随着该种余热回收技术的逐步进步，基于压缩余热的空分压缩流程自增效系统有望未来应用于大型空分系统。

（三）纯化系统

在大型低温空分系统中，纯化系统的空气处理量高，且空气成分周期性波动，使得杂质去除不彻底、运行效率低。为此，空分装置纯化系统的发展趋势集中在新材料、新流程与新控制等技术方面，具体如下：

1）纯化系统能耗主要来源于吸附床再生过程，即通过热氮气对饱和吸附剂进行加热再生。因此，提高吸附剂吸附容量，延长吸附周期，进而降低再生频率，可有效降低纯化系统能耗。上海交通大学通过量化吸附位点，建立了一种定量分析分子筛吸附强化机理的通用方法，开发了新型低硅铝比分子筛。通过增加82%左右高能吸附位点数目，获得空分工况下（CO_2分压240 Pa）50%以上CO_2吸附提升，吸附切换周期由4.5 h延长至7.17 h。

2）吸附床经加热再生后需进行污氮冷吹降温，升温后的污氮直接排空。然而，若将温度高达130℃以上的污氮余热进行回收利用，可有效降低纯化能耗。浙江大学开发了基于双级相变蓄热的纯化系统余热高效回收技术，提出了针对非稳态热源特征的多级相变储热系统关键参数设计方法。经检测，以20℃为基线，余热回收率达35.4%，若成功应用可有效降低纯化能耗。

3）由于空气CO_2含量周期变化，传统的定周期切换策略可能导致分子筛穿透或利用不充分。为此，上海交通大学与杭氧联合研发了空气品质自适应的空分纯化系统动态变周期技术，其通过快速捕捉进气CO_2浓度、进气流量、进气温度与进气压力的动态变化，实时动态预测纯化系统运行切换周期，具有响应快、抗短期扰动的特点。

(四)板翅式换热器

(1)板翅式换热器性能高精度预测方法

低温系统内板翅式换热器内换热温差小、物性变化剧烈,对紧凑性和传热性能有很高要求。国内外研究者在传热流动特性、流体分配特性及流道结构、优化设计方法及工艺改进等多方面开展了持续而广泛的研究。总体来看,目前板翅式换热器设计主要依赖于常温温区流体测试数据,而针对低温温区实际工况测试数据仍较为缺乏,导致换热器设计精度难以保证,因此设计中往往保留较大设计余量。此外,国内关于板翅式换热器设计软件的自主开发仍为空白。目前,浙江大学正在搭建板翅式换热器的低温工况测试平台,可实现低至 40 K 温区的各类板翅式换热器换热单元测试,可满足空分、氢液化等领域的应用需求。

(2)新型高效翅片和流体分配技术

随着空分设备对能耗的要求越来越高,空分设备对主换热器返流翅片也提出了更高的要求,原有的翅片体系已不能满足新的要求。通过优化翅片结构使其具有更高的翅片效率,应用于主换热器返流通道,实现在不增加换热器体积的前提下有效降低返流阻力,提升换热器整体的换热效率。高密厚齿波纹翅片和新型高效波纹翅片的开发对板翅式换热器的发展具有重大意义。封头和导流片的合理设计是板翅式换热器内部流体流动速度均匀分布和高换热效率、整体效能的保证。如何从结构上保证流体均布、流道如何合理布置以及纵向导热影响等多方面的问题在设计中一直未彻底解决,仍然有待进一步研究。

(3)应用领域进一步拓宽

目前板翅式换热器已在空分设备、石油化工、制冷和空调、汽车和航空工业、工程机械、通用机械及内燃机等领域得到广泛应用,并在利用热能、节约原料、降低成本及一些特殊用途上取得了显著的经济效益。近年来,板翅式换热器的设计理论、试验研究、制造工艺和开拓应用的研究方兴未艾,特别是一些新技术的进一步发展与完善,将使其应用范围更加广泛,可以预期其应用领域将不断拓展。

(五)透平膨胀机

目前,空分装置大型化、智能化、低碳节能、需求多样等特征日益突出,配套的透平膨胀机组规模逐步增大,对高效率、自动变负荷、大带液、宽泛调节等都提出更高要求。总体上看,目前低温空分膨胀机技术难点或问题集中在以下几个方面。

(1)高效透平膨胀机开发

国产透平膨胀机与进口机组整体上仍存在差距,因此高效透平膨胀机开发需要持续迭代。数值模拟仿真结果的可靠性,需从几何模型、转静交界面数据传递、高马赫数流场、大焓降、相变模型、高速旋转剪切流动等方面,针对性开展研究校验,以提高仿真精度和结果合理性,从而更有效指导设计,降低各类损失,最终提高机组气动热力性能。

（2）出口大带液机组的气动设计与两相控制

以液体空分或液化装置为例，膨胀机机组出口直接膨胀到两相区且带液率越高，对于空分流程更有益，液体产量更多、单位能耗更低、装置更节能。但对膨胀机本身而言，带液会导致叶片寿命降低、振动上升等问题。由于透平膨胀机中介质流速快，因此出口两相区不稳定且难以预测。需要进一步通过理论与实验创新，开展两相流动设计、叶片冲蚀预防、振动控制设计等技术攻关。

（3）高效增压端开发

空分装置中，气体透平膨胀带离心增压制动应用广泛，目前国内增压端效率普遍在76%~81%，进一步提高增压端效率将显著提升能耗指标。然而，相关开发成本高，理论计算与实际模型验证、反向优化等费时费力、周期长，与此同时又意义重大。近两年四川空分进行多个模型级开发，增压端绝热效率已提高到83%~86%，并完成机组厂内测试及现场实际开车验证。

（4）大型叶轮及转子系统稳定性控制

当前四万等级及以上配套低压膨胀机叶轮直逼350~400 mm，机组大型化导致制造质量及动平衡复装精度不易保证，叶轮固频易入禁带，转子稳定性差，振动大，启停中润滑易出问题等。因此，提高叶轮与主轴连接可靠性，改善动平衡方法，开展叶轮转子系统固频与模态预测和控制、重载低速下轴承特殊设计，整体提高隔离裕度和转子系统稳定性，对保障透平膨胀机组和空分装置系统正常持续运行意义重大。

（5）全液体膨胀机工业化设计方法

液体膨胀与气体膨胀存在本质区别，压缩性、温降、焓降等截然不同。国内全液膨胀机开发，传统空分成套厂家川空、杭氧、开封空分的技术来源基本相同，并都做了样机及测试。但和传统气体透平膨胀机相比，设计方法上有待提高，尚不到工业化水准，设计可靠性、成熟度还有待加强。

（六）低温精馏塔

当前低温精馏领域填料的开发仍主要依赖水力实验和化工精馏的相关结论，在常温传质模型的基础上进行物性修正，在实际建造过程中需预留很高的安全系数，从设计源头引入不必要的冗余。因此，专门针对低温精馏过程氧氮工质的真实降膜流动和传质特性的实验测试，对于精准描述低温精馏过程、精准设计低温精馏塔具有重要价值，是低温精馏领域未来的重要发展方向。

近些年，随着非侵入式测量技术的发展，国外许多研究机构基于断层扫描技术、激光诱导荧光法直接获取了填料内不同高度的液体含量和分布图像，在理解其流动不均匀性、液泛位置等方面取得了一定进展。然而，低温精馏在极低温度、高绝热条件下进行，其特殊环境导致上述流动直接成像和测量方法均难以进行，探索开发适用于复杂精馏结构内的低温流体流动、传热与传质过程的新型先进测试方法也是亟需突破的技术挑战。

在填料结构创新方面，以 Raschig GmbH 公司为代表的填料设计公司逐步突破规整填料的局限，开始设计开发不同于板波纹结构的新型复合填料结构（Super-Pak，PD 10），结合了规整填料（如低压降）和散堆填料（如抗液体不均匀分布）的优点，但其实际应用仍需拓展与验证。此外，以浙江大学为代表提出的利用外加力场（如非均匀磁场力）强化低温精馏过程，可望强化精馏传质效率，促进空气精馏分离，相关研究仍需从基础研究拓展至工程实践。

参考文献

[1] Castle W F. Air separation and liquefaction: recent developments and prospects for the beginning of the new millennium [J]. International Journal of Refrigeration, 2002, 25（1）: 158-172.

[2] Zhang X, Chen J, Yao L, et al. Research and development of large-scale cryogenic air separation in China [J]. Journal of Zhejiang University SCIENCE A, 2014, 15（5）: 309-322.

[3] 徐建平. 大型空分设备国产化现状与展望 [J]. 通用机械, 2016（8）: 15-18, 22.

[4] Liu Y, Wang L, He X. An external-compression air separation unit with energy storage and its thermodynamic and economic analysis [J]. Journal of Energy Storage, 2023, 59: 106513.

[5] 赵波涛, 王海杰, 王黎, 等. 浅析大型内压缩空分装置的优化设计 [J]. 化工进展, 2012, 31（S2）: 43-45. DOI: 10.16085/j.issn.1000-6613.2012.s2.015.

[6] 张学军, 王晓蕾, 陆军亮, 等. 空分用立式径向流分子筛吸附器数值模拟 [J]. 工程热物理学报, 2013, 34（5）: 822-825.

[7] 夏红丽, 林秀娜, 李剑锋. 大型径向流分子筛吸附器的研发与应用 [J]. 深冷技术, 2013（2）: 18-22.

[8] Tian Q, He G, Wang Z, et al. A novel radial adsorber with parallel layered beds for prepurification of large-scale air separation units [J]. Industrial & Engineering Chemistry Research, 2015, 54（30）: 7502-7515.

[9] 王燕平, 陈天虹, 吴东波. 板翅式换热器的发展现状及研究发展方向 [J]. 深冷技术, 2017（2）: 29-31.

[10] Tang Y, Zhu S, Qiu L. Determination of mass transfer coefficient for condensation simulation [J]. International Journal of Heat and Mass Transfer, 2019, 143: 118485.

[11] Huo C, Sun J, Song P. Energy, exergy and economic analyses of an optimal use of cryogenic liquid turbine expander in air separation units [J]. Chemical Engineering Research and Design, 2023, 189: 194-209.

[12] 骞绍显, 尹清猛, 乔彦彬, 等. 全液体空分装置高低温膨胀流程形式的比较 [J]. 低温与特气, 2019, 37（2）: 6-9.

[13] 陈秋霞, 周芬芳. 空分设备自动变负荷控制技术综述 [J]. 深冷技术, 2011（7）: 16-20.

[14] Zhou D, Zhou K, Zhu L, et al. Optimal scheduling of multiple sets of air separation units with frequent load-change operation [J]. Separation and Purification Technology, 2017, 172: 178-191.

[15] Wang B, Shi S, Wang S, et al. Optimal design for cryogenic structured packing column using particle swarm optimization algorithm [J]. Cryogenics, 2019, 103: 102976.

[16] Zhu S, Zhi X, Gu C, et al. Characteristic analysis of fluctuating liquid film flow behavior and heat transfer in nitrogen condensation [J]. Applied Thermal Engineering, 2021, 184: 116249.

［17］Gu C, Hu S, Zhi X, et al. Numerical analysis of the influence of packing corrugation angle on the flow and mass transfer characteristics of cryogenic distillation［J］. Applied Thermal Engineering, 2022, 214: 118847.

［18］Zhang X, Zhou R, Qiu L, et al. Flooding prediction of counter-current flow in a vertical tube with non-axisymmetric disturbance waves［J］. Annals of Nuclear Energy, 2018, 114: 616-623.

［19］神华宁煤煤制油项目杭氧10万空分一次开车成功［J］. 通用机械, 2017（04）: 10.

［20］Yadav S, Mondal S S. A review on the progress and prospects of oxy-fuel carbon capture and sequestration（CCS）technology［J］. Fuel, 2022, 308: 122057.

［21］陈仕卿. LNG冷能在空气分离系统中的集成与优化研究［D］. 中国科学院大学（中国科学院工程热物理研究所）, 2019.

［22］He X, Liu Y, Rehman A, et al. A novel air separation unit with energy storage and generation and its energy efficiency and economy analysis［J］. Applied Energy, 2021, 281: 115976.

［23］荣杨一鸣. 基于空分压缩余热驱动的自增效多级空压流程设计优化与实验研究［D］. 浙江大学, 2021. DOI:10.27461/d.cnki.gzjdx.2021.002478.

［24］方松. 空分压缩余热驱动的溶液深度除湿系统理论与实验研究［D］. 浙江大学, 2022.DOI:10.27461/d.cnki.gzjdx.2022.001543.

［25］张春伟. 应用于空分纯化系统的多级相变储热方法及其传热强化研究［D］. 浙江大学, 2021.DOI:10.27461/d.cnki.gzjdx.2021.000556.

［26］张涵玮, 周霞, 荣杨一鸣, 等. 空分压缩余热自利用的理论增效极限研究［J］. 工程热物理学报, 2023, 44（07）: 1762-1767.

［27］Fan Y, Zhang C, Jiang L, et al. Exploration on two-stage latent thermal energy storage for heat recovery in cryogenic air separation purification system［J］. Energy, 2022, 239: 122111.

［28］Yang K, Yang G, Wu J. Insights into the eNHancement of CO_2 adsorption on faujasite with a low Si/Al ratio: Understanding the formation sequence of adsorption complexes［J］. Chemical Engineering Journal, 2021, 404: 127056.

［29］Xu J, Chen X, Zhang S, et al. Thermal design of large plate-fin heat exchanger for cryogenic air separation unit based on multiple dynamic equilibriums［J］. Applied Thermal Engineering, 2017, 113: 774-790.

［30］Pavlenko A N, Pecherkin N I, Zhukov V E, et al. Overview of methods to control the liquid distribution in distillation columns with structured packing: Improving separation efficiency［J］. Renewable and Sustainable Energy Reviews, 2020, 132: 110092.

撰稿人：邱利民　王　凯　姚　蕾　黄　科　江　蓉
　　　　谭　芳　倪宏伟　朱少龙　方　松

第二节 液化天然气技术

一、天然气液化技术进展

（一）常规天然气液化

液化天然气（LNG）产业发展历史悠久，全球液化天然气资源需求持续增加，传统的 LNG 生产国如卡塔尔、澳大利亚等与新兴的俄罗斯、美国等国 LNG 供应量增长潜力巨大，中国、日本、韩国以及欧洲部分国家是目前主要的 LNG 进口国。我国天然气发展潜力巨大，已于 2019 年成为世界上最大的天然气进口国、2021 年成为最大的 LNG 进口国。"十四五"期间，我国能源结构将进一步优化，LNG 供给量预计稳固增长，LNG 行业的发展将对优化我国能源结构，有效解决能源供应安全、生态环境保护的双重问题。未来一段时期内，LNG 将成为我国天然气市场的主力军。前瞻结合我国宏观经济发展趋势、国家产业支持政策、当前投产 LNG 项目产能状况，以及下游领域对 LNG 的需求拉动，预计到 2026 年我国 LNG 供给量或将达到 24.69 Mt。

天然气液化技术经过几十年的发展和应用，已经形成了多种多样的成熟的液化流程。目前，按照采用制冷方式的不同，常规的天然气液化流程可分为三种：级联式液化流程、混合制冷剂液化流程和带膨胀机的液化流程。以上三种是基本的 LNG 流程，在具体的工业实际生产过程中，根据具体的气源情况、设备限制、地理位置限制等客观条件的不同，通常会将上述 3 种液化流程中的不同部分组合，构成适用于不同情况的新型高效液化系统。如带丙烷预冷的混合制冷剂（C3MR）液化流程、C3MR/SplitMR 流程、双混合制冷剂（DMR）液化流程、C3MR 加氮膨胀的 AP-X 液化流程、三级混合流体级联式（MFC）液化流程。Khan MS 等人综述了近年来天然气液化技术和优化方法，并对不同流程和优化方法进行了经济、技术、安全和可靠性分析。

我国天然气液化技术起步相对较晚，早期的技术研发主要集中在高校及科研院所，包括上海交通大学、哈尔滨工业大学、中国科学院等，后续深冷行业单位和石油企业陆续引进液化技术，建造天然气液化装置，并逐渐开始探索大中型天然气液化技术及装备的研发。早期，我国 LNG 工厂大多引进国外液化技术，2001 年 11 月建成投产的我国首套工业化的天然气液化装置，液化能力为 15 万 N·m³/d。近年来，为满足天然气市场的调峰和管网未接入地区发展清洁能源的需要，我国小型 LNG 装置进入快速发展时期。截至目前，已经建成 200 余座天然气液化工厂，广泛分布于内蒙古、新疆、陕西、四川等地。目前我国建设的天然气液化装置大多为中小型，流程主要为膨胀制冷循环及混合制冷剂循环。国内规模最小的撬装天然气液化装置为山东德州小型撬装天然气液化项目。采用撬装化设计，占地小，现场安装工作简单，并且移动方便；非常适合边远、小、散气井气的回收。采用 MRC 流程，制冷剂一次配比完成后，无须二次配比，制冷循环可实现"冰箱式"操作，每个班组只需 2 个人即可完成全部工作。

目前我国建成的大中型 LNG 工厂数量还很少，但中国海油和中国石油等公司先后组织国内相关单位开展了大中型天然气液化技术研究及设备研发。其中，中海油气电集团牵头开发了 2 套 2.6 Mt/a 的大型天然气液化工艺包以及配套设备，并进一步开发了多套混合制冷剂液化工艺的液化装置，单线液化能力可覆盖 10 kt/a 的微型液化装置直至 5 Mt/a 的超大型液化工厂。2014 年投产的湖北黄冈 500 万 $N \cdot m^3/d$ LNG 工厂是国内单列规模最大的天然气液化装置。该装置是由中国石油工程设计有限责任公司西南分公司作为 EPCC 总承包，完全采用自主研发的工艺技术和国产装备建成的百万吨级 LNG 工厂，采用乙烯和丙烷进行复叠式预冷后经过节流式制冷，制冷系统之间相对独立、灵活性、可靠性较好。装置技术先进、成熟，国产化设备性能良好、运行稳定、操作启停便捷、负荷调节灵活，各项能耗指标达到国际先进水平。

除了国内建成的少量大型 LNG 工厂，中国也积极参与海外大型 LNG 项目建设。中国海外首个世界级 LNG 生产基地柯蒂斯项目，位于澳大利亚昆士兰州，是全球首个以煤层气为气源的世界级 LNG 项目。中国石化与卡塔尔能源公司在卡塔尔首都多哈签署北部气田扩能项目（NFE）参股协议。北部气田扩能项目总投资达 287.5 亿美元，将会把卡塔尔 LNG 年出口能力从现在的 77 Mt 提升至 110 Mt。2022 年 11 月，中国石化与卡塔尔能源公司已签署为期 27 年的 LNG 长期购销协议，卡塔尔能源公司每年向中国石化供应 4 Mt LNG。

浮式液化天然气（FLNG）技术是将天然气处理、液化和产品储存全部集成到船上，相比陆上装置布置更紧凑、安全性要求更高。FLNG 概念由壳牌公司在 1969 年首次提出，于 1978 年第一次被提出用作工程方案。澳大利亚 Prulude 项目的 3.6 Mt/a 的 FLNG 项目在 2019 年正式投产，采用了壳牌的 DMR 流程。

为配合国家战略发展和我国南海油气资源开发，中国海油积极推进 FLNG 的技术研发工作，先后完成了 FLNG 相关的 10 余项国家科技重大专项、"863"计划和工信部研发课题的研究工作，解决了仓储与上部模块设计建造、液化工艺、核心装备及液舱晃动影响等技术难题，基本掌握了 FLNG 核心技术，为工程化应用奠定了基础。中国海油在 FLNG 核心技术方面的理论和试验研究包括：建设了一套 2 万 $N \cdot m^3/d$ 规模的氮膨胀液化工艺中试装置，并依托营口液化实验基地开展现场试验研究；建设了 3 套摇摆晃动试验台。分别开展微型双混合冷剂液化工艺实验装置的晃动工况模拟与实验研究，晃动工况下 LNG 绕管式换热器两相流均布及换热性能技术研究和预处理用塔器内部两相流传热传质的模拟和实验研究；提出了晃动工况下的两相流动和化学反应理论模型，并指导了实验工作，解决了晃动工况下两相流设备不均匀流动问题，突破了浮式生产装置两相流设备的流动换热控制关键技术。

综合国内外 LNG 产业发展特点及需求，国际天然气液化技术向大型化、组合化、标准模块化发展，将有助于降低大型天然气液化工厂的建造成本和建设周期，提高液化厂的运行灵活性、装置可靠性及经济性。智能化和数字化的浮式天然气液化装置，将提高 FLNG 的运行可靠性，减少运行操作人员，增强恶劣天气下的运行能力；大型天然气液化核心装备和 FLNG 核心装备的国产化研制与应用，例如大型绕管式换热器及压缩机驱动机的设计与制造等，将极大地减少对国外的依赖。

2023 年，由海油工程承建的加拿大 LNG 项目全球首例一体化建造液化天然气工厂 35 个模块全部交付，我国超大型 LNG 模块化工厂一体化联合建造技术能力走在国际前列。加拿大 LNG 项目是由壳牌等世界五大国际石油公司所共同投资建设的一座世界级 LNG 工程。项目一期计划建造 2 列生产线，年产量达 1400 万吨 LNG。海油工程承揽加拿大 LNG 项目一期 35 个模块建造工作，包括全部 19 个核心工艺模块，由超过 77 万个结构件组成，总重约 17.9 万吨。项目在全球首创核心工艺模块和管廊一体化建造模式，大幅提高模块建造集成度，最大限度减少现场安装工作量，一方面可以节省建造工地的占地面积从而提高经济效益，另一方面对于环境保护也具有明显的优势。

项目全面进行技术和管理创新，在全球首次实现 NBG（无背部保护气）焊接新工艺大规模工程应用，开创性实现 CMS（建造管理系统）+PCMS（项目管理系统）双系统联合管理，在国内首次将 4D 可视化技术应用于 LNG 核心工艺模块建造，并完成 SPMT（自行模块运输车）顶升总装、大型结构物吊装、双精度尺寸控制、中控云调试、工艺系统脱脂等 10 余项技术革新，同时实现项目主要材料整体国产化率达到 65% 以上。

（二）非常规天然气液化

（1）LNG 与 NGL：乙烷及其他轻烃回收

对于高含乙烷天然气，如油田伴生气和一些地区的页岩气，分离提纯乙烷可以极大地提高天然气的经济效益。

近年来，上海交通大学提出将天然气液化和低温精馏整合，用于联产 LNG 和高纯乙烷。对于经预处理达到 CO_2 净化指标的原料气，研究了 N_2 膨胀、丙烷预冷混合制冷剂（C3MR）、单级混合制冷剂（SMR）、双级混合制冷剂（DMR）和级联式工艺（纯制冷剂）五种液化工艺用于联产 LNG 和高纯乙烷，从能量和㶲效率两个方面对优化结果进行了对比分析。研究结果显示，这五种液化工艺的能耗水平为：氮膨胀 > 级联式 > C3MR > SMR > DMR。这一结果跟常规天然气液化中 SMR 能耗通常高于级联式和 C3MR 的情况有所差异，说明有单一制冷工质参与的级联式和 C3MR 不能很好地匹配处理较多乙烷分离的具体需要。由于研究针对的原料气中的乙烷含量显著高于常规天然气，且流程涉及低温精馏，常

规天然气液化的 CO_2 脱除指标对于本研究中提出的系统可能不适用。相关脱碳指标与液态 CH_4-C_2H_6 混合物中的 CO_2 溶解度数据密切相关，而这方面的数据比较欠缺。因此，建立了静态固-液相平衡实验装置来测试 CO_2 在 CH_4-C_2H_6 混合物中的低温溶解度。测试的温度范围为 148~203 K，乙烷含量为 0~100%。实验测试结果显示乙烷的加入显著增加了 CO_2 在整个温度区间的溶解度，在某些温度下使得 CO_2 溶解度增加了一倍以上。

但是，煤层气和另外一些页岩气则表现出乙烷及 C_2+ 以上重烃远低于常规天然气的特点，属于工业所称"贫气"。在经济方面，贫气液化面临着两方面的问题。一方面，像页岩气和煤层气这样的气源，气开采成本本来就可能高于常规天然气，另外还要加上从管网输送到海边的成本（在澳大利亚这样缺乏基础设施的地方，输气管网还需要建设），这使得项目的原料气成本偏高。另一方面，C_2-C_5 是液化石油气（LPG）和天然气液体（NGL）的主要成分，因此，从贫气液化中很少或不能得到 LPG、NGL 等具有高附加值的产品，而这些产品往往在 LNG 项目实现良好经济效益中发挥着重要作用。这些问题加在一起则意味着，贫气液化的成本会高于常规天然气液化。

贫气液化在技术方面面临很多问题。贫气源中时常伴随着与其较高的重烃组分含量。这些重烃组分包括长链烷烃的己烷、庚烷、辛烷、壬烷（C_6-C_9）和其支链的同分异构体，以及芳香烃中的苯（BZ）、甲苯（TL）、二甲苯（Xylenes）和乙苯（ETBZ），等等。在天然气液化流程中，重烃通常不设单独的脱除装置，而是随着 NGL 的分离而自然带出液化装置。但由于贫气的 NGL 含量低，因此常规天然气液化流程中分离 NGL 的多种方式，如前置的 NGL 提取装置、集成的重烃洗涤塔、预冷后部分冷凝等方式，用于贫气液化都存在一定程度的适用性。因此，贫气液化中的重烃脱除需要做出新的考虑。

（2）LNG 与氢能：与氢能全产业链的深度耦合

氢能产业链与 LNG 十分相似，LNG 产业经过多年的发展已经具有完整的链条，可以为氢能的发展提供经验甚至是直接移植，氢能产业链的发展反过来也能为 LNG 产业提供宝贵的延伸产业链、扩展价值链、提高天然气附加值的战略机遇。可以说，在制氢、储氢、输氢等氢能的全产业链都可以与 LNG 实现深度耦合。

1）制氢。制氢与 LNG 的耦合主要体现在两个方面：一是 LNG 冷能在制氢过程中的利用；二是 LNG 与氢的联合生产。

LNG 冷能在制氢过程中的利用又可以分为几个方面。一是 LNG 冷能用于回收 CO_2。化石能源制氢的产物中都会有 CO_2，在绿色发展的今天，如果不回收 CO_2 则这种制氢方式将不可持续。由于 LNG 含有大量冷能，如果考虑 CO_2 回收，则 LNG 制氢将在化石能源制氢中形成优势，因为 LNG 冷能可以为化石燃料制氢过程中的 CO_2 回收提供冷量，大大降低 CO_2 回收的能耗。二是 LNG 冷能用于中变气的分离。采用常规方式脱碳后的化石燃料制氢中变气，还有其他杂质气体需要脱除，而 LNG 冷能可以为中变气的低温分离提纯提供冷量，减少分离提纯过程的能耗。这种方式也同样可以使 LNG 制氢在化石能源制氢中形成优势。三是将 LNG 冷能用于发电，所发的电用于电解水制氢，增加 LNG 制氢工厂的氢产量。

LNG 与氢的联合生产主要用于煤气化产品的处理。对于像焦炉煤气这样的氢和甲烷含量都很高的气体，上海交通大学先后提出了多种甲烷–氢混合物制取 LNG 和氢气的流程，进而提出了多种联合制冷 LNG 和液氢的流程，这在氢能越来越得到重视的今天有着重要的意义。研究中，首先通过固液相平衡实验台采用静态色谱分析法测试了二氧化碳在纯甲烷及氢/甲烷二元系中的低温溶解度，结果显示 H_2 的存在使得 CO_2 的溶解度显著区别于纯 CH_4 中的溶解度。设计并优化了 7 个 H_2/CH_4 混合物低温分离液化流程，包括四个多级氢膨胀分离液化流程、两个液氮预冷的并联双级氢膨胀分离液化流程和一个多级氮–氦膨胀分离液化流程。针对 H_2/CH_4 分离过程，从系统节能的角度出发，构造了一种采用精馏塔和闪蒸罐组合的分离方法，以减少精馏塔的冷凝负荷，并实现混合气降温冷凝、混合气分离与分离后氢液化三个部分的能量整合。图 1 为多级氮–氦膨胀分离液化同时制取 LNG 和液氢的流程。

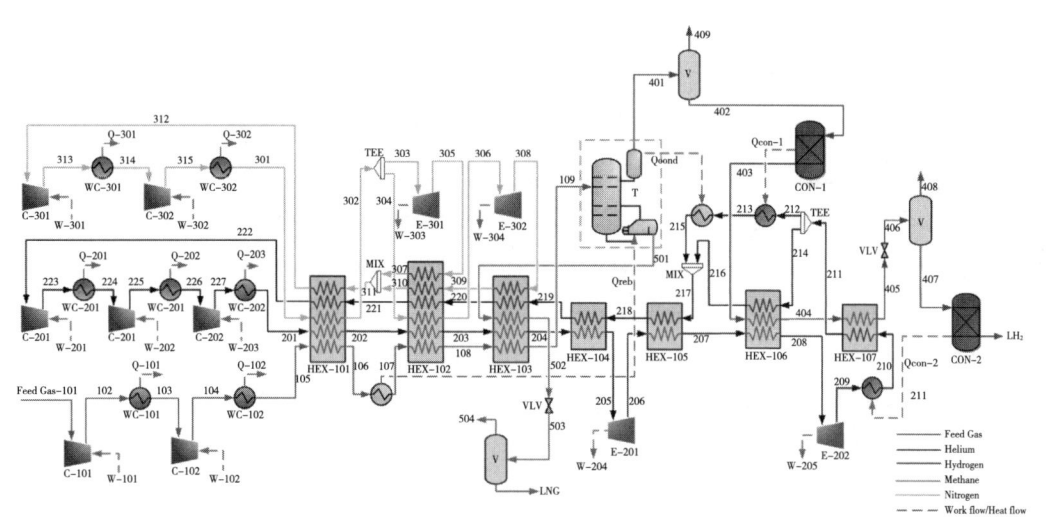

图 1　多级氮–氦膨胀分离液化同时制取 LNG 和液氢的流程

2）储氢。储氢与 LNG 的耦合主要体现在两个方面：一是氢以液氢方式储存，LNG 冷能在氢液化过程中作为预冷冷源，可显著降低氢液化过程的能耗；二是氢以电制液化天然气（eLNG）的形式进行储存。关于氢的最佳储运方式目前尚在探讨中。液氢是一种选择，但其液化能耗很高，储存温度极低，而且满足氢储运的安全性也代价高昂，因此，将氢转化成另一种形式的产品进行储运目前是研究的热点，转化对象包括氨、甲醇、甲酸、甲烷等。其中，用可再生电力制取绿氢并回收甲烷燃烧产生的 CO_2，进而合成甲烷并液化为 LNG 的 eLNG 方案是业界最为期待的，因为相比其他转化产品，天然气已经具有完全完备

3）输氢。输氢与LNG的耦合主要体现在两个方面：一是以前述方法制取的eLNG的输送，这与传统LNG的输送并无二致；二是利用现有天然气管网，以天然气掺氢的方式实现输氢，在输送终端可以利用前述低温液化分离的方法按需将甲烷–氢混合物分离成气态或液态的甲烷和氢产品。

（3）LNG与碳捕集

LNG与碳捕集主要体现在两个方面：一是LNG冷能用于燃烧产生的烟气或制氢中变气中CO_2的捕集；二是原料天然气中CO_2的捕集。

LNG冷能可以通过多种方式应用于碳捕集过程中，包括以下几种：

冷却溶剂：LNG中的低温可以用于冷却溶剂，使其降温并增加其吸收能力。例如，一些碳捕集技术使用氨水作为溶剂，LNG冷能可以用于冷却氨水，从而增加其吸收二氧化碳的能力。

冷凝和分离二氧化碳：在碳捕集过程中，二氧化碳通常需要从气体中冷凝和分离出来，从而得到纯净的二氧化碳。LNG冷能可以用于提供冷却能力，从而帮助将二氧化碳从混合气体中冷凝和分离出来。

在传统的液化天然气（LNG）产业链中，脱碳多采用化学吸收，设备庞大，吸收溶剂再生能耗高。低温脱除CO_2有与天然气液化相结合以减少热能消耗和资本投入的潜力。但是，为了避免出现CO_2冻结，低温脱碳的操作空间非常有限，并且如果要保证低甲烷损失率，能耗会非常高。受乙烷的存在可增加CO_2溶解度这一研究结果的启发，上海交通大学创新性地提出了一种利用低温精馏的碳捕集工艺，可有效避免CO_2在低温精馏塔中的冻结。研究首先从热力学原理出发分析了CH_4–C_2H_6–CO_2混合物在低温下的相平衡。随后，提出了一种利用CO_2在CH_4–C_2H_6混合物中的高溶解度特性脱除CO_2的新工艺，通过低温精馏将原料气中的CO_2与乙烷一起从天然气中以液体的形式分离出来。对CH_4–C_2H_6–CO_2三元混合物在精馏条件下的冻结温度分析结果表明，在一定压力范围内，通过低温精馏可以将天然气中的CO_2降至50 ppm以下，并且乙烷含量越高，原料气中的最大允许CO_2含量越高。进而提出了一种同时生产LNG、回收高纯度液态乙烷和捕集CO_2的集成系统。相比常规采用胺液吸收的脱碳方式，该系统可有效降低液化工厂的投资成本，并通过系统整合实现节能减排。对采用C3MR、SMR和DMR制冷循环提供冷量的三种流程进行了建模和优化分析，这三种工艺的㶲效率分别达到50.1%～53.8%、53.1%～57.3%和54.1%～57.3%。以单级混合制冷剂液化工艺为例，相比传统化学吸收脱碳方案，整合低温精馏的方案不仅拥有更高的㶲效率，而且年化总成本（TAC）和全球变暖潜力（GWP）也更低。图2为整合LNG、乙烷回收和低温脱碳的SMR流程。

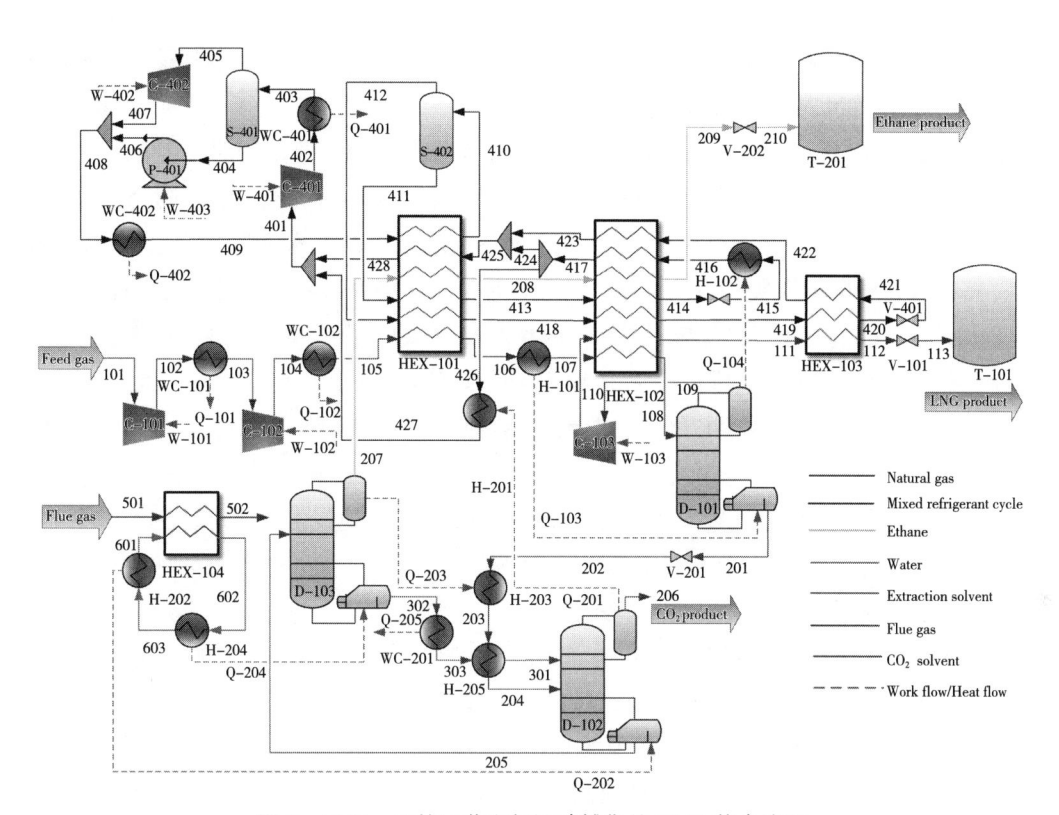

图 2　LNG、乙烷回收和低温碳捕集的 SMR 整合流程

二、LNG 储运与气化利用技术进展

（一）LNG 储存

近年来，在 LNG 储存领域最大的技术进步来自薄膜型全容罐。传统上，LNG 运输船的液货舱会采用薄膜型。近年，法国 GTT 公司将该技术推广到陆上 LNG 储罐并取得成功。

GST 技术是 GTT 公司为陆上低温储存系统解决方案开发的。GST 薄膜型全容罐由 1.2 mm 的 304L 不锈钢波纹板作为主屏蔽。波纹"结节"结构能够双向吸收低温 LNG 引起的钢板收缩，并吸收温度变化引起的应力。主屏蔽膜系统由预制的金属波纹板互相搭接并焊接到绝缘板上的金属锚固条或锚固片上。绝缘板的厚度可根据客户要求的日蒸发率进行设计，通常大型储罐日蒸发率每天 0.05%。绝缘板可以承重，并可以将内部荷载传递到外罐混凝土，从而为内部和外部荷载提供结构阻力。外罐混凝土的内壁涂有防潮层，防止外部水分进入储罐。GST 储罐系统还包括规范要求的热角保护系统。该热角保护系统是一层粘接在绝缘板间或绝缘板上的复合材料，防止泄漏低温液体泄漏到绝热层（内罐主屏蔽膜泄漏）。

GST 薄膜型全容罐设计在发生泄漏的情况下同时具备液体密封性和气体密封性的功

能，并具有连续甲烷气体检测功能，以监测从主屏蔽膜到绝热空间的最小泄漏。这确保薄膜型全容罐运行的可靠性和安全性。

9% 镍钢全容罐和薄膜型全容罐的安全等级在行业内被认为是等同的，代表了安全最高等级。两种技术在正常操作条件下，都包含了液体密封和气体密封功能。同时，GST 薄膜型全容罐技术比 9% 镍钢全容罐技术具有许多其他优势。GST 薄膜型全容罐技术设计灵活，其设计基于标准模块化组件，可以适应各种储罐类型和罐容，而无须对设计进行任何重大更改。该主屏蔽膜本身起到了一个内在的安全保护系统，可防止液化天然气泄漏。与 9% 镍钢全容罐的内罐不同，薄膜内罐主屏薄膜不会收到较高的应力。因此，即使主屏蔽膜损坏，也只会使得 LNG 缓慢泄漏到绝热空间，并会在氮气吹扫过程中在绝热空间检测到。

薄膜罐技术更适用于地震烈度高的区域，薄膜罐可以将地震力转移到混凝土外罐，从而防止储罐整体滑动。9% 镍钢全容罐独立内罐的钢板结构，会增加压缩屈曲应力。GST 薄膜罐系统的混凝土外罐也更能抵抗海啸。

由于使用大量的模块预制件，GST 薄膜罐的施工更简单，现场所需的专业劳动力更少。这些模块预制件需要放置在现场，只有不锈钢板需要现场焊接。大部分焊接都是自动化的。对于 9% 镍钢罐，现场焊接较厚的 9% 镍钢板需要专业的焊接资质。

由于薄膜罐不受温度剧烈变化的限制，因此给业主和储罐运营提供了储罐停运、开罐并进行储罐内部检查的可能性。

GTT 陆地薄膜技术近几年来还被用于许多重大项目，包括在中国建设的北京燃气天津南港液化天然气接收站项目中的 8 座 22 万方 LNG 陆上薄膜型全容罐。俄罗斯诺瓦泰克石油公司北极液化天然气二期项目中的 3 座 22.9 万方 LNG 重力式沉箱（GBS）储存系统。以及在中国华港燃气河间 LNG 调峰站的一座 2.9 万方 LNG 陆上薄膜型全容罐。

除了薄膜罐之外，我国在半地下储罐建设方面也取得了重要进展。

2023 年 5 月，采用中国海油自主 CGTank® 储罐技术的国家管网龙口 LNG 项目一期工程顺利完成国内首座 22 万 m^3 半地下储罐（5 号储罐）的穹顶浇筑作业，实现储罐整体封顶，标志着国内首座半地下 LNG 储罐外罐主体结构施工顺利完成。

龙口 LNG 项目是国家天然气基础设施互联互通重点工程，5 号储罐是我国首座半地下式 LNG 储罐。针对 5 号储罐基岩较浅的难题，研发团队合理利用项目地质特点"量身定做"，创新性地提出通过半地下坐地式基础形式，充分考虑周围土层对储罐结构的约束作用，使用掩埋式方案消除基坑支护结构失稳、滑移风险，提高储罐的抗震性和安全性，开创了国内 LNG 储罐新型基础形式的先河。

研发团队经过长期攻关，在国内率先掌握了基岩-储罐地震响应耦合模拟、超大深基坑支护、罐底罐壁交叉电伴热、地下储罐防腐防渗、地下储罐施工、地下储罐监测等一系列关键核心技术，成功推动了国内首座半地下 LNG 储罐的落地实施，对 LNG 储罐建设具有重要的意义。

（二）LNG 船舶

近年来，LNG 运输船需求猛增。LNG 船航运市场前所未有的订单潮是从 2021 年开启的。2021 年船东共计订造了 83 艘 LNG 船，创下历史新高。然而到了 2022 年这一纪录被轻松打破，2022 年全年 LNG 船新船订单高达 184 艘，是 2021 年的两倍，同时也是过去 5 年平均每年 59 艘的三倍以上，几乎是过去 10 年平均 49 艘的四倍。就投资额而言，这 184 艘 LNG 船新船订单总价值达到了 395 亿美元，而此前 2014 年的创纪录水平也只有 154 亿美元。在 2022 年创纪录的订单潮之后，2023 年 LNG 船新船订单预计也将突破 100 艘。

近年来 LNG 船领域的订单潮主要是由 LNG 项目相关订单驱动。例如，2022 年的 LNG 船订单中有多达 66 艘属于卡塔尔能源公司（Qatar Energy）的"百船计划"项目第一批订单，将用于从卡塔尔正在进行的北方气田扩建（North Field Expansion）项目，以及美国 Golden Pass LNG 项目。

2023 年，卡塔尔能源公司的"百船计划"将持续释放第二批订单，据称涉及 40 余艘船，包括三星重工 16 艘、大宇造船 12 艘、HD 现代造船海洋 10 艘，以及在沪东中华的 6～8 艘。

卡塔尔作为世界最大的 LNG 生产国，其北方气田扩建项目将使卡塔尔每年的 LNG 生产能力从 7700 万吨增加到 2027 年的 1.26 亿吨。为了配合北方气田扩建计划，卡塔尔在 2019 年初正式启动 LNG 项目推出"百船计划"，在韩国三大船企和沪东中华四家船厂预留了超过 150 艘交付船台。这也是全球造船史上最大的 LNG 船建造项目。

此外最近还有消息称，卡塔尔能源公司正寻求建造一批新的 26.3 万~26.5 万方 Q-Max 型 LNG 船，用于取代大宇造船和三星重工在 2008—2019 年之间交付的 14 艘旧船。

同时，道达尔能源（Total Energies）2023 年有望恢复莫桑比克北部价值 200 亿美元的 LNG 项目，并将为此重启在韩国两大船企的 17 艘 LNG 船建造项目，与 HD 韩国造船海洋和三星重工签署新的建造合同。

为了满足不断增长的 LNG 船建造需求，中韩船企都在大力扩张产能，以争取更多新船订单。沪东中华 2022 年开建二期项目将建设一个长 400 m、宽 96 m 的船坞用于建造大型 LNG 船，预计 2024 年基本建成投产，2025 年其 LNG 船产能将从之前的每年交付约 5 艘增加到 10～12 艘。大船集团也计划到 2028 年达到年交付 8 艘 LNG 船的产能规模。

而在韩国，HD 韩国造船海洋已经将 2022 财年的设备投资增加到了约 4400 亿韩元（约 3.09 亿美元），比 2021 年提高 20% 以上。三星重工计划增加 2.2 倍投资，大宇造船也计划提高投资近 30%。这三大船企都将打算修复和扩大其船坞。

其中，HD 韩国造船海洋旗下的现代三湖重工已经决定投资 102 亿韩元（约合人民币 5.84 亿元），用于将其 2 号舾装码头岸线延长 800～3600 m，目的是应对环保船舶订单增加，解决因码头岸线资源不足而导致的生产瓶颈。800 m 的码头可以停泊 4 艘船舶。

此外，目前约有 20% 以上的 LNG 船船龄超过 15 年，这些 LNG 船面临淘汰。因此，未来 LNG 船航运市场仍可能处于供不应求的状况。

作为中国船舶集团旗下核心骨干企业，沪东中华勇担 LNG 全产业链"链长"职责，不断创新、突破和发展。自 1997 年以来，深耕 LNG 产业 26 年，累计交付各类 LNG 运输船（装备）40 多艘。目前手持 LNG 船订单近 50 艘，生产任务已排到 2028 年，形成了从远洋（17.4 万 m^3 LNG 船）到近海（8 万立方米 LNG 船），从内河（1.4 万 m^3 LNG 运输加注船）到内陆（陆地 LNG 储罐）的 LNG 高端产品全系列、全覆盖，成为中国 LNG 全产业链名副其实的"链长"。

2022 年，外高桥造船交付了全球首艘 20.9 万吨纽卡斯尔型液化天然气（LNG）双燃料动力散货船、中国首艘 21 万吨纽卡斯尔型升级版智能散货船，引领全球大型散货船迈向绿色、低碳、智能新时代。

2022 年，沪东中华、江南造船相继承接了卡塔尔能源、阿布扎比国家石油公司等国外企业 43 艘大型 LNG 运输船批量订单。特别值得一提的是，沪东中华创造了中国造船史单笔 LNG 运输船订单最大金额纪录，而江南造船则在实现大型 LNG 运输船首单突破的同时正式进军该型船建造领域，极大提升了中国船企在 LNG 运输船建造领域的国际竞争力。

除了 LNG 运输船外，LNG 加注船近年来也发展迅速。

"海港未来"号是一艘 20000 m^3 LNG 运输加注船，现为上海上港能源所有。"海港未来"轮不仅是目前全球最大的 LNG 加注船，还是我国国内第一艘为国际航行船舶加注 LNG 的船舶。该船总长 159.9 m，型宽 24 m，具有安全、低蒸发率和环保特点，采用双燃料主机和双燃料辅机，以 LNG 货物蒸发气为主要燃料，油耗、液罐舱容和 LNG 加注等参数指标设计优良，环保要求满足全球最新的排放标准。该船布置多个货物操作集管区和折臂式货油管吊，提高了 LNG 加注作业的灵活性和安全性。对于液货蒸发气的处理，除了可以通过货罐蓄压保存和机器消耗外，气体燃烧装置（GCU）进一步增强了对蒸发气体和接受回气的处理能力。

2022 年"海港未来"号完成"中国首单"国际航行船舶 LNG 加注服务。2023 年，在东海绿华山锚地水域，"海港未来"号与中国香港籍"以星珠穆朗玛峰"轮经过"连接 – 输气 – 分离"三个步骤，顺利完成约 1600 m^3 的保税 LNG 海上"船对船"加注业务，标志着上海港自 2022 年成为全球少数具备"船到船加注保税 LNG"服务能力的港口后，再次成为国内首个实现海上锚地加注保税 LNG 业务的港口。保税 LNG 加注地点从港口转移到海上，提高了保税 LNG 加注的灵活性和经济性。

"Avenir Aspiration"由南通中集太平洋海洋工程有限公司为英国 Avenir LNG 建造。这艘 7500 m^3 LNG 运输加注船总长 115.8 m，型宽 19 m，型深 11.8 m，配置两个 C 型储罐。

该船采用双燃料电力推进系统，自力靠泊能力强，能在港口和锚地灵活机动地完成LNG加注作业。该船使用货物蒸发气（BOG）作为主能源，既节能环保，又能有效利用货损热量，提高经济性。该船是南通中集设计建造的首艘LNG运输加注船，液罐及液货系统由该公司建造。

当船舶采用LNG模式推进时，相对燃油模式，能够减少约20%的CO_2排放量、减少约85%的氮氧化物排放和约99%的颗粒物、硫氧化物排放。随着船舶航运严格的硫排放指标的实施，以LNG为动力的船舶近年获得了巨大的发展。我国也在LNG动力船舶开发方面取得了大量进展。

2023年，大船装备建造的全球最大13000 m^3 LNG B型液货舱项目开工。该LNG B型舱是用于LNG双燃料16000TEU集装箱船系列船的船用B型液货舱，每船配套一台独立B型舱，该系列共计8台套。由大连造船设计院设计，具有完全自主知识产权，舱容13000 m^3，设计温度 –163℃，设计压力70 kPa，主体壳体材料为NV9Ni/a钢，内部管路为316L钢，入DNV船级社。相较于传统C型罐，B型舱具有舱容利用率高、设计灵活多样等优点。这是该公司建造全球最大3500 m^3 C型LNG燃料罐等相关项目后的又一进展。

2023年，我国为意大利国内航线自主设计建造的客滚船在广船国际离港。该船排水量超70000总吨，是目前建成的全球最大吨位客滚船，共有13层甲板，533间客房，满载可容纳2500名乘客。船上还配备了4层车库，可以装载各类车辆800余辆。该船配备了极低功耗的发动机系统和液化天然气接口，能在极低燃料消耗情况下实现最快25海里每小时的高速航行，并可根据需要将LNG作为动力燃料。

"Aura Seaways"由中国船舶集团旗下广船国际为丹麦航运企业DFDS建造的一艘600客/4500m车道豪华客滚船。该船总长230 m，型宽31 m，型深9.85 m，设计吃水6.80 m，总吨位为56043 t。该船配备了混合式脱硫塔，且能改装为液化天然气（LNG）动力。

"Bore Way"为芜湖造船厂为芬兰船东Bore建造的一艘7000吨滚吊船。该船总长121.89米，型宽21米，设计航速13.5节，LNG储罐容积250立方米，重油/轻柴油储罐容积295立方米，配备一台由瓦锡兰生产的34DF八缸双燃料发动机。

"Coral Nordic"是江南造船为荷兰船东Anthony Veder设计建造的30000 m^3 LNG运输船。总长176.8 m，型宽28.8 m，型深19 m，配备双燃料主机、双燃料发电机和双燃料热油锅炉，满足最新排放要求。配有两个双耳液罐，单罐重量约1400吨，是目前世界上舱容最大的C型双耳LNG液罐，超低蒸发率≤ 0.15%。

"Greenway"是广船国际为新加坡航运公司Eastern Pacific Shipping（EPS）打造的一艘双燃料苏伊士型油船。该船总长约274 m，型宽48 m，型深23.7 m，设计航速14.2节，在燃油及LNG模式下，均可满足Tier Ⅲ排放标准。这是全球首艘LNG动力苏伊士型油船。

"Nils Holgersson"为金陵船厂打造的一艘866客位（4850车道米）高端客滚船，采用双机舱平行布置、冷能回收技术、自锁式可拆卸栏杆、LNG双燃料、安全返港电气控制方面等专利技术，被中国船舶工业行业评选为2022年度十大创新产品。

（三）LNG气化

近年来，在LNG储存气化领域发展最快的是浮式储存及再气化装置（Floating Storage and Regasification Unit，FSRU）。LNG-FSRU是集LNG接收、存储、转运、再气化外输等多种功能于一体的特种装备，配备推进系统，兼具LNG运输船功能。与传统陆上LNG终端相比，FSRU具有交付时间短、灵活、成本低、社会环境友好等优点。

LNG-FSRU由以下部分构成：

1）锚泊系统：采用能使FSRU随风向改变方位的单点系泊系统（Single-point Mooring，SPM），将LNG-FSRU牢固地锚泊在海床上，系泊和挠性立管系统要求的最小水深为40~60 m。

2）卸货系统：LNG-FSRU的卸货系统采用串联卸货方式。LNG-FSRU的尾部设有SYMO卸货系统，由一可旋转的构架吊着，若需检查或维修可将其转到甲板上。该系统能在浪高3.5 m的情况下与接卸端连接，一旦接好就能保持连接牢固，并可在浪高5.5 m的条件下工作。

3）FSRU的船壳及货物围护系统：围护系统应能适应所有工作条件下的液位条件，运输过程中，LNG-FSRU围护系统在所有液位条件下能限制晃荡影响，维持液舱中液体的晃动在最低限度，保证围护系统内的冲击力在极限以内。抵达购买方后，即使深海锚泊摇晃、持续地卸货或供应天然气等使围护系统中的液位不断变化，LNG-FSRU围护系统仍可将晃荡限制在最低程度。FSRU的船壳为双层壳体，船壳与货物围护系统之间物理隔离并作绝热处理。

4）再气化系统：再气化的目的，是LNG-FSRU作为海上终端向岸上用气设施直接供气。再气化的方法，是通过再气化系统，利用海水的热量加热来自液舱中的液化天然气。液化天然气的气化选用壳管式中间流体气化器（Intermediate Fluid Vaporiser，IFV）。IFV的中间流体使用水和乙二醇的混合物，冰点低于 -30℃。

5）蒸发气处理系统：LNG的蒸发气（Boil-off Gas，BOG），是由于外界漏热的渗入，货舱中的少量液体天然气蒸发产生的蒸发气。LNG-FSRU上BOG因下列因素而产生：围护系统、卸货系统和相关管路的热量渗入；LNG质量（主要指沸点）差别；泵浦产生的热量；卸货期间货舱容积变化；货舱压力变化；卸货前和卸货期间，LNG-FSRU与LNG船之间压差。典型的BOG处理系统包括机械制冷再液化后送回液舱和将BOG作为燃料。现在营运的LNG船舶，大多将BOG作为燃料送入锅炉燃烧。在建的LNG船均安装再液化装置，将BOG机械制冷再液化后送回液货舱。

2023年5月，由中国海油旗下海洋石油工程股份有限公司负责工程总承包的香港LNG（液化天然气）项目成功实现首船卸料和管线通气。香港LNG接收站码头为全球首个海上离岸式全钢结构双泊位接收站码头，可供两艘全球最大的FSRU（浮式储存再气化装置）或LNG运输船同时停泊作业。码头设计使用年限为50年，为常规海上液化天然气接收站2倍以上，并能经受每年490万次、每次最大2400吨的船舶靠泊撞击力。

首次进靠香港LNG接收站码头的是全球最大的FSRU（浮式储存再气化装置）型LNG船"挑战者号"。该船长345 m，可存储26.3万 m³液化天然气，集LNG接收、存储、转运、再气化外输等多种功能于一体，兼具LNG运输船功能。FSRU内的LNG再气化后，将经两条海底管道向香港龙鼓滩发电厂和南丫发电厂输送天然气。

"挑战者号"FSRU的主要技术特点如下：①它是全球最大的FSRU，拥有5个货舱，容积为263000 m³。②高压天然气（12MPa）的额定输出排量为540 MMSCFD（5.4亿立方英尺/天）。③对于低输出排量需求，该系统的高压压缩机可以将罐内挥发气体（BOG）增压，以输送至陆地接收设施。④该船的发电与推进系统采用了双燃料柴油发电＋电力推进系统（DFDE）。该FSRU的气化流程如图3所示。

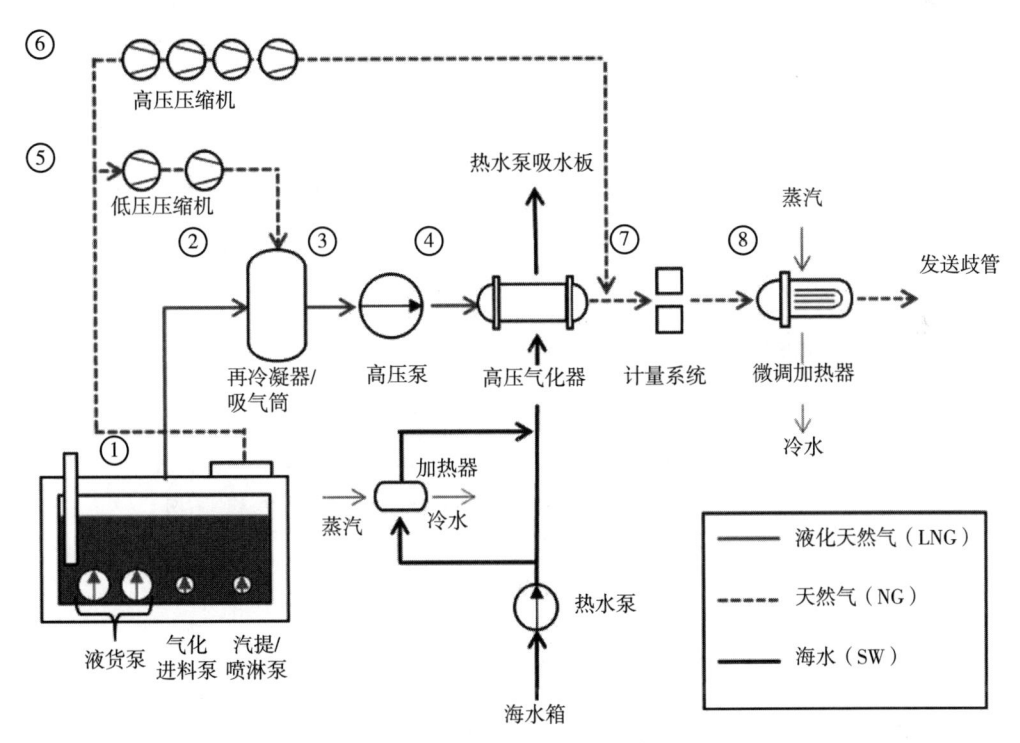

图3 "挑战者号"再气化流程

（四）LNG冷能利用

自2004年国内大规模建设LNG接收站以来，冷能利用以空分、冷库、橡胶粉碎等传统利用方式为主。2023年，上海LNG和新奥（舟山）LNG冷能发电装置取得重大进展，开创了LNG气化冷能利用的新篇章。

2023年，申能集团旗下上海LNG国内首台套冷能发电装置完成并网调试，成功通过性能及可靠性试验，期间最大发电功率达3000 kW以上，装置安全可靠，并达到各项性能指标。上海LNG冷能发电装置为国内首套、目前世界上最大规模的冷能发电装置，设计年发电量2400万kW·h，每年可减少能耗近7000吨标煤，减少碳排放约1万吨。该装置不仅有效开发利用了多余冷能，也填补了我国在冷能发电领域的空白。

上海LNG冷能发电装置因地制宜，以IFV气化器中间介质丙烷为工作介质，利用LNG的优质低温冷能和海水的低品位热能产生电能，在常规一体式IFV气化器的基础上，将以海水为热源的丙烷蒸发器和以LNG为冷源的丙烷冷凝器这两个换热器分离设置，增加丙烷泵增压，增加透平发电机组利用丙烷蒸汽膨胀降压降温，由此构成丙烷的闭路朗肯循环。冷能发电装置可在LNG气化量200 t/h的基础上利用冷能发电3000 kW左右，既履行安全保供基本职责，又通过能源综合利用发挥节能减排功效。

2023年初，新奥（舟山）液化天然气有限公司LNG气化冷能综合利用项目进入了紧张的调试阶段。该套系统由新奥自主研发和建造，拥有自主知识产权，是全国首套LNG气化冷能双环发电系统。

该系统（图4）主要利用LNG在气化向下游管网供应天然气过程中释放出的大量冷量来进行两级回收发电，主要特点是利用两个独立的循环将冷能进行梯级利用、回收发电，避免了冷能的损失，不仅为企业的运营带来了绿电，同时还提升了企业的经济效益。

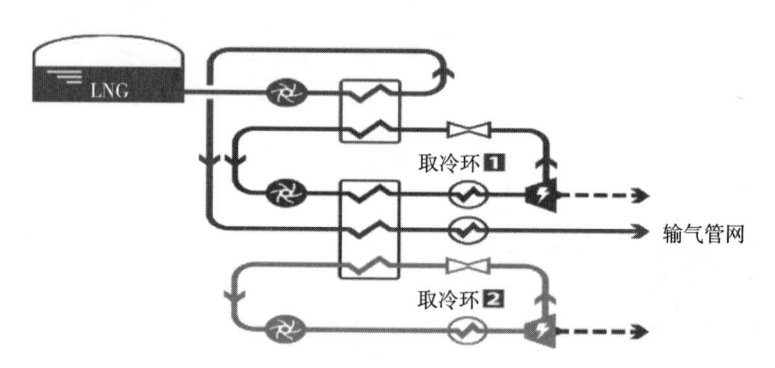

图4 新奥（舟山）LNG冷能双环发电系统

该工艺突破了行业利用丙烷循环作为工质进行发电的原理，创新性的采用了丙烷和乙烯两种工艺介质，逐级利用LNG气化过程中产生的优质冷量来进行发电，该工艺具有发电效率高、能耗低的特点，系统投运后LNG气化能力100 t/h，同时每年还能发出绿电约2300万kW·h，年实现碳减排约1.8万吨当量CO_2。

除了以上两个项目外，2022年，浙江LNG冷能利用（发电）项目也已进入建设阶段。该项目依托浙江LNG接收站二期工程已建的分体式气化器（IFV），建设5 MW冷能发电装置一套，以在不增加能耗的前提下，实现以冷能换热引起介质物态变化，从而驱动机组发电，是优质节能减排项目。项目建成后，年净回收的电能将达到 2314.5 万 kW·h，年减少 CO_2 排放约 18775。

除冷能发电外，将 LNG 冷能用于碳捕集是近年研究的热点。在动力系统中，集发电、LNG 冷能利用、CO_2 捕集于一体的系统包括：CO_2 全捕集的富氧燃烧超临界 CO_2 动力循环、使用液化天然气（LNG）作为燃料的 COOLCEP 循环、燃气循环与超临界二氧化碳朗肯循环耦合的联合循环等。其中 LNG 冷能与天然气富氧燃烧发电系统的结合就是研究热点之一，这类系统有两方面优势：LNG 冷能可以用于冷却液化分离后的 CO_2，降低了碳捕获的冷能成本，除此之外 LNG 冷能作为系统冷源，还可用于低温循环发电及冷却烟气等用途；LNG 气化后的天然气可以作为电厂的燃料，与燃煤相比其本身燃烧产生的污染物也较少。

管延文等人构建了一套将 LNG 冷能用于 O_2/H_2O 富氧燃烧的碳捕获系统，并建立了该系统的数学模型以计算效率，在此基础上开展与同样利用 LNG 冷能进行碳捕获的 COOLCEP 系统的对比分析。Mehrpooya 等人构建了一套利用 CO_2 作为循环介质的余热发电系统，LNG 冷能被用来冷却烟气、冷却液化 CO_2 以及作为低温发电循环的冷源，该系统除了利用 LNG 冷能以外，低温太阳能也被应用进来以提高系统热效率。Gómez 等人提出了一套包含 LNG 冷能利用及烟气 CO_2 回收的发电系统，CO_2 被选择作为循环介质，LNG 冷能被用于布雷顿循环和直接膨胀过程中以提高系统效率，整个系统对燃烧烟气的余热进行了充分回收利用，利用 4 个换热器来置换烟气余热，设置了 3 个透平机用于发电。Xu 等人构建了一套以 LNG 作为燃料的碳捕获发电系统，立足于不需要气化多余的 LNG 提供冷能实现碳捕集。Xiang 等人设置了 5 种底循环来研究改善富氧燃烧碳捕获系统效率的途径，其核心在于通过不同的组织形式提高循环 H_2O 的回热量，模拟结果显示系统最高热效率达到了 55.3%，最高㶲效率为 52.9%。韩逸骁构建了一套天然气富氧燃烧碳捕获系统，使用天然气作为燃料，LNG 冷能被用来冷却烟气及液化回收 CO_2，使用 H_2O 及 CO_2 作为循环介质，其特点在于循环介质中 H_2O 与 CO_2 的构成比例可调。

综合以上研究可以看出，在关于 LNG 冷能用于富氧燃烧发电系统的相关研究中，如何提高系统的整体效率是研究重点之一。目前的提高效率手段主要有两个方面：一是将系统流程整体进行优化，充分利用烟气余热及 LNG 冷能，以提高系统热效率；二是将系统进一步外延，与太阳能等外部能源进行结合，在局部上对系统效率进行改善

三、LNG 换热器研究进展

常用的 LNG 换热器按功能划分可分为气化和液化两种，气化换热器包括空温式气化换热器、开架式气化换热器、超级开架式气化换热器、带中间介质气化换热器以及浸没燃烧式气化换热器；液化换热器主要有绕管式换热器、板翅式换热器、管壳式换热器以及印

刷板式换热器等。

（一）LNG气化换热器研究进展

（1）中小型LNG气化换热器

环境空气蒸发器（AAV）是典型的小型LNG空温式气化换热器，AAV作用下雾云的形成、扩散和消散是目前研究的重点，有文献建立循环流化床模型用于研究达到饱和空气条件的时间，并计算湿空气与雾云之间的质量和能量传递，结果表明更高的风速可以加速雾云的消散，而更高的排放高度则会使消散距离更短。

结霜时霜冻密度和厚度是空温式气化器的一个关键指标，通过引入霜层物性参数经验公式，对结霜工况下LNG空温式气化器运行情况进行模拟，结果表明，霜层在翅片管表面的覆盖面积可以达到80%，除局部由于霜层的肋片作用使换热增强，绝大多数情况下霜层会使翅片管的换热效率大幅降低，最大可降低85%。

（2）大型LNG气化换热器

已有文献基于分布参数开发的模型，可准确预测超高压换热管的热性能；对超级开架式换热器（SuperORV）换热管内换热过程的数值模拟结果表明，采用内翅片和插入纽带进行强化换热，最小管长可以缩短60%。

通过加装管内扰流装置，可以强化浸没燃烧式气化器换热管的换热特性，在水浴温度不变条件下可以减少23%的换热面积；换热管内跨临界LNG流动换热过程研究表明，沿LNG流动方向，局部流体换热系数先增大后减小，且最大值出现在拟临界温度附近，证明超临界条件下LNG热物性剧烈变化是引起强化换热的主要原因。

带有中间介质的换热器（IFV）是具有高效节能等优点的大型LNG换热器；通过建立集成IFV的物理以及数学模型，研究结果表明增大LNG入口压力会提高出口NG的出口温度并增大恒温器热负荷，增加LNG入口质量流量会使海水和NG出口温度均降低。

（二）LNG液化换热器研究进展

（1）绕管式换热器

1）LNG绕管式换热器内两相流体相变流动换热特性。LNG绕管式换热器壳侧相变流动换热特性的实验研究表明，对于纯丙烷工质，随着干度的增加，换热系数先逐渐增大，在0.7～0.9的干度工况下出现极大值后急剧减小；当干度为0.3～0.8时，在低热流密度条件下，换热系数随热流密度增加几乎不发生变化，在高热流密度条件下，换热系数随热流密度增加而增大，而当干度为0.9时，换热系数随热流密度的增加而减小；对于乙烷/丙烷混合工质，干度小于0.7的工况下，换热系数随乙烷摩尔分数的增加而减小，最大减小幅值为21%；在干度大于0.7的工况下，换热系数随乙烷摩尔分数的增加而增大，最大增大幅值为27%；换热系数随干度增加先增加后急剧减小，随质流密度的变化则取决于不同流型，压降则随干度和质流密度的增加而增大；开发了换热与压降关联式，关联式误差在 ±25% 范围内。

甲烷/丙烷二元混合物在绕管式换热器管内冷凝换热特性的实验研究表明，换热系数随质流密度增加而增加，饱和压力从 4 MPa 降低到 2 MPa，换热系数增加 26%；基于实验数据对文献中已有的关联式进行了验证，并提出了基于流型的换热关联式，该关联式预测值与实验值平均误差为 10%。当管间距从 1 毫米增加到 3 毫米时，壳体侧的最大传热系数提高了 10.5%，而当管直径从 12 毫米减少到 8 毫米时，传热系数降低了 8.9%。

2）LNG 绕管式换热器的仿真模拟研究。已有文献基于分布参数模型，提出了一种基于图论的方法来描述不同液化过程的柔性流动回路，并开发了换热压降交替迭代算法，仿真模型换热量和出口温度的预测值与实验数据偏差分别在 ±5% 和 ±4℃ 以内。有文献建立了浮动 LNG 绕管式换热器在晃荡工况下热力性能的预测模型，验证结果表明，换热能力随晃荡幅度的增加而减少，在晃荡幅度从 3° 增加到 15° 时，换热能力的下降量从 2.2% 增加到 6.7%。

基于流体体积（VOF）模型对绕管式换热器壳侧烷烃沸腾过程的模拟结果表明，Chisholm 关联式能够很好地预测壳侧沸腾时的空泡系数，预测偏差在 –15% ~ 0% 范围内。有文献基于 VOF 模型、连续表面张力模型、接触角模型，建立了绕管式换热器壳侧降膜蒸发过程流动换热的数值模型，模型计算得出的换热系数与实验数据偏差不超过 25%。基于 CLSVOF 模型和动态接触角模型对绕管式换热器的膜状流壳侧流动特性研究表明，换热器应放置在 FLNG 平台的重力中心附近，壳侧压力和质量通量应尽可能地分别增加到 0.6 MPa 和 80 kg/（m²·s）。此外，干度对壳侧的热扩散也有很大影响。

（2）管壳式换热器

管壳式换热器壳侧流动冷凝换热特性的实验研究结果表明，乙烷/丙烷混合物和乙烷/丙烷/丁烷混合物的两相冷凝换热系数分别比纯丙烷小 29% ~ 72% 和 44% ~ 71%。通过乙烷/丙烷混合物在管壳式换热器壳侧流动冷凝换热特性的实验研究结果表明，随着干度增加，换热系数先增大后减小，在干度为 0.8 ~ 0.9 时达到最大值，并随着乙烷质量分数增加，换热系数先急剧下降，最大降幅达到 66.3%，而后换热系数随乙烷质量分数的增加基本保持不变，变化量的波动范围在 –26.4% ~ 29.1%。对水平管壳式换热器和竖直管壳式换热器壳侧冷凝换热特性的实验结果对比表明，竖直管壳式换热器内两相换热系数比水平管壳式换热器小 15% ~ 55%，换热系数随热流密度增大而增大，其变化趋势与水平管壳式换热器相反。

研究者开发了一个数值模型，以分析 LNG 在管壳式换热器内汽化过程中的结冰风险。结果表明，结冰风险可以通过雷诺数的临界值来表示，而扁平形状的管子可以提升传热性能和系统可靠性，同时减少驱动系统所需的泵功率。

（3）板翅式换热器

对两相流流体在板翅式换热器内的分配特性的实验研究表明，分配器的入口角度对流量分布的影响显著，在45°角处性能最佳。基于图论建立的板翅式换热器通用描述方法和分布参数模型，能够反映板翅式换热器中多路流体与部件间的联系，提出了基于压力平衡的并联管道流量分配模型和迭代算法。该模型对板翅式换热器换热量和出口温度预测值与实验数据的偏差分别为 –1.9% 和 +4.35℃。

对晃荡工况下板翅式换热器内的两相换热特性的实验研究表明，旋转晃荡在低干度条件下最多提高 21.1% 的瞬时传热系数，在高干度条件下最多削弱 27.7% 的瞬时传热系数，而平移晃荡仅在高汽质条件下提高传热。横摇、纵摇、横荡和垂荡条件下的甩动时间平均系数范围分别为 0.861～1.079、0.923～1.061、0.834～1.064、0.994～1.090。为了提高晃荡工况下板翅式换热器的热性能和液化效率，研究者在换热器的入口处添加了一个液封分配器，并建立了压降分析模型。

（4）印刷板式换热器

已有研究建立印刷板式换热器Z型半圆通道相变两相流的数值模型，得出了Z型通道内制冷剂在不同工况下的流型，结果表明冷凝流型环状流区域较大，并且促进分层流向弹状流转化，干度越小，管内换热系数越大；弹状流型下换热效果最好，其次是环状流、分层流。管径和转折角对Z型PCHE性能具有显著影响，对流换热系数随管径增大而减小；转折角增大导致回流，从而增强对流换热系数，同时提高了流动压降。

对印刷板式换热器内两相换热特性的实验研究表明，其传热系数随着干度的增加而先增加后减少，在干度为 0.85～0.9 时达到最大值；在干度 < 0.35 时，传热系数随着热通量的增加而增大；空泡系数率为 0.96 和 0.994 时，是弹状 – 环装过渡流和环装 – 干涸过渡流的临界条件；当饱和压力从 0.35 MPa 降到 0.15 MPa 时，传热系数增强了 16.7%。

对印刷板式换热器流动传热机制采用 SST k–ω 湍流模型建模研究表明，在较高的质量流量和进口温度条件下，流动性能较差，但传热性能较好；而在较高的出口压力条件下，流动和传热性能均较好。

（三）总结与展望

1）LNG换热过程不仅涉及理想流体流动模型和传热模型，由于处于低温领域，还衍生出结霜、多相流分布等其他理论模型。

2）目前对于LNG换热器强化换热的研究大多是建立在特定工况，得出的结论不具普遍的适用性，仍需进一步以数值模拟与实验分析相结合的方式，开展不同工况背景下LNG的多相流换热研究。

3）中间介质换热器等换热器换热过程中混合工质微观流动状态及传热机理尚不明确，有待于进一步开展研究。

4）对于晃荡工况对 LNG 的流动换热影响具有初步的研究，但各参数在其中的影响研究相对有限，需要进一步的实验和仿真研究。

参考文献

[1] BP. BP Statistical Review of World Energy 2022［R］. London：BP p.l.c., 2022.
[2] IGU. 2023 World LNG Report［R］. London：IGU, 2023.
[3] Khan MS, Karimi IA, Wood D. Retrospective and future perspective of natural gas liquefaction and optimization technologies contributing to efficient LNG supply：A review［J］. Journal of Natural Gas Science and Engineering, 2017, 45：165–188.
[4] 王江涛, 杨璐. 氢能产业与 LNG 接收站联合发展技术分析［J］. 现代化工, 2019, 39（11）：5–11.
[5] 单彤文, 宋鹏飞, 侯建国, 等. LNG 产业视角下不同天然气制氢模式的终端氢气成本分析［J］. 天然气化工（C1 化学与化工）, 2020, 45（02）：129–134.
[6] 严思韵, 王晨, 周登极. 含氢能气网掺混输运的综合能源系统优化研［J］. 电力工程技术, 2021, 40（01）：10–16, 49.
[7] He T B, Karimi I A, Ju Y L. Review on the design and optimization of natural gas liquefaction processes for onshore and offshore applications［J］. Chemical Engineering Research and Design, 2018, 132：89–114.
[8] Xu J X, Lin W S. Integrated hydrogen liquefaction processes with LNG production by two–stage helium reverse Brayton cycles taking industrial by–products as feedstock gas［J］. Energy, 2021, 227：120443.
[9] Xu J X, He T, Lin W S. Experimental and theoretical study of CO_2 solubility in liquid CH_4/H_2 mixtures at cryogenic temperatures［J］. Journal of Chemical and Engineering Data, 2021, 66（7）：2844–2855.
[10] He T, Lin W S. Energy saving and production increase of mixed refrigerant natural gas liquefaction plants by taking advantage of natural cold sources in winter［J］. Journal of Cleaner Production, 2021, 299：126884.
[11] He T, Lin W S. Design and optimization of integrated single mixed refrigerant processes for coproduction of LNG and high–purity ethane［J］. International Journal of Refrigeration, 2020, 119：216–226.
[12] 刘卜玮. LNG 蒸汽重整中变气碳捕集和氢分离液化工艺流程研究［D］. 上海：上海交通大学, 2022.
[13] Arefin M A, Nabi M N, Akram M W, et al. A Review on Liquefied Natural Gas as Fuels for Dual Fuel Engines：Opportunities, Challenges and Responses［J］. Energies, 2023, 13：6127.
[14] Mierczynski P, Stępińska N, Mosinska M, et al. Hydrogen production via the oxy–steam reforming of LNG or methane on Ni catalysts. Catalysts［J］. 2020, 10（3）：346.
[15] Al–Kuwari O, Schönfisch M. The emerging hydrogen economy and its impact on LNG［J］. International Journal of Hydrogen Energy, 2022, 47（4）：2080–2092.
[16] Xu J X, Lin W S. A CO_2 cryogenic capture system for flue gas of an LNG–fired power plant［J］. International Journal of Hydrogen Energy, 2017, 42：18674–18680.
[17] Xiang Y L, Cai L, Guan Y W, et al. Study on the configuration of bottom cycle in natural gas combined cycle power plants integrated with oxy–fuel combustion［J］. Applied Energy, 2018, 212：465–477.
[18] Hu H T, Ding C, Ding G L. Heat transfer characteristics of two–phase mixed hydrocarbon refrigerants flow boiling in shell side of LNG spiral wound heat exchanger［J］. International Journal of Heat and Mass Transfer, 2019（131）：611–622.

［19］张家楷，高文忠，齐登宸，等．缠绕管式换热器在 LNG 工业领域的研究进展［J］．应用化工，2020，49（10）：2586-2589．

［20］吴志勇，高阳，等．绕管式换热器壳侧沸腾时空泡率关联式筛选［J］．天然气化工：C1 化学与化工，2018，43（2）：93-99．

［21］Qiu G D, Xu Z F, et al. Numerical study on the condensation flow and heat transfer characteristics of hydrocarbon mixtures inside the tubes of liquefied natural gas coil-wound heat exchangers［J］. Applied Thermal Engineering, 2018, 140: 775-786.

［22］Hu H T, Yang G C, Ding G L. Heat transfer characteristics of mixed hydrocarbon refrigerant flow condensation in shell side of helically baffled shell-and-tube heat exchanger［J］. Applied Thermal Engineering, 2018, 133: 785-796.

［23］Yang G C, Hu H T, Ding G L, et al. Influence of component proportion on heat transfer characteristics of ethane/propane mixture flow condensation in shell side of helically baffled shell-and-tube heat exchanger［J］. Experimental Thermal and Fluid Science, 2018, 97: 381-391.

［24］Chen M H, Sun X D, Christensen R N. Thermal-hydraulic performance of printed circuit heat exchangers with zigzag flow channels［J］. International Journal of Heat and Mass Transfer, 2019, 130.

［25］高毅超，夏文凯，龙颖，等．管径和转折角对 Z 型 PCHE 换热及压降影响的研究［J］．热能动力工程，2019，34（2）：94-100．

［26］Hu H, Li J, Li Y, et al. Experimental investigation on flow boiling characteristics in offset strip fin channels under different sloshing conditions［J］. Experimental Thermal and Fluid Science, 2023, 145: 110880.

［27］Li J, Hu H, Xie Y, et al. Two-phase flow boiling characteristics in plate-fin channels at offshore conditions［J］. Applied Thermal Engineering, 2021, 187: 116595.

［28］Hu H, Li J, Xie Y, et al. Experimental investigation on heat transfer characteristics of flow boiling in zigzag channels of printed circuit heat exchangers［J］. International Journal of Heat and Mass Transfer, 2021, 165: 120712.

［29］Li J, Hu H, Wang H. Numerical investigation on flow pattern transformation and heat transfer characteristics of two-phase flow boiling in the shell side of LNG spiral wound heat exchanger［J］. International Journal of Thermal Sciences, 2020, 152: 106289.

［30］Li J, Hu H, Wang H. Numerical investigation on flow pattern transformation and heat transfer characteristics of two-phase flow boiling in the shell side of LNG spiral wound heat exchanger［J］. International Journal of Thermal Sciences, 2020, 152: 106289.

［31］Ren Y, Cai W, Jiang Y, et al. Numerical study on the flow characteristic of shell-side film flow of floating LNG spiral wound heat exchanger［J］. International Journal of Heat and Mass Transfer, 2022, 187: 122198.

［32］Zheng W, Jiang Y, Cai W, et al. Numerical investigation on the distribution characteristics of gas-liquid flow at the entrance of LNG plate-fin heat exchangers［J］. Cryogenics, 2021, 113: 103227.

［33］Wu Z, Fan Y, Cai W, et al. Numerical investigation on shear flow and boiling heat transfer on shell-side of LNG spiral wound heat exchanger［J］. Progress in Computational Fluid Dynamics, an International Journal, 2022, 22（2）：105-117.

［34］Cai W H, Li Y, Li Q, et al. Numerical investigation on thermal-hydraulic performance of supercritical LNG in a Zigzag mini-channel of printed circuit heat exchanger［J］. Applied Thermal Engineering, 2022, 214: 118760.

［35］Brenk A, Kielar J, Malecha Z, et al. The effect of geometrical modifications to a shell and tube heat exchanger on performance and freezing risk during LNG regasification［J］. International Journal of Heat and Mass Transfer, 2020, 161: 120247.

［36］Ruan B H, Lin W S. Numerical simulation on heat transfer and flow of supercritical methane in printed circuit heat

exchangers [J]. Cryogenics, 2022, 124: 103482.
[37] Ruan B H, Lin W S. Experimental study on heat transfer in a model of submerged combustion vaporizer [J]. Applied Thermal Engineering, 2022, 201: 117744.

撰稿人：林文胜　许婧煊　胡海涛

第三节　大型氢氦低温技术

大型低温制冷系统广泛应用于大科学装置、航天发射、氢能储运、氦资源提取、量子计算等国家安全和战略高技术领域，是我国重要战略支撑技术。该研究领域对于创造极端低温科研条件、攻克前沿科学技术具有重要的科学意义，对于满足航空航天、大科学工程等国家需求具有重大战略意义，对于加快高科技产业升级转型，推动经济高质量发展具有经济和社会效益。

一、应用需求发展

（一）科研探索应用

大型氢氦低温制冷设备是前沿基础研究、高技术应用等众多大科学装置系统中的基础支撑装备，特别在粒子物理加速器及其衍生的高能光源等领域中更是有着不可替代的作用。

先进实验超导托卡马克（Experimental Advanced Superconducting Tokamak，EAST）世界第一个全超导磁体托卡马克核聚变反应试验性装置，又被称为"人造太阳""东方超环"，属于中国国家"九五"重大科学工程，由中科院等离子体物理研究所建设。2020年4月，EAST在1亿度的高温下维持了近10秒。EAST主体实验装置重约为400吨，尺寸结构为高约1米、直径约8米的圆柱体，主要由六大部件组成，分别是纵场系统、极向场系统、内外冷屏、超高真空室、外真空杜瓦及支撑系统。采用大型低温制冷系统来冷却超导磁体和超导线圈。其采用的大型低温制冷系统分别为 1050 W@3.5 K、200 W@4.4 K 和 13~25 kW@80 K 的三个温区的不同制冷量。

2023年，新一代人造太阳"中国环流三号"取得重大科研进展，首次实现100万安培等离子体电流下的高约束模式运行，再次刷新我国磁约束聚变装置运行纪录。2021年，中科富海提供的 500 W@4.5 K 氦制冷机通过验收，成为"中国环流三号"托卡马克装置中低温冷凝泵（TCP）及中性束注入器（NBI）提供冷量的核心关键设备之一。

（二）航天领域应用

航天事业已成为各大国以科技实力为代表的综合国力的重要角力场。火箭是实现航天飞行的运载工具，而火箭发动机便是火箭的"心脏"，性能优良的火箭推进剂则是这"心脏"性能的关键。液氢/液氧的燃烧产物为水蒸气，无固相产物积存，清洁无污染；液氢与液氧易于点火，燃烧稳定且效率高，液氢的临界压力低，比热容高，适宜作为推力室再生冷却剂，有利于发动机方案优化与可靠性设计。

液氢和液氧的生产均离不开低温技术，液氧是空分装置的产品，液氢则需要采用氢液化器。美国从20世纪50年代后期开始以工业规模生产液氢，所生产的液氢除供应大型火箭发动机试研场和火箭发射基地外，还供应大学、研究所、液氢气泡室、食品工业、化学工业、半导体工业、玻璃工业等部门。美国的工业规模氢液化设备均为1957年以后建成投产，随着美国宇航工业的需要，1965—1970年液氢生产达到了历史最高水平，日产液氢约220吨。美国是目前为止全球最大、最成熟的液氢生产和应用地域，其液氢工厂产能全部为5吨/日以上的中大规模，其中10~30吨/日以上占据主流。

（三）氢能应用

从国际上看，除航天领域的应用外，液氢已经进入民用阶段。美国、欧洲、日本从液氢的储存到使用，包括加氢站全部都有了比较规范的标准和法规，液氢发展产业链比较完备，据统计，目前三国的加氢站约1/3为液氢供氢加氢站。以美国为例，民用液氢已占据主流，并且主要用于工业领域（其中33.5%用于石油化工行业，37.8%用于电子、冶金等其他行业，10%左右用于燃料电池汽车加氢站，仅有18.6%的液氢用于航空航天和科研试验）。

目前我国的液氢主要应用在航天领域，还未进入民用化阶段。随着近年来国家碳中和目标及航天航空、国家能源等领域的需求，国内多个能源巨头、科研机构和多家民营企业已经关注液氢产业的重要性，并逐渐寻求全国产化替代。

近年来，以航天101所、中科富海为代表，陆续研制成功5TPD以下的氢液化器，实现了氢液化器的全国产化；2022年，中科富海研制成功的1.5TPD氢液化器出口加拿大，成功打开国际市场；2020年后，目前国内已有数十个公开的液氢相关项目。

（四）液化提氦资源应用

氦气具有强化学惰性和低沸点等独有特征，在地球上以微量组分广泛分布，包括大气圈、海洋及湖泊、冰川、地下水、油田卤水等水体、热液流体、火成岩和侵入体、流体包裹体、沉积物和含煤地层、石油天然气藏等，但由于氦气是一种稀有气体，大气中含量很低，为10^{-6}量级（约5.24×10^{-6}），水体中氦气的溶解度也很低。目前的技术手段难以有效地从大气中和含氦量很低的水体中提取氦气资源，从含氦、富氦天然气藏中提取氦气仍是工业制氦的唯一途径。

俄罗斯原把氦气作为战略资源，现已允许出口。作为战略资源，俄罗斯目前只有少量氦气用于出口（约占产量2.4%），仅占全球氦气市场份额3%。俄罗斯最大的天然气综合处理厂阿穆尔，位于我国黑河市对岸的布拉戈维申斯克市，是俄方向中国输送380亿方天然气的重要枢纽，氦气年产能可达6000万方。2018年3月，德国林德集团与该处理厂签订合同，购买大部分氦气。俄罗斯最大的两个天然气加工项目，阿穆尔天然气化工综合体和Ust-Luga天然气加工厂，都受到西方制裁的威胁。这为国内企业全面进入俄国天然气市场，并参与氦气提取提供了机遇。阿穆尔所有产出的氦气均采用液氦模式运输，根据阿穆尔的氦气产能，其单条生产线的氦液化量为近2000升/小时，因此对开发具有万瓦级制冷能力的3000升/小时氦液化器的需求迫切。

提取氦气的主要方法包括深冷法、变压吸附、膜分离、吸收法、水合物法等，一般采用深冷技术提纯获得。但深冷法获得的氦气成本较高。为降低氦气提取成本，常采用多技术组合的方式提取分离氦气，降低投资和消耗，具有更好的应用前景。表1是国内近年来部分BOG提氦情况。

表1　国内主要BOG提氦情况表

序号	所在地区	年提氦能力（10^6 m^3）	状态	提氦方法
1	杭锦旗	1.00	投产	低温深冷
2	杭锦旗	0.40	投产	低温深冷
3	盐池	0.15	投产	低温深冷
4	榆林	0.15	投产	膜法
5	庆阳	0.15	投产	膜法
6	盐池	0.15	投产	膜法
7	鄂尔多斯	0.15	投产	膜法
8	鄂尔多斯	0.10	投产	膜法
9	榆林	0.30	在建	膜法
10	重庆	0.15	在建	膜法
11	重庆	0.20	在建	低温深冷
12	延安	0.25	在建	低温深冷
13	延安	0.15	在建	低温深冷
14	乌兰察布	0.25	在建	低温深冷
15	鄂尔多斯	0.55	在建	低温深冷
16	鄂尔多斯	0.20	在建	低温深冷

续表

序号	所在地区	年提氦能力（$10^6 m^3$）	状态	提氦方法
17	包头	0.10	在建	低温深冷
合计		4.40		

二、大型氢氦低温系统的发展

（一）大型氦低温系统的发展

大型氦低温制冷设备是前沿科技研究、高技术应用不可替代的基础支撑装备。随着社会经济的高速发展，我国已成为大型低温制冷设备的使用大国。然而，由于我国处于核心技术不掌握、国产化不能实现、需求长期依赖进口的被动局面，特殊领域还面临"禁运"的潜在危机，导致我国需要低温技术支撑的核心关键系统的发展受到很大限制，"瓶颈"效应十分明显。

为在大科学工程、核能、氢能、氦资源等领域摆脱"受制于人"的窘境，保障医疗、科研和国家安全，中国科学院理化技术研究所在中国科学院、财政部的大力支持下，先后开展了 20 K 千瓦级及万瓦级制冷机、4.5 K 百瓦级及千瓦级制冷机、2 K 百瓦级制冷机的研制工作，均获得成功并实现应用。

1. 2 kW@20 K 制冷机

中国科学院理化技术研究所及其前身自 1959 年起就开始了大型低温系统关键技术的探索和攻关，先后攻克了长活塞膨胀机、气体轴承透平膨胀机等核心技术。2009 年起在前期技术积累的基础上，开始研制大型氦低温制冷系统，并于 2012 年成功研制出冷量达到 2.2 kW 的 20 K 制冷机，如图 1 所示。该制冷机实现了自动化控制（包括一键启停、远程控制、无人值守等），可应对各种极端条件（包括热负载突变、突发停水停电、阀门驱动气中断等工况），连续稳定运行 30 天。2013 年该制冷机落户某研究院，应用于相关型号产品试验，使产品可靠性和研制效率上升到一个新台阶。

2. 10 kW@20 K 制冷机

在成功研制 2 kW@20 K 制冷机的基础上，先后突破高速氦透平膨胀机稳定性、超低漏率铝板翅式换热器设计制造、高精滤油系统设计、气动低温调节阀制造以及集成调控五大核心关键技术，成功研制出国内首台制冷量超过 10 kW@20 K 的液氢温度级大型低温制冷机，其中自主研制的氦气体轴承透平膨胀机的稳定运行转速达到 1×10^5 r/min，绝热效率达到 70% 以上，达到国际水平。该大型低温制冷设备通过了连续 72 h 的性能测试，其稳定性和主要性能指标达到了国际先进水平。10 kW@20 K 大型低温制冷设备的成功研制，标志着我国已经形成了自主设计与制造液氢温度级大型低温制冷设备的能力，可以满足未

图1　2 kW@20 K 氦制冷机实物图

来国家战略高技术发展的需求，同时为液氦温度乃至超流氦温度大型低温氦制冷系统的研制奠定了技术基础和工业基础。目前该制冷机已被改造为 1000 L/h 的大型氢液化器，将用于氢能利用示范系统。

3. 40 L/h 氦液化器

作为大型 4.5 K 制冷机的技术准备，中国科学院理化技术研究所于 2014 年启动了 40 L/h 氦液化器 A 型/B 型（简称 L40A 和 L40B）的研制工作，以验证液氦温区低温系统的关键技术。L40A 采用自行研制的透平膨胀机，经历了 30 余天的寿命试验，性能稳定，液化率可达 51 L/h。L40B 采用进口透平膨胀机，液化率可稳定保持在 28 L/h 以上。L40A 和 L40B 已分别应用于氦气回收和氦液化演示。

4. 250 W@4.5 K 制冷机

2015—2016 年，通过改进三元流流道设计、优化机体绝热结构、采用高精度的数控加工工艺，研制出适用于 250 W 制冷机的氦气透平膨胀机组；通过联合攻关，研制出 45 g/s@77 kPa 国产喷油氦气螺杆压缩机；通过自主研制，完成了整套制冷机控制系统的软件开发与硬件集成工作。经过近一年的调试与改进，最终成功研制出 250 W@4.5 K 制冷机，如图 2 所示。连续 72 h 的测试结果显示，该制冷机的最大制冷能力可达 317 W@4.4 K，两级透平效率均高于 66%。250 W@4.5 K 制冷机整机性能达到国际先进水平，并实现了全国产化，标志着我国液氦温区大型制冷机从设计、制造到稳定运行的技术能力得到全面提升。该制冷机已应用于超导磁体实验装置。

5. 200 W@4.5 K 制冷机

中国科学院理化技术研究所联合兄弟单位，研制出 250 W@4.5 K 制冷机的衍生产品——200 W@4.5 K 制冷机，应用于韩国国家聚变研究实验室（NFRI）大科学装置 KSTAR，为其低温泵提供液氦温区的冷量。该制冷机实测制冷量为 240 W@4.5 K，研制周期仅为 12 个月。

(a)压缩机及滤油器　　　　　　　　　　(b)冷箱

图2　250 W@4.5 K 氦制冷机实物图

6. 2.5 kW@4.5 K/500 W@2 K 氦制冷机

2021年完成验收的 2.5 kW@4.5 K/500 W@2 K 氦制冷机是中国科学院理化技术研究所研制的第一台千瓦级制冷机，也是第一台国产大型 2 K 制冷机。该制冷机的三维概念设计如图3所示：整个系统由氦气压缩系统、液氦制冷系统、超流氦制冷系统、氦气辅助系统和控制系统5个子系统组成。压缩机站由两台串联的喷油螺杆压缩机以及滤油系统构成；液氦制冷系统共有由6只氦透平膨胀机组成修正的柯林斯循环以实现 4 K 液氦温区制冷；超流氦系统则通过室温真空泵＋冷压缩机的组合方式获得负压，并通过负压换热器回收冷量。

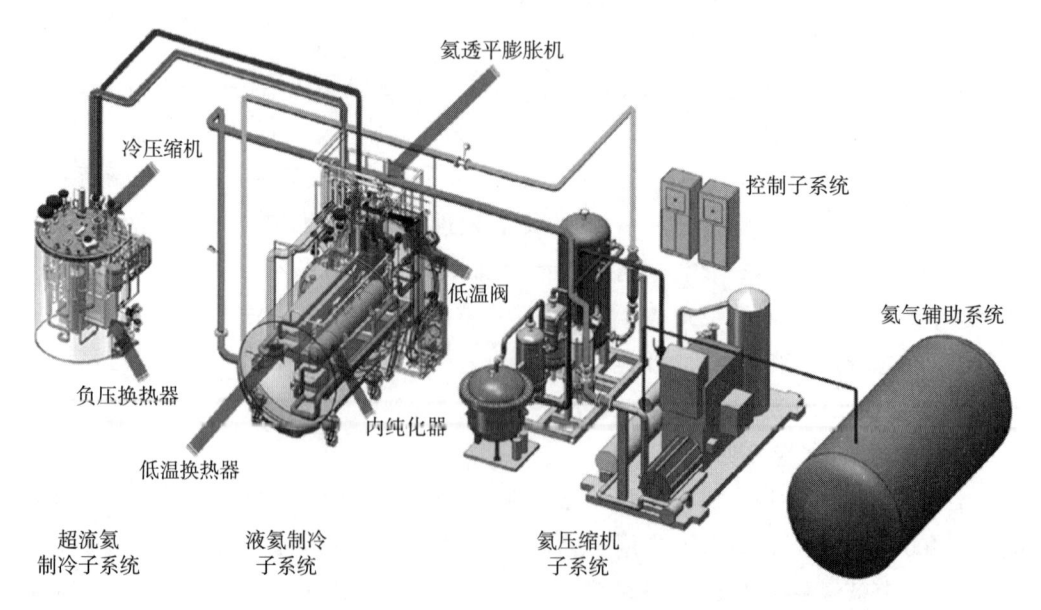

图3　2.5 kW@4.5 K/500 W@2 K 氦制冷机三维概念设计图

（二）大型氢低温系统的发展

中国当前液氢产能约占全球产能的1%，应用以航天为主，民用市场刚刚起步。国内现有氢液化装置见表2，在2020年以前，国内的氢液化装置均从国外进口，主要服务于氢氧火箭发动机的开发。2020年4月，鸿达兴业在内蒙古乌海兴建了中国首条民用液氢生产线，开创了我国液氢商业化应用的先河，并于当年11月开展了国内首次液氢长距离运输试验。2021年9月，我国自主研制的首套吨级氢液化装置在北京航天试验技术研究所（以下简称航天101所）调试成功，实现了连续稳定生产。设计液氢产能为1.7 t/d，实测满负荷工况产能为2.3 t/d，这套装置实现了90%以上国产化。2022年1月，中科富海产能1.5 t/d的全国产化氢液化装置出口加拿大，这是国内首套出口的氢液化装置。

表2　我国现有的氢液化装置

建设年份	经营者	所在城市	液氢产量/TPD	设备来源
1995	航天101所	北京	0.5	林德
2007	航天101所	北京	1	法液空
2011	蓝星航天化工	西昌	1	法液空
2012	蓝星航天化工	文昌	2.5	法液空
2020	鸿达兴业	乌海	—	航天101所
2021	航天101所	北京	1.7	90%国产
2022	中科富海	中山	1.5	全国产

液氢建设项目如火如荼，各企业加大液氢产业布局，基础设施领域投资逐步开展。液氢项目无论从液氢制备，还是液氢加氢站项目，都发展火热。据不完全统计，从2020年后，目前国内已有数十个公开的液氢相关项目，具体情况汇总（表3）。

表3　国内液氢项目

序列	时间	地区	涉及企业	项目名称	项目介绍
1	2022.2	山东淄博	齐鲁氢能	齐鲁氢能一体化及储氢装备制造项目	年产液氢1.32万吨，主要建设氢气提纯装置、联合制氢装置、液氢罐区、液氢重卡车载系统智能生产线、液氢加氢站成套设备（储罐）生产线厂房及配套公辅设施
2	2021.11	浙江嘉兴	中石油	液氢油电综合供能服务站	设有一座14 m³的液氢储罐，两台90 MPa的高压储氢瓶，一台35 MPa加氢机为氢燃料电池汽车加注氢气

续表

序列	时间	地区	涉及企业	项目名称	项目介绍
3	2021.1	内蒙古呼和浩特	东华科技空气化工产品	久泰呼和浩特30 t/d液氢项目	利用久泰新材料公司的合成气尾氢资源,依托空气化工产品公司先进的氢气提纯液化及储运技术
4	2021.9	甘肃定西	中建航天中国二冶	陇西·液氢生产及碳减排示范基地建设项目	2021年9月开工,包括液氢2600吨生产线液氢3900吨生产线、氢能物流园、氢能应用示范区、加氢站
5	2021.9	河北定州	旭阳集团	河北旭阳氢能综合项目	2021年9月开工建设,主要建设12 t/d高纯氢生产装置、1 t/d液氢示范装置以及高标准的能检测中心
6	2021.9	江苏无锡	中太海事无锡特莱姆	世界首座薄膜型液氢储运模拟舱	2021年9月28日,中大公司成功建成世界首座薄膜型液氢储运模拟舱,通过权威机构的风险评估和独立第三方SGS公司检测合格
7	2021.9	北京	福田汽车	智蓝欧曼液氢重卡	该款液氢重卡为中国首创,智蓝欧曼液氢重卡采用4台额定功率80 kW的轮教电机驱动,该车拥有110 kg的储氢量,实际工况续航里程可达1000 km以上
8	2021.9	北京	航天101所	氢液化系统	航天101所研制的我国首套自主知识产权的基于氦膨胀制冷循环的氢液化系统,2021年9月9日在航天101所调试成功,产出液氢
9	2021.9	北京	北汽福田清华	液氢燃料电池重型商用车	清华联手北汽福田的全球首辆35吨级、49吨级分布式驱动液氢燃料电池重型商用车成功问世,顺利通过综合测试
10	2021.8	辽宁大连	大船集团国创氢能中船风电	液氢/氢储运技术	共同促进制氢、制氢、燃料电池及液氢/氢储运技术在船舶与海洋工程领域的创新应用与发展
11	2021.7	甘肃定西	航天101所	液氢工厂项目	航天101所作为国内液氢领域的中坚力量,于甘肃定西市开展液氢工厂项目的建设
12	2021.6	北京	航天101所	国内首例车载液氢瓶火烧试验	航天101所成功完成国内首例车载液氢瓶火烧试验,实现了液气储存领域的突破
13	2021.6	—	鸿达兴业	国内首个规模化民用液氢项目	作为我国首个规模化的民用液氢项目,年产3万吨液氢项目将填补国内民用液氢规模化生产的空白
14	2021.6	内蒙古呼和浩特	空气产品	空气产品久泰高效氢能综合利用示范项目	呼和浩特首个万吨级绿色液氢能源项目-空气产品久泰高效氢能综合利用示范项目签约

续表

序列	时间	地区	涉及企业	项目名称	项目介绍
15	2021.5	河北定州	中科富海	液氢全产业链示范项目	定州市人民政府与北京中科富海低温科技有限公司签约定州液氢全产业链示范项目
16	2021.2	广东佛山	上海重塑 佛燃能源 国富氢能 泰极动力	液氢储氢加氢站项目	上海重塑、佛燃能源、国富气能，泰极动力签署协议在佛山合作推进液氢储氢加氢站项目
17	2020.12	四川雅安	中核国兴 空气产品	氢气液化、液氢加注项目	要求共同开发、改进液氢领域装备技术，打造国内领先的液氢工程研发中心和液氢装置测试平台
18	2020.11	浙江嘉兴	林德中国	林德中国首个液氢项目	在第三届中国国际进口博览会上，林德公司和浙江嘉兴港区开发建设管理委员会、上海华谊（集团）公司签署协议
19	2020.9	江苏	富瑞特装	氢燃料电池车用液氢供气系统	2020年9月10日，富瑞特装发布定增预案。公司拟募资6199.36万元用于氢燃料电池车用液氢供气系统及配套氢阀研发项目
20	2020.10	重庆	重庆三十三科技 中科院理化所 中科富海	中科液氢10TPD液氢生产储运一体化项目	中科液氢第一期10TPD项目，日产10吨，液氢年产能3300吨。2021年10月开工建设，2023年3月集成调试、试生产
21	2020.9	北京	北汽福田 亿华通	北汽福田首款液氢重卡	该车核心部件均为国产供应，搭载亿华通大功率氢燃料电池发动机，功率为109 kW 液氢储供系统由航天101所自主研发液氢瓶及一体化阀箱、复合汽化器等
22	2020.8	河南洛阳	国富氢能 洛阳炼化	华久氢能源有限公司氢能一体化项目	项目一期设计液氢8.5 t/d，液氢项目2021年12月建成投产，与液氢相关的液化工艺包技术、成套设备和技术服务均由江苏国富氢能技术装备股份有限公司提供
23	2020.6	河北定州	—	液氢制备储存设备制造项目	2020年6月8日，在中国廊坊国际经济贸易洽谈会上，定州市液氢制备储存设备制造项目公开招商，项目建成后，年产液氢制备设备50套、液氢储罐100台
24	2020.6	浙江海盐	空气产品	海盐氢能源基地	2020年6月开工，其中包括空气产品公司在中国的首座液氢工厂。该项目一期工程预计2022年投产

续表

序列	时间	地区	涉及企业	项目名称	项目介绍
25	2020.5	浙江嘉兴	嘉化能源	嘉化能源氢能综合利用项目	2020年5月获批开建，该项目规模为每小时 1 m³ 液氢，约合每天 1.5 吨
26	2020.4	内蒙古乌海	鸿达兴业	氢液化工厂项目	该液化装置调试完毕并投产生产出液氢、高纯气超纯氢，这是中国首次由民营企业生产出液氢产品，民用化起步
27	2020.4	—	中石化巴陵石化	液氢工厂项目	2020年4月签约，充分利用巴陵石化己内酰胺生产线富余的工业副产氢，达产后日产液氢 60 吨

三、大型氢氦低温系统关键技术的发展

（一）氢氦压缩技术

氦气螺杆压缩机技术难度高于一般气体介质的压缩机，是螺杆式压缩机技术制高点之一。中科院理化所研究了适用于氦气工质高效率压缩的核心技术，包括转子新型线开发、雾化冷却、高效率油气分离技术等；提出了转子内部泄漏归一化权重分析方法和复杂多变量整体优化方法，开发出 N_He 和 I 型两种适用于氦气压缩的流线型新型线，提高了效率，分别达到了国际先进和国际领先水平。采用补偿法设计提高了运行的可靠性。形成了单机压比范围为 4~15 和容量排量范围为 100~10000 N·m³/h 的成熟工业化产品，不同型号的性能指标达到或优于国际同等产品。在航天级氢液化、核工业、可控核聚变和氦工业等战略领域都获得了长期稳定的成功应用。自 2009 年起，在国家和中国科学院部署下，中科院理化所与国内相关单位大力协同工作，打破传统上转子型线设计上的思想禁锢，逐渐形成了系列成熟工业化产品，完全实现了国产化，容积效率和热力学效率等主要指标超过了国际水平，走出了一条从"受制于人"到自主可控的道路。开展了氦气压缩机的理论和实验研究工作并建立了氦气螺杆压缩机性能测试平台，根据长期积累的经验和理论研究提出了解决氦螺杆压缩机的核心技术方案，通过采用缩紧螺杆压缩机主机转子的三大间隙、新的亚型线开发、喷油雾化冷却等技术，提高了热力学效率和可靠性，解决了氦气分子量小带来的极易泄漏以及绝热指数高带来的压缩热大等两大技术难点。在喷油冷却特性研究、转子型线优化、机组方案优化等基础上，试验测试结果表明，获得了国际水平的容积效率和绝热效率，大功率（输入功率兆瓦级）机型的效率还超过了国际水平。目前氦气螺杆压缩机在 15~1800 kW 已经形成系列化，并完成了在各种工况（高压、中压、低压、负压）下对氦压机型线的优化，主机喷油口位置的优化。目前已经有多套压缩机服务于国家级实验项目，氦压机的主要技术参数达到国际主流压缩机水平，国产化率达到 95% 及

以上。

在氢气压缩机技术方面，70 MPa 和 35 MPa 氢气压缩机技术取得长足进展，可靠性稳步提高。

（二）流程与集成调试技术

液氦到超流氦温区大型低温制冷系统的流程设计具有复杂程度高，设计参数自由度多，工况限制条件要求苛刻的特点。近年来，主要在以下方面取得进展：

1）开展系统关键设备结构参数和运行参数之间协同优化设计研究，综合分析各参数对系统效率、制冷量或液化率的影响，形成了液氦到超流氦温区大型低温系统的优化设计方法。

2）面对超低温、超高纯度、超低漏率、关键设备间动态调控与匹配特性不明等挑战，采用低漏热绝热支撑和高配比绝热材料新型结构，解决了超低温下真空多层绝热的漏热减损和低温长效保持关键技术，部件热性能提升 3 倍；并提出了复杂低温系统层级解耦与动态调控方法，首次建立了液氢/液氦/超流氦的全低温区工艺包体系。

3）突破了复杂氦低温制冷系统长期稳定性和高可靠性运行的核心难题，实现了国内首套全国产化大型低温制冷装备达到 250 W@4.5 K 和 2500 W@4.5 K/500 W@2 K 的制冷性能指标，稳定运行时长 2000 小时以上，成果鉴定表明整体性能达到国际先进水平。

4）解决了氦制冷机对用户负载快速冷却和波动稳定性调控难题，实现了 250 W@4.5 K 氦制冷机在中科院高能所超导磁体测试平台的示范应用，累计产出液氦超过 25000 L。

（三）透平膨胀机技术

透平膨胀机作为大型低温系统冷箱当中的唯一产冷部件和运动部件，其稳定性和运行效率将影响整个系统的耗能及效率。

国内对于氦透平膨胀机的研究开始于 20 世纪 70 年代，我国研制的第一台氦透平膨胀机应用于空间环境模拟器 KM4 中，该透平采用静压气体轴承支撑。

1981 年，航空工业部 609 所研制的氢透平膨胀机在工业氢液化装置上试验成功，这是我国首次成功研制适用于工业液氢装置的氢透平膨胀机。

2000 年，西安交通大学的侯予等为我国空间环境模拟器 KM6 设计研制了一台氦气体轴承透平膨胀机。

2011 年，中科院等离子体所的付豹自主研制了一台氦透平膨胀机并且调试成功，新研制的氦气透平膨胀机采用油轴承与气体轴承混合结构。

2013 年，中科院理化所的孙郁佳设计并研制了一台氦气透平膨胀机，采用流场模拟、转子动力学分析等方法指导透平膨胀机设计，提高了透平膨胀机效率及稳定性。

印度的巴巴原子能研究中心（BARC）研制了新系列高膨胀比的透平膨胀机 T11 和

T12及其改进型，采用增强型中流设计方法，重新设计喷嘴的结构，将膨胀比由4提高至6，即使在较大的叶轮喷嘴径向间隙和较低的叶片长径比下也能获得70%左右的效率。

西安交通大学对两相透平膨胀机进行了相关研究，揭示了透平膨胀机流道中自发冷凝中成核和液滴生长的机理，对两相膨胀过程中的湿度损失进行了评估和定量计算，并且与实验数据进行对比，结果吻合较好。

西安交通大学对氢气膨胀机进行了研究，氢气涡轮膨胀机是通过使用平均线法和损失模型设计的，该模型已根据氢气涡轮膨胀机的实验数据进行了验证。在另一篇研究中提出了一种耦合模型来预测带制动鼓风机的氦透平膨胀机的性能和冷却过程，并在2 t/d氢气液化器的氦透平膨胀机上进行了验证实验。

Manoj Kumar等提出了一种基于Sobol方法的优化方法来确定主要无量纲和几何变量的归一化灵敏度指数和最佳范围，以提高透平膨胀机的非设计性能。

（四）冷压缩机技术

冷压缩机是大型超流氦低温系统中的核心设备。超流氦低温系统由氦液化系统和超流氦低温组成。获取超流氦的典型闭合循环为：4.5 K氦液化系统将过冷通低温传输管线入超流氦低温系统，在超流氦低温系统中液氦经过J-T负压换热器被返流的负压低温冷氦气进一步冷却至2.2 K左右，随后通过J-T节流阀膨胀降压至3.1 kPa及以下从而转化为2 K超流氦；超流氦进入池或被用于冷却负载后会蒸发为负压低温氦气并进入J-T负压换热器，经增压系统及负压换热器后恢复至常温常压状态，再经常温压缩机压缩后再次进入4.5 K氦液化系统。为了保证系统循环正常进行，超流氦池需要连续抽吸减压操作，而对其中的低温氦气而言是一种增压过程。由于常温压缩机入口绝对力一般为1.0~1.2 bar，而负压低温氦气自J-T负压换热器流出时绝对压力接近3 kPa，因此在J-T负压换热器至常温缩机之间存在着高达60~80的增压需求。

冷压缩机是大型超流氦系统中的核心增压设备，能够有效小系统体积和能耗且冷压缩机能够降低空气进入氦气回路的泄漏风险。Decker等人通过分析运行数据说明了室温增压的低效率问题，指出其只能用于200 W以下制冷量的系统，并在该范围具有一定优势；在200~500 W范围内采用2级串联冷压缩机配合室温泵是最佳方案，在500~2500 W范围内3级及以上的冷压缩机布置方案则具有一定优势。

从20世纪80年代，冷压缩机第一次被用于大型超流氦系统开始，逐渐成为大型超流氦低温系统中必不可少的关键设备。2021年，由中国科学院理化技术研究所研制的全国产500 W@2 K超流氦系统中的3级串联冷压缩机通过验收，等熵效率达到国际领先水平。表4总结了国际上不同实验室的冷压缩机研制与应用情况。可以看出，在发达国家中，冷压缩机已经得到广泛的应用，而印度目前处于仿真设计阶段；随着我国自主研制的冷压缩机成功应用，也逐步掌握了冷压缩机关键技术。

表 4 国际上不同实验室冷压缩机研制与应用对比

序号	作者	状态	装置/实验室	热力学特征 进口压力/mbar	进口温度/K	流量/g·s⁻¹	设计方案 叶轮类型	驱动方式	轴承类型	转速/rpm	等熵效率测量值
1	Peterson and Fuerst, 1987	运行	Fermi National Accelerator Laboratory	1013~1150	4.4	41~80	离心	电机	永磁轴承+动压气体轴承	50000~80000	37%~60%
2	Klebaner et al., 2004	运行	IHI CCU for Fermilab Tevatron Cryogenic System	550~760	3.6	60	离心	电机		50000~80000	65%~70%
3	Claudet, 1993	运行	Tore Supra Tokamak	13	4.05		离心			25000	
4	Ueresion et al., 2015	运行	Linde Cryogenics, Fermi National Accelerator Laboratory	23.7	3.98		离心			32400	73%
				97.3	8.25	26.8	离心			42420	71%
				221	12.6					42420	73%
5	Delcayre et al., 2006	运行	AL CCU for Spallation Neutron Source	38	3.98	120	离心		磁悬浮轴承	10920	72%
				108	7.03						
				277	11.8						
				711	19.6						
6	Moon et al., 2013	运行	Korea Superconducting Tokamak Advanced Research	1090	4.3	86~550	离心			15000	70%

续表

序号	作者	状态	装置/实验室	热力学特征				设计方案			等熵效率测量值
				进口压力/mbar	进口温度/K	流量/g·s⁻¹	叶轮类型	驱动方式	轴承类型	转速/rpm	
7	Shang Jin et al., 2023	运行	Technical Institute of Physics and Chemistry, CAS	28	3.4	25	离心	电机	磁悬浮轴承	31200~50000	60%~66%
8	Bezaguet et al., 1998	样机	Air Liquide, CCU for LHC	10	4.2	12	离心	透平	静压气体轴承	28560	60%
9	Bezaguet et al., 1998	样机	IHI, CCU for LHC, CERN	10	4.4	18	轴流-离心	电机	磁悬浮轴承	24480	75%
10	Bezaguet et al., 1998	样机	Linde, CCU for LHC	10	3.5	18	轴流-离心	电机	陶瓷球轴承	23400	64%
11	Dutta et al., 2013	设计	Cryogenic Engineering Centre, Indian Institute of Technology	1056~2100	4.26~5.82	330~450	离心			15000~22000	70%~80%
12	Jadhav et al., 2017	设计	Cryo-Technology Division, Bhabha Atomic Research Centre		4.22	23	离心			71148	65%
13	Petel et al., 2021	设计	ITER-India		4.2	330	离心			17000	73%

（五）低温储运技术

在液氢储存方面，主要依靠专用的液氢高压绝热容器，国外比较成熟的液氢储瓶内胆为球形结构，采用多层真空隔热技术，自带制冷机主动地进行绝热过程，可以实现高绝热和低耗损，美国 Chart 公司、日本川崎重工、俄罗斯深冷机械公司等在该领域处于领先地位。例如日本川崎重工研发的 10000 m^3 存储容量的球形液化氢储罐以及美国麦克德莫特国际有限公司研发的最大能达到 4000 m^3 的液氢储罐，如图 4 所示。我国液氢产能较低，关键部件发展相对滞后，目前主要使用圆柱形液氢储罐，如江西国富氢能技术装备有限公司研发的 200 m^3 以上、储氢量达 14 吨的民用大型液氢储罐。

图 4 球形液氢储罐

（六）冷箱集成技术

低温冷箱是任何大型低温制冷设备必须配置的子系统，冷箱的研制任务是根据流程设计结果，研制低温冷箱中所有低温和室温部件，并完成冷箱的整体集成设计和现场集成施工，达到性能要求。近年来，我国主要取得的进展表现为：

（1）全温区板翅式换热器体积最小化优化设计方法

根据氦制冷系统对尺寸优化的要求，提出一种适用于从室温到液氦温区的板翅式换热器的体积最小化优化方法，建立了换热器性能测试平台，开展了实验验证，完成了在液氦制冷机和超流氦制冷机中的对比实验，验证了该设计方法。使用该方法研制的液氦制冷机换热器组和超流氦制冷机换热器组在实验中显示了良好的综合性能，满足了流程的需求，同时尺寸大大减小，提高了设备经济性。

（2）大型氦制冷机冷箱集成技术

突破了大型氦制冷机冷箱冷箱集成设计、集成施工技术，系统掌握了大型氦制冷机冷箱集成设计的技术要点，形成了完整的模块化设计流程，掌握了大型氦制冷机冷箱集成施工过程的关键技术要点和工艺过程，形成了冷箱集成施工的技术工艺包。

四、核心技术未来发展

（一）氢氦压缩技术

为提高氦气工业化生产的经济性，其提纯工艺必须使用大型氦低温制冷机/液化器。因此，开发我国具有自主知识产权的大型液氦温度制冷/液化技术及其装置对于保障国内氦供应、节约宝贵的氦资源、促进提氦技术的发展和提高经济效益具有重要的战略意义。鉴于氦气喷油螺杆压缩技术已经较为成熟，该技术未来发展方向为机组性能优化、机组可靠性研究、和多级并联技术研究等。

目前在用的氢压缩机一般是活塞式压缩机，但活塞式压缩机运动部件多、占地面积大。螺杆压缩机未来有取代活塞式压缩机的趋势，拟在前期氦气螺杆压缩机研制的基础上，研发适用于氢液化器的氢气螺杆压缩机。未来发展方向为：①大型/超大型氦气压缩机站技术；②氦气喷油螺杆压缩机机组可靠性研究；③氦气喷油螺杆压缩机机组故障诊断技术；④液氮温区冷压缩技术；⑤螺杆式氢压缩机技术；⑥多级离心式压缩机技术；⑦无油压缩技术。

（二）低温系统流程与集成调试技术

1. 大型氢氦低温制冷系统流程设计、动态仿真及可靠性研究

流程是大型氢氦低温制冷系统研制的基础，流程优化与仿真是大型氢氦低温制冷系统总体设计的核心技术，流程设计参数的优劣决定了大型氢氦低温制冷系统性能的好坏，也代表了大型氢氦低温制冷系统的先进程度。

大型氢氦低温制冷系统属于复杂的多参数热动力系统，各设备间互相耦合，工况复杂，运行费用昂贵，不适宜通过大量实验来提高其具有重要意义的效率和稳定性，对其进行动态仿真研究可以减少试验费用，缩短调试时间，同时可以为系统的优化和控制系统设计提供理论支持。

大型氢氦低温制冷机技术的发展方向，从追求氢氦低温制冷机性能指标向追求氢氦低温制冷机高可靠性指标迈进。我国现有的大型氢氦低温制冷系统主要问题在于整个低温制冷系统的稳定性不高，平均无故障运行时间短。目前国内低温系统可靠性分析面临的问题是组成大型低温制冷系统的低温组件失效数据量少，其失效分布不易拟合。

未来大型氢氦低温制冷系统流程设计、动态仿真及可靠性研究的主要研究内容如下：①大型氢氦低温制冷系统流程设计；②大型氢氦低温制冷系统动态仿真及其应用研究；③大型氢氦低温制冷系统可靠性研究。

2. 大型氢低温制冷系统集成调试技术

氢气具有易燃、易爆、易泄露，且无色无味、爆炸极限低等特点，因此在大型氢液化

装置的制造过程中，安全问题要始终贯彻其中、全面考虑。未来大型氢液化装置集成调试技术，在氦低温制冷集成调试基础上，要将系统安全防护技术作为首要考虑问题，主要可包含以下几个方面：①基于可再生能源制氢的氢制取、液化、加注及应用高效一体化集成技术；②建立系统集成调试标准规范工艺包；③氢液化装备安全运行智能监测及故障预警一体化技术；④液氢低温系统的高可靠性和能效研究。

3. 大型氦低温制冷系统集成调试技术

国内大型氦低温制冷机的发展是液氦温区制冷量为万瓦至数万瓦以上，超流氦温区制冷量为数千瓦及以上、面向用户多温区冷量输出的复杂应用需求，具有多温度级、多压力级、含有多个大温度梯度高速运动部件、多负载输出等特点。未来复杂超大型氦制冷机集成调试技术将朝着以下几方面发展：①面向用户适应复杂工作模式下的大型氦低温制冷系统的集成模块化技术；②适应复杂工作模式下的氦低温制冷机和用户负载的稳定性技术；③氦低温制冷机一体化智能控制、安全监测及风险评估技术；④氦低温制冷机的规范化安全策略；⑤大型氦低温制冷机高可靠性和经济性研究。

（三）透平膨胀机技术

透平膨胀机具有振动小、噪声低、重量轻和寿命长的特点，在制冷温度和制冷量上相比节流阀具有无可替代的优势。因此，开展低温高速气体轴承透平膨胀机的研究对于大型制冷/液化系统具有重大意义。透平膨胀机技术未来发展将从以下几个方面开展工作：①高膨胀比透平膨胀机研制；②气液两相透平膨胀机；③高承载力、高刚度的动静压混合气体轴承；④稳定高效微型高速透平膨胀机；⑤以高速发电机制动为例的新型制动方式研究。

（四）冷压缩机技术

早期设计的冷压缩机结构复杂笨重，且受限于当时的加工条件，运行效率不高，整体上技术成熟度低。为解决这些问题，在LHC低温系统建设初期，CERN的研究员们与上述的相关低温企业开展合作，从驱动方式、轴承系统隔热密封方式、叶轮效率等方面对冷压缩机技术进行大量探索。此后经过大量应用，国外冷压缩机技术在逐渐成熟，包括整个低温系统控制问题也已逐步解决，并逐步演变为系列化产品。

2021年完成验收的国产500 W@2 K超流氦系统中的三级串联冷压缩机是我国首次完成冷压缩机自主设计并达到额定工况稳定运行的设备，尽管等熵效率等指标已达到国际领先水平，但未来还需要将从以下几个方面开展工作：①冷压缩机与管路自动化联调；②叶顶间隙与内部流动稳定性研究；③多级串联运行稳定性控制；④低温电机研发与匹配。

（五）低温储运技术

我国液氢/液氦储运产业发展时间短，基础相对薄弱，从装备原材料、装备设计制造及安全应用等方面需要进行关键技术攻关：①液氢/液氦温区基础材料数据库建立；②高强度低漏热储运装备设计与优化技术；③大规模液氢/液氦储存和运输装备研发；④零蒸发存储、低温流体高效传输与管理技术；⑤液氢/液氦安全防护与泄放技术。

（六）技术标准建设

1. 液氢技术标准体系的建立与完善

当前，国内外尚未建立涵盖液氢制取、储存、运输、应用全链条的液氢标准体系，现行液氢标准以液氢储存、安全、操作等为主；低温材料、氢液化设备和系统、液氢储存容器/气瓶、液氢槽车、高压低温复合储运氢等方面的标准缺失。随着产业的不断发展，推动并逐步完善液氢制、储、输、用标准体系，重点围绕氢液化装置、储运氢装置、液氢加氢站等设施标准，交通、工业应用、液氢储能等应用标准，将对液氢规模化发展起到极大的推动作用。

2. 液氦技术标准体系的建立与完善

氦化学性质十分不活泼，既不能燃烧，也不能助燃。冷冻液态氦在 GB 12268—2012《危险货物品名表》中编号为 1963，危险品类别号为 2.2，其次要危害性：无。液氦大量迅速蒸发或与皮肤接触时，可能引起严重冻伤，同时由于降低封闭空间的氧含量会造成缺氧窒息。

有关液氦相关的氦液化设备和系统、液氦储存容器、液氦罐箱等方面的系列标准缺失，急需推动和建立涵盖液氦制取、储存、运输、应用全链条的液氦标准体系。

参考文献

[1] 陈践发，刘凯旋，董勍伟，等. 天然气中氦资源研究现状及我国氦资源前景[J]. 天然气地球科学，2021，32（10）：14.

[2] 李玉宏，李济远，周俊林，等. 国内外氦气资源勘探开发现状及其对中国的启示[J]. 西北地质，2022（3）：55.

[3] 刘立强. 大型氦低温制冷机研制进展[J]. 真空与低温，2020，26（6）：5.

[4] 胡忠军，吴霞俊，林文剑，等. 大型氦气螺杆压缩机核心技术研究开发与应用[J]. 科学通报，2022，67（21）：10.

[5] 黄本诚，KM4 大型空间环境模拟设备，真空科学与技术，1988，no. 6，379-385.

［6］ 葛福兴，项红，国内第一台氢透平膨胀机鉴定，深冷技术，no. 6，p. 28，1983，Accessed：Sep. 11，2023.

［7］ 侯予，陈纯正，熊联友，等．低温氦气体轴承透平膨胀机的设计，低温工程，no. 3，pp. 7-11+16，2003，Accessed：Sep. 11，2023.

［8］ 付豹，张启勇，庄明，等．EAST 低温系统已研制氦透平膨胀机测试分析，低温与超导，vol. 39，no. 6，pp. 20-23，2011.

［9］ 孙立佳，孙郁，任小坤，等．氦制冷系统气体轴承透平膨胀机设计，低温工程，no. 3，pp. 7-10，2013，Accessed：Sep. 11，2023.

［10］ Jadhav M M, Chakravarty A, Atrey M D. Experimental investigations on high pressure ratio cryogenic turboexpanders for helium liquefier, Cryogenics, vol. 117, p. 103304, Jul. 2021.

［11］ M. M. Jadhav, A. Chakravarty, M. D. Atrey. Performance investigation of ultra-high pressure ratio cryogenic turboexpanders for helium liquefaction system, Cryogenics, vol. 125, p. 103515, Jul. 2022.

［12］ L. Niu, X. Chen, W. Sun, et al. Non-equilibrium spontaneous condensation flow in cryogenic turbo-expander based on mean streamline off-design method, Cryogenics, vol. 98, pp. 18-28, Mar. 2019.

［13］ T. Lai, Y. Guo, Q. Zhao, et al. Numerical and experimental studies on stability of cryogenic turbo-expander with protuberant foil gas bearings, Cryogenics, vol. 96, pp. 62-74, Dec. 2018.

［14］ K. Zhou, et al. Comparative analysis of energy losses in hydrogen and helium turbo-expanders for hydrogen liquefiers, Applied Thermal Engineering, vol. 227, p. 120322, Jun. 2023.

［15］ K. Zhou, et al. Efficiency control of the cooling-down process of a cryogenic helium turbo-expander for a 2 t/d hydrogen liquefier, International Journal of Hydrogen Energy, vol. 47, no. 69, pp. 29794-29807, Aug. 2022.

［16］ M. Kumar, R. Biswal, S. K. Behera, et al. Experimental and numerical approach for characterization and performance evaluation of cryogenic turboexpander under rotating condition, International Communications in Heat and Mass Transfer, vol. 136, p. 106185, Jul. 2022.

［17］ Ashish Alex Sam, Rohan Dutta, Derick Abraham, et al. A review on design, operation and applications of cold-compressors in large-scale helium liquefier/refrigerator systems［J］．Cryogenics，132（2023），103700.

［18］ 黄嘉豪，田志鹏，雷励斌，等．氢储运行业现状及发展趋势［J］．新能源进展，2023，11（2）：162-173.

撰稿人：伍继浩　商　晋

第四节　微小型低温制冷技术

相比大型气体分离与液化系统，微小型低温制冷机因其结构紧凑、布置灵活、制冷温度范围宽等优势，被广泛应用于探测器冷却、生物医疗保存、超导电力系统、高能物理系统、小规模气体液化分离、低温电子器件、量子计算等领域，可在 mK-120 K 的宽温区内提供微瓦至千瓦的制冷量，如图 1 所示。其中，1～120 K 的低温制冷技术主要包括回热式（斯特林制冷、G-M 制冷、脉管制冷、热声制冷、V-M 制冷）和间壁式（J-T 制冷、布雷顿制冷），1 K 以下极低温区制冷技术包括吸附制冷、绝热去磁制冷以及稀释制冷，如表1所示。

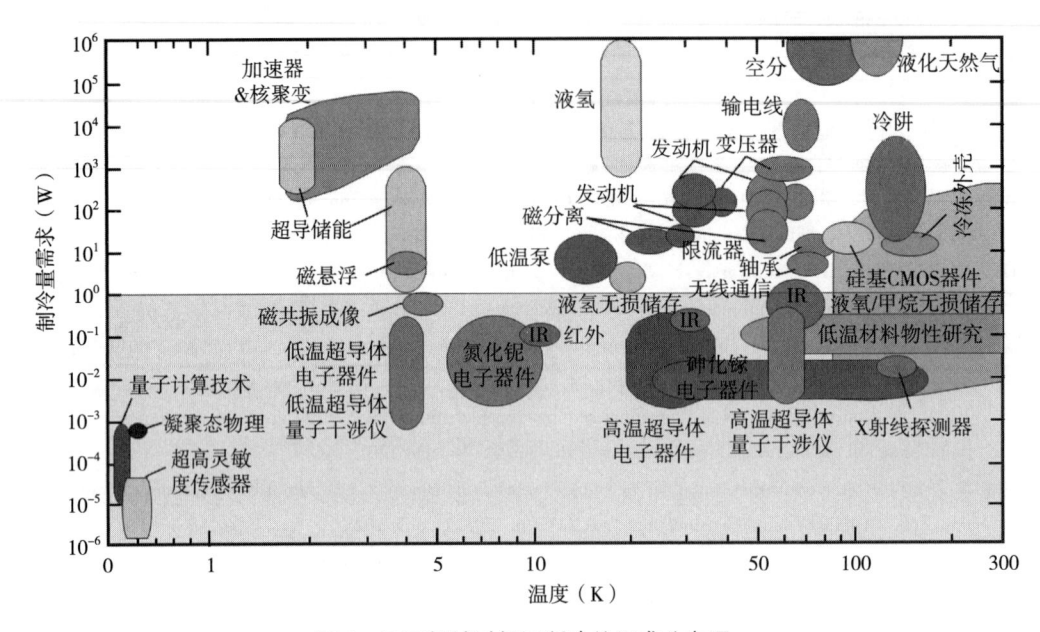

图1　不同领域对低温制冷的需求分布图

表1　常用小型低温制冷机及其应用分类

制冷机类型		主要应用温区	主要应用场合	典型制冷量
回热式	斯特林制冷机	80 K、120 K	红外探测仪、超导系统、小规模气体液化	100 mW ~ 1.5 W@80 K、100 ~ 1000 W
	G-M 制冷机	4.2 K、20 K、80 K	核磁共振仪、低温泵、气体液化	1 ~ 2 W@4.2 K、20 ~ 40 W@20 K、100 ~ 1000 W@80 ~ 120 K
	斯特林型脉管制冷机	10 K、20 K、80 K、120 K	红外探测仪、超导电子冷却、气体液化	10 ~ 100 mW@10 K、0.1 ~ 1 W@20 K、100 ~ 1000 W@80 ~ 120 K
	G-M 脉管制冷机	4.2 K、20 K、80 K	量子计算、低温泵、气体液化	1 ~ 2 W@4.2 K、20 ~ 40 W@20 K、200 mW@80 K
间壁式	JT 制冷机	4.2 K、80 K	红外探测仪	10 ~ 100 mW@4.2 K
<1 K 极低温制冷	吸附制冷	250 mK、800 mK	量子计算、超高灵敏度传感器	30 μW@330 mK，12 小时，非连续
	绝热去磁	50 ~ 100 mK	空间探测	5 μW@50 mK，连续型
	常规稀释制冷机	20 mK、100 mK	量子计算、超高灵敏度传感器	20 μW@20 mK、1 mW@100 mK

一、回热式低温制冷机

以斯特林制冷、G-M制冷、脉管制冷为代表的回热式低温制冷机采用高比表面积、高体积比热容的回热填料实现了交变流循环气体的蓄冷或蓄热，具有传热高效、系统紧凑、制冷温度范围宽等显著优势，是目前应用最广泛的小型低温制冷机类型。

（一）斯特林制冷机

1862年，苏格兰工程师A.Kirk将逆斯特林循环用于制冷，制造了首台斯特林制冷机。随着牛津型板弹簧式线性压缩机的出现，斯特林制冷机在效率、可靠性、轻型化、寿命等方面取得了重大进展。迄今为止，斯特林制冷机被广泛应用于军事航天红外探测系统冷却，地面应用方面，大功率斯特林制冷机也被用于超导系统、小规模气体液化等领域。

根据压缩机不同，斯特林制冷机可分为曲柄连杆驱动的旋转式和直线电机驱动的自由活塞式（线性压缩机）两种。旋转式具有制造成本低，但可靠性差、寿命短的特点，适合军事短期、批量型任务和地面大冷量气体液化场景；自由活塞式则具有设计制造成本高，但可靠性高的优势，适合军事空间长期型任务，以及对振动要求极高的特殊仪器冷却。

1. 微型化

用于红外探测器的微型斯特林制冷机工作温度在77～150 K，重量小于1000 g。高工作温度（high operation temperature HOT）小元器件的发展推动着斯特林制冷机向更小尺寸、更小重量、更低功耗、更低成本的方向发展，以满足单兵、无人机、小行星等移动式探测场景不断发展的性能需求。

国外HOT器件用的微型斯特林制冷机研制以法国Thales、以色列RICOR等公司研制的微型旋转式为代表，还有美国的Sunpower、DRS、Teledyne Judson Technologies、Raytheon以及欧洲的BAE、Hymatic、AIM等公司。RICOR公司2017年报道的K580型旋转集成式制冷机，在71℃环境温度@150 K控温点时的总制冷量为600 mW，重量低于210 g，是当前国外高温探测器组件制冷机性能的典型代表。

国内以中电科十六所、昆明物理研究所、中电科十一所、中科院上海技术物理所、武汉高芯科技（高德红外）、中科力函等为代表。中电科十六所2019年设计的SFZ700小型线性分置式斯特林制冷机，可实现制冷量0.7 W@80 K（制冷效率2.8%）、0.8 W@110 K（制冷效率5.3%），总重量小于400 g，压缩机电声转换效率为75.4%。昆明物理研究所2022年报道的工作于150 K温区的高温中波640×512高温探测器组件，采用C351斯特林制冷机，重量小于270 g。在探测器组件光轴方向长度、体积、重量、稳定功耗等各项指标方面，已与国外同类型高温探测器组件先进水平相当（图2）。

在民用方面，中科力函研制的TC2570（总重265 g）和TC26G0（总重260 g），分别达到 500 mW@77 K，650 mW@160 K 性能，实现微型斯特林制冷机的商业化应用（图3）。中科院上海技物所研制的 WS50090，在 33 W 电功下，性能达到 1.5 W@77 K，且质量小于 850 g，已进行小范围试用，可配套形成红外遥感组件，实现石化工业气体泄漏、森林防火、边海防及环境污染物等监测（表2）。

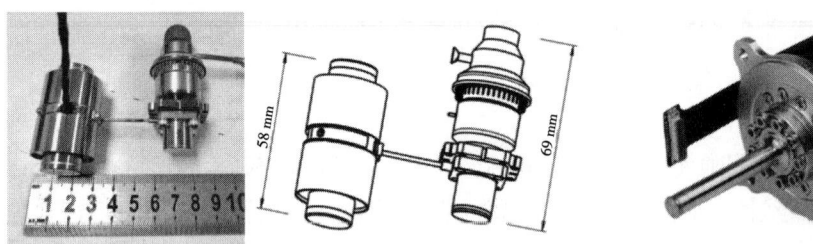

图 2　昆明物理所探测器组件结构图　　图 3　中科力函 TC2570 微型斯特林制冷机

表 2　国内外微型斯特林制冷机性能对比

研发机构	RICOR	中电科十六所	昆明物理研究所	中科力函	中科院上海技术物理所
型号	K580	SFZ700	C351	TC2570	WS50090
重量	210 g	≤ 400 g	<260 g（探测器组件）	265 g	≤ 850 g
制冷性能	600 mW@150 K，71℃	700 mW@80 K，800 mW@110 K，23℃	100 mW@150 K，23℃	500 mW@77 K，38℃	1.5 W@77 K，23℃
平均寿命	16000 h	≥ 20000 h	>10000 h	>20000 h	≥ 20000 h

2. 大冷量

高温超导技术和小规模气体液化的广泛应用迅速带动大冷量低温制冷机发展，斯特林制冷机具有结构紧凑、降温速率快、效率高等优势，且制冷量可覆盖千瓦级，技术成熟、工业应用成本低。1954 年，荷兰菲利浦（Philips）公司研制首台实用型整体式斯特林制冷机用于气体液化。经过半个多世纪发展，大功率斯特林制冷机的技术已逐渐成熟，曲柄连杆式斯特林制冷机已经商业化。近些年为了提高制冷机的 MTTF，线性压缩机驱动的自由活塞式大功率斯特林制冷机也发展起来。

国外以音菲尼亚（Infinia）等公司为代表，1988 年，音菲尼亚公司研发的首台制冷机提供 250 W@77 K 制冷量；2014 年，研制的大冷量自由活塞斯特林制冷机获得 650 W@77 K 制冷性能。

国内研发单位主要有浙江大学、中科院理化所。2015 年，浙江大学研制的曲柄连杆式斯特林制冷机在 77 K 获得了 636 W 的制冷量，相对卡诺效率约为 16.8%。同年，同台斯特林制冷机的制冷能力达到 1 kW@77 K 和 2 kW@110 K。2020 年，浙江大学又报道了一台斯特林制冷机，可在 30 K 提供 110 W 制冷量，相对卡诺效率 10.96%，是目前国内该类型低温制冷机公开报道最高性能。2018 年，中科院理化所研发的自由活塞斯特林制冷机（图 4）达到 350 W@80 K 的制冷性能，相对卡诺效率提升至 26.8%。2020 年，中科院理化所又报道了一台自由活塞斯特林制冷机，获得近 1000 W@-80℃制冷性能（图 5）。

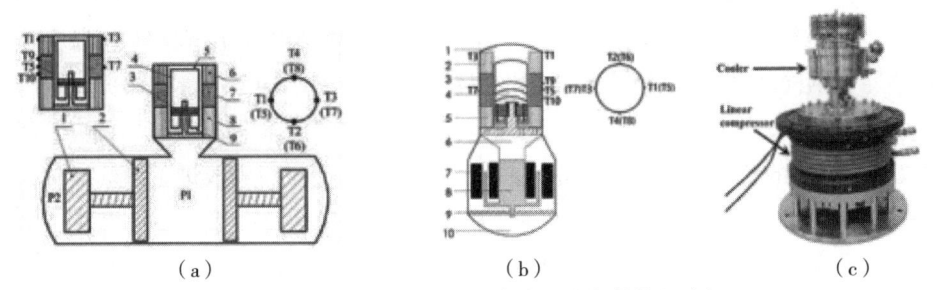

图 4　中科院理化所研制的自由活塞斯特林制冷机

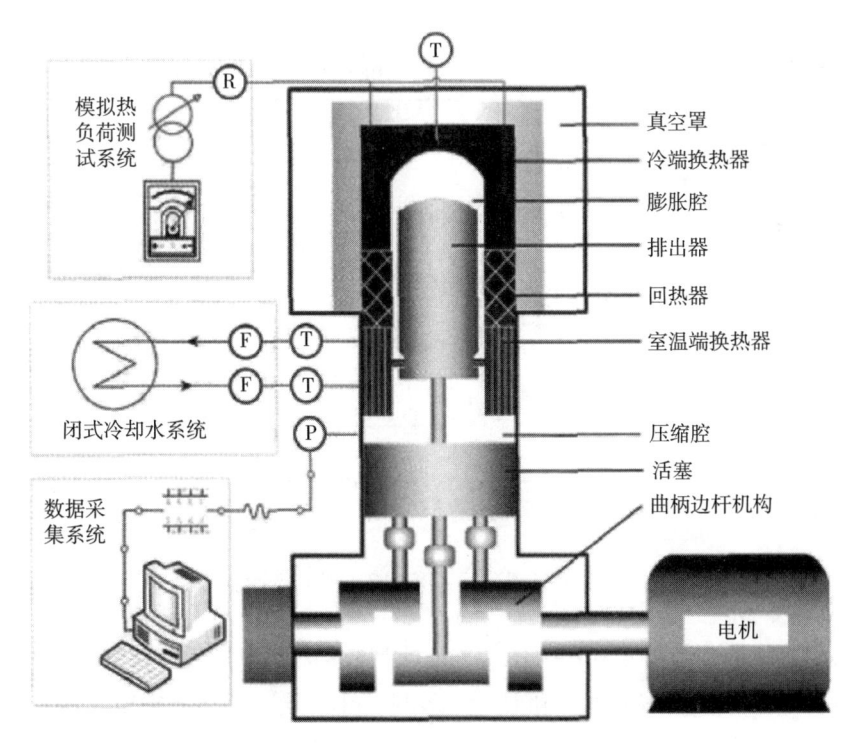

图 5　中科院理化所报道的大冷量斯特林制冷机

（二）G-M 制冷机

相比斯特林制冷机，G-M 制冷机因其在低温下的高冷却性能和商用氦气压缩机的低制造成本，是最早和应用最广泛的商用低温制冷机。目前，国内外主要研发和生产单位为日本住友、ULVAC低温、鹏力超低温、氢合科技、万瑞冷电等。对于单级G-M制冷机，在50 Hz频率供电下，其最低无负荷制冷温度达到11 K，20 K制冷量40 W，77 K制冷量525 W，能够有效满足小型液氢/氮生产、高温超导冷却应用、循环冷却系统应用等需求（图6）。

两级G-M制冷机在低温超导、低温医疗、氦液化器、干式稀释制冷机、4 K恒温器等场景具有广泛应用。日本住友的RDE418D4型号G-M制冷机在一级50 K温度下提供42 W制冷量的同时，在二级4.2 K温度下提供1.8 W的制冷功率，最低无负荷制冷温度小于3.5 K。近日，国内的中船八院鹏力超低温公司依靠气体辅助驱动技术解决了制冷机结构放大所带来的负载扭矩增大问题，并采用了新型蓄冷材料和改进了冷端换热器和进排气阀门结构设计，研发出一款大冷量4 K制冷机KDE440，一级制冷性能 50 W@50 K（50 Hz），二级制冷性能 4.0 W@4.2 K（50 Hz），输入功 11 kW，这是目前市面上制冷量最大的商用4 K G-M制冷机。

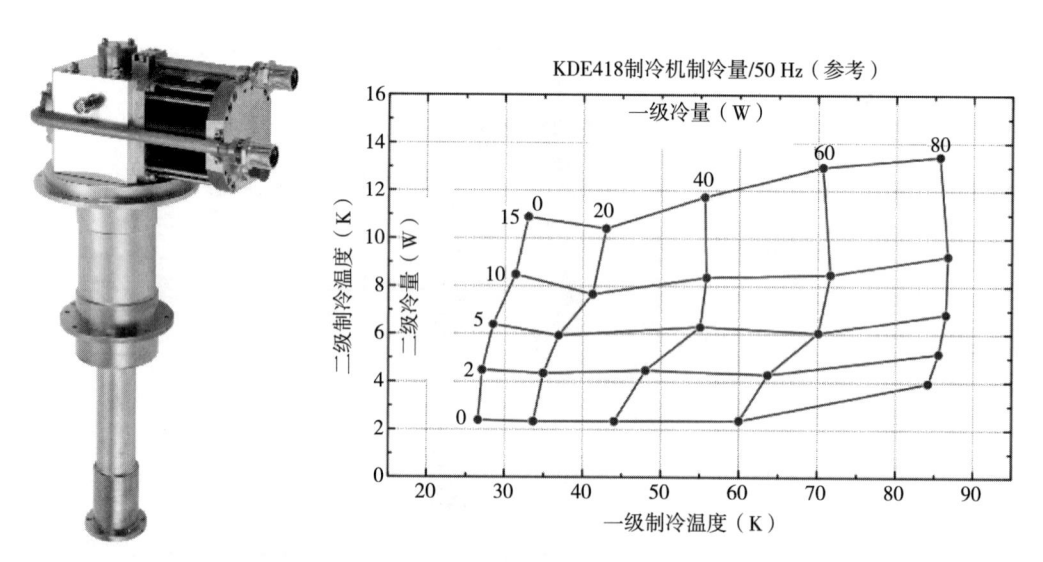

图6 鹏力超低温公司KDE418制冷机及冷负荷图

G-M制冷机的应用包括MRI/NMR系统、小型液化器、半导体工业和其他高真空环境中的低温泵、HTS（高温超导体）和LTS（低温超导体）超导设备、NMR探针、无低温制冷剂冷却磁体和稀释制冷机等。

近年来，随着我国G-M制冷机国产化水平的提高，其被广泛应用于国家高科技前沿领域。在深圳南方电网的全国产化超导电缆用过冷液氮冷却系统项目中，冷箱采用了28台鹏力超低温公司的KDE300SA G-M制冷机来实现过冷液氮维持超导系统性能（图7）。制冷机采用快速插拔结构设计，可以满足在线实时更换，极大提升了系统维护便捷性和运行可靠性。在氦资源领域，采用多台 G-M 制冷机并联方式，可以满足不同液氦量需求的场合，目前国产化 G-M 制冷机多机并联系统可做到 15~200 L/d 的氦液化能力。近年来，我国十大"大国重器"中，量子科学实验卫星、量子雷达、北斗卫星导航系统、FAST 射电望远镜四项先端科技成果均使用了基于 G-M 制冷机的超低温设备，在这些应用中，除了对 G-M 制冷机制冷性能提出要求外，对集成方式、振动和可靠性也有较高要求（图 8）。

图 7　采用 28 台 G-M 制冷机的超导电缆液氮冷却系统（深圳南方电网）

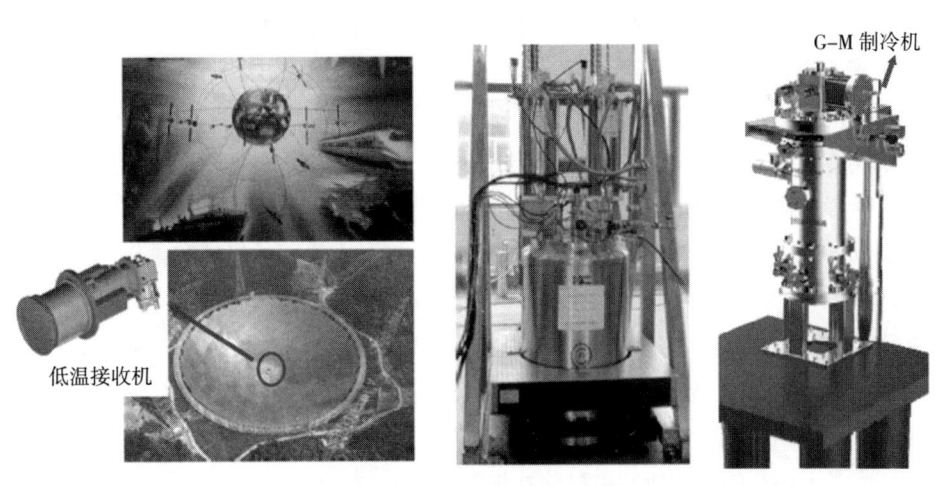

图 8　FAST 射电望远镜馈源舱用冷却系统（鹏力 4 K G-M 制冷机）

（三）脉管制冷机

相比斯特林和 G-M 制冷机，脉管制冷机冷端去除了运动部件排出器，具有质轻、振动小、可靠性高、寿命长等显著优势，被广泛用于空间探测器、超导量子干涉、单光子探测等低温精密电子器件对可靠性和振动要求极高的领域。同样，按照不同的压缩机驱动类型，脉管制冷机可以分为斯特林型、G-M 型、VM 型、热声驱动型，在紧凑性、可靠性和效率方面具有各自的优点。

1. 斯特林型脉管制冷机

采用线性压缩机驱动的斯特林型脉管制冷机，具有紧凑、可靠、长寿命的显著，尤其符合空间探测应用。2018年我国发射的高分五号、海洋一号C卫星均采用了单级斯特林型脉管制冷机在60 K、80 K提供冷量。目前，80 K以上温区的斯特林型脉管制冷机发展较为成熟，已经开始部分替代斯特林制冷机，在我国航天领域实现在轨应用。

在深低温方面，大阵列长波红外探测器、低噪声中红外探测器和高精度超导X射线探测器均需要20 K、4 K温区的脉管制冷机来直接冷却或作为预冷系统。欧美以洛克希德马丁、美国航空航天局（NASA）、法国原子能署、德国吉森为代表，最早进行斯特林型脉管20 K以下的深低温制冷技术应用。2021年12月，NASA发射的詹姆斯·韦伯太空望远镜的中红外仪器（MIRI）采用了ST/JT制冷机来提供低于7 K温度的冷却，其中三级脉管制冷机为J-T级提供约18 K温度的预冷。

我国也开展了大量深低温斯特林型脉管制冷机的研发工作。2013年，浙江大学研制的一台三级斯特林型脉管制冷机，采用He-3、He-4工质分别获得最低无负荷温度4.03 K、4.26 K，在国际上最早采用三级斯特林型脉管达到液氦温度制冷。2019年，中科院理化所一台两级气耦合斯特林型脉管制冷机，在输入电功400 W，29 Hz和2.2 MPa下可达到无负荷最低温度5.7 K，并可在8 K获得80 mW制冷量。同年中科院理化所另一台两级脉管制冷机（多路旁通）无负荷最低温度为4.4 K。2022年，上海技物所研制了一台采用三台压缩机驱动的三级斯特林型脉管制冷机，最低制冷温度为3.96 K，同时相比其他多级斯特林型脉管制冷机，其在5~7 K温区具有最大冷量和效率。2022年，为了满足系外探测对长寿命、质轻、紧凑制冷机的需求，浙江大学联合中电十六所研制了一台由气浮轴承线性压缩机驱动的脉管制冷机，该制冷机整机仅重7 kg，具有显著的尺寸和重量优势，最低制冷温度达到19.19 K，初步满足液氢温区的供冷需求。

在大型化方面，目前普遍认为在液氮温区制冷量大于百瓦就能称为大功率脉管制冷机。在超导、小型气体液化和低温物理仪器冷却等领域，高效可靠的大冷量制冷机是关键。目前相关研究机构主要包括普莱克斯、美国超导、法液空、德国吉森大学、日本住友、浙江大学、中科院理化所和中科院技物所。

2008年，普莱克斯公司在77 K获得了1 kW的制冷量，是斯特林型脉管制冷机首次在液氮温区达到千瓦级制冷量。2013年，浙江大学与德国吉森大学合作研制的斯特林型脉管制冷机，在80 K获得了424 W制冷量。2016年，中科院理化所的胡剑英等设计了一台用于液化天然气储罐零蒸发系统的大功率脉管制冷机，在120 K提供1200 W冷量，相对卡诺效率超过20%。2019年，如图9所示中科院技物所党海政报道了一台580 W@77 K的同轴型脉管制冷机，2020年，其利用一台线性压缩机驱动四台斯特林型脉管制冷机，获得1080 W@77 K的制冷量。2022年，浙江大学研发的大功率斯特林型脉管制冷机在80 K

获得 381.3 W 的制冷量。

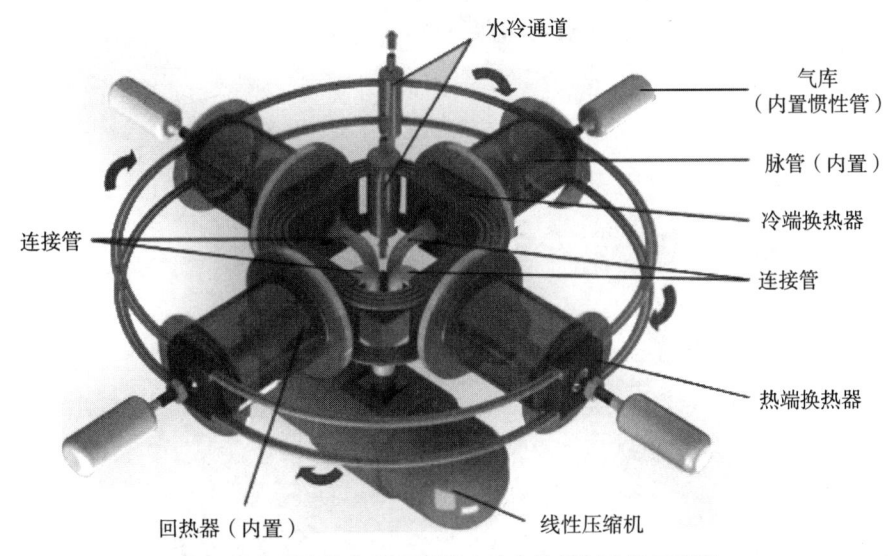

图 9 中科院技物所研制的大功率脉管制冷机示意图

在微型化方面，许多应用基于光电技术，本质上只需要较小的制冷量（通常是 1 W 或更少），但需要较短的冷却时间、较小的质量和极低的振动。相比微型斯特林制冷机，微型脉管制冷机冷端无运动部件，在振动、可靠性和长寿命上具有绝对优势，且具有轻质量和快速降温的特点，适用于紧凑型、长周期空间探测、微小卫星、免维护无人机上的长寿命使用。

国外研发微型脉管制冷机的机构主要有美国国家标准技术研究院（NIST）、诺思罗普·格鲁门空间技术中心（NGAS）、洛克希德·马丁公司（LM）等。如图 10 所示，LM 公司于 2014 年报道的微型斯特林型脉管制冷机，性能达 0.4 W@125 K，总重 328 g，其中压缩机仅重 210 g，最高可输出 25 W 电功，是目前国际上质量最小的脉管制冷机。

国内相关研究单位有中科院理化所、中科院技物所、浙江大学等，技物所 2018 年研制了一台重 1.22 kg 的 120 Hz 微型脉管制冷机，输入电功为 55 W 时，在 80 K 制冷温区可获得 2 W 制冷量，相对卡诺效率达到 9.68%，整机效率较高。如图 11 所示，理化所报道的微型脉管制冷机在输入 35 W 电功情况下，性能达 1.24 W@80 K，重量小于 1 kg，在同等体积重量下性能达到世界先进水平。

2. G-M 型脉管制冷机

G-M 型脉管制冷机与 G-M 制冷机采用同样压缩机和旋转阀，但在冷指部分取消了排出器，虽然牺牲了效率，但是冷端振动大幅降低。10 K 以下 G-M 型脉管制冷机可应用于超导量子干涉仪、超导纳米线单光子探测器、量子扰动超导探测器及低温泵等振动可靠性要求较高的系统中。虽然国内以浙江大学为代表，曾在单级和两级 G-M 型脉管制冷机的

图 10　LM 公司 328 g 脉管制冷机

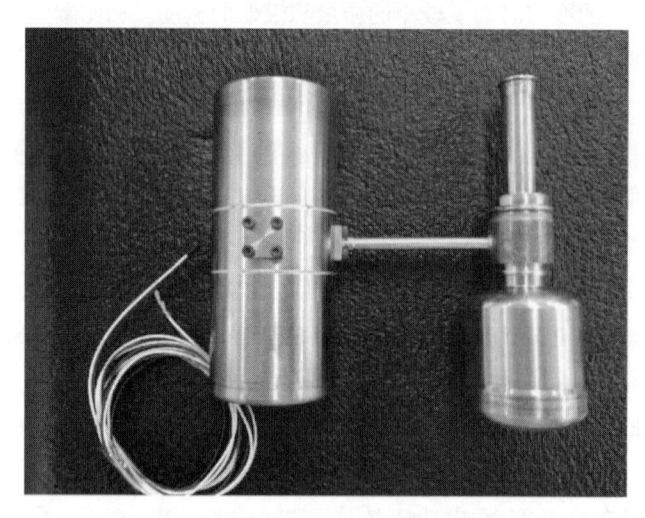

图 11　中科院技物所 1.22 kg 脉管制冷机

研究上取得了领先成果，但目前我国仍未实现 G-M 型脉管制冷机的国产化，主要从美国 Cryomech 和日本住友进口。2023 年 3 月，克拉美科报道的 PT450 两级 G-M 型脉管制冷机，在 50/60Hz 频率下运行，第一级在 45 K 提供 65 W 制冷量，第二级在 4.2 K 提供 5.0 W 的制冷量，是目前国际上在 4 K 温区提供最大冷量的回热式低温制冷机。近年来，由于国外逐步禁运以及国内高端装备发展的驱动下，以鹏力超低温技术公司为代表的低温制冷机企业也开始进行国产 G-M 型脉管制冷机的研发。

另外，低温超导小型电子器件的快速发展要求开发高效的 4 K 低温制冷机，需要克服降低输入功带来的低压比、低质量流量，限制制冷性能的困难，微型 G-M 型脉管制冷机成为首选。国外，2020 年德国吉森大学报道了一台由逆变器驱动氦压缩机运行的小型两级 G-M 型脉管制冷机，在输入电功为 0.9 ~ 2.3 kW 时，4 K 下提供 35 ~ 156 mW 的冷量。日本住友 2022 年报道的 RDK-101D（L）制冷机，最低保证温度 < 2.3 K，在 4.2 K（50/60 Hz）时提供 0.16/0.2 W 冷量，输入功率约为 1 kW，是目前世界上最小的两级 4 K G-M 制冷机，可以应用于桌面量子系统、单光子探测器、光量子系统等。国内，浙江大学 2017 年研发了 1.2 kW 压缩机驱动的两级 G-M 型脉管制冷机，第一级和第二级分别获得 100 mW@9.25 K 和 1 W@69.1 K 的制冷量，通过理论和实验研究，揭示了近 1 kW 低输入功率驱动的两级脉管制冷机中再生损耗的特征，为后续研发更高效的 4 K 制冷机提供支持（图 12）。

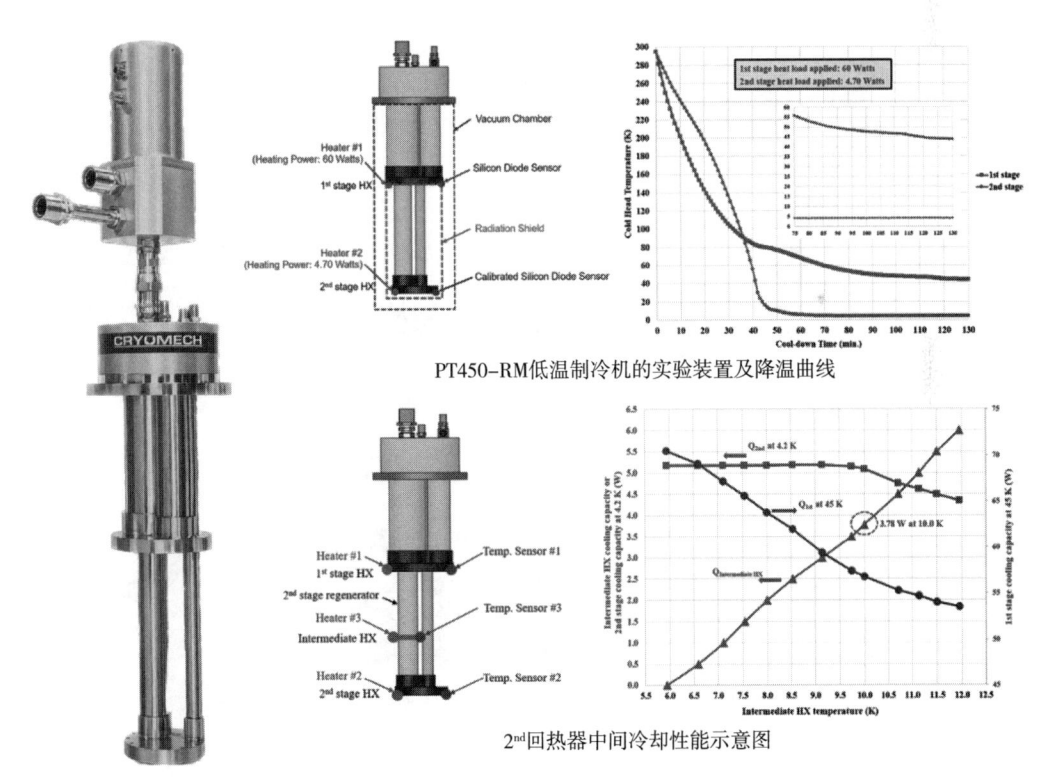

图 12 Cryomech PT450 两级 G-M 脉管制冷机实物图及制冷性能（5 W@4.2 K）

3. 热声驱动型脉管制冷机

热声制冷技术利用热声发动机输出的高强度声波驱动热声制冷机实现制冷，即实现热—声—冷能源转换，最大的优势在于可以通过热驱动实现压力波动，与脉管制冷机结合可以实现完全无运动部件的低温制冷机，同时它也是一种环境友好，热源适应性好的新型绿色制冷技术。热声制冷系统工作温跨大，理论上可实现室温至液氦温区不同制冷需求，在多个领域具有广阔的应用前景。1986 年，第一台真正意义上的热声制冷机问世，该制冷机可达到 193 K 的低温，并产生了约 3 W 的制冷量。我国于 20 世纪 80 年代才启动热声制冷方面的研究，相比于国外开展的时间较晚。从事热声制冷研究的机构有：华中科技大学制冷与低温工程系、南京大学声学所、浙江大学、西安交通大学和中科院理化技术研究所等（图13）。目前热声制冷机已实现液氮、液氢温区制冷。2023 年，如图 14 所示中科院理化所提出了一种采用气液耦合谐振子的新型热声驱动制冷系统，在热声发动机中同时采用气体和液体作为谐振机构，从而有效利用液体谐振子的高质量惯性声感和气体谐振子的高可压缩性声容形成气液耦合振动热声系统，在强化声振荡的同时降低工作频率，理论上可实现液氦温区制冷。

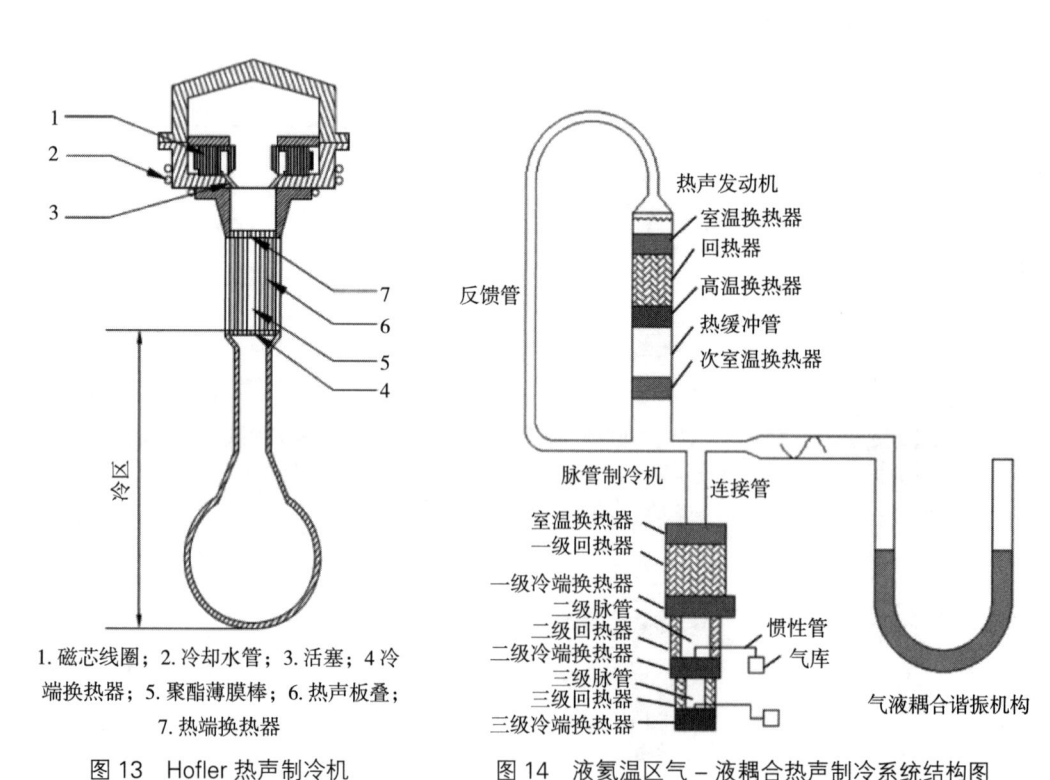

1. 磁芯线圈；2. 冷却水管；3. 活塞；4 冷端换热器；5. 聚酯薄膜棒；6. 热声板叠；7. 热端换热器

图 13　Hofler 热声制冷机

图 14　液氦温区气 – 液耦合热声制冷系统结构图

4. VM 型脉管制冷机

VM 型脉管制冷机结合了低频热压缩机和脉管的优点，是结构紧凑的热驱动自由活塞式脉管制冷机，主要靠工作热源间的温差在系统内产生制冷所需压力波动，相比斯特林型，其可利用热源驱动，相比热声型，其整体结构更紧凑。VM 制冷机通过对系统内部往复运动的排出器设置合适的相位角，可以实现从高温热源和低温热源吸热，向中间热源放热。1918 年，美国 Rudolph Vuilleumier 提出了一种使得封闭容积内热量产生变化的方法和装置，可以用作加热或冷却流体。这种装置就是 VM 制冷机的雏形。我国从事 VM 制冷研究的机构主要为中科院理化所、兰州物理所、浙江大学等。2019 年，中科院理化所研制了一台气耦合脉冲管型的 VM 制冷机，利用 He-4 作为制冷工质，获得了 2.17 K 的无负荷最低温度，达到 He-4 的 lambda 点温度附近（图 15）。

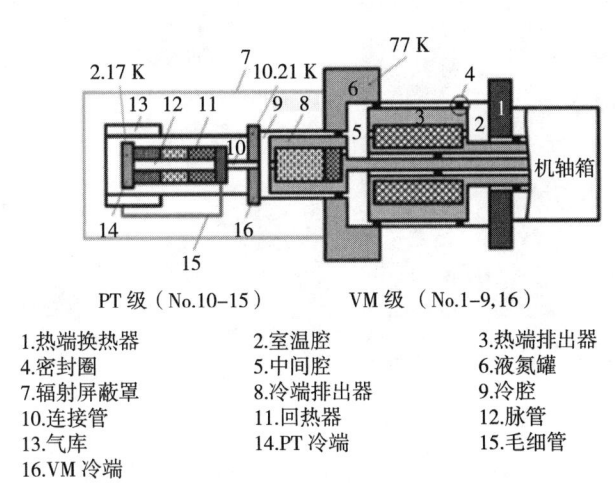

图 15　中科院理化所 VM 脉管制冷机示意图

（四）复合型制冷机

复合型制冷机是将不同类型的两种制冷机进行耦合，使其具备不同制冷机的制冷性能优势和可靠性优势，如更紧凑、更容易高效率制冷、完全无运动部件等。

斯特林/脉管复合型制冷机由斯特林制冷机和脉管制冷机气耦合而成，该结构将斯特林制冷机与脉管制冷机都置于它们各自合适的条件下工作，发挥它们各自的优点，避免它们各自的缺点。同时，复合型制冷机的两级制冷量可以实时重新分配，从而满足两级动态热负荷的需要。因此，复合型制冷机凭借这些优越的热力学特性使其在空间探测器冷却领域具有巨大的应用潜力。美国雷神公司在 1999 年首次提出了斯特林型脉管复合膨胀机的概念，并随后通过持续研究将其发展成了一系列的斯特林/脉管复合型制冷机。至今，雷神公司已经开发了 LT-RSP2、HC-RSP2 和 MC-RSP2 等型号的复合型制冷机，以满足不同的空间探测器冷却需求。2019 年，如图 16 所示，浙江大学针对该复合制冷机开展了热力学特性和优化设计研究，建立了复合制冷机的理论模型，完善了其设计方法并设计了一台实验样机，一级最低无负荷温度为 86.4 K，二级最低无负荷温度为 28.5 K。

实验样机整机　　　　　第二级冷端换热器　　　惯性管

图 16　浙江大学实验样机及主要零件实物图

二、间壁式 J-T 制冷机

J-T 制冷机采用间壁式换热器实现回热预冷过程，利用等焓节流效应实现膨胀制冷，在 4 K 及以下深低温区容易实现较高的制冷效率和制冷量。尤其是预冷型 J-T 制冷机，结合不同的制冷机在不同温区的性能优势，能够达到较高的整机制冷效率，同时可实现冷量的远距离传输，并且冷端无运动部件，能够满足空间应用长寿命、高可靠的要求。下面分别从深低温和微型化方面介绍相关进展。

（一）深低温

采用斯特林或斯特林型脉管制冷机预冷的 J-T 制冷机（ST/JT 制冷机）因简单紧凑、更稳定可靠，已经成为当前空间液氦温区主流制冷技术。2021 年 12 月 25 日发射的詹姆斯·韦伯太空望远镜的中红外仪器（MIRI）采用了 ST/JT 制冷机来提供低于 7 K 温度的冷却，目前正在轨道上正常运行。该制冷机由一个三级脉管制冷机和一个 J-T 级组成，分别采用一台线性压缩机驱动，其中三级脉管制冷机提供约 18 K 温度的预冷。

国内研发单位主要有浙江大学、中科院技物所、理化所。2002 年，哈工大采用克拉美科公司两台单级 G-M 制冷机，研制了 7 W@4.5 K G-M/J-T 制冷机，填补了我国在大冷量预冷型 J-T 制冷机上的空白。如图 17 所示，浙江大学刘东立等对预冷型液氦温区 J-T

制冷机理和整机性能优化展开了深入研究，2019年进行了闭式J-T实验，在4.9 K获得了87.98 mW冷量。中国科学院理化研究所开展了脉管制冷机预冷J-T制冷机的研究工作。2019年，对该制冷机的不同改进分别获得了2.65 K的无负荷制冷温度及在5 K下100 mW的制冷量。中科院技物所刘少帅等对小型J-T制冷机预冷温度、压力等特性进行了研究。2020年，其研制的单级线性压缩机驱动的两级预冷闭式节流系统获得3.91 K最低温度，可以在4.09 K提供10.80 mW的制冷量。

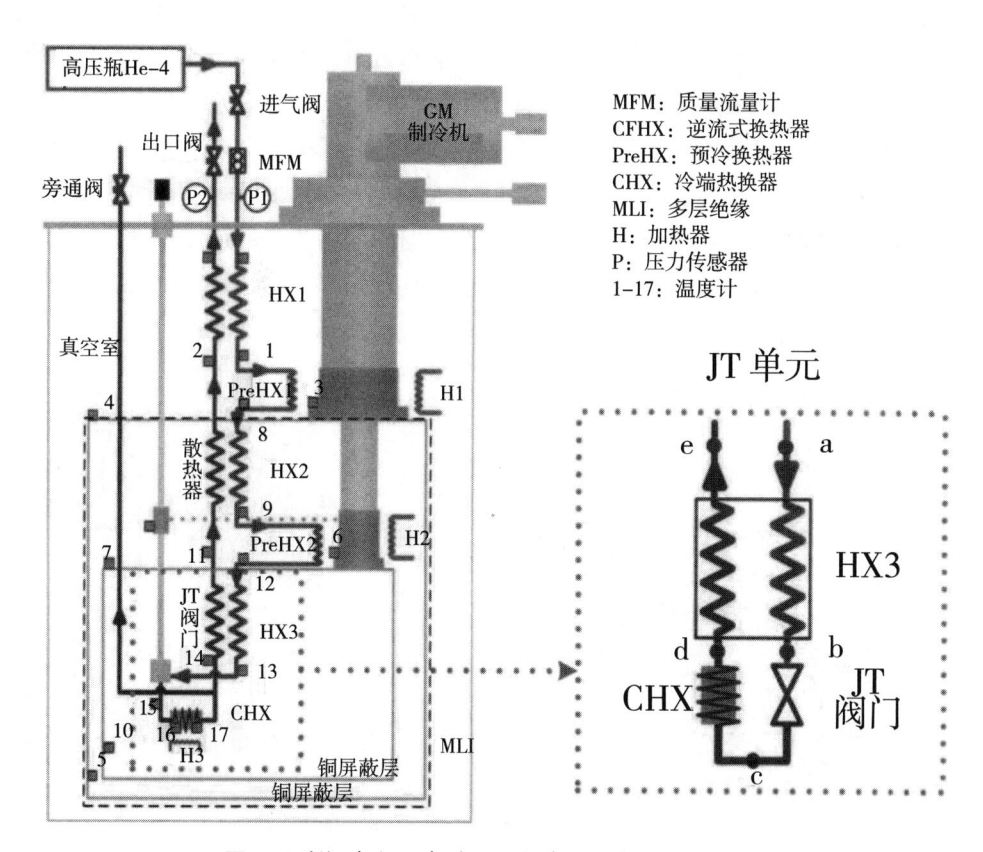

图17 浙江大学预冷型J-T制冷机开式循环实验装置

（二）微型化

由于采用恒定流量的直流工质且冷端没有运动部件，JT制冷机可在一个稳定的制冷温度下提供制冷量，同时实现远距离分布式制冷，有效隔绝驱动装置带来的振动和电磁干扰，是微型化最成功的低温制冷机之一。国外研发单位主要为斯坦福大学、特温特大学、NIST、威斯康星大学等。1984年，斯坦福大学Little等人利用基于光刻技术的微加工技术制造了第一台微型J-T制冷机，并成功地将二氧化碳和乙烯作为工质而工作。1991

年,再次研制了两级 70 K 快速冷却微型 J-T 制冷机,室温冷却速度达到 14 秒。荷兰特温特大学基于三片玻璃晶片开发了一种尺寸为 20.4 mm × 85.8 mm × 0.72 mm 的两级微型 J-T 制冷机,氮气和氢气分别作为一级和二级制冷工质,一级和二级制冷性能 50 mW@97 K 和 20 mW@28 K。

2015 年,如图 18 所示,中科院理化所研制了一种由小型油润滑压缩机驱动的闭式微型混合工质 J-T 制冷机,采用线电极切割法加工微型板翅式换热器,获得了 110 K 的无负荷最低温度。2022 年,清华大学曹海山研究了一种基于多元混合工质的微型闭式节流制冷系统,可在 0.10 ~ 1.77 MPa 和 0.14 ~ 1.90 MPa 压力条件下均可实现 165 K 的制冷温度,在 0.36 ~ 1.73 MPa 和 0.18 ~ 1.36 MPa 压力下运行均可实现 198 K 的制冷温度。2023 年,西湖大学刘东立研制了一种无振动微机械 J-T 制冷机,采用氮气作制冷工质,尺寸为 60 mm × 9.5 mm × 1.3 mm,在高压为 11.1 MPa、低压为 0.24 MPa 的条件下,该制冷机可在 30 min 内从室温的 295 K 降至 88.5 K,并在 153 K 提供 146.9 mW 的最大冷量,发现由于制冷温度影响节流的质量流量,制冷功率随着制冷温度增加先增加后减小,为 J-T 制冷机的设计提供了理论指导。

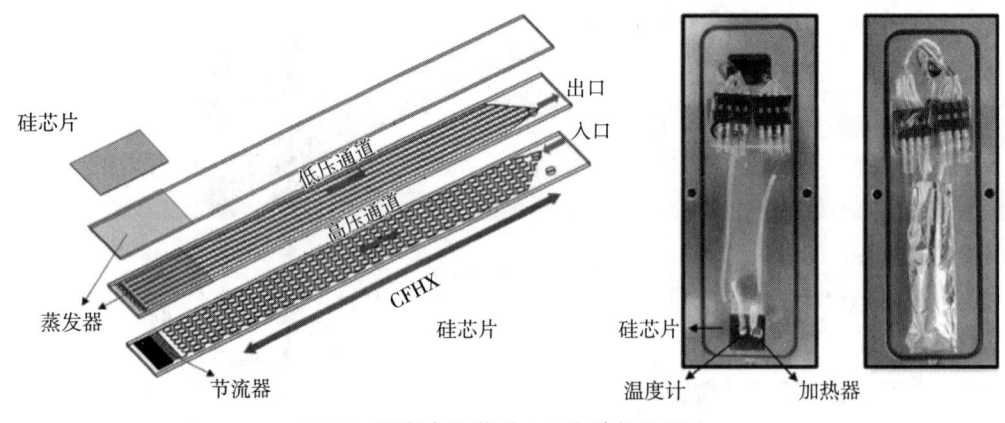

图 18 西湖大学微型 J-T 制冷机及照片

三、极低温制冷技术

极低温制冷技术通常是指获取低于 1 K 温度并提供一定冷量的制冷技术,它可以提供极端物理环境,为研究特殊的物理效应以及量子计算等方面提供重要的支撑;同时在极低温下,材料的热容急剧减小,热噪声大幅下降,可以实现超高灵敏度和信噪比的传感器用于空间探测和其他科学研究。

目前获得 1 K 以下的主流极低温制冷技术包括吸附制冷(Adsorption Refrigerator,

AR）、稀释制冷机（Dilution Refrigerator，DR）和绝热去磁制冷（Adiabatic Demagnetization Refrigerator，ADR）。吸附制冷受限于工质的饱和蒸汽压，即便通过多级布置也只能实现 250 mK 左右的低温，而稀释制冷机和绝热去磁制冷机可以达到 1~2 mK。这些低温系统的主要架构发展得已较为成熟并实现了商业化。

（一）吸附制冷技术

吸附制冷机结构简单，本质上的制冷原理是减压蒸发冷却。极低温下吸附制冷的工作对通常是活性炭和氦气，典型工作过程可以大致描述如下：吸附床加热脱附氦气，氦气在 4 K 温区的热沉上释放热量并冷凝；随后吸附床取消加热并冷却吸附，形成低压环境，4 K 温区的液体减压蒸发从而降到 1 K 以下，最低温受对应的饱和蒸汽压限制，使用 He-4 或 He-3 最低温极限大致为 800 mK 和 250 mK。实际过程中 He-3 需要降至 3.3 K 临界温度以下才能液化，这通常通过多级吸附系统中 He-4 高温级来提供。

吸附制冷机的研究主要集中在法国的 CEA（法国原子能和替代能源委员会）和英国的 CRC 公司（Chase Research Cryogenics LTD.）等，近年来国内中科院理化所也开展了相关研究。目前氦吸附制冷机向着多级结构、连续式结构发展，并为更低温区其他制冷技术提供预冷。

典型的多级吸附制冷机采用两级结构，利用 He-4 级为 He-3 级提供约 1 K 的冷凝温度，为了进一步降低最低温可以使用三级结构。2018 年，CEA 的 L.Duband 等人设计了三级（He-4 /He-3 /He-3）吸附制冷系统。三级子系统具备的制冷量分别为：第一级 He-4 吸附制冷机 230 μW @ 1.13 K、第二级 He-3 吸附制冷机 70 μW @ 317 mK、第三级 He-3 吸附制冷机 2 μW @ 227 mK，系统的工作时间大于 48 小时。

本质上吸附制冷机是非连续的，为了提高比功率以及满足预冷特殊形式稀释制冷机的需求，发展可以连续工作的吸附制冷机是近年来趋势之一，这可以通过两台系统并联并交替工作的方式来实现。2016 年，G.M.Klemencic 等人报道了一台可以在 300 mK 连续运行的吸附制冷机，如图 19 所示。系统中采用两套相同的两级吸附制冷子系统交替工作，并在最冷端增设了一个 He-3 液池。该系统最低可以达到 246 mK，在 365 mK 的温度下能够连续提供 20 μW 的冷量，2022 年作为微型稀释制冷机的预冷级应用于 MUSCAT 毫米波望远镜。国内中科院理化所 2022 年报道了一台带有气体间隙热开关的单级吸附式制冷机，用 G-M 制冷机提供 3 K 预冷，制冷机最低温度达到 834 mK。

（二）稀释制冷技术

稀释制冷（DR）利用 He-3 原子在极低温下从浓相流入稀相时熵增实现 mK 温区连续制冷，通过常规稀释制冷可达到的最低温度为 1.75 mK。根据 He-3 循环方式的不同可以分为利用外部机械泵循环的常规稀释制冷机和一些特殊形式的稀释制冷机。

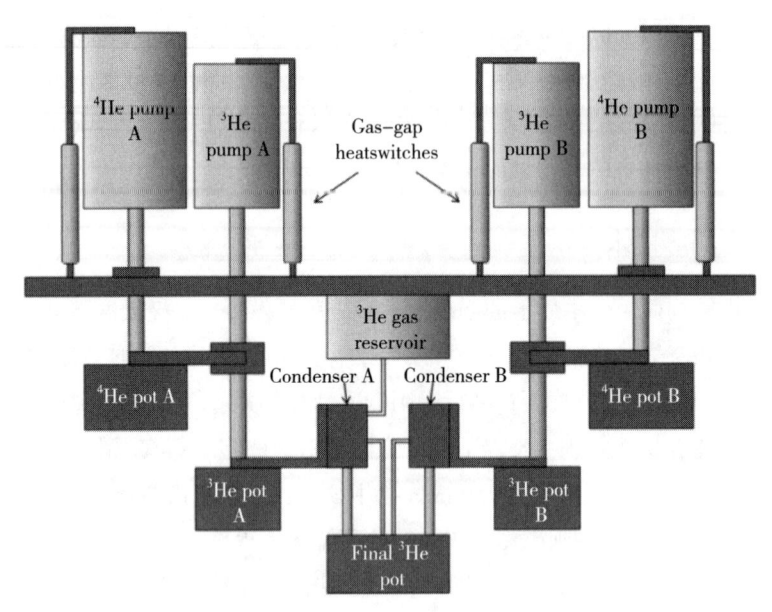

图 19　连续式吸附制冷机结构示意图

1. 常规稀释制冷机

历史上稀释制冷机进展的最主要两大推动力分别为烧结金属粉末换热器和 4 K 温区机械式制冷机的出现。图 20 显示了稀释制冷机的最低制冷温度的演化历史。经过长期的发展，其商业化已经相当成熟，追求最低温极限的意义不大，而更主要的是发展大冷量和针对应用定制的稀释制冷机。

大冷量稀释制冷机的需求主要受采用超导量子比特的量子计算技术发展的推动。目前商业公司包括 Bluefors、Oxford Instruments 和 Leiden 的产品大多在 20 mK 温区提供 10～30 μW 的冷量，随着量子比特数目的增加需要更大冷量的稀释制冷机提供低温环境。2021 年美国 IBM 公司开始"Goldeneye"项目，即为量子计算机制造一台大型稀释制冷机，通过内部并联多个稀释制冷机实现大冷量，其最多可容纳 6 个独立稀释单元，100 mK 时制冷功率接近 10 mW。2022 年 9 月该系统成功运行并获得了 25 mK。2022 年，美国能源部费米国家加速器实验室提出"Colossus"项目，采用一台百瓦级的 He-4 液化器为稀释制冷机提供预冷，建成后其将成为迄今为止 mK 温度下最大的稀释制冷机，是标准商业稀释制冷机在相同温度下冷却能力的 10 倍。应当指出，目前商用稀释制冷机中通常使用的液氦温区制冷机功耗占整个系统的大部分，而其效率比大型氦液化器低一个量级，采用后者可以大幅降低功耗（图 21）。

近几年随着对国产化高端设备的重视以及前沿研究领域对极低温需求的推动，国内稀释制冷机的研究逐渐开始，包括中国科学院物理研究所、中船鹏力超低温公司、安徽大学和中国电科第十六研究所等，目前研制的常规稀释制冷机最低温已经突破 10 mK。各家单位也逐步开始产业化工作，鹏力超低温公司研发的 KDDR-1-400 国产稀释制冷系统，能够提供 < 20 mK 的低温环境以及 > 400 μW@100 mK 的制冷量，但均未实现在 20 mK 提供应用所需制冷量。中国电科第十六研究所研制的 XS400 型稀释制冷机最低温度可达 7.9 mK，在 20 mK 的最大制冷量 14 μW。

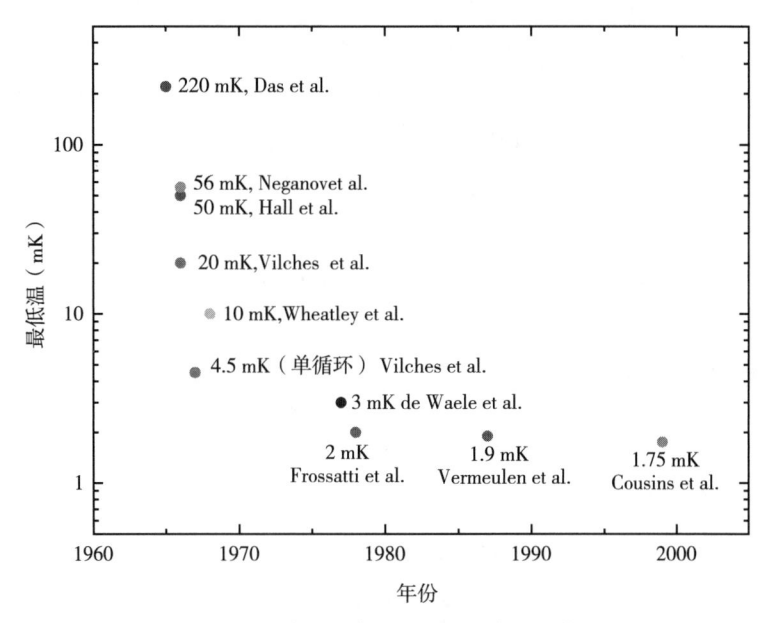

图 20 稀释制冷机最低温的发展历史

图 21 典型干式稀释制冷机商业产品（莱顿低温）

2. 非常规稀释制冷机

常规的稀释制冷机需要复杂的外部气体循环系统，同时会产生机械振动和噪声，需要抑制或隔离。对一些不需要大冷量或极低温度的应用场景，低温循环稀释制冷机提供了另一个选择，这里面包括吸附泵型稀释制冷机和冷凝泵型稀释制冷机。

吸附泵型稀释制冷机的 He-3 循环由一对低温吸附泵驱动，两者交替运行同时产生低压和高压，取代了常规的气体循环系统，这一架构实现于 1984 年，牛津仪器甚至推出过大冷量的产品，但近些年的研究较少，针对使用吸附制冷机提供预冷的冷凝泵型稀释制冷机（CDR）的研究较多。CDR 最低温度达到过 12.1 mK。2019 年，S. Azzoni 等人针对 Simons 望远镜探测器晶圆的测试需要，提出了一种使用 He-3-He-4 双级吸附制冷机提供预冷的 CDR，100 mK 时可提供 5~10 μW 的制冷功率，持续工作 8 小时以上。

2019 年 S. T. Chase 等采用连续吸附制冷机系统对冷循环 DR 进行预冷，DR 组件内的 He-3 含量仅为 2 升（STP）。当 DR 垂直布置时，最低温为 80 mK，94 mK 时的制冷功率为 3 μW。2023 年，中国科学院理化技术研究所苴红叶等人建立了冷凝泵型稀释制冷机的综合理论模型和计算模型，并搭建了一台冷凝泵型稀释制冷机，最低温 84.4 mK。

针对空间应用的无重力稀释制冷机也是一个重要领域，但近十年进展缓慢。普朗克卫星成功使用了开式循环稀释制冷机，此后对闭式循环虽有研究，但尚未成功。此外，缺乏直接测量稀释制冷机内部流体状态的手段一定程度上限制了稀释制冷技术的发展，最近一项有意思的工作是 Lawson 等人将中子成像应用于稀释制冷过程的研究。

（三）绝热去磁制冷技术

绝热去磁制冷机（ADR）利用材料的磁热效应工作，磁场变化引起磁热材料的温度变化，实现制冷效应。在 20 世纪 60 年代之前是唯一能达到 mK 级温度的手段，当能连续制冷的稀释制冷机出现之后发展几乎停顿。然而稀释制冷依赖极度稀缺的 He-3，随着空间探测的发展，ADR 这种不依赖重力、十分适合空间应用的极低温制冷技术再次受到重视。并且随着连续型绝热去磁制冷机 cADR（continuous ADR）的提出，其非连续制冷的缺点也被克服。近年来的研究主要集中在实现 50~100 mK 温区的多级以及连续型 ADR 系统的扩展。国际上主要研究单位包括 NASA、欧洲航天局 ESA（European Space Agency）、法国原子能委员会 CEA（Commissariat à l'Énergie Atomique）等。

2020 年法国的 Jean-Marc Duval 等人介绍了 LiteBIRD 卫星中所用的多级 ADR。该系统采用了 7 级 ADR 可同时提供 1.75 K、300 mK、100 mK 的连续制冷，它由两部分组成，一部分是由 NASA 提供的 3 级并联 cADR，如图 22 所示；另一部分是由 CEA 提供的 4 级串联 cADR，如图 23 所示。在 NASA 提供的三级并联 cADR 中，三个 ADR 交替进行工作，提供 2 mW@1.7 K 的连续冷量。在 CEA 提供的 4 级串联 cADR 中，前两级组成一个产生 45 μW@300 mK 的 cADR，后两级组成一个产生 2.2 μW@100mK 的 cADR，其释放的热量由前述 3 级并联 cADR 带走。

国内也有一些单位对绝热去磁制冷机了进行深入的研究，中国科学院理化技术研究所和清华大学团队均取得了一些进展，典型的结果包括中科院理化所在 2022 年通过三级 ADR 达到 40 mK 以下，并且将温度波动控制在 μK 级别；连续恒温运行的架构也取得了

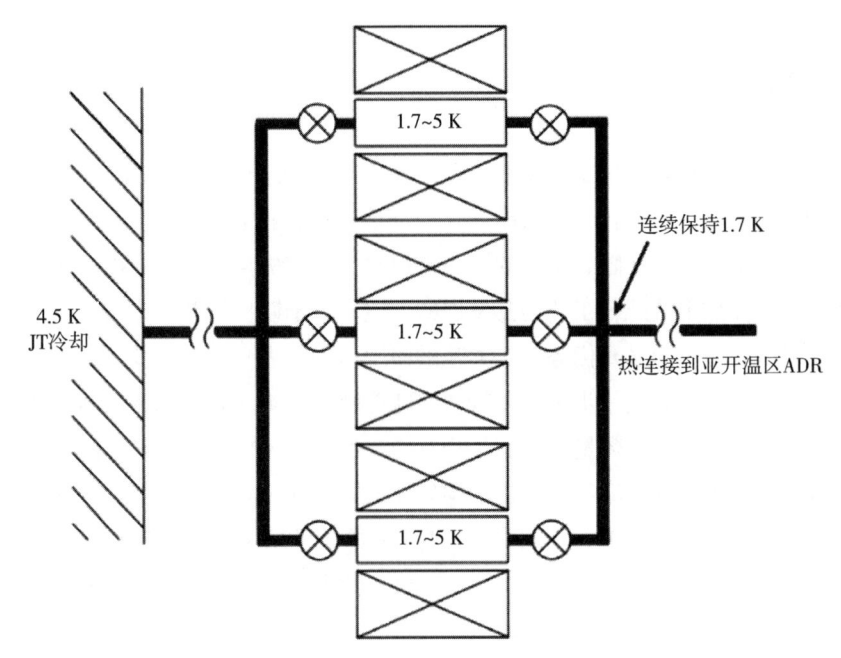

图 22　LiteBIRD 中由 NASA 提供的 3 级并联 cADR

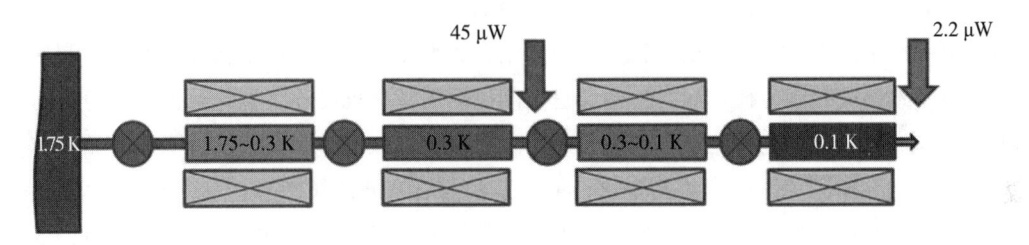

图 23　LiteBIRD 中由 CEA 提供的 4 级串联 cADR

一定进展。

绝热核去磁制冷技术与顺磁盐绝热去磁原理类似，只是它利用核自旋磁矩而不是电子自旋磁矩进行制冷，通常使用稀释制冷机作为前级预冷，温度达到 μK 温区。核自旋磁矩远小于电子磁矩，常用工质为铜和 PrNi5，20 世纪达到 μK 温区。国内北京大学和中科院物理所对绝热核去磁制冷技术进行了研究，2021 年林熙等人报道了无须液氦池可以获得低于 100 μK 的系统。近期相关工作主要围绕小型化系统。2022 年英国伦敦大学的 J. Nyéki 等人报道了一台以 PrNi5 为主要制冷剂的核去磁制冷机，可实现 395 μK 以下的制冷温度。

四、展望

回热式低温制冷机未来仍是军事航天和地面 4~120 K 温区应用的主流低温制冷技术。面对不同的应用需求，微型化、深低温、大冷量是其发展的主要方向。为提高微型制冷机制冷效率、降低重量，高孔隙、质轻的回热器填料、压缩机与冷指声阻抗高匹配度，以及压缩机轻型材料和加工装配等工艺是其发展的关键。对于斯特林型制冷机，气浮轴承线性压缩机具有紧凑、质轻的显著优势，在大范围使用上仍需进一步提高其技术成熟度。为满足航天应用需求，未来需进一步提高斯特林型脉管制冷机 4~20 K 深低温制冷效率、降低整机重量、减少多级压缩机数量。为满足日益增多的大型超导磁体、气体液化等大冷量需求，制冷机面临着内部气体流动和换热不均匀性加剧，优化规律不同于小冷量制冷机等问题，需要专门研究。此外，航天用闭式 4 K J-T 制冷机，采用改进的带阀线性压缩机实现高低压进排气是提高其可靠性的关键，然而高低压比大、阀门损失大等问题也导致其整机制冷效率较低，未来需要进一步研究。

作为极低温技术的三种主流技术：吸附制冷机的较新进展主要体现在与其他极低温技术的配合，包括为 ADR 或 CDR 预冷；对于稀释制冷机来说，随着量子计算规模的扩大，对于更大冷量的需求较为迫切，新方向包括结合大型氦液化制冷技术构建高效稀释制冷系统；对于绝热去磁制冷技术而言，主要是空间探测需求在推动连续型绝热去磁制冷机的发展，此外商业化公司也开始推出连续型产品。在极低温领域，国内目前使用的产品基本来自国外。近几年因为国际形势的变化，加上某些前沿领域比较敏感，国内开始自主研发，应当在有限的资源下把握重点，提升和推动相关技术发展并能够到国际市场上竞争，从而在高端仪器设备领域占有自己的一席之地。

参考文献

［1］ Levin E, Katz A, Haim Z B, et al. RICOR Cryocoolers for HOT IR detectors from development to optimization for industrialized production［C］//Tri-Technology Device Refrigeration（TTDR）II. SPIE, 2017, 10180: 27-47.
［2］ 赵文丽，李昊岚，孙皓，等. HOT 器件用旋转式斯特林制冷机研究进展［J］. 红外技术，2023，45（02）：195-201.
［3］ 陈军，习中立，秦强，等. 昆明物理研究所高温红外探测器组件进展［J/OL］. 红外与激光工程：1-10 ［2023-04-09］. http://kns.cnki.net/kcms/detail/12.1261.TN.20220929.1540.012.html.
［4］ 余文辉. -80℃大冷量斯特林制冷机的损失机理研究［D］. 上海海洋大学，2022.
［5］ Li X, Dai W, Zhang W, et al. A high-efficiency free-piston Stirling cooler with 350 W cooling capacity at 80 K

[J]. Energy Procedia, 2019, 158: 4416-4422.

[6] Luo K Q, Sun Y L, Jiang Z J, et al. A Free-Piston Stirling Cooling Prototype for Ultra-Low Temperature Freezing [C]//Cryocoolers 21.Boulder, Colorado: ICC Press, 2021: 215-220.

[7] 徐雅, 蔡亚超, 沈愫, 等. 液氮温区大冷量斯特林制冷机优化研究[J]. 工程热物理学报, 2015, 36 (10): 2083-2086. 乔鑫等, 30 K 温区百瓦级二级斯特林制冷机[J]. 科学通报, 2020, 65 (10).

[8] Zhi X, PfoteNHauer J M, Miller F, et al. Numerical study on the working performance of a GM cryocooler with a mechanically driven displacer[J]. International Journal of Heat and Mass Transfer, 2017, 115: 611-618.

[9] Atrey M D. Cryocooler Technology: The Path to Invisible and Reliable Cryogenics[J]. Cryocoolers: Theory and Applications, 2020: 1-46.

[10] Vikas R, Kasthurirengan S. Recent Advances in Gifford-McMahon Cryocoolers[C]//Journal of Physics: Conference Series. IOP Publishing, 2020, 1473 (1): 012052.

[11] Mikulin E I, Tarasov A A, Shkrebyonock M P. Low-Temperature Expansion Pulse Tubes[C]. Advances in Cryogenic Engineering. 1984, 29: 629-637.

[12] Zhi Xiaoqin, Han Lei, Dietrich M, et al. A three-stage Stirling pulse tube cryocooler reached 4.26K with He-4 working fluid[J]. Cryogenics, 2013, 58: 93-96.

[13] 温丰硕. 5~7 K 温区热耦合三级斯特林型脉管制冷机关键技术及优化研究[D]. 中国科学院大学（中国科学院上海技术物理研究所）, 2022.DOI:10.27581/d.cnki.gksjw.2022.000004.

[14] 林锦城. 液氮温区大功率脉管制冷机脉管和回热器优化研究[D]. 浙江大学, 2022.

[15] G, Swift. Development of a thermoacoustic natural gas liquefier[Z]. 1997.

[16] 孙久策. 液氮温区大功率斯特林型脉管制冷机回热器温度不均匀性及性能优化研究[D]. 浙江大学, 2013.

[17] Dang H, Li J, Zha R, et al. A single-stage Stirling-type pulse tube cryocooler achieving 1080 W at 77 K with four cold fingers driven by one linear compressor[J]. Cryogenics. 2020, 106: 103045.

[18] 欧阳洋. 超高频脉冲管制冷机中线性压缩机与负载的耦合特性研究[D]. 中国科学院大学, 2018.

[19] 余慧勤. 百赫兹微型脉管制冷机理论与实验研究[D]. 中国科学院大学（中国科学院上海技术物理研究所）, 2018.

[20] Lei T, Dunn S, Gronemeyer B, et al. SHI's Two-Stage 4 K GM Cryocoolers: Enriching Emerging Technologies through Leading-Edge Advancements[J]. 2022.

[21] 徐静远, 罗二仓. 热驱动热声制冷技术发展现状与展望[J]. 制冷学报, 2022, 43 (4): 12-25.

[22] Yang B, Gao Z, Xi X, et al. The state of the art: lightweight cryocoolers working in the liquid-helium temperature range[J]. Journal of Low Temperature Physics, 2022, 206 (5-6): 321-359.

[23] 郭永祥. 斯特林/脉管复合型制冷机的热力学特性与实验验证[D]. 浙江大学, 2019.

[24] 迟佳欣, 徐静远, 陈六彪, 等. 新型液氦温区热声驱动制冷系统研究[J]. 工程热物理学报, 2023, 44 (04): 886-893.

[25] 王珏, 潘长钊, 张通, 等. 低温 VM 制冷机实验研究进展[J]. 低温与超导, 2018, 46 (1): 1-6.

[26] 刘东立, 刘霄, 仇旻, 等. 微型 JT 制冷机降温实验[J]. 低温工程, 2020, No.235 (3): 1-4.

[27] Garvey S, Logan S, Rowe R, et al. Little, Performance characteristics of a low-flow rate 25 mW, LN2 Joule-Thomson refrigerator fabricated by photolithographic means, Appl. Phys. Lett. 42, 1048 (1983).

[28] Qi L, Liu D, Liu X, et al. Cooling characteristics of a nitrogen micromachined Joule-Thomson cooler operating from 88.5 K to 295 K[J]. Applied Thermal Engineering, 2023: 120361.

[29] 刘昊东. 混合工质一次节流制冷循环工质配比优化及试验研究[D]. 天津商业大学, 2019.

[30] Xi X T, Yang B, Gao Z Z, et al. Study on the Coupling Characteristics of Sub-Kelvin Sorption Cooler and 4 K Stirling-type Pulse Tube Cryocooler with Small Cooling Capacity[J]. Journal of Low Temperature Physics, 2023,

210（1-2）：376-392.
[31] BRIEN T L R, DOYLE S, HUGHES D H, et al. The Mexico UK Sub-mm Camera for Astronomy（MUSCAT）on-sky commissioning：performance of the cryogenic systems；proceedings of the Astronomical Telescopes+Instrumentation, F, 2022［C］.
[32] COUSINS D J, FISHER S N, GUÉNAULT A M, et al. An Advanced Dilution Refrigerator Designed for the New Lancaster Microkelvin Facility［J］. Journal of Low Temperature Physics, 1999, 114（5）：547-570.
[33] QUANTUMCHINA. 2023 量子计算产业发展展望［Z］. QUANTUMCHINA.
[34] UHLIG K. Dry dilution refrigerator with pulse tube shutoff option［J］. Cryogenics, 2023, 130.
[35] MIKHEEV V A, MAIDANOV V A, MIKHIN N P. Compact dilution refrigerator with a cryogenic circulation cycle of He3［J］. Cryogenics, 1984, 24（4）：190.
[36] ZU H, CHENG W, WANG Y, et al. Numerical investigation of a condensation-driven dilution refrigerator［J］. International Journal of Refrigeration, 2023.
[37] LAWSON C R, JONES A T, KOCKELMANN W, et al. Neutron imaging of an operational dilution refrigerator［J］. Scientific Reports, 2022, 12（1）.
[38] TAKIMOTO S, TODA R, MURAKAWA S, et al. Construction of Continuous Magnetic Cooling Apparatus with Zinc-Soldered PrNi5 Nuclear Stages［J］. Journal of Low Temperature Physics, 2022, 208（5）：492-500.

撰稿人：邱利民　植晓琴　戴　巍

第五节　低温冷冻治疗及保存技术

一、低温生命科学的现状

低温生物医学是一门涉及工程学、生物学、医学等多领域交叉的前沿学科，旨在通过研究低温以及一系列的物理、化学、生物效应，探寻低温下生物体内物质与能量传输的相互规律，并将相关的低温材料与技术推广到医学实践。低温治疗和低温保存是低温生物医学两个重要的研究方向，经过长期的科研探索和临床发展，低温生物医学已在诸如肿瘤治疗、辅助生殖、再生医学和组织工程等方面实现了广泛应用，为肿瘤的绿色化治疗和生物样本的长期保存提供了重要的技术支撑。

二、低温冷冻治疗技术进展

低温治疗是肿瘤物理微创疗法，通过气体节流制冷、相变制冷或半导体制冷等方式，在医学影像的指导下将冷冻探针以微创的方式直接插入肿瘤内部，借助低温介质在刀头的冷量释放实现可控的升降温过程以达到将肿瘤等恶性组织置于极端低温从而实现杀伤的目的。低温治疗与传统的外科手术和放化疗相比，是一种临床应用广泛的"绿色疗法"，具有明显的无毒微创、破坏力强、便于影像追踪的优势，并且能够与多种手段（如化疗、电和热疗）联合使用实现治疗过程的优势互补（图1）。

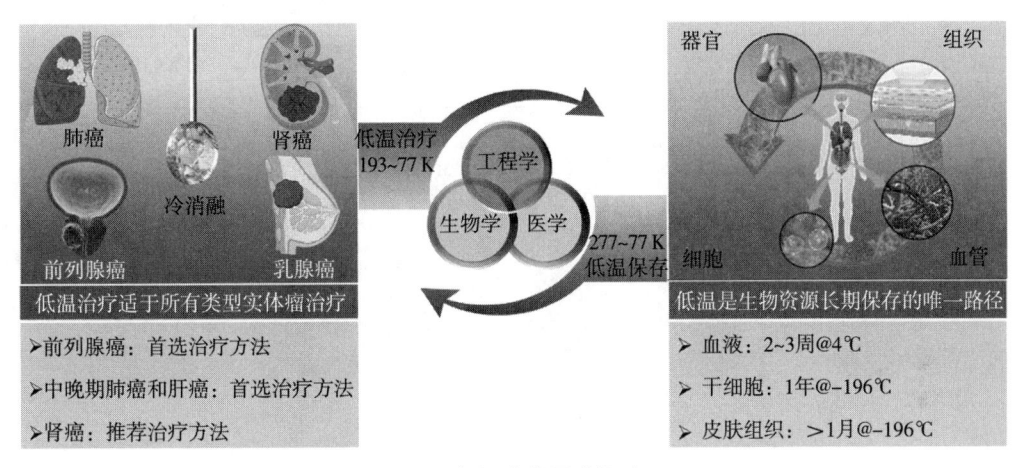

图 1 低温生物医学概述

（一）低温冷冻治疗技术发展现状

随着临床医学的发展以及医生与患者对安全高效的治疗手段需求的提高，低温冷冻治疗作为一种绿色疗法愈发受到重视。在精准、个性化医疗的时代背景下，一系列面向复杂生物对象高时空精确度的冰晶调控手段得以快速发展，如纳米技术引导下的适形、适量的冰晶杀伤策略，并且相关的疾病治疗设备也迅速迭代更新，大大提高了肿瘤治疗效果，促进了低温外科技术的发展。

1. 低温冷冻治疗装备典型制冷技术

冷冻治疗作为一种快捷高效的物理疗法，在人类尚处古文明时期就已得到应用，近代以来，得益于工程学、生物学与医学的高速交叉发展，尤其是自1961年库珀开发出第一套温度可控的液氮冷冻治疗设备以来，冷冻治疗的效果与应用程度均得到了很大的提高与普及，相关低温医疗装备的研发也愈发活跃，此外配合生物温度测量与传感、靶向引导及医学成像等现代技术，保障了低温手术的治疗成功率及患者预后，极大地推动了低温医疗技术的快速发展和推广应用。

根据低温治疗过程中冷量获得方式的差异，目前低温治疗设备主要基于气体节流、相变制冷以及半导体制冷三种基本原理研制而来。气体的节流制冷，即焦耳–汤姆逊效应的"正效应"，指气体经过节流阀后压力突变进而导致温度下降的现象，为早期开发肿瘤消融设备提供了重要的理论支撑；相变制冷即采用液氮、干冰等物质的相变过程吸收大量热量，从而迅速降低目标组织处的温度；半导体制冷基于帕尔贴效应，即当电流通过不同导体组成的回路时，在不同导体的接头处随电流方向的不同分别出现吸热与放热现象，因此相应的半导体制冷设备可以通过冷端吸热实现目标位置的温度降低。肿瘤冷冻治疗设备发展史如图2所示。

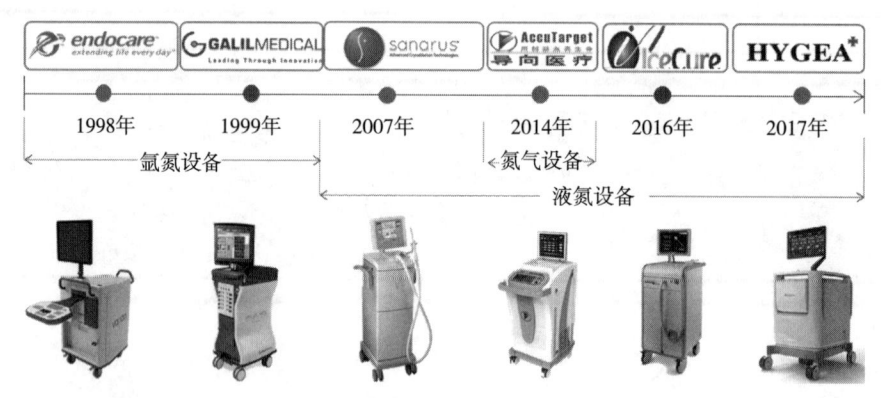

图2 肿瘤冷冻消融设备发展历程

（1）基于气体节流效应的冷冻治疗设备

早期开发的肿瘤冷冻治疗系统主要依据气体的节流效应实现快速制冷，国外的知名设备包括由美国 Endocare 公司和以色列 Galil Medica 公司（目前两公司均已被收购）开发的利用氩气和氦气进行冷冻治疗的"氩氦刀"，相关设备已经经过长期的临床实验验证和病例数据积累，是目前应用最成功、最广泛的冷冻治疗设备；国内公司导向医疗开发的"靶向刀"则采用更常规的氮气作为冷媒，气源获取更加便利，也大大节约了使用成本。

（2）基于相变制冷的低温冷冻治疗设备

利用制冷剂相态变化快速降低温度是最简单直接的低温治疗方式，制冷剂的来源十分广泛，如液氮、干冰、氟利昂等都可满足使用制冷需求。其中液氮应用最广，包括利用液氮直接接触冷冻、通过冷冻探针深度冷冻肿瘤组织等。据此液氮相变开发的直接接触式低温治疗设备如 CryoPro 公式生产的便携式液氮治疗仪，该产品结构简单、使用方便，通过压力开关控制液氮释放，可以通过冷探头接触或直接液氮喷射实现皮肤病的治疗。

液氮作为冷源在肿瘤的冷冻治疗方面也发挥了重要作用，通过液氮快速降温冷冻治疗设备避免了氦气耗材价格贵以及基于气体节流原理设备运行压力较高（300～400个大气压）的问题，因此更加的安全高效。国外产品主要为以色列 IceCure 公司开发的液氮冷冻设备；国内由中国科学院理化技术研究所开发的全球首台集超低温冷疗（−196℃）与高温热疗（80℃）于一体的复合式肿瘤冷冻消融设备"康博刀"基于液氮的快速制冷实现了对多种实体肿瘤的高效杀伤，且运行安全可靠、冷媒资源获取方便，在性能指标上优于传统产品，极大增强了冷冻手术的治疗效果。

（3）基于热电效应的冷冻治疗设备

热电制冷又称半导体制冷，通常使用多级串联的方式提高设备制冷功率，无须外部冷媒的使用，主要应用场景为眼科、耳鼻喉科等小型临床外科手术，如实现冷冻切除白内障、冷冻止血等。总体上依靠半导体制冷技术达到较低温度比较困难、制冷效率偏低、对热绝缘要求较高等问题，在低温冷冻治疗中的应用并不广泛。

2. 低温冷冻治疗临床应用情况

目前，低温外科手术的应用范围快速增长，已拓展应用到几乎所有肿瘤的临床治疗，被学术界和医学界公认为是一种治疗抗药性强的大块肿瘤的关键性方法。同时世界肿瘤靶向治疗大会建议将低温冷冻手术作为中晚期肺癌和肝癌的首选治疗方案。最近几年，全球多个区域还纷纷成立冷冻治疗学会，旨在推进这一新型高效肿瘤疗法的研究和应用。冷冻手术治疗在2000年就已被列入美国医保课题，相关开展冷冻治疗医院数量也已超过450家，2002年，美国医师联合会将冷冻消融列为前列腺癌治疗首选手术方案；国内部分地区如北京、山东、广东等地也陆续将冷冻消融治疗纳入医保，全国已有超过100家医院（如北京协和医院、中国人民解放军301医院、中山大学附属肿瘤医院等）开展肿瘤冷冻治疗业务，并呈快速增长趋势，这些发展态势凸显出低温冷冻医疗技术在临床上重大广泛的研究和应用价值。

（二）低温冷冻治疗国内外研究进展

近年来，低温冷冻治疗的重要性愈发凸显，相关研究也开展得如火如荼。低温治疗是基于能量的针对空间结构复杂、异质异构同时与人体血管系统及脏器相互交联的靶病灶的治疗方案，冷冻治疗过程中组织冻融和血液冻结与重新流动产生的能量再分配，以及纳米材料引入产生的全新基础传热特性变化都使得低温治疗的传热传质复杂度显著增加。因此当前研究人员主要着力于实现冷冻治疗能量输运适形化与适量化的治疗目标，研究关键点包括：

1）强化低热导率生物组织传热，保证治疗过程中能够迅速达到足够的杀伤能量强度阈值；

2）调控冷冻治疗过程中的冰晶成核行为，促进靶细胞胞内冰晶成核进而实现肿瘤组织内高空间均匀度结晶，强化冰晶的机械杀伤；

3）发展精准化低温生物医学，实现对靶病灶特异性杀伤而不影响周围健康组织的适形化治疗，达到在体能量时空上的精准控制。

1. 纳米冷冻治疗

冷冻治疗具有微创、副作用小且能防止肿瘤扩散的优点，因而被广泛认为是治疗肿瘤的"绿色疗法"。然而仅依靠探针实现肿瘤组织冷冻消融的传统治疗方法却远没有达到完善的地步。良好的冷冻手术对于降温、复温的程序控制以及冷冻杀伤终温要求很高，而传统的冷冻手术普遍存在降温效果有限的问题，而且肿瘤周围形成的复杂血管网络进一步弱化了冷冻过程中的能量输运，这些缺陷导致对肿瘤杀伤不足。此外，不受控制的冷量泄漏也对外周健康组织产生威胁。总体上，更好的冷冻手术治疗效果对完善肿瘤杀伤适形化、冷量递送适量化、提高冰球影像监测精度提出了更高的要求。

基于此，中科院理化所团队从纳米医学技术的角度出发，首次将纳米技术与低温医学工程学相互结合，提出纳米冷冻治疗的概念，其基本思路在于将特定的功能性纳米颗粒及其溶液加载到目标组织，相应实现强化或弱化传热过程的功能以优化低温医学治疗过程（图3）。

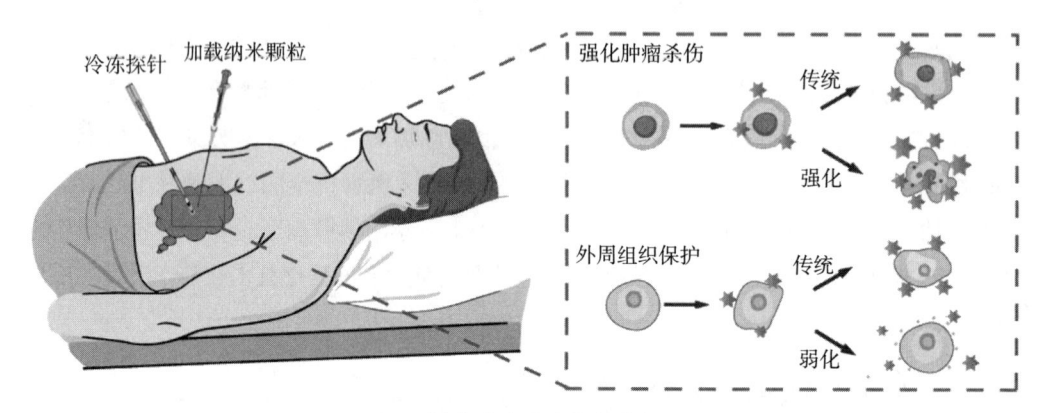

图3 纳米冷冻治疗的基本概念

纳米冷冻手术突破了传统低温医学技术的治疗极限，具体在以下几个方面实现了治疗过程优化：①强化生物传热与冰晶成核：一定量注射到目标组织的特定的纳米颗粒溶液可以显著提升靶病灶的降温速率，同时目标组织内冰晶的成核概率及结冰量也会得以显著增强，从而实现对肿瘤细胞更为彻底的杀灭，大大扩展冷冻手术的消融范围和杀伤强度；②联合治疗载体：纳米颗粒作为性能优异的物质载体在靶向给药方面发挥了重要作用，在实际低温治疗过程中可根据手术需要，利用纳米颗粒携带抗肿瘤药物进入目标肿瘤，再结合低温手段对病变细胞造成多重杀伤；③强化成像：特定的纳米颗粒可用于强化术中冰球生长的影像监测，如磁性氧化铁纳米颗粒能够强化冷冻的传热过程，直径在 20～30 nm 的氧化铁纳米颗粒在磁场作用下同样能够显著提高磁共振成像（MRI）的分辨率从而引导实现更为精准的肿瘤靶向治疗。总而言之，纳米颗粒的应用在多个领域实现了冷冻治疗的过程强化，且纳米颗粒的添加十分简便，因而能以一种相对易于实施的方式调控冷冻过程中冰球的生长方向、形状和大小，这对于实现精确化、绿色化及适形化肿瘤消融具有十分关键的意义（图4）。

（1）冷冻治疗中强化生物传热及相变研究

冷冻终温及损伤区域温度场分布是决定低温杀伤的关键物理参数，由于生物组织的低

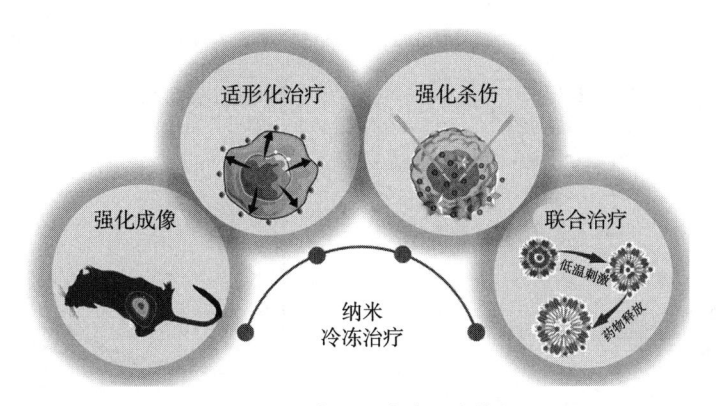

图4 纳米介导的冷冻治疗优势

热导率特性，肿瘤边缘区域常因冷量不足而导致组织残留与复发。同时，解剖学已经证明实体肿瘤周围通常形成了复杂的血管组织，而持续的血液循环不利于温度快速下降，严重阻碍了低温治疗的手术效果。因此强化冷冻治疗的传热过程，实现针对病灶的高效能量输运以达到快速响应、空间均匀的低温温度场分布是亟待解决的问题。

研究表明当铝纳米颗粒注入生物组织时，纳米颗粒组最低杀伤温度相较对照组降低了40℃（从 –75℃降至 –115℃）[图5（a）]，同时已有动物实验证实纳米颗粒可以减弱甚至消除血管对低温治疗的影响，其根本原因在于纳米颗粒改变了组织的热物性。Di 等人利用纳米流体导热经典理论，对注入氧化镁纳米颗粒的组织进行热物性分析发现，纳米颗粒最高可使冻结组织热导率提高17.15倍，非冻结组织热导率提高68.6倍，由于比热容未发生较大变化，在热导率主导下热扩散率也得到了显著提升［图5（b）~（d）］。这表明纳米颗粒能够显著改变组织的导热和热扩散能力，实现肿瘤组织内的快速均温。

此外，部分纳米颗粒引入能够显著提高胞内成核概率，降低成核势垒和成核难度继而迅速诱发异质成核。中科院理化所团队构建了壳聚糖修饰的纳米纤维素晶作为分子靶向成核剂调控胞内冰晶生长，胞内成核温度相较对照组 PBS（磷酸盐平衡生理盐水）溶液提高了5℃，成核率提高了约20%，实现了对肿瘤细胞分子尺度的特异性冰晶调控和杀伤。分子动力学模拟揭示纳米纤维素晶表面（–110）是最显著加速冰晶成核的表面，其上分布的羟基有效促进了冰晶四面体氢键网络的形成。在此基础上的细胞实验与动物实验表明纳米纤维素晶会诱导形成锋利冰晶，同时延长冰晶在细胞内滞留时间以强化冰晶细胞损伤，表现出了优异的低温癌症治疗效能［图5（e）］。

（2）纳米药物介导的肿瘤联合疗法

低温治疗尽管可以通过产生冰晶直接杀伤目标组织，但肿瘤消融不完全以及肿瘤干细胞留存等问题仍可能导致癌症复发。而低温与其他疗法的协同作用是针对单一消融杀伤不完全的有效强化手段。通过纳米载体实现针对肿瘤的靶向给药，实现化疗药物与冷冻治疗的相互补充，从而实现更均匀高效的肿瘤杀伤。Wang 等人合成了在低温刺激下不可

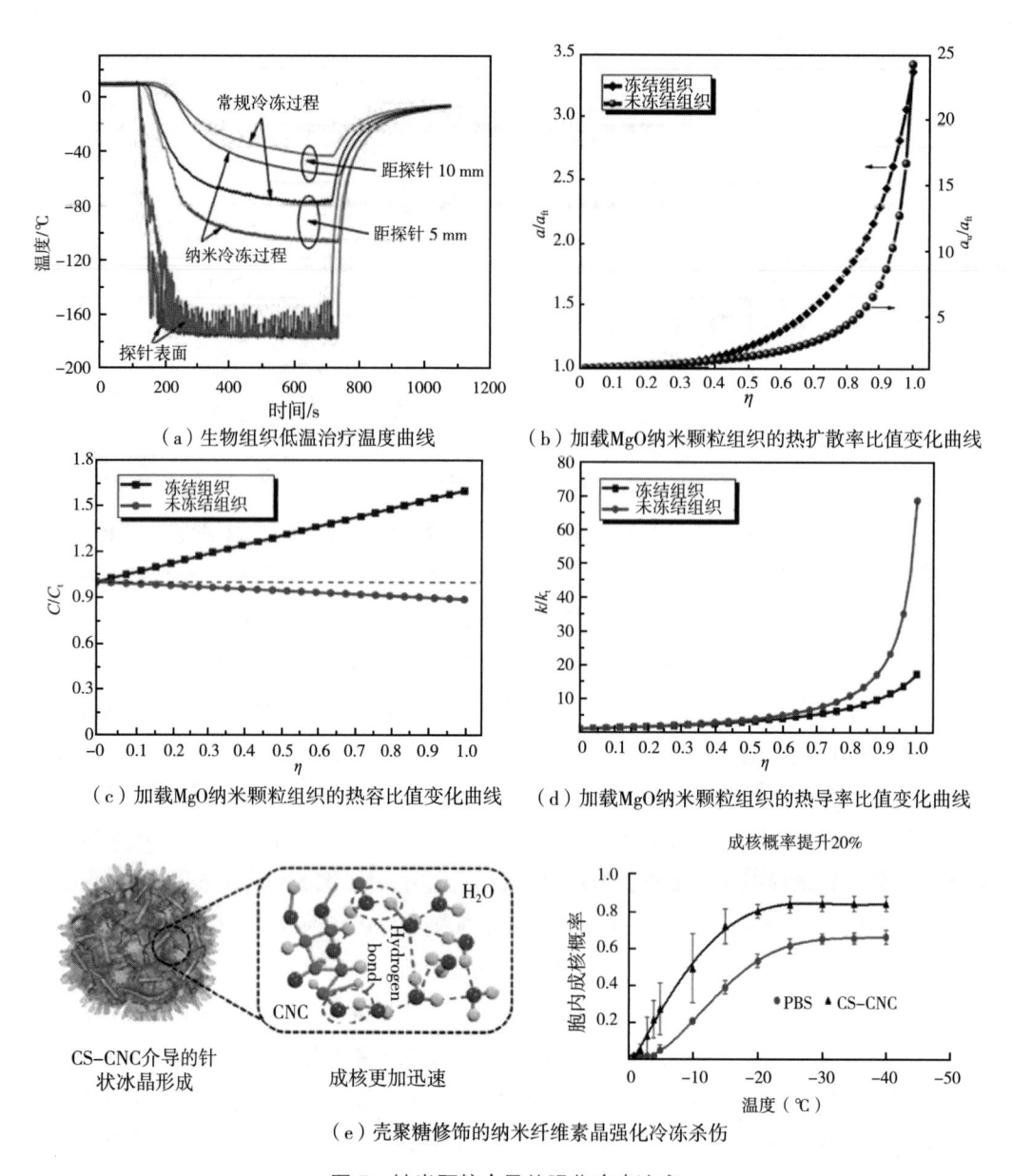

(a) 生物组织低温治疗温度曲线
(b) 加载MgO纳米颗粒组织的热扩散率比值变化曲线
(c) 加载MgO纳米颗粒组织的热容比值变化曲线
(d) 加载MgO纳米颗粒组织的热导率比值变化曲线
(e) 壳聚糖修饰的纳米纤维素晶强化冷冻杀伤

图 5 纳米颗粒介导的强化冷冻治疗

逆裂解的纳米材料强化肿瘤治疗［图 6（a）］。Hou 等人构建了对低温和 pH 具有双重响应的纳米颗粒药物载体，该纳米载体在酸性肿瘤环境中受低温刺激时会通过负膨胀效应实现药物的快速释放。在低温条件下，相较于单纯阿霉素化疗主要通过低温诱导的细胞膜高渗实现药物递送，纳米载体可以通过细胞内吞实现更加高效的跨膜运输和更高浓度的抗肿瘤药物富集，达到药物在肿瘤细胞内的高剂量水平、高空间均匀度分布，此外冷冻消融过程中冰晶对生物膜固有的机械破坏进一步促进了药物在肿瘤组织内的渗透，实现低温介导的药物主动扩散，强化对肿瘤组织的摧毁作用，实现低温机械破坏与化疗的协同杀伤作用[图6（b）]。

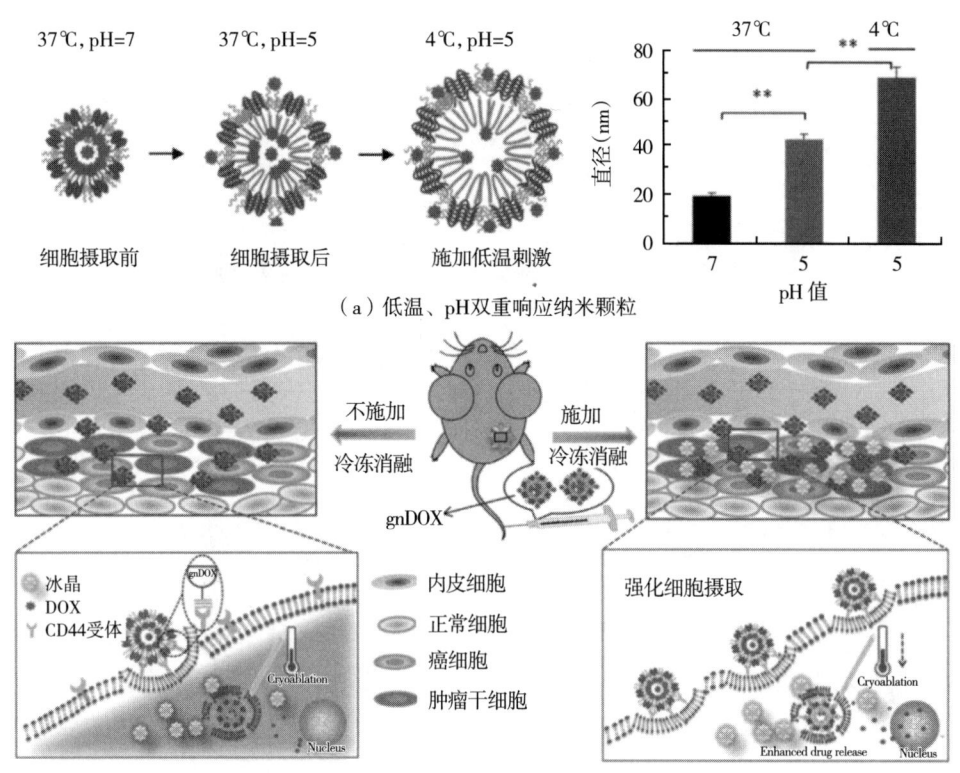

（a）低温、pH双重响应纳米颗粒

（b）低温强化的化疗药物释放

图6 纳米介导的冷冻消融 – 化疗疗法

此外，与传统治疗手段如手术切除、放疗、热疗等相比，冷冻消融固有的低温特性能够最大程度保留肿瘤抗原活性，从而启动机体的抗肿瘤免疫反应，产生所谓的"远位效应"，即原位冷冻消融可产生远处肿瘤转移灶缩小或消失，对于晚期肿瘤的治疗意义非凡。然而远位效应的总体发生率并不高，因此如何进一步提升其发生概率，提高晚期肿瘤患者生存率是一个重要的临床问题。针对这一现实挑战，中科院理化所饶伟研究员联合北京中医药大学胡凯文教授团队提出自体肿瘤原位疫苗的解决方案，制备黄芪多糖纳米肿瘤疫苗高效吸附冷冻消融后的肿瘤碎片并靶向呈递至树突状细胞，激活抗原特异性全身免疫，实现了100%的肿瘤生长抑制率并延长了长期生存率，有效抑制了远端转移肿瘤的生长，对冷冻消融结合免疫治疗的临床应用具有重要的推广意义。

（3）强化冷冻术中成像

早在20世纪80年代，超声就作为第一种成像监测手段应用于临床冷冻治疗，随着医疗影像技术的迅速发展，越来越多的医疗影像技术如计算机断层扫描（CT）、磁共振成像（MRI）等迅速应用于冷冻手术，助力第二代冷冻治疗技术开启微创冷冻消融的新时代（图 7）。

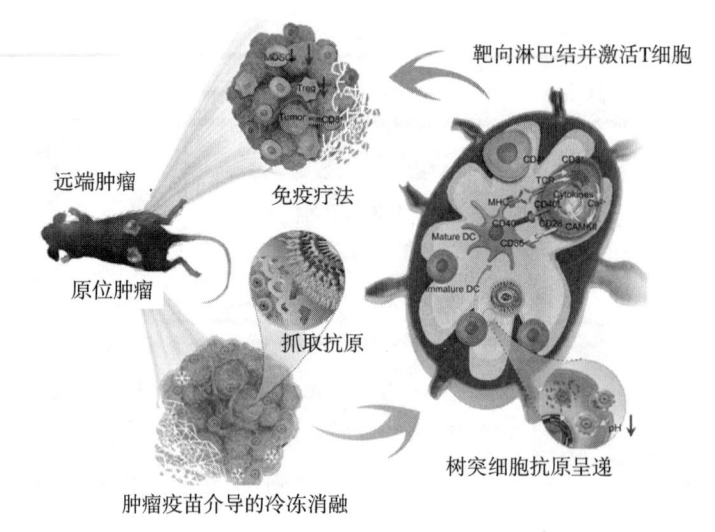

图 7　纳米介导的纳米冷冻消融 – 免疫疗法

作为一种成像强化介质，纳米颗粒同样在冷冻治疗成像的发展过程中发挥了重要推动作用。在特定外场激励下，具备特异成像功能的纳米粒子能够实现对低温治疗过程的可视化和对手术对象的特征描述。最理想的情况下，纳米颗粒兼有强化低温治疗和成像的双重功能，在实现对靶病灶杀伤的同时能以成像的方式及时对手术过程及术后情况进行评估和反馈。

2. 多模态冷冻治疗策略

近些年来，随着"精准医疗"概念的逐渐兴起，医生与患者对于肿瘤适形化精准治疗的要求也越来越高。然而肿瘤组织高度异质异构、边界模糊且形状不规则，同时与动、静脉等血管系统相互关联，甚至粘连至周围人体重要脏器，因此即使最先进的外科手术设备也难以实现在体能量时间和空间上的精准控释，导致杀伤温度不足、冻结范围难以适形化、外周健康组织易受损伤等，所以为了进一步发展精准微创的低温冷冻疗法，充分发挥冷冻手术的治疗优势，精准治疗过程中的能量精准输运机制与技术瓶颈亟待解决。

致力于实现冷冻治疗的个体化、数字化和精准化，同时加快冷冻手术的技术更新和产品迭代，中国科学院理化技术研究所团队提出了基于高低温冷热复合治疗、功能靶向强化传热材料调控乃至结合药物治疗的精准微创消融的"多模态冷冻治疗"，其基本实施策略在于通过功能性材料实现组织细胞对能量的选择性吸收，如通过常规纳米颗粒促进冰晶成核，提高组织导热，强化对恶性组织的冰晶机械杀伤，此外冰晶也会破坏肿瘤周围血管结构，造成肿瘤的缺血性损伤，加快肿瘤坏死，同时借助低导热特性的可相变纳米颗粒实现对外周健康组织的保护，保证针对肿瘤的适形化杀伤，在此基础上复合酒精蒸气高温热疗将靶组织处温度迅速提升至80℃，实现冷冻消融与热应力损伤的优势互补，确保在复杂生理环境下对靶病灶的最优化治疗，具体治疗流程可参考图8。

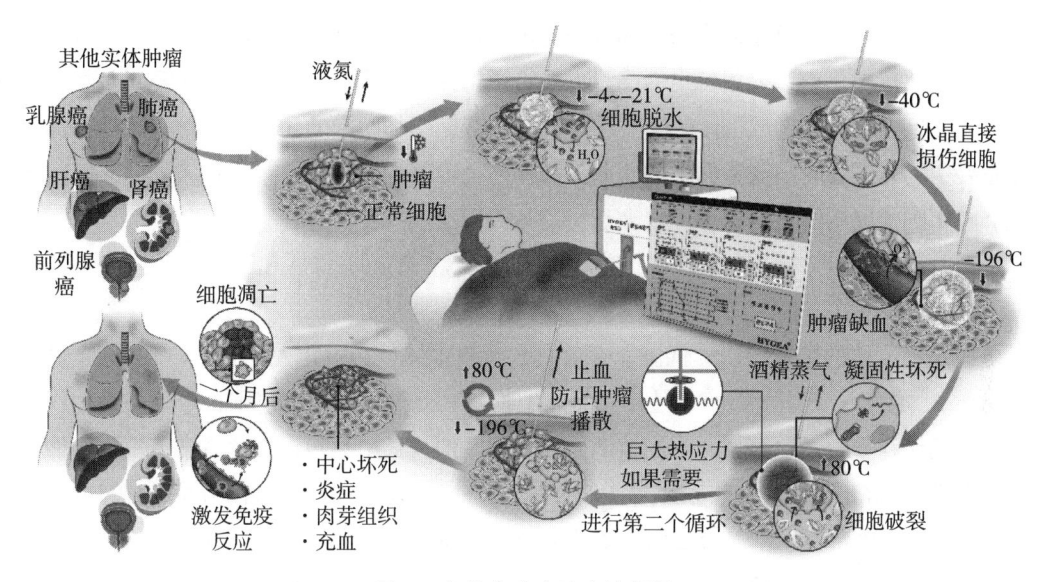

图8 多模态冷冻治疗流程图

（三）低温冷冻治疗未来发展趋势

作为一种绿色的疾病治疗方式，低温治疗以其微创、止血镇痛、副作用小且恢复快的特点已经成功应用到几乎所有实体瘤的治疗。同时配合其他手段如现代医学影像技术以及纳米技术，低温冷冻治疗再一次实现了治疗精度的跃升，尤其是纳米低温治疗的提出，为强化成像引导、促进杀伤适形化、能量适量化的冷冻手术提供了有力的技术支撑。针对纳米技术与低温生物医学这一前沿交叉方向，研究人员对不管是理论模型建立或是实验评估，还是纳米材料导致的生物材料热学性质变化、纳米颗粒的成核机制、生物样本在微纳米尺度的热损伤机理等方面都进行了深入的研究，在此基础上提出的多模态冷冻消融理论和方法，通过高低温复合治疗、功能靶向强化，极大地显示出了纳米冷冻手术在肿瘤治疗方面的优势。但是在热场、物质场以及功能性纳米材料的多因素耦合下，更深层次的冷冻过程中的能质分析，以实现治疗对象能量输入精准化、个体化仍然需要进一步探索，可预期的是，在工程学、生物学、医学等多学科领域的交叉促进下，冷冻治疗将会在人类疾病治疗中发挥越来越重要的力量。

三、低温保存技术

低温保存是低温生物医学的重要研究分支，自 1949 年研究人员首先发现甘油在精子保存中的效能后，低温保存作研究和应用的重要性与日俱增。低温能够显著抑制生物样本的生理代谢反应速率，采用特定的降温方式将样本保存在合适的温度段以实现对生物材料短期/长期的保存需求，并且在复温后样本仍能够保持其原有的功能和生物学特性，弥补了重要生物材料在时间与空间上的获取、储存与运输间的不平衡，具有重大的公共卫生效应和临床医学应用价值。

（一）低温保存技术发展现状

按照生物体的结构层次，低温保存的研究对象主体包括生物大分子（如 DNA、RNA、蛋白质）、细胞、组织、器官，甚至是完整生物体。此外根据保存时限，可以分为生物样本的长期储存与短期储存：样本的长期储存短则数周，长则数年，因此通常使用尽可能低的储存温度以降低生化反应速率、稳定生物分子，最常见的长期保存温度为 –196℃（液氮液相），在此温度下样本的生化活动基本处于停滞状态，被认为是最有效的长期储存方法，其他保存温度如 –80℃（深低温冰箱）、–140℃（液氮气相或深冷冰箱）也可以实现样本的中长期保存；生物样本的短期保存时长通常在一天内，主要将尺寸较大、结构复杂的组织器官保存在 0~4℃以满足临床移植的要求。

随着再生医学、转化医学等现代生物医学技术的发展，生物样本资源的重要性愈发凸显，建立生物样本库也成为越来越紧迫的时代要求。建立高质量、规范高效的大规模生物样本库为药物开发、疾病诊断和治疗提供了重要的科学研究平台，而相关低温生物医学技术则为生物样本库的建立及长期安全稳定运行提供了关键的技术支撑。

目前发达国家以及国际卫生组织均投入大量人力、物力、财力发展大型生物样本库，知名的如英国国家样本库（UK Biobank）、欧洲生物和生物分子资源研究基础设施（BBMR）等。我国人口众多，生物样本资源极其丰富且具有高度的民族多样性和鲜明的地区特色，早在 1994 年便由中国医学科学院牵头建设了中华民族永生细胞库，在此后几十年中我国更是集中力量，基于重大项目，依托各级政府、医院、高校以及研究院所建设了大量区域性生物样本库。从我国生物样本库的发展沿革来看，建设过程中几个标志性时间节点如图 9 所示。

1. 典型生物样品低温保存技术

根据反应温度与生化反应速率之间相互关系的阿伦尼乌斯公式（图 10），低温可以抑制生物体的生化活动从而使其可以在低温下长期保存。按照阿伦尼乌斯公式（Arrhenius equation）估算，假设生物体在 4℃下能存活 2 小时，则其在 –40℃下可将保存时间延长至

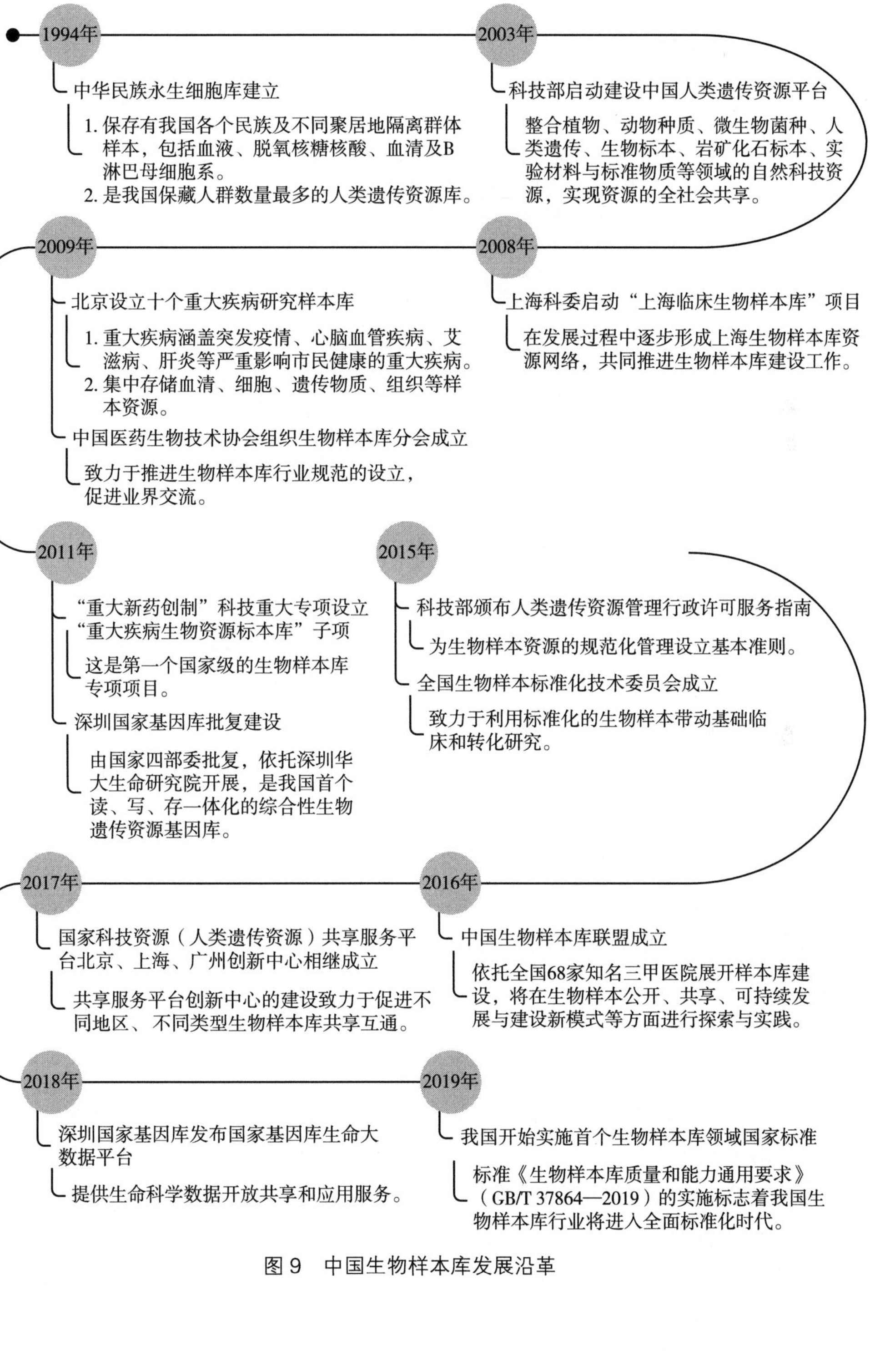

专题报告

1994年
- 中华民族永生细胞库建立
  1. 保存有我国各个民族及不同聚居地隔离群体样本,包括血液、脱氧核糖核酸、血清及B淋巴母细胞系。
  2. 是我国保藏人群数量最多的人类遗传资源库。

2003年
- 科技部启动建设中国人类遗传资源平台
  - 整合植物、动物种质、微生物菌种、人类遗传、生物标本、岩矿化石标本、实验材料与标准物质等领域的自然科技资源,实现资源的全社会共享。

2009年
- 北京设立十个重大疾病研究样本库
  1. 重大疾病涵盖突发疫情、心脑血管疾病、艾滋病、肝炎等严重影响市民健康的重大疾病。
  2. 集中存储血清、细胞、遗传物质、组织等样本资源。
- 中国医药生物技术协会组织生物样本库分会成立
  - 致力于推进生物样本库行业规范的设立,促进业界交流。

2008年
- 上海科委启动"上海临床生物样本库"项目
  - 在发展过程中逐步形成上海生物样本库资源网络,共同推进生物样本库建设工作。

2011年
- "重大新药创制"科技重大专项设立"重大疾病生物资源标本库"子项
  - 这是第一个国家级的生物样本库专项项目。
- 深圳国家基因库批复建设
  - 由国家四部委批复,依托深圳华大生命研究院开展,是我国首个读、写、存一体化的综合性生物遗传资源基因库。

2015年
- 科技部颁布人类遗传资源管理行政许可服务指南
  - 为生物样本资源的规范化管理设立基本准则。
- 全国生物样本标准化技术委员会成立
  - 致力于利用标准化的生物样本带动基础临床和转化研究。

2017年
- 国家科技资源(人类遗传资源)共享服务平台北京、上海、广州创新中心相继成立
  - 共享服务平台创新中心的建设致力于促进不同地区、不同类型生物样本库共享互通。

2016年
- 中国生物样本库联盟成立
  - 依托全国68家知名三甲医院展开样本库建设,将在生物样本公开、共享、可持续发展与建设新模式等方面进行探索与实践。

2018年
- 深圳国家基因库发布国家基因库生命大数据平台
  - 提供生命科学数据开放共享和应用服务。

2019年
- 我国开始实施首个生物样本库领域国家标准
  - 标准《生物样本库质量和能力通用要求》(GB/T 37864—2019)的实施标志着我国生物样本库行业将进入全面标准化时代。

图9 中国生物样本库发展沿革

数日，-80℃下可保存数月，-196℃下甚至可以实现长达几个世纪的保存，此条件下生物体代谢基本停滞，遗传和发育也相应停止，已有实验证明在液氮温度下保存数十年的样本在恢复后并未发现在生化指标和功能上发生任何变异。

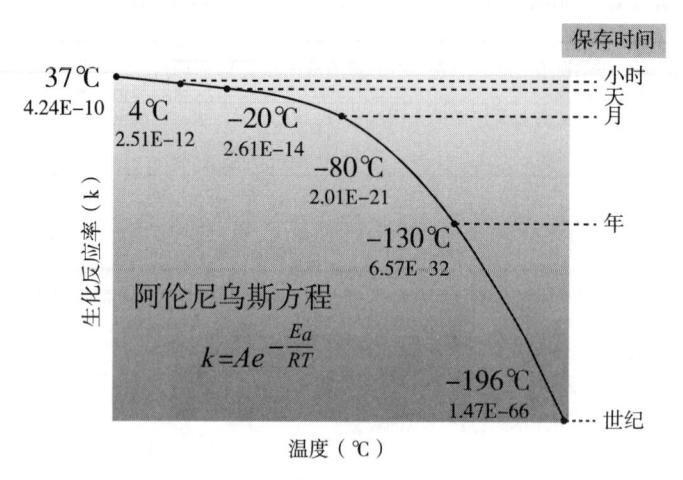

图 10　阿伦尼乌斯方程曲线图

针对哺乳动物不同尺度生物样本的保存，目前有三种基本手段，温度由高到低分别为：冷藏保存（0~4℃）、冷冻保存（-80℃/-196℃）和玻璃化冻存（-196℃）。

（1）冷藏保存

目前冷藏保存的主要应用对象为大尺度的人体器官和组织，通常的保存时间限制在24小时以内。在远低于正常生理代谢温度的条件下，器官的代谢以及对外界能量、氧气的供应需求受到抑制，能一定程度上延长离体器官的保存时间，便于器官的转运以及移植前准备工作。此外，冷藏保存能够实现器官的无冰保存，而冰晶的产生被认为是目前器官深低温保存失败的最重要因素之一。同时相对较高的保存温度也不会产生严重的热应力损伤，也无须加载高浓度的保护剂，因此能够达到对大尺度器官整体以及微结构如毛细血管网络的良好保存效果。

（2）冷冻保存

冷冻保存是指通过结晶的方式保存生物样本，为了缓解样本保存的冰晶损伤，通过慢速冷冻的方式诱导胞外冰，尽可能减少胞内冰的产生是目前哺乳动物细胞以及小尺度组织冷冻保存的主要方式，实际操作时通常在-80℃采用程序降温方法（约1℃/min）将生物样本温度缓慢降低至与环境温度平衡，可直接保存在-80℃或转移至液氮实现长期保存。

（3）玻璃化冻存

水是生物体生理组成最重要的成分之一，相应的水存在晶态与非晶态两种存在形式，上文冷冻保存过程中水即以晶态的形式在低温下稳定存在，而当采用极高的降温速率时，水同样可以以玻璃态存在，生物样本的玻璃化保存即是在冷冻保护剂的配合下以极高的降温速率迅速将样本温度降至 –196℃以实现长期保存。玻璃化保存并不产生冰晶，因而规避了生物样本的冰晶损伤，对比较敏感的细胞以及胚胎均能实现比较好的保存效果。

2. 低温保存技术局限性

生物样本尽管能够在低温下实现短期或长期的保存要求，但实施深冷保存的样本在降温和复温两个阶段仍然非常脆弱，容易受到冰晶、热应力等因素的损伤，尤其是在 –60 ~ 0℃这一"危险温度区"内。

（1）冰晶损伤与溶质损伤

在关于冷冻保存损伤的相关分析中，最著名的当属低温物理学家 Mazur 等人提出的"两因素假说"，在常温和正常生理条件下，细胞内外溶液环境处于等温、等渗状态，但在冷冻和复温过程中，受限于生物样本内部传热传质的相互差异，样本冰晶形成的大小、形状、位置等的不同，从而对细胞造成"冰晶损伤"或"溶质损伤"。冰晶会挤压甚至刺破重要的细胞膜、细胞器等，产生不可逆的机械性损伤，并且胞内冰晶大量形成诱发的渗透压变化导致细胞内渗透压升高、电解质浓度升高、pH 变化，进而引起部分蛋白质的变性以及溶酶体的损伤，最终导致细胞死亡。因此针对不同的生物样本的冷冻保存，需要确定其"最佳冷冻速率"，以提高细胞存活率以及恢复率，因此实际操作中如细胞的冷冻保存通常会选择慢速冷冻法而非快速冷冻，保证胞内水有足够的时间向胞外迁移，在一定的细胞脱水状态下，减少胞内冰晶产生从而减小损伤。

（2）保护剂毒性

为了缓解生物样本的低温损伤，冷冻保护剂的使用是保存程序中不可或缺的组分，常见的低温保护剂包括甘油、聚乙二醇、二甲基亚砜等，其中二甲基亚砜（DMSO）是应用最广泛的低温保护剂之一，其能迅速穿透细胞膜，降低溶液冰点，延缓冻存过程，同时提高胞内渗透压，减少胞内冰产生，缓解细胞损伤。深低温时 DMSO 的细胞毒性受到抑制，但复温后若不及时洗脱，DMSO 将会产生严重的毒性问题，如红细胞溶血、诱导干细胞分化等。当采取玻璃化冻存的方式时，由于该方法对升降温速率有很高的要求，因此不得不提高保护剂浓度以降低操作要求，而高浓度的保护剂随之而来的损伤问题以及复杂的加载与洗脱步骤成为玻璃化冻存的瓶颈问题之一。

（3）重结晶损伤

玻璃化冻存因为不产生冰晶而被认为是最有前景的生物样本长期保存技术，目前玻璃化手段能够成功地在细胞和微小组织层次成功实施，但目前将该方法扩展到大尺度生物样本如器官时却困难重重。根据 Pennes 生物传热方程，当血液灌注及人体代谢产热停滞时，热流密度正比于热导率和温差。由于生物组织导热率较小，大冷量的快速传输会产生较大的温度差，样本内部温度梯度很大，诱发冰核形成和生长。此外目前针对大体积生物组织的复温难以避免重结晶问题，对于实施玻璃化冻存的样本，在复温过程减少再结晶的方法之一便是提高复温速率，缩短生物样本在高浓度冷冻保护剂中停留在重结晶危险温度区域的时间，使冷冻保护剂从玻璃化状态直接转化为液态，但是目前仍然缺乏实现大尺度样本快速升降温的手段，成为限制玻璃化冻存进一步发展的关键瓶颈问题。

（二）低温保存技术近年国内外研究进展

低温通过抑制生化反应速率有效延长了生物样本的保存时间，然而低温保存是生物样本能量与物质高度耦合的复杂物理过程，无论是慢速冷冻或是玻璃化保存，其根本均在于调控细胞内外水分输运和温度扩散过程以优化保存过程，减小细胞损伤，提高样本存活率。冰晶的产生是低温保存的一个主要难题，除其直到导致的机械性损伤，还包括其诱发的一系列物理化学损伤，因此高质量的低温保存必须充分权衡升降温速率、保护剂毒性和冰晶损伤的最优解。当前主流的保存方法慢速冷冻和玻璃化保存对同质同构的细胞、小尺度组织表现出了良好的保存效能，然而针对异质异构且空间结构复杂的器官却长期缺乏有效的保存方法。针对目前低温保存中存在的主要问题，近些年来在国内外科技工作者的共同努力下，在如下几个方面取得了突破性进展并逐渐发展成为低温保存领域的研究共识：①效法自然，探索仿生型低温保存技术；②与纳米技术相互结合，调控并优化冷冻保存过程；③发展深过冷的器官保存方法，拓展样本保存维度，延长器官保存时间。

1. 仿生低温保存技术

自然界的耐寒生物存在冷冻避免与冷冻耐受两种机制来度过寒冬。冷冻避免型动物，如极低鱼类等通过维持体液过冷的方式规避冰晶损伤，而冷冻耐受型动物如木蛙可以调控成核，忍受一定程度的体液结冰而不会产生明显损伤。这些自然界中的耐寒两栖动物、爬行动物等为仿生型低温保存材料及技术的研究提供了理想的参考模型，效法自然，或将有利于人类开发出新的生物样本的冷冻保存技术，目前经过研究的自然生物抗冻策略如图11所示。

（1）仿生型低温保护剂

自然界耐寒生物自发的抗冻生理性调控为探索与应用新型天然冷冻保护剂提供了宝贵思路，耐寒动物体内富集的具有高生物相容性的冷冻保护剂，如L-脯氨酸、海藻糖、抗冻蛋白及其衍生物，被证明在缓解生物样本的冰晶损伤中具有重要意义，其他一系列天然产物如甜菜碱、丝素蛋白、富里酸同样改善了生物样本的冷冻保存效果，有望取代目前常用的低温保护剂（甘油、DMSO等），实现生物样本的无毒保存，近些年来，越来越多的研究者立足于天然冷冻保护分子并加以改进实现仿生冷冻保护，产生了聚合物分子、纳米材料等一系列控冰、抑冰材料，相关研究时间线如图12所示。

（2）仿生型适应性预脱水保护

仿生型低温保存是抗冻性生物系统调节自体传热传质以适应外部不利低温环境的过程。中科院理化所团队基于生物体系统调控实现了复杂生命个体的耐冻能力的提升：通过

图 11 自然界抗冻实例及调控策略

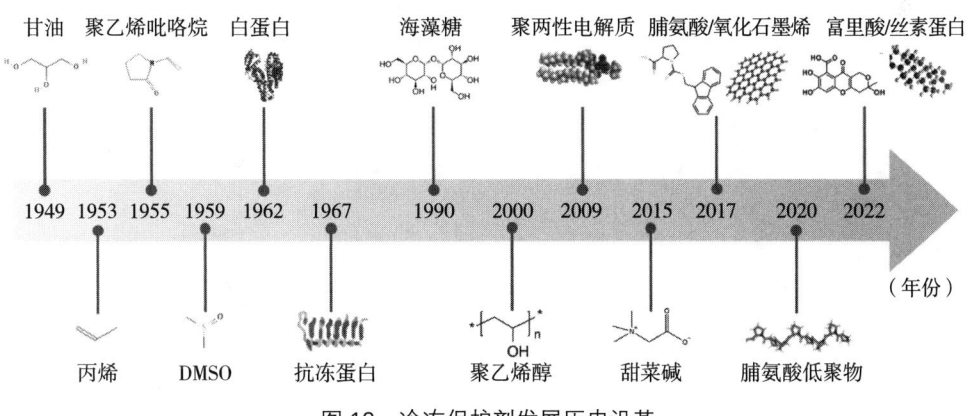

图 12 冷冻保护剂发展历史沿革

低温驯化及饲喂低温保护剂 L- 脯氨酸，成功将冷冻敏感型日本弓背蚁转化为冷冻耐受型。这项研究通过热力学条件优化与 L- 脯氨酸驯饲成功提升了非耐寒性日本弓背蚁的耐寒能力，热力学及代谢组学分析揭示 L- 脯氨酸在蚂蚁体内的积累以及蚂蚁体内自由水含量降低等因素均有助于减少冷冻损伤。更为重要的是，该研究首次阐明了外源性冷冻保护剂在蚂蚁体内的积累与蚂蚁的基因调控和耐寒性提升之间关系。为今后更复杂的生物体保存研究提供了理论和技术支持［图13（a）］。

（3）选择性控冰的器官仿生保存

寒冷地区的一些动物具备忍受部分体液冻结的"冷冻耐受"能力，如阿拉斯加木蛙能够在 –16～–6℃的温度范围内冻结数个星期，当温度回升后木蛙则能够快速恢复到正常生理状态。究其原因，木蛙是通过冰晶成核剂和内源性冷冻保护剂的相互配合实现在冻结状态下的长期存活：冰晶成核剂能够促进血管内的结晶过程，打破细胞内外的水分平衡，强化细胞内水分迁移至胞外，避免胞内冰晶的形成；在进入寒冷的冬季前，木蛙会大量积累生物性内源冷冻保护剂如葡萄糖、尿素等，迅速提高细胞内渗透压，从而与胞外冰晶形成产生的细胞脱水相结合，避免机体重要部位处产生冰晶。

基于木蛙的选择性控冰能力，Tessier等研究人员通过在特定部位引入冰晶成核剂，保证冰晶在外周溶液处产生，而肝脏本身与靠近肝脏的溶液仍然处于无冰状态，从而实现了在 –10～–15℃下将器官保存时间延长了五倍并且肝脏活性良好。基于选择性控冰的器官冷冻方法是成功效法自然的重要应用，为从仿生角度解决目前遇到的器官保存难题提供了新的思路［图13（b）］。

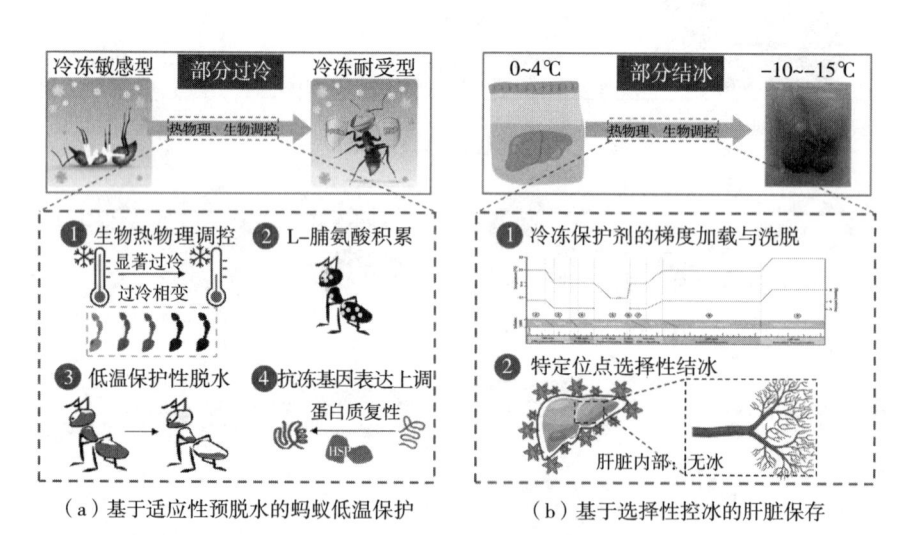

（a）基于适应性预脱水的蚂蚁低温保护　　（b）基于选择性控冰的肝脏保存

图13　仿生的生物保存策略

2. 纳米低温保存技术

严格意义上的低温保存包括降温冻结 – 低温保存 – 复温融化三个基本环节，生物样本保存过程中的问题集中于升降温过程中冰晶的形成、生长与重结晶以及由其导致的次生危害如渗透压变化、离子环境失衡等。因此改善低温保存效能的关键之一即在于立足于水的相变过程与生物体的相互作用实现分子尺度的冰晶调控以及针对生物样本的高时空精准度的适形、适量化能质输运。而纳米材料作为一种性能优异的物质载体以及微尺度特性，在介导冷冻保护剂胞内富集、冰晶微观调控以及外场诱导下的复温强化，为提高细胞保存存活率并实现低温保存向更高维度组织、器官保存探索发挥了重要推动作用（图14）。

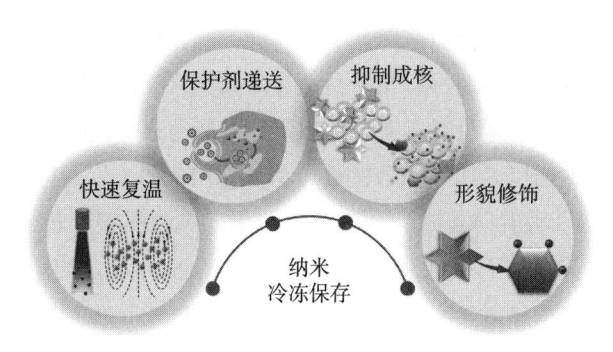

图14　纳米技术介导的冷冻保存优势

（1）非渗透性保护剂无创递送

冷冻保护剂的加载是实现样本低温保护的关键环节，因此冷冻保护剂在细胞内的空间分布对生物样本的存活率至关重要。根据细胞对保护剂的渗透性，保护剂可分为渗透性保护剂和非渗透性保护剂两类。传统的渗透性保护剂如甘油、二甲基亚砜由于复杂的加载与洗脱以及更严重的毒性问题，实际冷冻保存研究中在逐渐减低对这类有机溶剂型保护剂的依赖。生物相容性好、安全性高的仿生型低温保护剂如海藻糖受到了低温保存领域研究者的关注，但哺乳动物细胞不能自主合成海藻糖，且海藻糖属于非渗透性保护剂。传统的有创加载手段如显微注射、超声、电穿孔等均会对细胞造成严重的机械损伤，因此，迫切的高质量样本保存需求对无创、高效的非渗透性低温保护剂递送体系提出了要求。

中科院理化所团队合成的基于pH响应的纳米载体被胞吞后可在次级内体和溶酶体的酸性环境中实现内载海藻糖的高效释放，结果显示仅依靠海藻糖就实现了不逊于DMSO的间充质干细胞低温保护效果。除了海藻糖优异的低温保护性能，纳米载体对非渗透性保护剂安全高效的加载的作用不可忽视。进一步，该团队通过研究纳米海藻糖应用于人诱导多能干细胞冷冻保存过程中的水分输运与结晶特性，揭示了纳米海藻糖传热传质作用机制。纳米海藻糖能够防止细胞快速失水带来的渗透性损伤，平缓脱水过程中细胞内成核概率大大降低，缓解了冷冻保存带来的冰晶损伤。复温过程中纳米海藻糖可以防止大量细小冰核合并为大尺度冰晶而损伤细胞结构，并且重结晶抑制性能随着海藻糖浓度上升而增强。中科大团队则依靠温度响应性制备了温度敏感的纳米颗粒，在较低温度时刺激海藻糖快速释放，配合微流体封装技术实现了良好的胰岛细胞保存效果。

无创性是纳米递送相对传统手段的显著优势。纳米递送技术的应用，不仅拓宽了非渗透性保护剂的物质传输过程，同时也推动了生物安全、非有机溶剂式低温保护策略的快速发展。

（2）纳米抑冰

冰晶的形成是极为普遍的自然现象，许多生物也面临低温以及体内冰晶生成带来的挑战。因此，木蛙、耐寒昆虫、极地鱼类等物种都进化出了适应寒冷环境的防冻、抗冻策略。如极地鱼类通过产生抗冻蛋白来对抗不利环境，研究表明抗冻蛋白的热滞现象能够抑制冰晶的产生，此外抗冻蛋白还具有与冰晶结合以修饰冰晶形貌、抑制重结晶的功能。近来相当多研究发现，一些纳米材料具有与抗冻蛋白类似的冰晶调控功能，其基本原理在于模仿水分子之间的氢键连接，如氧化石墨烯与（GO）[图15（a）]与氧化准氮化碳量子点（OQCNs）[图15（b）]均借助与冰晶晶格匹配催化冰晶由圆盘形转变为六边形。根据开尔文效应此时冰晶生长将处于不利的热力学条件下，其进一步长大受到抑制。冰晶的生长有赖于以氢键为纽带的水分子之间的相互联结，因此通过特异性的材料表面化学性质设计促进纳米材料与冰晶间的氢键形成、避免水分子形成冰核团簇从而实现控冰是纳米材料实现抑冰功能的重要手段。一大类纳米材料如锆基金属有机骨架（MOF）[图15（c）]、二维碳化钛（Ti3C2TX）MXene纳米片[图15（d）~（e）]均通过表面丰富的可与冰晶形成氢键的官能团实现了优异的抑冰性能。

（3）纳米强化复温

玻璃化冻存发展的瓶颈问题在于难以实现针对大尺度样本快速、均匀的复温，而外部物理场与纳米颗粒的联合应用，为解决玻璃化均温和复温问题提供了全新的思路。纳米粒子介导的外场能量高效转化和吸收强化了复温传热过程的能量精准递送，极大地推进了生物样本由小尺度细胞到大尺度器官保存研究工作的开展。

当前应用比较广泛的物理场与纳米颗粒复温组合主要有磁场与磁性氧化铁纳米颗粒，近红外激光与具有光热转换效应的纳米材料如金纳米棒、二位碳化钛等。其中磁热复温在细胞－组织－器官三个保存层级都已完成快速玻璃化复温有效性的实验验证。中科大赵刚教授团队利用海藻酸盐水凝胶结构构建微胶囊包封干细胞，同时构建Fe_3O_4纳米颗粒分散体系实现磁热复温，对反玻璃化和重结晶表现出了双重抑制效应，有效改善了细胞保存质量并且规避了高浓度保护剂带来的毒性损伤问题[图16（a）]；Bischof团队则证明射频加热磁性氧化铁纳米颗粒能够实现最大达50 mL猪动脉血管的保存[图16（b）]；上海理工大学团队围绕大鼠肾脏器官玻璃化保存及磁热复温效果进行了系统深入的探索，通过对器官进行保护剂配方、灌注程序、低温冷冻以及磁热复温工艺的优化，获得了良好的肾脏血管网络结构保护效果，进一步证明了磁热复温对更大尺度动物器官复温的积极作用[图16（c）]。

相比于磁热复温，纳米光热复温设备价格低廉、操作简单且温度可调易控，但在复温尺度上有所欠缺，通常适用于细胞以及小尺度组织的快速复温。中科大研究团队基于二位碳化钛的协同抑冰效应，将被动抑冰与光热主动抑冰相结合，在降温过程中抑制冰晶的

(a) 氧化石墨烯（GO）

(b) 氧化准氮化碳量子点（OQCNs）

(c) 锆基金属有机骨架（MOF）

(d) 二维碳化钛（Ti$_3$C$_2$T$_x$）MXene纳米片

(e) 二维碳化钛（Ti$_3$C$_2$T$_x$）MXene纳米片表面基团

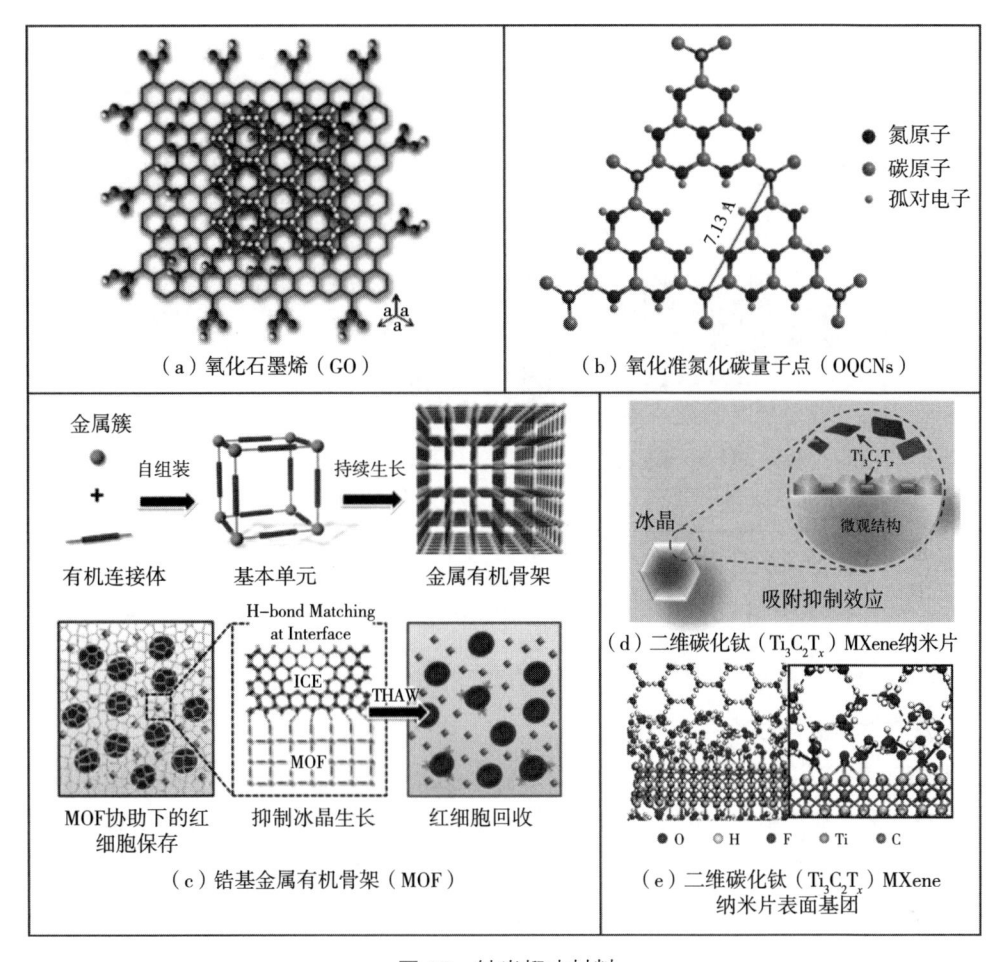

图15 纳米抑冰材料

产生与生长，在复温过程中利用材料光热特性吸收近红外激光的能量转化为热量，在提高样品升温速度的同时提升内部复温均匀性，改善冷冻保存效果[图16（d）]。传统的纳米磁热、光热复温介质均为固体材料，固态纳米颗粒的引入同样会产生促进体系冰晶成核的风险，而柔性纳米颗粒由于其更低的表面自由能因而不易促进成核。基于此，中科院理化所团队首次探索了柔性液态金属纳米颗粒光热复温材料。液态金属作为一种新的柔性纳米颗粒，能够有效地实现外场调控下颗粒复合细胞的选择性能量吸收。普朗尼克包覆的镓铟合金纳米颗粒，其光热转换效率达到了52%，显著高于已经广泛应用的金纳米棒（22%~32.2%），相对于传统复温方式（25±6%）将人骨髓间充质干细胞复温后存活率提高了三倍（78±3%）[图16（e）]。进一步对含有血管组织小鼠尾的冷冻保存表明，液态金属纳米颗粒光热复温避免了重结晶造成的机械损伤[图16（f）]，在光热复温领域展现出了巨大的应用前景。考虑到其柔性、高光热转换效率的特点，未来有望在更广阔的细胞、组织保存中发挥作用。

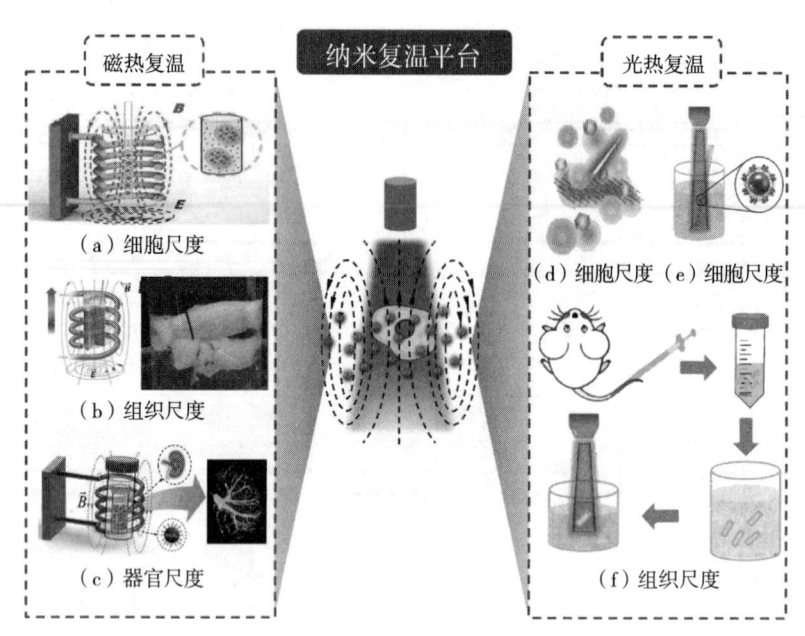

图 16　纳米复温技术

3. 深过冷低温保存技术

生物样本损伤的关键挑战来自冰晶的产生，以及因相变、热应力、机械应力、渗透压变化等导致的脂类氧化、能量代谢紊乱等问题。对于细胞等小尺度样品，上述问题可以通过加载保护剂、优化升降温过程以缓和损伤，但针对大尺度的样本如器官，仍然难以快速均匀完成高效的保护剂物质运输和能量递送。因此，部分研究者开始探索无冰的生物样本保存方案以规避冰晶损伤，拓展低温保存的方法和策略。Huang等在确定气液相界面为异相成核主要发生位点的基础上运用表面油封的方式成功实现了红细胞、干细胞的过冷保存，结果显示红细胞能够在 –16℃下保存长达42天而不产生严重损伤［图17（a）］，干细胞能够在过冷状态下保存7天且具备极高的细胞存活率［图17（b）］。进一步，哈佛医学院团队联合机械灌注与过冷保存，将人类肝脏保存时间延长至27小时，充分验证了过冷这一无冰保存方式的可行性与有效性［图17（c）］。

（三）低温冷冻保存未来发展趋势预测

（1）保存样本维度提升

目前针对细胞、小尺寸组织保存的保存已经形成了比较完善的保存方案，但针对器官的长期有效的低温保存却仍然存在未解决的难题。面向人民生命健康的重大需求，器官资源的高效利用和器官移植的广泛开展，对于社会的发展具有极为重要的意义。因此，探索器官长期冷冻保存机制并形成相应的技术体系对实现组织器官冻存应用至关重要。未来针对器官保存的冰晶调控策略以及相应低温损伤分子机制有待进一步发展。此外，强化器

（a）干细胞过冷保存

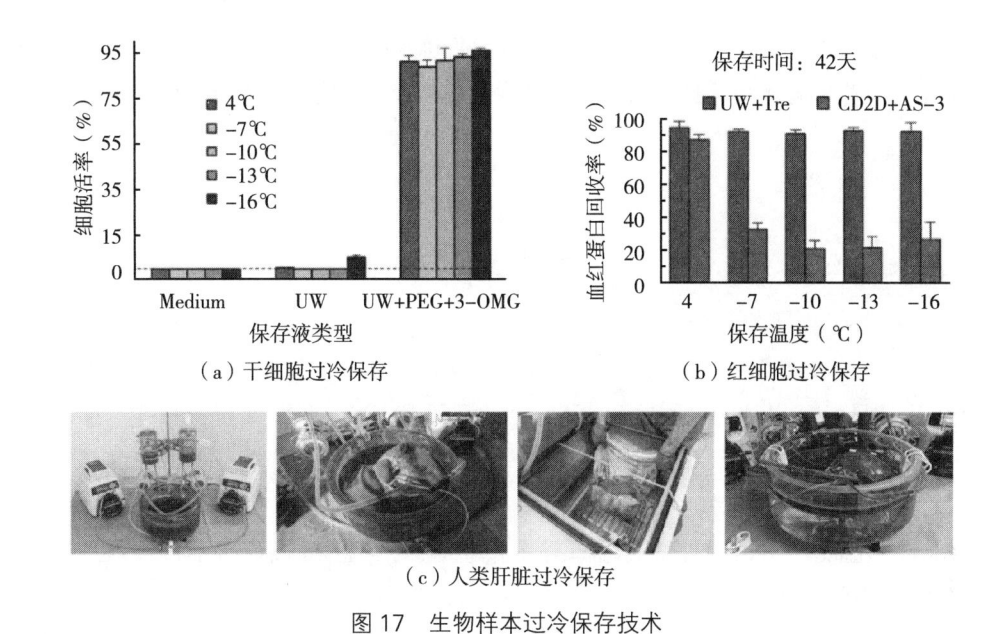

（b）红细胞过冷保存

（c）人类肝脏过冷保存

图17　生物样本过冷保存技术

官玻璃化保存复温阶段的传热过程，实现器官快速、均匀复温的新方法需要进一步发展。

（2）仿生型保存策略的探索

近年来，研究人员发现自然界中的耐寒生命体在低温环境中通过对机体积极主动调控而实现增强自身"冷冻避免"或"冷冻耐受"能力。很多耐寒生物体，包括多种鱼类、植物、脊椎动物、昆虫等可以通过合成抗冻蛋白、冰晶成核蛋白、通过代谢积累天然糖类和氨基酸等抗冻物质对抗不利环境。目前仿生型控冰材料的研究方向主要分为抗冻蛋白、聚合物分子及纳米材料等。针对人体安全的仿生控冰材料在细胞冻存领域取得了广泛应用，但相关仿生型保护剂仍然需要进一步探索开发，尤其是针对三维体相冷冻保存的仿生控冰材料。

（3）强化能质调控策略

低温保存过程中保护剂加载及其时空分布、升降温过程中的温度响应均立足于物质传输与能量递送两个基本问题，同时这也是拓展样本保存维度，提高保存质量的根本。因此应当继续深耕这两个基础科学问题，探索诸如仿生冻存过程中的能质递送以及相关的冰晶成核、调控机制机理。

四、未来展望与小结

在各学科交流日益紧密，相互融合影响的时代背景下，低温生物医学与其他学科与技术，如纳米科学、工程学、医疗影像技术的结合会进一步加强，逐渐成长为适应新时代高标准、高质量要求的新学科、新领域。发展绿色冷冻治疗与保存基础科学方法与技术，助力疾病治疗与生物样本战略保存需求，为重大疾病治疗和生物样本保存提供不可替代的解决方案。

参考文献

［1］ Dou M, Lu C, Rao W. Bioinspired materials and technology for advanced cryopreservation［J］. Trends in Biotechnology, 2021, 40（1）: 93-106.

［2］ 吴立梦, 祖平, 何蓉, 等. 生物样本库建设管理现状与建议［J］. 中国卫生资源, 2022, 25（6）: 790-798.

［3］ Chang T, Zhao G. Ice INHibition for Cryopreservation: Materials, Strategies, and Challenges［J］. Advanced Science, 2021, 8（6）: 425.

［4］ Hou Y, Sun X, Dou M, et al. Cellulose Nanocrystals Facilitate Needle-like Ice Crystal Growth and Modulate Molecular Targeted Ice Crystal Nucleation［J］. Nano Letters, 2021, 21.

［5］ Hou Y, Sun X, Yao S, et al. Cryoablation-Activated ENHanced Nanodoxorubicin Release For The Therapy Of Chemoresistant Mammary Cancer Stem-Like Cells［J］. Journal of Materials Chemistry B, 2020, 8: 908-918.

［6］ Yu Z, Wang D, Qi Y, et al. Autologous-cancer-cryoablation-mediated nanovaccine augments systematic immunotherapy［J］. Materials Horizons, The Royal Society of Chemistry, 2023.

［7］ Huang H, He X, Yarmush M L. Advanced Technologies For The Preservation Of Mammalian Biospecimens［J］. Nature Biomedical Engineering, 2021, 5（8）: 793-804.

［8］ Zhu W, Guo J, Agola J O, et al. Metal-Organic Framework Nanoparticle-Assisted Cryopreservation of Red Blood Cells［J］. Journal of the American Chemical Society, 2019, 141（19）: 7789-7796.

［9］ Zhang Y, Wang H, Stewart S, et al. Cold-Responsive Nanoparticle Enables Intracellular Delivery and Rapid Release of Trehalose for Organic-Solvent-Free Cryopreservation［J］. Nano Letters, 2019, 19（12）: 9051-9061.

［10］ Strong Hydration Ability of Silk Fibroin Suppresses Formation and Recrystallization of Ice Crystals During Cryopreservation［J］. Biomacromolecules, 2022, 23（2）: 478-486.

［11］ Cao Y, Chang T, Fang C, et al. INHibition Effect of $Ti_3C_2T_x$ MXene on Ice Crystals Combined with Laser-Mediated Heating Facilitates High-Performance Cryopreservation［J］. ACS Nano, 2022, 16（6）: 8837-8850.

［12］ Zhan L, Rao J S, Sethia N, et al. Pancreatic islet cryopreservation by vitrification achieves high viability, function, recovery and clinical scalability for transplantation［J］. Nature Medicine, 2022, 28（4）: 798-808.

［13］ Zhan T, Liu K, Yang J, et al. Fe_3O_4 Nanoparticles with Carboxylic Acid Functionality for Improving the Structural Integrity of Whole Vitrified Rat Kidneys［J］. Applied Nano Materials, 2021, 4（12）: 13552-13561.

［14］ Dou M, Li Y, Sun Z, et al. L-proline Feeding For Augmented Freeze Tolerance of Camponotus japonicus Mayr［J］. Science Bulletin, 2019, 64（23）: 1795-1804.

［15］ Tessier S N, de Vries R J, Pendexter C A, et al. Partial Freezing of Rat Livers Extends Preservation Time by 5-Fold［J］. Nature Communications, 2022, 13（1）: 4001.

［16］ Hou Y, Lu C, Dou M, et al. Soft Liquid Metal Nanoparticles Achieve Reduced Crystal Nucleation And Ultrarapid

Rewarming For Human Bone Marrow Stromal Cell And Blood Vessel Cryopreservation [J]. Acta Biomaterialia, 2020, 102: 403-415.

[17] Huang H, Rey-Bedón C, Yarmush M L, et al. Deep-Supercooling for Extended Preservation of Adipose-Derived Stem Cells [J]. Cryobiology, 2020, 92: 67-75.

[18] de Vries R J, Tessier S N, Banik P D, et al. Supercooling extends preservation time of human livers [J]. Nature Biotechnology, 2019, 37 (10): 1131-1136.

撰稿人：饶 伟 杨 帆

ABSTRACTS

Comprehensive Report

Advances in A brief review on the Development of Refrigeration and Cryogenics Discipline

Foreword

Refrigeration and cryogenics technologies use artificial methods to obtain temperatures below the ambient temperature. Its basic task is to study the principles, technologies and equipment to obtain and maintain a temperature and humidity environment different from that of nature, and to use these technologies in different scenarios. Its scope includes the cooling output to maintain low temperatures, as well as technologies such as dehumidification, environmental parameter adjustment, and heat pumps. Refrigeration and cryogenics technologies are closely related to almost all sectors of the national economy and people's lives. Due to the significant improvement in human life and production levels, refrigeration and air conditioning has been selected as one of the greatest engineering and technological achievements of the 20th century. In addition, cryogenics technology is the basis for research in condensed matter physics, modern high-energy physics, particle physics, space physics, nuclear energy, etc. It is an indispensable means for cutting-edge research in physics. It is used in basic physics, medical and health care, industrial technology, resources and environment, and space.

Under the background of environmental crisis and technology competition between nations, the implementations of many major global issues and national policies and the solution of scientific problems rely on the development of refrigeration and cryogenics technology. Therefore, refrigeration and cryogenic technologies have attracted more and more attention. Currently, driven by policies and markets, traditional refrigeration technology is facing mandatory upgrading; meanwhile, new refrigeration and cryogenics technologies are developing rapidly, supporting the development of cutting-edge science and major national needs, and promoting the marketization of related products.

With the support of the China Association for Science and Technology, the Chinese Association of Refrigeration organized a team of academicians and experts to prepare two reports on refrigeration and cryogenics in 2010-2011 and 2018-2019 respectively. In these reports, new refrigeration technologies, refrigeration working fluids, cryogenic biomedicine, cryogenic engineering technology, compressors and refrigeration equipment, refrigeration storage and transportation, heat pump air conditioning, air conditioning refrigeration, adsorption refrigeration and absorption refrigeration are comprehensively introduced. Considering the rapid development of refrigeration and cryogenics technology, it is necessary to further organize the development of the discipline, especially the development in the past five years.

Recent development

In recent years, the discipline of refrigeration and cryogenics engineering has focused on the forefront of international technology and major national needs. A number of significant achievements have emerged, supporting the development of urban and rural construction, clean heating, waste heat recovery, logistics, new energy vehicles, air separation, etc. The development of various fields such as natural gas liquefaction has also played a major supporting role, especially in assisting the rapid development of cutting-edge scientific and technological fields such as cutting-edge physics, quantum technology, and superconductivity in China.

As for the vapor compression refrigeration, numerous substantial progresses have been made with two major topics: the low-GWP synthetic refrigerant development and the revival of natural refrigerants. HFOs have been promoted and applied gradually; safety risk assessment standards for refrigerants are continuously being revised; the application scope of natural refrigerants has been significantly expanded, and the recovery and regeneration of refrigerants also have attracted wide attentions. In the field of heat-driven refrigeration and heat pump, absorption refrigeration and heat pump technology has mainly developed two types of absorption heat exchangers and promoted the engineering application of heat pumps and refrigeration systems. Moreover, sorption refrigeration and heat pump technology have evolved high-performance composite sorbents such as multi-halides and constructed multi-stage combined cycles and systems. In addition, the thermoacoustic technology focuses on the development of dual traveling wave-type and gas-liquid/solid coupling thermoacoustic refrigeration systems. As for the solid-state refrigeration, magnesium-based thermoelectric materials have been developed; additive manufacturing has been demonstrated to produce elastocaloric materials with customized shape and functionality; durable, low field intensity, and giant caloric effect were discovered in a cutting-edge electrocaloric polymer material. In terms of solid-state refrigeration devices, magnetocaloric cooling is on the edge of commercialization, both at room temperature and cryogenic temperature; fluid-free compact electrocaloric cooling devices have received much development and improvement; elastocaloric cooling is moving towards kW-range cooling capacity.

The application of refrigeration technology has rapidly developed. In air conditioning systems, controlling the indoor thermal environment was important, including independent control of temperature and humidity, system process innovation, and new desiccants. The research on key components of air conditioning systems is also significant. Magnetic suspension and aerodynamic suspension have been used to upgrade chillers, and the optimization of heat exchangers has focused on compact structure, low refrigerant charge, and high heat exchange performance. Further, low-temperature air source heat pumps and multi-split air conditioner systems have developed rapidly, while the development of online performance measurement and big data technology has reduced system energy consumption and maintenance costs. In terms of cold chain equipment technology, the main advances include differential pressure precooling equipment based on flowing ice, mobile differential pressure precooling equipment, intelligent three-dimensional freezing tunnel, magnetic field assisted freezing technology, mobile multi-functional modular cold box, transcritical carbon dioxide unit with adjustable injectors and low-temperature freezer based on mixed refrigerant HX46. The latest research progress of high-temperature heat pumps mainly includes efficient high-temperature water vapor heat pumps using twin screw compressors and water spray cooling, large-temperature-lift cascading compression heat pump cycles or absorption-compression coupled heat pump cycles with both low-temperature heat source utilization and high temperature output, and direct steam supply technology of high-temperature heat pumps combining open and closed compression. As for the heat pump in vehicles, based on the basically unified "crew cabin + three electronics" integrated architecture, there have been new thermal management technologies such as vehicle thermal management frost-free operation control strategy, double evaporation temperature and vapor injection technology, multistage waste heat recovery etc. Some models have promoted battery direct-cooling or direct-heating technology. The use of highly integrated module products such as eight-way valves and valve islands in thermal management loops is also becoming more widespread.

The development of cryogenics technology has also enjoyed a fast development. In the field of air separation, recent research progresses have predominantly focused on high-precision prediction of the thermophysical properties of cryogenic mixed working substances, development of efficient components for air separation equipment, and implementation of flexible and reliable control for large-scale air separation systems. As for the LNG technology, the process selection of large natural gas liquefaction plants is highly concentrated; China has rich practices in the field of small-scale and unconventional natural gas liquefaction; floating LNG（FLNG）used in offshore gas fields has developed rapidly in recent years; large scale and offshore floating storage and regasification units（FSRU）are the focuses in the field of LNG storage and transportation. For the large-scale cryogenic devices, Chinese researchers represented by the Technical Institute of Physics and Chemistry of the Chinese Academy of Sciences have completed the development of hundreds of watts and kilowatts of liquid hydrogen and liquid helium temperature zone refrigerators, especially the 2500 W@4.5 K and 500 W@2 K large scale chillers refrigerators in 2021. In the field of small-scale cryogenic devices, in terms of regenerative refrigerators, commercial products on miniaturization, low temperature and large cooling capacity refrigeration have been realized in China recently. In terms of ultra-low temperature refrigeration below 1 K, adsorption refrigeration and magnetic refrigeration technology are still in the research stage, while the minimum cooling temperature of dilution refrigerator can reach below 10 mK, and its commercialization has been started already. In the field of cryotherapy and cryopreservation, the domestic application of cryotherapy still lags behind that of America. We are currently frontrunner in the development of biomimetic materials and the preservation of small-scale samples, but we still need to catch up with the world class level on the preservation of large-scale samples. Additionally, the construction of biobanks is rapid in China, but it is still necessary to learn from the advanced international institution.

Comparison between domestic and foreign research progresses

In recent years, China's refrigeration and cryogenics technologies have continued to develop rapidly, narrowing the gap with foreign advanced levels, and being in a dominant position in some fields. However, there is a lack of original innovation in basic mechanisms, and there are still "bottleneck" problems in key technical fields.

As for the refrigeration technologies, except that the development of low-GWP refrigerants and the recovery and destruction of waste refrigerants, China has taken the leading position in the field of the component development and integration innovation technologies for vapor compression refrigeration, and leads the world towards an advanced technology path of high efficiency and low carbon. As for the heat-driven refrigeration and heat pump, China is also leading in the engineering application of absorption heat pump systems coupled with compressed heat pumps and the miniaturization of absorption chillers. In the field of heat-driven refrigeration and heat pump, the development of sorption refrigeration technology in the progress of composite sorbents and multi-stage cycle and system construction is faster than in foreign countries. In thermoacoustic refrigeration and heat pump, China is dominant in the conventional thermoacoustic refrigeration systems, while the novel wet thermoacoustic refrigeration cycle is becoming an international research hotspot. Although all solid-state refrigeration technologies were born abroad, domestic activities in material and system research have been competitive with those from international leading groups in the field.

Refrigeration technologies serve many fields of the national economy.. China is the world's largest producer of air conditioning systems. In terms of research and development, component design and manufacturing of refrigeration and air conditioning systems, China has been ranked among the best in the world, but there are still some shortcomings to be addressed. As for performance evaluation standard system for air conditioner, the load-based performance evaluation method should be adopted. In terms of air conditioner operation, it should be combined with smart grid policies under renewable energy grid to promote the improvement of air conditioner operation level. In the field of cold chain equipment, in the cold processing, a few equipment such as intelligent three-dimensional freezing tunnels have better performance than mainstream foreign products, but most of them still have gaps; in the cold storage, there is a gap in the application technology of ammonia refrigerant compared to foreign countries; in the refrigerated transportation, there is a gap in information technology; in the refrigerated sales, overall it is at the international advanced level. As for the high-temperature heat pump, Norwegian University of Science and Technology has conducted a series of research on high-temperature heat pumps with natural and low GWP working fluids. Swiss research institutions and Japanese companies have developed megawatt industrial residual heat source high-temperature heat pump. China started the research on high-temperature heat pump relatively late, but there has also been the emergence of novel technologies like air source high-temperature heat pumps. As for heat pumps for vehicles, with the introduction of the P-Fas Act in Europe, the popularity of HFO technology such as R-1234yf has declined, domestic enterprises such as BYD and Dongfeng have dominated CO_2 refrigerant, while foreign enterprises dominated by Volkswagen also have CO_2 products, and others such as Tesla have also begun to carry out research on R-290. Domestic and foreign enterprises have basically reached some consensus on technical routes such as integrated thermal management and waste heat recovery.

Cryogenics technologies provide fundamental support for the industrial field and cutting-edge sciences. As for the air separation, domestic companies like Hangyang, Chuankong, and Kaifeng Air Separation, serving as representatives of the national industry, have successfully achieved the indigenization of complete sets of large air separation equipment. In the filed of LNG technology, there is a significant amount of engineering practice and exploration in small (including skid mounted) and unconventional natural gas liquefaction plants in China, but there is currently no practice of large-scale plant. A lot of attentions are being paid to floating liquefied natural gas (FLNG) abroad, but there is no specific case in China. The construction of large LNG storage tanks and transport ships in China is approaching the world's advanced level. As for the large-scale cryogenic devices, countries in Europe and the United States have mature experience in the development of large-scale cryogenic systems, and have been successfully applied in large scientific installations such as LHC, ESS, DESY, etc. China started late, and now has the capacity of independent development of 2500 W@4.5 K refrigerator and 500 W@2 K refrigerator. For the small-scale cryogenic devices, most kinds of the regenerative refrigerators on miniaturization, low temperature, and large cooling capacity refrigeration in China have prototypes / products comparable to those of developed counties, but the G-M pulse tube refrigerators and dilution refrigerators in China still need to be further improved since most of which currently used are imported from abroad. In the field of the cryotherapy and cryopreservation, the application of cryotherapy still lags behind that of America, but we lead the way in research and equipment development. We are currently frontrunner in the development of biomimetic materials and the preservation of small-scale samples, but we still need to catch up with the world class level on the preservation of large-scale samples. And the construction of biobanks is rapid in China, but it is still necessary to learn from the advanced international institution.

Trends of development

Overall, high-level original researches and products have emerged in this field, and the gaps with the international advanced level are becoming smaller and smaller. Nevertheless, due to

ABSTRACTS

the importance of refrigeration and cryogenics technologies in supporting national strategy and economic development, the development of this field still needs to be significantly improved, breaking away from dependence on foreign countries, and better serving national strategy and economic construction.

As for the refrigeration technologies, breakthroughs in key energy-efficient technologies in vapor compression refrigeration such as oil-free compressors, substitution of high-temperature heat pumps for boilers in industrial production, life cycle management of refrigerants, and deep integration of refrigeration and air conditioning technology with artificial intelligence technology. For the heat-driven refrigeration and heat pump, absorption heat pump technology should focus on developing new processes and systems for the flexible transformation of thermal energy. Sorption refrigeration and thermal pump technology concentrate on the development of high-adaptability working pairs and multi-effect cycles and systems at variable heat sources and ambient temperatures. In addition, the thermoacoustic refrigeration system should eNHance the level of sound field regulation, develop heat exchangers with alternating flow, and a new thermoacoustic refrigeration cycle that eNHances mass transfer performance. As for the solid-state refrigeration, thermoelectric cooling is expected to penetrate more into markets requiring thermal management of high heat flux, high temperature precision, and flexible devices. The three major caloric cooling technologies are expected to witness more breakthroughs in both materials and systems, while their application scenarios need further investigation.

In the application of refrigeration technologies, the residential building air conditioning is the most well-known. The key to reducing carbon emissions and achieving carbon neutrality in residential building air conditioning systems includes: reduce the cooling and heating load requirements of the air conditioning system, improve energy efficiency and reduce power consumption during air conditioning operation, develop and utilize renewable energy sources, and reduce direct carbon emissions from air conditioning systems. In terms of cold chain equipment technology, based on the current situation of China's cold chain industry and the development of the international cold chain industry, China's cold chain technology and equipment will develop in the following four directions: green and low-carbon, health and safety, precise environmental control, informatization and intelligence. As for high-temperature heat pumps, to achieve a wider coverage of heat and cooling needs, the future development mainly includes high-temperature heat and steam supply based on high-temperature heat pumps, and heat pump technology for on-site consumption and utilization of industrial waste heat. For heat pumps of vehicles, the future development should focus on green and efficiency, functional integration, structural modularization and intelligent control.

In the cryogenics technologies, for the air separation, the development of large-scale, energy-saving and intelligent air separation equipment is an inevitable trend. Therefore, the future of cryogenic air separation systems necessitates the development of new processes, innovative subsystem designs, and novel operational control strategies. For the LNG technology, offshore natural gas liquefaction will be a focus of attention in the near future; research on carbon reduction in the LNG field is becoming a hot topic. The liquefaction of unconventional natural gas, especially natural gas containing hydrogen and ethane, may become a research hotspot; The new optimization algorithm for liquefaction process simulation is expected by the industry. Continuous efforts are still needed to research the localization of large gasifiers. In terms of the large-scale cryogenic devices, scientific research workers in our country continue to deepen on the existing basis. At the system level, the ten-thousand-watt liquid helium temperature zone refrigerator and the kilowatt superfluid helium temperature zone refrigerator are developing. At the key technologies level, they will focus on breakthroughs in hydrogen and helium compression, system process and integration, turbine expanders and cold compressors, low temperature storage and transportation technologies and technical standard construction. As for the small-scale cryogenic devices, as the main miniature cryogenic refrigeration technology, the developing directions of regenerative refrigerator are still on miniaturization, low temperature and large cooling capacity refrigeration, including the commercialization of G-M pulse tube refrigerator. The space-oriented 4K J-T refrigerator needs to be further improved especially on the performance of its valved linear compressor. For the refrigerator below 1 K, aiming to break international monopoly, great efforts on the research and productization of the domestic dilution refrigerator are still needed. As for the cryotherapy and cryopreservation, its further development will inevitably rely on the progress of engineering and biomedicine in the future for the purpose of precision cryo-biomedicine. It is crucial to achieve precise regulation and control of energy and matter transfer in cryobiology. It is also of great significance to optimize the construction level and thoroughly improve standardized laws and regulations of biobanks.

Written by: Ercang Luo, Rui Yang

Reports on Special Topics

Advances in Vapor Compression Refrigeration Technology

Vapor compression refrigeration technology has been actively transitioning towards the green, low-carbon, high efficiency, and safe development due to the requirements from carbon neutrality goal of China and the Montreal Protocol, including the substitution of refrigerant, the optimization of component performance, the improvement of system energy efficiency, and the deep integration with artificial intelligence technology. This report comprehensively introduces the development and application of key technologies aiming to the goal of carbon neutrality and compliance with the Montreal Protocol, including the refrigerant development, system energy efficiency improvement technology, and intelligent regulation technology. The development trend and prospects of vapor compression refrigeration technology are also deeply discussed in this report.

With the Kigali Amendment coming into effect for China officially, numerous substantial progresses have been made with the two major topics of the low-GWP synthetic refrigerant development and the revival of natural refrigerants. Firstly, the thermophysical property databases of over 20 HFOs refrigerants such as R-1132 (E) and R-1233zd (E) have been updated and improved for low-GWP synthetic refrigerants. Based on these low-GWP substances, some alternative mixed refrigerants have been developed for chiller units and high-temperature heat pumps, covering most air conditioning products in the application of HFCs refrigeration. The safety risks of flammable refrigerants have been evaluated and their filling regulations and requirements are adjusted, which have significantly expanded the application scope of flammable refrigerants. Secondly, in terms of the revival of natural refrigerants, a series of efficient compressors and microchannel heat exchangers for hydrocarbon refrigerants have been developed. A series of efficient CO_2 compressors, falling film evaporators, gas coolers, ejectors, and expanders also have been developed, which expanding the application scope of natural refrigerants. For example, CO_2 refrigeration and freezing equipment has been widely applied, CO_2 heat pump water heaters have gradually gained commercial applications, CO_2 heat pump air conditionings for electric vehicles have entered the commercial testing phase, and transcritical CO_2 direct-cooling technology has been successfully applied in ice venues of the Winter Olympics. The recovery and regeneration of refrigerants and the destruction of waste refrigerants also have attracted wide attentions. Thirdly, in terms of refrigeration cycle and key technologies, the new cascade compression refrigeration system cycle has been proposed, expanding the application scope of magnetic suspension compression and eNHanced vapor injection technology. Key equipment such as oil-free compressors (air suspension bearing technology) has been developed to improve the system energy efficiency of refrigeration and air conditioning products. The high-temperature multi-stage compressors and high-temperature heat pump technology are developed to replace boilers in industrial production. Finally, with the use of existing digital twin technology and artificial intelligence technology, intelligent operation and maintenance strategies for complex refrigeration and air conditioning systems have been proposed by the data from the user side and intelligent control of analysis platform, which can gradually improve remote control, operation, supervision, diagnosis, service, etc.

There are still many variables in the future selection of alternative refrigerant solutions with the progress of PFAS. How to determine the alternative refrigerant solutions in China? How to promote the recycling, regeneration, and destruction of refrigerant? These are all urgent issues that should be addressed in the field of vapor compression refrigeration technology.

Written by: Lin Shi, Qingsong An, Xiaoye Dai

Advances in Thermally Driven Refrigeration and Heat Pump Technology

Thermally driven refrigeration and heat pump technology can fully recover and utilize low-grade thermal energy such as solar energy and industrial waste heat, converting it into high-grade cold and heat. This can significantly improve energy efficiency and greatly reduce carbon dioxide emissions, thus providing solid technical support for achieving carbon neutrality goals. The main technical routes include absorption, sorption, and thermoacoustic refrigeration and heat pump.

Combining the research status of absorption refrigeration and heat pump with the urgent demand for low-grade waste heat recovery in the district heating system in northern China, a series of waste heat-driven absorption heat pump and refrigeration systems have been developed with innovative absorption heat exchanger products and engineering applications. Among them, the first type of absorption heat exchanger achieves sufficient heat exchange between two fluids with unmatching heat capacity, by which the outlet temperature of the heat source side with lower flow rate could be 15~20°C lower than the inlet temperature of the heat sink side with larger flow rate. The second type of absorption heat exchanger achieves the transformation from heat with low inlet/outlet temperature difference to heat with large inlet/outlet temperature, thereby achieving the outlet temperature of heat sink with lower flow rate being higher than the inlet temperature of heat source side with large flow rate. Future research focuses on flexible thermal transformation systems, processes, development of new structure equipment and internal components, eNHancement of internal heat and mass transfer processes, and new working fluids.

Compared with thermal-driven absorption refrigeration technology, the solid sorption refrigeration and heat pump technology has simpler structure and operation control as there is no need for liquid pump or distillation device. Therefore, the system possesses the low operation cost, and there are no problems such as refrigerant pollution, crystallization or corrosion, which owns significant advantages in cold-heat supply and storage applications. However, the reliability and output efficiency of thermal-driven solid sorption refrigeration and heat pump system are reduced under conditions of frequent extreme climates and significant fluctuations in solar irradiation. Future research concentrates on developing high-performance solid sorption materials, multi-effect cascading cycles and systems for adapting to extreme climates and fluctuating solar irradiation conditions, as well as obtaining user-side optimization guidelines for different climate regions, thereby promoting the demonstration and application of solid sorption refrigeration and heat pump technology.

In comparison to the absorption and solid sorption refrigeration technologies, the thermoacoustic refrigeration and heat pump technology utilizes the thermoacoustic effect to achieve cooling and heating with prominent characteristics of high reliability and environmental friendliness. Although this technology has been well developed in the last few decades, factors such as low thermoacoustic conversion efficiency and large resonant losses severely restrict its application. In the future, the research on thermoacoustic refrigeration and heat pump technology should focus on improving the active and precise control of the acoustic field, further reducing resonant losses, developing high-performance oscillatory flow heat exchangers, and exploring novel cycles such as wet thermoacoustic refrigeration cycles to promote the conversion efficiency.

Written by: Xiaoyun Xie, Liwei Wang, Rui Yang, Shaofei Wu

Advances in Solid-state Refrigeration Technologies

Solid-state refrigeration is based on exothermic and endothermic effects in solid-state materials, which is environmentally friendly due to its zero GWP feature since solid-state materials are not volatile. Solid-state refrigeration technologies can be divided into two groups, which include those based on carrier-phonon interaction and those based on heating and cooling in caloric materials. The former includes thermoelectric cooling, thermoionic cooling, and optics refrigeration. The latter includes magnetocaloric, electrocaloric, and mechanocaloric cooling.

Thermoelectric cooling is the only commercialized solid-state refrigeration technology. It is known for being vibration-free and compact and has been applied in home appliances as well as cutting-edge electronics that require high precision control of temperature. For room-temperature applications, recent research activities in inorganic thermoelectric materials included introducing lattice impurities, nanoscale compositions, quantum confinement effect, doping on resonance energy levels, etc, such that the phonon transport can be iNHibited while increasing the electron transport. For low-temperature applications, most research was still based on Bi-Sb-based materials. On the device level, recent activities focused on micro-cooling for electronics with high heat fluxes and flexible cooling devices for human thermal comfort management applications. At cryogenic temperature down to LN2, a reported thermoelectric cooling device can generate 14 K temperature span and 0.36 W cooling power.

Among three caloric cooling technologies, magnetocaloric cooling is the most mature technology that covers the temperature spectrum from mK to room temperature. In recent years, the rotary multi-bed regenerator architecture has become the state-of-the-art design for room-temperature magnetocaloric cooling systems. For example, DTU achieved a cooling COP of 15.9 at 7.3 temperature span (equivalent to 39.2% second-law efficiency) in a rotary multi-bed magnetocaloric cooling system (MagQueen). Based on this design, there have been a few commercial demonstration prototypes such as wine refrigerators and refrigeration display cabinets in Europe. Institutes in Japan and the USA also investigated hydrogen liquefaction in recent years. Recently, PNNL succeeded in liquifying LNG from room temperature. Chinese Institute of Physics also successfully developed a single-stage ADR that achieved 470 mK in 2021.

Electrocaloric cooling can be driven by electricity directly and thus is intrinsically simpler than other caloric cooling technologies. Electrocaloric material is very similar to a thin film capacitor and can be easily scaled and integrated into multiple application scenarios. In recent years, there have been breakthroughs in both materials and devices. SJTU introduced C=C double bond in PVDF-TrFE-CFE terpolymer that can significantly increase the electrocaloric effect, especially under low field intensity conditions. By integrating multi-layer architecture with electrostatic actuation, a four-stage system achieved 8.7 K temperature span. The multi-layer capacitor has become the cutting-edge integration technique. A regenerator based on the multi-layer capacitor design achieved 13 K temperature span, which showed promises for scaling up electrocaloric devices.

Elastocaloric cooling features the largest caloric effect among these three caloric cooling technologies. Commerial-grade NiTi has demonstrated stable 20 K and above temperature response for millions of cycles of operation. Additive manufacturing has been actively involved in this field that can create customized shapes with customized material properties. Recently, there have been multiple new achievements. The first rubber-based elastocaloric prototype was reported in 2022. XJTU developed the world's first fully integrated elastocaloric refrigerator that featured 15 K temperature span. Based on the shell-and-tube structure, a tubular elastocaloric regenerator achieved 31 K temperature span and 50 W cooling power. Recently, the multi-mode prototype jointly developed by XJTU and UMD demonstrated 260 W cooling, which is the first elastocaloric cooling system that showed cooling performance equivalent to state-of-the-art magnetocaloric cooling systems. Since 2021, Exergyn, an Irish start-up company, has been developing a 10 kW elastocaloric ground-source heat pump. If succeeds, it may be the first application scenario for this technology.

Written by: Limei Shen, Xiaoshi Qian, Suxin Qian, Min Zhou, Biao Zhong

Advances in Refrigeration Technologies of Air Conditioning Systems

The proportion of energy consumption from building operations accounts for approximately 30% of the world's total energy consumption, with air conditioning systems being the major contributor to carbon emissions in building operations. Recent research in air conditioning systems has primarily focused on accelerating building energy efficiency and emissions reduction, as well as promoting key technologies for the low-carbon operation of these systems. Key strategies to reduce the carbon emissions of air conditioning systems include lowering the heating and cooling demand, optimizing the heat and wet process, improving operational efficiency, developing renewable energy, and minimizing direct carbon emissions.

Efficient control of indoor thermal and humidity environments plays a pivotal role in ensuring thermal comfort, eNHancing agricultural and industrial productivity, and improving product quality. Recent advancements in air conditioning technology have led to breakthroughs in various domains.

In the realm of condensation dehumidifier, the implementation of graded/segmented evaporation and condensation heat recovery has enabled independent control of temperature and humidity, along with the reheating of air, resulting in a significant improvement of energy efficiency. Solution dehumidification air conditioning system has seen further progress through innovations in humidity absorbents and system processes, raising the bar for utilizing low-grade heat and expanding into deeper dehumidification applications. Solid dehumidification air conditioning system has achieved lower regeneration temperatures and eNHanced dehumidification performance by developing novel desiccants and optimizing dehumidification heat exchanger structures. Passive thermal and humidity regulation techniques have been refined by introducing new materials with adjustable properties and employing advanced control strategies, effectively reducing the overall load on air conditioning systems.

Key components of air conditioning systems, such as magnetic levitation and air levitation types of water-cooled chillers, have undergone iterative upgrades. Notably, air levitation technology, with its simpler control systems and cost-effective, compact structure, has emerged as a promising alternative. In terms of heat exchangers, the focus has shifted towards compact structures, low refrigerant charge, and high heat exchange efficiency, incorporating cutting-edge technologies like new fin designs, vortex generators, and the use of nanofluids.

At the system level, low-temperature air-source heat pump technology has rapidly advanced, enabling efficient and reliable operation in low-temperature environments through variable-frequency cascading control and two-stage compression. The increasing market prevalence of multi-split systems has prompted the development of advanced control strategies, including load prediction-based control and three-pipe multi-split heat recovery technology. These innovations eNHance the stability of parameters controlled by multi-split systems, ultimately improving occupants' thermal comfort. Furthermore, other forms of air conditioning systems achieve high efficiency, energy savings, and enhanced thermal comfort through optimized design and the effective utilization of natural energy.

In the context of field measurement technology for direct-expansion air conditioning systems, the industry's attention has been directed towards the "all-condition measuring methods", dynamically corrected based on the compressor energy balance method. The integration of big data technology and the Internet of Things (IoT) has yielded promising outcomes. Techniques such as multi-split systems based on digital twin technology, big data application in debugging of multi-split system, and room temperature model predictive control contribute to increasing both efficiency and thermal comfort, along with reduced energy consumption and maintenance costs.

The evolving landscape of refrigeration technology of air conditioning system reflects a commitment to advancing energy-efficient, sustainable, and comfortable solutions for diverse applications.

Written by: Wenxing Shi, Yonggao Yin, Zixu Yang, Fan Zhang, Tianchan Yu, Shurong Liu, Hansong Xiao, Tiancheng Li, Junjie Chi, Bowen Cao, Xiaosong Cheng, Wanhe Chen, Yutong Zhu, Bingjie Lei

Advances in Cold Chain Equipment Technology

Cold chain refers to a special supply chain that is based on refrigeration and refrigeration processes, using refrigeration technology to achieve a suitable low-temperature environment throughout all stages of production, circulation, sales, and consumption. It plays an important role in ensuring the normal circulation of food and drug, and is an important support for the international and domestic dual circulation. It plays an irreplaceable role in the implementation of multiple national development strategies and multiple important areas of the national economy.

In cold processing, a differential pressure precooling equipment based on fluid ice was developed in the field of precooling. Also, several new types of differential pressure precooling equipment were developed. The combination of precooling of fruits and vegetables with sterilization and disinfection technology was proposed and the factors affecting the production of plasma activated water and its bactericidal effect in fruit and vegetable precooling were experimentally studied. In the field of freezing and quick freezing, an efficient, clean automatic stacked spiral food quick freezing device was developed. An intelligent three-dimensional freezing tunnel was designed to address the issues of high energy consumption; An intelligent bottom cyclone tunnel quick freezing device and fried rice quick freezing machine were proposed. In the field of physical field assisted freezing, experimental and simulation studies on the influence of magnetic field on the growth process of ice crystals in water and its salt solutions were conducted; A phase field based ice crystal growth model was established to simulate the dynamic growth process of a single ice crystal; The distribution of ultrasonic field strength and cavitation effects was conducted and an automated ultrasonic assisted freezing equipment was developed.

ABSTRACTS

In cold storage, a mobile multi-functional modular refrigeration box was developed, which can be freely configured and combined according to the cooling capacity and refrigeration space needs; A transcritical carbon dioxide unit with adjustable injector was proposed, expanding the application range in different outdoor environments; Other advances include the use of fabric air ducts to penetrate the lower part of the fresh ice storage, the use of a new type of ice temperature cold storage based on variable frequency control and finned top exhaust pipes, and a new wide temperature range efficient refrigeration and heating coupling integrated system.

In refrigerated transportation, in addition to the rapid development of electric refrigerated vehicles, electric refrigerated tricycles can meet the future demand for clean transportation in the "last mile" and its informatization developed rapidly. Meanwhile, vehicle refrigeration systems utilizing new working fluids have also made rapid development in recent years, mainly including CO_2, R448A, etc.

In refrigerated sales equipment, a refrigerator based on a dual press joint control and an injector efficiency eNHancing dual temperature system were developed, both of which achieve dual temperature regulation; A condensation heat recovery type dual temperature air curtain cabinet was developed, reducing energy consumption by more than 30%; A low-temperature refrigerator based on non azeotropic mixed refrigerant HX46 (R290/R170) was proposed, using J-T refrigeration cycle instead of self cascade and cascade cycles.

Based on new cold chain demand and the current development status in China, the key technologies were given for the four parts of cold chain. Based on the current situation of China's cold chain industry and the development of the international cold chain industry, China's cold chain technology and equipment will develop in the following four directions: green and low-carbon, health and safety, accurate control, informatization and intelligence.

Written by: Changqing Tian, Hainan Zhang, Dan Wang, Bo Wang

Advances in The Progress of High-temperature Heat Pump Technology and Application

Heat pump is an important pathway for the decarbonization of thermal energy, which could bridge the renewable electricity and heat demand in building, agricultural and industrial sectors. This is due to the efficient heating of heat pump, by utilizing the low grade heat from ambient or waste heat sources. Currently, commercial heat pump products could already fulfill the building heating demand, while its application in industrial scenarios is still limited due to its low output temperature. This significantly limits the potential of heat pump in reducing the carbon emission of industrial heating supply, and high-temperature heat pump is the solution. In recent years, significant progress has been achieved in high temperature heat pump in both the technological and application aspects.

In the technological aspect, the refrigerant and cycles for high temperature heat pump are the major focus. Except for the high temperature HFO and CO_2 refrigerants, water vapor has been adopted as the heat pump refrigerant, with water injection to reduce the superheating and increase the efficiency. This enables high COP of around 5.0 under evaporation temperature of 80°C and compressor discharging temperature of 120°C, with double screw compressor. Corresponding heat pump cycles have been developed or optimized with these high-temperature refrigerants, but this kind of heat pump cycles typically needs waste heat source to produce high temperature output. To tackle this challenge, high-temperature heat pump cycles with large temperature lift have been developed, to achieve high temperature output using ambient heat sources. This could be implemented by the cascading between conventional air-source heat pumps and high-temperature heat pumps. Besides, the cascading cycles between air-source heat pump and absorption heat transformer, and the cascading cycles between air-source heat pump and mechanical vapor compression process have been proposed to achieve similar targets. To be mentioned, the last categories of cascading cycles could be understood as the coupling between closed and open heat pump cycles, which promises for the industrial steam generation and coal boiler replacement.

ABSTRACTS

In the application aspect, high-temperature heat pumps with air source and waste heat source are gaining more and more attention, due to its capability in production industrial steam or thermal energy. On one hand, air-source high-temperature heat pumps have been applied in brewing and phosphating. In one brewing company in Shandong, the brewing process needed 100 kg/h steam, which was supplied by a 72 kW electoral boiler. To increase the production capacity, the company needs more electrical power supply, which exceeds the limitation of current power supply system. To meet the higher steam generation demand, reduce the carbon emission and reduce the investment, an air-source high-temperature heat pump plant was installed, with output temperature of 120°C and 300 kg/h steam production. The COP was around 2.0 under ambient temperature of 15°C. During the operation of more than 2 years, the heat pump saved 46% power consumption with 2.4-year payback period. On the other hand, the application of high-temperature heat pump with waste heat source has been promoted in the drying processes a lot. In one grain drying system, the high-temperature low-humidity inlet air (70°C, 10-15 RH%) is produced by conventional boiler and used for grain drying, which becomes low-temperature high-humidity exhaust air (35°C, 80RH%). By recovering the latent heat of the exhaust air with heat pump, high temperature output is delivered to produce the inlet air, with a high COP of 3-6. The cost was reduced by 6-10 RMB when drying one ton of grain. In both cases, energy saving, carbon emission reduction and economic benefit are achieved simultaneously.

In general, the significance of high-temperature heat pump has been well recognized by the community in the last few years, and some pioneer systems have been built to demonstrate the its feasibility in reducing the carbon emission of heat supply beyond building sectors. However, the current progress is still not sufficient to cover a wide range of industrial applications, and more R&D efforts are still necessary in the coming years.

Written by: Ruzhu Wang, Luwei Yang, Zhenyuan Xu, Weizhao Li

Advances in Heat Pump Air Conditioning and Thermal Management Technology in Vehicles

New energy vehicles have become a national strategy to shoulder multiple historical missions such as future travel, industrial development, energy security, and air quality improvement. However, the development of the new energy vehicle industry is also facing problems such as winter range anxiety, charging time anxiety, and safety anxiety, which promotes the rapid development of thermal management technology. Additionally, for respecting the carbon neutral and international ban of hydrofluorocarbons, the refrigerant replacement process in the thermal management system (TMS) of new energy vehicles is also of great significance for the construction of low-carbon technology system in the field of transportation.

Screening criteria for alternative refrigerants in the field of new energy vehicle TMS include: good thermodynamic performance, adaptivity to heat pump operation with low ambient and high requirement temperatures, environmental protection (0 in ODP and low GWP) and safety, low production and refrigerant replacement cost. While, the current potential alternatives are mainly natural fluid R290 and CO_2 (R744), as well as HFO medium such as R1234yf. In recent years, the introduction of the European Union PFAS Act has seriously restricted the development prospects of HFO refrigerants, so the research on HFO refrigerants has slowed down both internationally and domestically. Additionally, considering the flammability characteristics of R290, various prototypes and laboratory studies have confirmed the good performance of R290 over a wide temperature range, while there have been no reports of real vehicle verification of R290 refrigerant in recent years. However, with the advantages of non-toxic and non-combustible, excellent environmental protection, obvious advantages of low temperature heating, compact, lightweight and so on, the natural fluid CO_2 has become one of the most ideal solutions for future refrigerant replacement. Also, it should be noted that the cooling performance of the transcritical CO_2 system is still slightly poor in some operating conditions, and there is still space for future improvement.

ABSTRACTS

In recently development, the idea of deeply coupling the crew cabin and the battery/motor/electronic system to the same set of vapor compression refrigeration cycle has been relatively mature, and has become the basic recognized technical route of various OEMs and system integrators. For instance, in the refrigeration condition of electric vehicles, the cooling temperature requirements of the crew cabin and the battery/motor circuit are different, which also promotes the development of the vapor injection technology. Additionally, the waste heat recovery heat pump system can achieve the dual effects of cooling the battery pack/motor on the one hand, and heating the crew cabin on the other hand under winter conditions.

In terms of the intelligent control technology of vehicle TMS, the control intelligence will become the core of future thermal management in order to cover the increasingly complex thermal management functions and increasingly sophisticated thermal management requirements. For example, the concept of vehicle TMS hub with heat damage control, remote control, and full cycle energy intelligent distribution, has gradually become the fundamental guarantee for the future new energy vehicle TMS with multi-function, wide temperature range, multi-variable, unsteady state, non-linear demand, real-time dynamic optimization, and rapid response.

From the perspective of vehicle TMS and its applications, the direct heat pump occupies the mainstream in the thermal management of the passenger cabin, while the battery part is generally adopting the form of indirect liquid cooling. Besides, in addition to the field of passenger cars, the heat pump air conditioning and thermal management technologies and products have gradually begun to appear in the field of electric commercial vehicles, electrified rail vehicles, electric special vehicles and other fields.

In summary, considering the state-of-the-art in electric vehicles and the goal of carbon neutrality, the electric vehicle TMS industry is also developing towards the "new four modernizations" of green and efficiency, functional integration, modular structure and intelligent control.

Written by: Feng Cao, Xiang Yin, Yulong Song

Advances in Cryogenic Air Separation Technologies

Air separation equipment, utilizing atmospheric air as the raw material to produce industrial gases, such as oxygen and nitrogen, serves as a critical core component within strategic industries encompassing energy, chemical engineering, metallurgy, etc. Cryogenic distillation, characterized by its technological maturity and high production capacity, stands as the predominant form of large-scale air separation systems. China shares 80% of the global market for air separation equipment, the annual energy consumption of which is equivalent to the average annual electricity generation of three Three Gorges Dam hydropower stations.

Leading domestic and international air separation enterprises, represented by companies like Hangyang, Chuankong, Linde, Air Liquide, etc., have embarked on a technological campaign to large-scale, energy-saving, and intelligent high-end air separation equipment. Cryogenic air separation equipment constitutes a complex thermodynamic system, and recent research progresses have predominantly focused on high-precision prediction of the thermophysical properties of cryogenic mixed working substances, development of efficient components for air separation equipment, and implementation of flexible and reliable control for large-scale air separation systems. Domestic companies like Hangyang, Chuankong, and Kaifeng Air Separation, serving as representatives of the national industry, have successfully achieved the indigenization of complete sets of large air separation equipment. They have secured a domestic market share exceeding 90% for air separation equipment with capacities up to 60,000 Nm³/h, making them the top global manufacturers in terms of oxygen production capacity. In the market segment for capacities exceeding 60,000 Nm³/h, Hangyang's domestically manufactured air separation equipment takes a domestic market share of over 50%.

In the context of global efforts to reduce carbon emissions and a substantial increase in demand for industrial gases, development of large-scale, energy-saving and intelligent air separation equipment is an inevitable trend. Therefore, the future of cryogenic air separation systems necessitates the development of new processes, innovative subsystem designs, and novel operational control strategies.

ABSTRACTS

In terms of new processes, the integration of cryogenic air separation technology with emerging technologies such as cryogenic carbon capture, LNG cold energy utilization, and liquid air energy storage plays an increasingly crucial role in various emerging low-carbon energy applications. Additionally, the development of technologies for the separation and purification of rare gases, such as neon, helium, krypton, and xenon, has become one of the significant directions in the advancement of the gas industry. In the aspect of new component designs, as the primary energy-consuming unit within air separation systems, the eNHancement of isothermal efficiency and mechanical efficiency of air compressors is a key factor in achieving energy savings. Utilizing the quasi three-dimensional flow theory and various advanced computer-aided design tools is essential in this endeavor. Furthermore, optimizing the design of critical components such as purifiers, heat exchangers, expanders, and distillation columns, is also a vital aspect of energy efficiency. For the development of new operational control strategies, the goal is to achieve flexibility, rapid response to changes in operating conditions, and energy-efficient operations while ensuring product purity and safe and stable plant operation. The development of control, optimization, scheduling, and diagnostic techniques forms the core of research in creating intelligent optimization control technology and systems for large-scale air separation systems that can efficiently adapt to varying loads and conditions.

Hence, there is an urgent need to independently master key technologies for domestic large-scale air separation equipment, enabling the rapid capture of strategic high points in the international industrial gas field.

Written by: Limin Qiu, Kai Wang, Lei Yao, Ke Huang, Rong Jiang,
Fang Tan, Hongwei Ni, Shaolong Zhu, Song Fang

Advances in LNG Technology

In recent years, the world LNG industry develops fast. In 2021, the global trade of liquefied natural gas (LNG) reached 372.3 Mt. As of April 2022, the world's LNG production capacity has reached 472.4 Mt/a, the global LNG regasification capacity has reached 901.9 Mt/a, there are 641

LNG carriers in use, and there are a total of 84 LNG refueling facilities in ports and terminals worldwide.

Conventional natural gas liquefaction. Air Products' AP-C3MR process and ConocoPhillips' optimized cascade process occupy the most mainstream position. Typical processes suitable for medium-sized liquefaction plants include Black&Veatch's PRICO and the newer BHGE SMR. In recent years, China Huanqiu Engineering Corporation and other companies have made breakthrough progress. For example, Huanqiu's dual cycle mixed refrigerant liquefaction process has advantages such as low energy consumption (0.2952 kW·h/kg) and wide adaptability.

Unconventional natural gas liquefaction. China leads the world in the field of unconventional natural gas liquefaction. A number of coke oven gas methanation-liquefaction plants have been built in China. In recent years, Shanghai Jiao Tong University (SJTU) has proposed various processes for producing LNG and hydrogen from methane-hydrogen mixtures, and further proposed multiple processes for coproduction of LNG and liquid hydrogen. In addition, SJTU has conducted extensive research on the liquefaction of natural gas with high ethane content, including processes to achieve cryogenic carbon capture while producing LNG and liquefied ethane.

Offshore natural gas liquefaction. Floating LNG (FLNG) used in offshore gas fields has been a focus of LNG industry in recent years. China National Offshore Oil Corporation, in collaboration with China University of Petroleum and Shanghai Jiao Tong University, has completed more than 10 national important research and development projects related to FLNG.

LNG storage and gasification. The LNG storage capacity in receiving terminals has steadily increased. The world's largest LNG storage tank with a single tank capacity of 270000 m^3 has been adopted in many projects. In the past decade, the number of floating storage and regasification units (FSRU) has been steadily increasing. In recent years, several receiving terminals have been changed as LNG centers, providing diversified services including reloading, transferring, and refueling.

Natural gas liquefaction technology. A large amount of small and medium-sized natural gas liquefaction plants have been built in China, with a huge span of scale (104-106 Nm^3/d) and the most diverse source of feed gas. In terms of large-scale natural gas liquefaction systems and offshore floating FLNG systems, domestic scholars have conducted extensive research, and relevant units have also carried out research and development work, but there have been no actual implementation cases so far. In contrast, the scale of natural gas liquefaction projects worldwide is mostly in the Mt/a scale, and there are also multiple completed or under construction FLNG projects.

LNG storage and cold energy utilization. In terms of large LNG storage tanks, underground tanks have been built in China for a long time, using conventional steel plates as the tank walls. China has recently begun to build diverse types of storage tanks, such as semi underground storage tanks, membrane storage tanks, etc. In terms of LNG cold energy utilization, there is a rich and diverse research work carried out in China. In recent years, several devices that utilize cold energy for power generation have been built or are under construction, which is an important progress in the utilization of cold energy.

LNG transportation. In terms of large LNG carriers, China has become a major LNG shipbuilding country. At present, major LNG shipyards are usually able to provide users with two options: imported technology and independent intellectual property technology. Hudong Zhonghua Shipyard has formed a full range of LNG transport ships covering from ocean to offshore and inland rivers. Jiangnan Shipbuilding has also achieved a breakthrough in the first order of large LNG carrier. At present, the construction of LNG carriers in China is approaching the international advanced level.

LNG as a transportation energy. The amount of China's LNG vehicles has been ranking first in the world for many years. In recent years, significant progress has been made in the construction of LNG dual fuel powered ships and LNG refueling ships of various types and scales in China. Significant breakthroughs have been made in the research and development of marine LNG fuel tanks and LNG supply systems.

LNG heat exchanger. Significant progress has been made in the research and product development of various types of vaporizers in China, including plate fin heat exchangers, PCHEs, ORVs, IFVs, SCVs, and AAVs. However, breakthroughs have not yet been made in the research and development of SWHEs, super ORVs, and split IFVs suitable for cold energy power generation.

Natural gas liquefaction. The important focus of natural gas liquefaction in the coming years will be on offshore natural gas liquefaction. Research on carbon reduction in natural gas liquefaction plants is also becoming a hot topic. The separation and liquefaction of methane-hydrogen mixtures is a potential research hotspot.

LNG and residual energy utilization. This includes the utilization of heat such as gas turbine flue gas waste heat and compressor waste heat during the LNG production process, as well as the more efficient and economical utilization of cold energy at the LNG user end.

R&D of LNG heat exchangers. Further research is needed on the heat transfer and flow characteristics of SWHE for large and floating applications. Other aspects, such as the R&D of super ORVs, also urgently needed.

Basic research related to LNG. The main research content includes the flow and heat transfer of both of the hot and cold sides in various aspects in the LNG facilities, the gas-liquid-solid phase equilibrium of cryogenic mixtures, novel liquefaction processes for complex feed gases, better optimization algorithms for process simulation, and so on.

Written by: Wensheng LIN, Jingxuan XU, Haitao HU

Advances in Large-scale Hydrogen and Helium Cryogenic Engineering Science and Technologies

Large-scale cryogenic refrigeration systems are widely used in national security and strategic high-tech fields such as large scientific devices, spaceship launches, hydrogen energy storage and transportation, helium resource extraction, quantum computing, etc., which is an important strategic support technology in China. This research field is of great scientific significance for creating extreme low-temperature scientific research conditions and overcoming cutting-edge science and technology, of great strategic significance for meeting the national needs of aerospace and large-scale scientific engineering, and of economic and social benefits for accelerating the upgrading and transformation of high-tech industries and promoting the high-quality development of the economy.

The section firstly introduces the development of large cryogenic devices depending on the application needs, among which the main ones are the applications for scientific research and exploration, aerospace applications, hydrogen energy applications, and liquefaction of helium resource.

The second section the development history of large-scale hydrogen and helium cryogenic systems, in which the development of large-scale helium cryogenic systems in China is presented with the development process of refrigerators at the Institute of Physics and Chemistry Technology, Chinese Academy of Sciences. The development of 2 kW@20 K and 10 kW@20 K refrigerator, 250 W@4.5 K and 2.5 kW@4.5 K refrigerators, and 500 W@2 K refrigerator have been carried out successively, which have all been successful and realized applications. Then the current situation and layout of large-scale hydrogen cryogenic system are elaborated, and the liquid hydrogen projects currently under construction in China are demonstrated.

The third section describes the development of key technologies for large-scale hydrogen and helium cryogenic systems, including helium and hydrogen compression, refrigeration process and integrated commissioning, turbine expander and cold compressor.

Written by: Jihao Wu, Jin Shang

Advances in Miniature Cryogenic Refrigeration Technology

Compared with large-scale gas separation and liquefaction systems, miniature cryogenic refrigerators are widely used in detector cooling, biomedical preservation, superconducting systems, high-energy physics systems, small-scale gas liquefaction and separation, cryogenic electronic devices, quantum computing and other fields due to their advantages of compact structure, flexible layout, high reliability and wide refrigeration temperature range. It can provide microwatt to kilowatt cooling capacity in a wide temperature range of mK–120 K. Among them, the cryogenic refrigeration technology at 1–120 K mainly includes regenerative refrigeration (Stirling refrigeration, G-M refrigeration, pulse tube refrigeration, thermoacoustic refrigeration, V-M refrigeration) and recuperative refrigeration (J-T refrigeration, Brayton refrigeration). The cryogenic refrigeration technology below 1 K includes adsorption refrigeration, adiabatic demagnetization refrigeration and dilution refrigeration.

The regenerative cryogenic refrigerator uses regenerative packing with high specific surface area and high volume specific heat capacity to realize the cold storage or heat storage of alternating flow circulating gas. It has significant advantages such as high heat transfer efficiency and compact structure. In the future, it will still be the main cryogenic refrigeration technology applied in military and aerospace fields with working temperature between 4 and 120 K. Recently, in the face of different application requirements, its development directions mainly focus on miniaturization, low temperature cooling and large cooling capacity. In addition, Stirling/pulse tube, Stirling/J-T and other hybrid refrigerators have also become research hotspots in special applications due to their comprehensive refrigeration advantages. This report introduces the latest progress in the research and application of refrigerators at home and abroad from these directions.

The J-T refrigerator uses the recuperative heat exchanger to realize the regenerative precooling process, and uses the isenthalpic throttling effect to realize the expansion refrigeration. It is easy to achieve high refrigeration efficiency and large cooling capacity in the liquid helium temperature region and below. In particular, the pre-cooled J-T refrigerator, combined with the performance advantages of different refrigerators in different temperature zones, can achieve higher refrigeration efficiency at liquid helium temperatures. Especially with long-distance transmission of cooling power and no moving parts at the cold end, pre-cooled J-T refrigerator can meet the requirements of long life and high reliability in some demanding space applications. This report introduces the related progress from the aspects of low temperature cooling and miniaturization of J-T refrigerator.

Extremely low temperature refrigeration technology usually refers to the refrigeration technology that obtains a temperature below 1 K and provides a certain amount of cooling capacity. It can provide an extreme low temperature environment, supporting for the study of special physical effects and quantum computing. At the same time, at extremely low temperatures, the heat capacity of the material decreases sharply, and the thermal noise decreases significantly. Sensors with ultra-high sensitivity and signal-to-noise ratio can be used for deep space exploration and other scientific research. Adsorption refrigeration is limited by the saturated vapor pressure of the working fluid. Even through multi-stage arrangement, it can only achieve a low temperature of about 250 mK, while dilution refrigerator and adiabatic demagnetization refrigerator can reach below 10 mK. The main architectures of these cryogenic systems have been well developed and commercialized recently. This report introduces the related progress on the lowest cooling temperature and cooling capacity of adsorption refrigeration, adiabatic demagnetization refrigeration and dilution refrigeration at home and abroad.

Written by: Limin Qiu, Xiaoqin Zhi, Wei Dai

ABSTRACTS

Advances in Cryotherapy and Cryopreservation Techniques

Cryobiology is a highly interdisciplinary subject aiming for exploring the relationship between low temperature and life. Based on the understanding of physical and chemical changes caused by temperature variation, researchers have conducted in-depth exploration on heat transfer, phase change processes, and the mechanisms of cryoinjury or protection when bio-samples are confronted with low temperature. On this basis, scientists can actively promote clinical transformation and application of cryobiology, providing important technical support for modern life science.

The activities of bio-samples rely on the water-based liquid environment, therefore the heat transfer process and phase change behavior as well as their interaction with biological objects under low temperature are critical. However, low temperature poses distinct effect on cryotherapy and cryopreservation. On the one hand, cryotherapy strives to strengthen the cryoinjury to destroy malignant tissues or to reduce the patient's temperature to the expected level for protection purposes (e.g., hypothermic brain protection). on the other hand, cryopreservation focuses on injury avoidance when lowering the temperature to reduce the metabolic rate, further extending the storage time, and alleviating the spatiotemporal mismatch.

Researchers have developed many cryotherapies equipment based on different refrigeration methods (e.g., throttling effect, phase transition and Peltier effect) since the successful application of the first modern cryosurgery in 1961. The basic principle is to insert a cryoprobe into the tumor in a minimally invasive manner under the guidance of imaging, irreversibly kill the tumor by the cold released from the probe. Compared with radiotherapy, chemotherapy, cryotherapy is non-toxic with mild side effects, minimally invasive, and easy for image tracking. In addition, low temperature has the advantages of hemostasis and analgesia naturally which is more acceptable to patients. It has been applied to treat almost all solid tumors. It is worth noting that cryosurgery can preserve the activity of tumor antigens, therefore effectively activate the body's anti-tumor immune response, even the "abscopal effect" to achieve spontaneous regression or even disappearance of metastases, which is of great significance to patients with advanced cancers.

To further enhance the thermal conductivity, regulate ice crystal nucleation behavior of freezing tissues. Nano-cryosurgery was proposed and widely developed. The basic idea is combining nanoparticles and their solutions with target tissue to optimize the cryobiological treatment. Nano-cryosurgery has broken through the boundaries of traditional treatment. The main progress in recent years includes: ① Extensive and in-depth research have been carried out on biological heat transfer and phase change enhancement during cryosurgery. Meanwhile, a series of functional nanomaterials are screened out including metal nanoparticles and natural materials (e.g., nanocellulose crystals), which reinforce the killing intensity of cryoablation; ② Development of nano-cryosurgery. Through nano-targeted drug delivery, efficient transmembrane transport and intracellular enrichment of drugs are achieved, realizing systematic killing to tumors. In addition, researchers also developed an immunotherapy program using autologous tumor vaccines; ③ Improvement of cryosurgery imaging quality when combining with computed tomography (CT) and magnetic resonance imaging (MRI) technologies.

According to the storage temperature, cryopreservation is divided into cold storage (0-4°C), freezing preservation (−80°C/−196°C) and vitrification (−196°C). Cold storage is the gold standard of organ preservation for less than 24 h. Freezing preservation extend the storage period, whereas crystallization induces mechanical destruction and osmotic stress as well as the toxicity caused by high concentration cryoprotectants are harmful to samples which hamper the preservation quality in further. To alleviate severe intracellular ice damage, a well-accepted method is to induce extracellular ice under slow cooling of 1°C/min and then store the samples in -80°C refrigerator or liquid nitrogen. On the contrary, vitrification transforms liquid water into an amorphous state through rapid cooling, therefore evades the ice injury. However, vitrification also facing rewarming challenge which low warming rate induced recrystallization triggers inevitable ice formation and then destroys the samples.

In response to the challenges above, researchers have made great efforts in recent years: ① Exploration of bionic freezing protection strategies. Adaptive pre-dehydration protection and selective ice-controlled formation have been proposed and their feasibility has been fully verified. Meanwhile, many natural product-based cryoprotectants (e.g., trehalose, proline and antifreeze proteins) have been fully explored and widely used in cryopreservation; ② Nano-mediated cryopreservation solves the problem of non-permeable biomimetic cryoprotectants delivery and achieves efficient transmembrane transport and intracellular enrichment of cryoprotectants. Scientists also utilize nano-warming strategy to achieve rapid rewarming of larger-scale biological samples without severe recrystallization; ③ The development of supercooling preservation. Supercooling is totally ice-free which avoids the ice injury. Compared with the cold storage, it successfully extends human liver preservation period, verifying the feasibility and effectiveness of this method.

The development of cryopreservation makes it possible to preserve a wide range of bio-samples in high quality, which has significant implications for life sciences. It has been a globe common sense that high-quality, high-standard, and high-level biobanks are necessary. China started biobank construction in the 1990s. great efforts have been made to increase the number of biobanks, and the level of modernization over the past three decades. meanwhile, the Chinese government also improves relevant laws, regulations, and standards to boost the standardization of national biobanks.

Accurate and controlled cryotherapy demands better clinical operation technology and higher level theoretical guidance in future cancer treatment. Furthermore, it is imperative to thoroughly investigate the synergistic benefits of cryoablation in conjunction with other therapies, such as immunotherapy, computer-assisted surgery planning and so on to achieve better cancer prognosis. Despite of the outstanding contributions made by cryopreservation. However, the achievement of long-term cryopreservation of large-scale organs or even whole individual is still an unsolved problem. In addition, how to successfully transform bionic strategies into cryopreservation applications and their mechanism still requires further development. Overall, it is worth expecting that with the joint effort of different areas including engineering, biology, and medicine. Cryobiology will developed rapidly and plays an increasingly important role in human health.

Written by: Wei Rao, Fan Yang

索　引

B

玻璃化保存　20，31，301，302，306，309

C

磁制冷　4，8，9，18，19，22，30，34，40，41，97，98，104~109，119，121~124，265，284~286

超流氦系统　17，29，39，252，258，263

D

大温升热泵　25

大型氦液化器　282

大型氢液化器　251

低 GWP 值工质　46，49，51，71

低品位热能　33，74，89，129，132，184，240

低碳　9，35，37，45，71，89，99，126~128，141，151~153，160，161，172，176，178，180，192，194，221，223，226

低温保护剂　301~303，305

低温精馏　14，37，38，206，214，215，224，225，229，232

低温空分　13，14，27，37，206，207，210，212~217，221~223

低温生物医学　4，19，31，40，41，288，289，291，297，298，309

低温透平膨胀机　27

电卡制冷　4，8，23，34，41，97，98，104，109，111~115，121~123，196

F

仿生低温保存　302

G

高温热泵　Q1，4，5，11，12，24，25，36，41，54，55，65~67，88，91，176，178，180，181，183~188，190，191

工业热泵　12，180，182，184

工质销毁　5，32，59，71

功能一体化　36，202

固态制冷　Q1，4，7，8，22，34，41，97~99，102，112，122，123

果蔬预冷　10，164，165

索 引

H

氦资源提取　29，38，39，247

J

基加利修正案　4，12，45，46，48，51，71，72，98，192，194，200
极低温区　8，34，104，108，265
结构模块化　36，37，203

K

空调　Q1，3~5，7，9，10，20，22，23，26，27，32~35，41，45，46，48，49，51，55，57，63，64~69，71~73，87，88，90~92，122，126~130，132~154，157~163，178，191~194，196，198~203，223
空气压缩　37，210，211，216，221，222
控制智能化　13，37，196，203

L

冷冻冷藏　4，5，35，49，54~56，67，164，171，176
冷链装备　Q1，4，10，23，35，36，41，163，176，177
冷能利用　16，28，37，176，220，239~241
绿色高效化　36，202

M

脉管制冷机　17，18，30，40，107，266，271~279，286，287

N

纳米复温　20，308

Q

气化　15，16，28，36，38，159，171，180，190，217，218，231，233，238~242，245，246，249，254

R

热泵　Q1，3~6，9，11~13，21，22，24~27，33，36，41，45，48，49，51，54，55，57，62，63，65~67，71，74~77，80~83，85~91，96，107，109，120，128，132，133，135，138~141，146，152，159~162，176，178~193，195，197~202，204
热电制冷　7，8，22，34，98~104，123，291
热声制冷　7，88，33，41，74，89~95，265，275，276，287

S

斯特林制冷机　18，18，29，266~269，272，273，277，286，287

T

弹热制冷　4，9，23，41，98，99，104，115，117~123，196
调湿　129，132，135，136，160
天然工质　11，13，24，32，46，49，54，61，63，65，71，72，171，176，192，194

X

吸附式制冷　6，7，18，21，33，81，82，87，89，92，281

吸收式热泵　6，12，21，25，33，74，75，77，80，96，179，184，185

稀释制冷机　18，19，30，31，40，266，270，281~286

Y

液化天然气　Q1，14，15，28，38，99，106，108，227~229，232，232，234，236~242，272